suhrkamp taschenbuch
wissenschaft 278

Die neuzeitliche Wissenschaft hat sich als ein immer weiter expandierender gesellschaftlicher Teilbereich etabliert und nimmt einen tiefgreifenden Einfluß auf die gesellschaftliche und private Existenz der Menschen. Andererseits stehen sich Wissenschaft und alltägliches Wissen unvermittelt gegenüber: den meisten Menschen bleibt die Wissenschaft fremd.

1. Die Verwissenschaftlichung des gesellschaftlichen Lebens bedeutet zwar die Durchsetzung wissenschaftlicher Methoden und Resultate, ist aber nicht mit der Verbreitung entsprechender Kompetenzen unter den Gesellschaftsmitgliedern verbunden. Daraus resultiert eine Entmündigung der jeweils Betroffenen: sie geraten nicht nur bei der Lösung, sondern auch schon bei der Definiton ihrer Probleme in eine Abhängigkeit von der Wissenschaft.

2. Neuzeitliche Wissenschaft hat ihre eigenen Problemzusammenhänge und ihre eigenen Institutionen. Angewendet wird das dort erzeugte Wissen aber in anderen Sinnzusammenhängen und in anderen Institutionen gesellschaftlicher Praxis, wie etwa der Fabrik, der Schule und der Familie. Dieser Unterschied zwischen Entstehungs- und Verwendungszusammenhang der Wissenschaft führt zu einer Inadäquanz des wissenschaftlichen Wissens und zu erheblichen Resistenzen bei der Aufnahme und Anwendung.

3. Wissenschaftliche Analyse von Handlungsbereichen impliziert Innovationsmöglichkeiten für diese Handlungsbereiche. Die betroffenen Personen sehen sich deshalb mit dem wissenschaftlichen Wissen auch mit Veränderungsimperativen konfrontiert. Die Handlungsmöglichkeiten des Individuums innerhalb von starren institutionellen Strukturen sind aber gering; die Frustrationen, die man bei Reforminitiativen erleidet, können in eine Resistenz gegenüber wissenschaftlichem Wissen umschlagen.

Im ersten Teil des Bandes geht es um zwei soziale Situationen, in denen der einzelne Mensch in seiner Lebenspraxis mit Wissenschaft konfrontiert wird: Arzt und Patient; Rechtsanwalt und Klient. Im zweiten Teil geht es um das Verhältnis von Wissenschaft und Schulpraxis. Dabei werden Probleme der Verwendbarkeit pädagogisch-sozialwissenschaftlichen Wissens und Probleme der Wissenschaftsdidaktik untersucht. Der dritte Teil behandelt das Verhältnis von Wissenschaft und Arbeiterbewegung. Hat es Ansätze zu einer besonderen proletarischen Wissensform gegeben? Wie verhält sich die Sozialtheorie zum politischen Bewußtsein? Welche Rolle spielt die Wissenschaft in der industriellen Produktion und in welche Rolle wird dadurch das Wissen des Arbeiters gedrängt? Zum Schluß wird das Vermittlungsproblem zwischen den Wissensformen auf das konkrete gesellschaftliche Verhältnis bezogen, in dem die naturwissenschaftliche Intelligenz zu den Gesellschaftsmitgliedern steht, deren Arbeits- und Lebenssituation besonders stark durch Anwendung und Nichtanwendung von Wissenschaft geprägt ist.

Entfremdete Wissenschaft

Herausgegeben von Gernot Böhme
und Michael von Engelhardt

Suhrkamp

Wissenschaftsforschung
Beratung
Wolfgang Krohn, Wolf Lepenies, Peter Weingart

Sechs der hier publizierten Arbeiten lagen einer Tagung zugrunde, die Gernot Böhme im Rahmen der Sektion Wissenschaftsforschung der DGS zum Thema »Probleme des Übergangs zwischen lebensweltlich-technischem und wissenschaftlichem Wissen« organisierte. Der Stiftung Volkswagenwerk, die diese Tagung finanzierte, sei an dieser Stelle gedankt.

suhrkamp taschenbuch wissenschaft 278
Erste Auflage 1979
© Suhrkamp Verlag Frankfurt am Main 1979
Suhrkamp Taschenbuch Verlag
Alle Rechte vorbehalten, insbesondere das
des öffentlichen Vortrags, der Übertragung
durch Rundfunk und Fernsehen
und der Übersetzung, auch einzelner Teile.
Satz: LibroSatz, Kriftel
Druck: Nomos Verlagsgesellschaft, Baden-Baden
Printed in Germany
Umschlag nach Entwürfen von
Willy Fleckhaus und Rolf Staudt.

CIP-Kurztitelaufnahme der Deutschen Bibliothek
Entfremdete Wissenschaft / hrsg. von Gernot Böhme u. Michael von Engelhardt.
1. Aufl. – Frankfurt am Main: Suhrkamp 1979.
(Suhrkamp-Taschenbücher Wissenschaften; 278)
ISBN 3-518-07878-X
NE: Böhme, Gernot [Hrsg.]

Inhalt

G. Böhme/M. v. Engelhardt
Einleitung: Zur Kritik des Lebensweltbegriffs 7

I *Wissenschaft und Lebenspraxis*

L. v. Ferber
Sozialdialekte in der Medizin. Das Sprachverhalten von Laien, Praktikern und Wissenschaftlern 29

J. Harenburg/G. Seeliger
Transformationsprozesse in der Rechtspraxis. Eine Untersuchung von Rechtsanwalt/Klienten-Gesprächen 56

II *Wissenschaft und Schulpraxis*

M. v. Engelhardt
Das gebrochene Verhältnis zwischen wissenschaftlichem Wissen und pädagogischer Praxis 87

G. Böhme
Die Verwissenschaftlichung der Erfahrung. Wissenschaftsdidaktische Konsequenzen 114

L. Hieber
Möglichkeiten zur Verbindung naturwissenschaftlichen und lebensweltlich-praktischen Wissens im genetischen Lernen 137

III *Wissenschaft und Arbeiterbewegung*

W. Schäfer
Proletarisches Denken und Kritische Wissenschaft (I) 177

H. Dubiel
Proletarisches Wissen und Kritische Wissenschaft (II) 221

R.-W. Hoffmann
Die Verwissenschaftlichung der Produktion und das Wissen
der Arbeiter 229

M. v. Engelhardt/R.-W. Hoffmann
Entfremdete Wissenschaftler? Das Verhältnis der
naturwissenschaftlich-technischen Intelligenz zu anderen
Gruppen von Lohnabhängigen 257

Gernot Böhme/Michael v. Engelhardt
Einleitung

Zur Kritik des Lebensweltbegriffs

I.

Die neuzeitliche Wissenschaft, die heute als universales gesellschaftliches Problemlösungsvermögen angepriesen wird, deren
Entwicklung zur führenden Produktivkraft sich abzeichnet, und
die die einzig verbindliche Form von Rationalität darstellt, ist uns
dennoch in keiner Weise selbstverständlich. Dabei soll gar nicht
einmal an die Kritik gedacht werden, die aus der Einsicht in die
Ambivalenz des naturwissenschaftlich-technischen Fortschritts
auf die neuzeitliche Wissenschaft als solche rückgewendet wurde.
Vielmehr geht es hier um die Tatsache, daß neuzeitliche Wissenschaft einen relativ unvermittelten Block innerhalb des Fundus
gesellschaftlichen Wissens darstellt, daß bis heute niemand diesen
ganzen Sauerteig verdaut. Auf der einen Seite hat sich die Wissenschaft als ein immer weiter expandierender gesellschaftlicher Teilbereich etabliert und nimmt einen tiefgreifenden Einfluß auf die
gesellschaftliche und private Existenz der Menschen. Auf der
anderen Seite stehen sich Wissenschaft und alltägliches Wissen,
Wissenschaft und common-sense-Denkweisen unvermittelt gegenüber. Den meisten Menschen bleibt die Wissenschaft fremd,
sie können sie sich zum Verstehen und praktischen Beherrschen
ihrer Lebenssituation nicht aneignen; ihre Erfahrungen und Probleme lassen sich nicht in die Sprache der Wissenschaft übertragen.
 Beim gegenwärtigen Entwicklungsstand unserer Gesellschaft ist
also ein widersprüchliches Nebeneinander von Integration und
Desintegration der Wissenschaft in die gesellschaftliche Wirklichkeit zu konstatieren. Dieser Widerspruch kann sich heute bis zur
expliziten Wissenschaftsfeindlichkeit verdichten. Führt die mangelhafte Integration von Wissenschaft und Gesellschaft zur Inadäquanz wissenschaftlicher Beiträge gegenüber den gesellschaftlichen Problemen, so wird das der Wissenschaft oder gar dem
Wissenschaftler angelastet. Zeigt die Wissenschaft ihr kritisches

Potential gegenüber gesellschaftlichen Strukturen oder auch nur etablierten Praktiken, wird sie zum Promotor gesellschaftlicher Reformen, so richtet sich die konservative Abwehr dieser Reformen gegen die Wissenschaft selbst. Fungieren gar wissenschaftliche Theorien als Orientierungsrahmen für gesellschaftliches Handeln, so meint man schon eine »Priesterherrschaft der Intellektuellen« (Schelsky) abwehren zu müssen.

Aus dieser Situation der Wissenschaften resultieren sehr konkrete, in verschiedenen Zusammenhängen spürbare Vermittlungsprobleme, die den gemeinsamen Gegenstand der in diesem Band zusammengestellten Beiträge bilden. Von den Vermittlungsproblemen sollen vorweg einige genannt und in größere Zusammenhänge gestellt werden, um darauf aufbauend den Versuch der Entwicklung eines übergreifenden Interpretationsrahmens zu unternehmen. Dieser Versuch erfolgt als Auseinandersetzung mit dem der Wissenschaft entgegenzustellenden Lebensweltbegriff.

1. Die Verwissenschaftlichung des gesellschaftlichen Lebens in den Teilbereichen der Politik, der Produktion, der Erziehung und des Gesundheitswesens bedeutet zwar die Durchsetzung wissenschaftlicher Methoden und Resultate als der maßgeblichen Instanzen in diesen Bereichen. Sie ist aber nicht mit der Verbreitung der entsprechenden Kompetenzen unter die Gesellschaftsmitglieder verbunden, die in ihnen arbeiten und die in der Realisierung ihrer Bedürfnisse und Interessen von ihnen abhängig sind. Das bedeutet faktisch, daß nicht der Bereich als solcher auf ein wissenschaftliches Niveau gehoben wird, sondern daß Teilfunktionen an »Wissensstäbe« delegiert werden. Daraus resultiert eine Entmündigung der jeweils Betroffenen: Sie sind nicht nur zur Lösung ihrer Probleme auf die Dienstleistungsfunktion spezifischer Wissenschaften angewiesen; diese Abhängigkeit gilt schon für das Erfassen, die Definition und Artikulation der Probleme, da sie bereits wissenschaftlich formuliert sein müssen, um überhaupt von den Wissenschaften aufgegriffen werden zu können. So können diejenigen Probleme, die dann von den entsprechenden wissenschaftlichen Instanzen bearbeitet werden, andere als die der Betroffenen sein oder sie nur in stilisierter und verzerrter Form widerspiegeln. Gleichzeitig fehlt denjenigen, deren Interessen und Bedürfnisse in den jeweiligen Institutionen aufgegriffen werden sollen, die Möglichkeit, diese Problemverschiebung wir-

kungsvoll auszudrücken und Korrekturen durchzusetzen, weil dies schon wieder im Medium des wissenschaftlichen Sprechens und Denkens geschehen müßte.

2. Neuzeitliche Wissenschaft ist als Wissensform schwer zugänglich, wird nur innerhalb von Professionen tradiert und läßt sich nicht direkt mit unmittelbarer Arbeitserfahrung verbinden. Diese Tatsache, zusammengenommen mit der führenden Bedeutung der neuzeitlichen Wissenschaft für die arbeitstechnische und arbeitsorganisatorische Gestaltung der Produktion, führt zu einer Verstärkung von Herrschaft. Trotz der zunehmenden Verwissenschaftlichung der Produktion bleibt aber ein Wissen von Bedeutung und entwickelt sich weiter, das in die unmittelbare Arbeitserfahrung und Interessenlage der Arbeiter eingebunden ist und dadurch eine besondere Überlegenheit besitzt. Verbindet sich die ungleiche Verteilung des wissenschaftlichen Wissens und des Arbeitswissens auf verschiedene Wissensträger mit deren unterschiedlichen oder gegensätzlichen Interessen in der Gestaltung und Ausrichtung der Arbeitsprozesse, so ist eine produktive Vermittlung verhindert; im Bereich der Produktion wird der Klassenkampf als Kampf der Wissensschichten reproduziert.

3. Neuzeitliche Wissenschaft hat ihre eigenen Problemzusammenhänge und Problemtraditionen, sie stellt eine gesonderte Sinnprovinz (A. Schütz) dar und hat ihre eigenen Institutionen. Angewendet wird das dort erzeugte Wissen aber in anderen Sinnzusammenhängen und in anderen Institutionen gesellschaftlicher Praxis, wie etwa der Fabrik, der Schule und der Familie. Dieser Unterschied von Entstehungs- und Verwendungszusammenhang der Wissenschaft führt häufig zu einer Inadäquanz des wissenschaftlichen Wissens und zu erheblichen Resistenzen bei der Aufnahme und Anwendung. Die Realisierung des möglichen Gebrauchswerts von Wissenschaft in der gesellschaftlichen Praxis wird also nicht nur durch die Organisationsformen dieser Praxis behindert, sondern auch durch den Charakter der Erzeugung wissenschaftlichen Wissens.

4. Wissenschaftliche Analyse von Handlungsbereichen impliziert in der Regel Innovationsmöglichkeiten für diese Handlungsbereiche. Die betroffenen Personen sehen sich deshalb mit dem wissenschaftlichen Wissen zugleich mit Veränderungsimperativen konfrontiert. Die Handlungsmöglichkeiten des Individuums innerhalb von starren institutionellen Strukturen sind gering; die

Frustrationen, die man bei Reforminitiativen erleidet, schlagen leicht in eine Resistenz gegenüber wissenschaftlichem Wissen um. Die Wissenschaft, die er auf der Universität gelernt hat, wird dem Praktiker zum schlechten Gewissen, das er am liebsten verdrängt.

5. Entgegen vielfachen Erwartungen haben die neuzeitlichen Naturwissenschaften die Erkenntnisstruktur des Menschen, und sei es auch nur des europäischen, nicht verändert. Zwar sind vielfach Termini, einzelne wissenschaftliche Informationen und auch bestimmte Grundvorstellungen, wie etwa die, daß die Erde sich um die Sonne dreht, ins Allgemeinbewußtsein eingedrungen. Es scheint aber, daß neuzeitliche Wissenschaft eine Reorganisation des menschlichen Erkenntnisvermögens erfordert, die ontogenetisch keinesfalls immer schon vorgegeben ist, sondern im einzelnen immer wieder neu und unter größten Anstrengungen geleistet werden muß. Daraus ergibt sich eine erhebliche Differenz zwischen der in unmittelbaren Sinn- und Nutzungszusammenhängen erfahrenen Natur und ihrer Rekonstruktion durch die Wissenschaften. Dieses Nebeneinander verschiedener Naturen führt dazu, daß sich der Vermittlung neuzeitlicher Naturwissenschaften im Unterricht erhebliche Widerstände auf seiten der Lernenden entgegenstellen. Die Widerstände werden auch heute noch weitgehend nur als Lernstörungen oder fehlende Begabung für naturwissenschaftliches Denken gedeutet und nicht auf grundsätzliche zivilisatorische Vermittlungsprobleme zurückgeführt, die jeder Lernende zu lösen hat. Diese Probleme werden erst in jüngster Zeit zum Gegenstand der sich entwickelnden Didaktik der Naturwissenschaften gemacht.

6. Vermittlungsprobleme zwischen Wissenschaft und Lebenswelt verweisen auf das gesellschaftliche Verhältnis, in dem die in der Forschung tätige Intelligenz zu den übrigen Gesellschaftsmitgliedern steht, deren Arbeits- und Lebenssituation durch die Anwendung und Nichtanwendung der Forschungsergebnisse geprägt wird. Deshalb muß die Frage nach der Entfremdung der Wissenschaft in der Frage nach der Entfremdung der wissenschaftlich-technischen Intelligenz von der sozialen Lage, den Interessen und dem Bewußtsein der anderen Gesellschaftsmitglieder weitergeführt werden. Gerade für alternative Möglichkeiten der Beziehung von Wissenschaft und Lebenswelt ist es von zentraler Bedeutung, ob sich auf der Ebene der sozialen Beziehung und des Bewußtseins zwischen den Wissenschaftlern und den Adressaten

der Wissenschaft die Isolation wiederholt oder sich Tendenzen der Integration abzeichnen.

Die aufgewiesenen Vermittlungsprobleme sind nur unvollständig erfaßt, wenn sie in der Beziehung von Wissenschaft auf der einen und ihrer Vergegenständlichung in Technik, Gebrauchsgegenständen, sozialen Organisationen oder politischen Programmen auf der anderen Seite angesiedelt werden. Sie ergeben sich vielmehr aus der Konfrontation der Erfahrungen, der Erkenntnisse und des Wissens, mit denen der Mensch in seiner unmittelbaren Existenz lebt und arbeitet und der Wissenschaft, die in direkter oder vermittelter Weise für diese Existenz eine Relevanz beansprucht und besitzt. Verkürzt und sehr abstrakt ausgedrückt, handelt es sich um die Schwierigkeit der wechselseitigen Transformation zwischen dem wissenschaftlichen Wissen und dem an die alltäglichen Erfahrungen und Handlungen des Menschen angebundenen Wissen. Um die problematische Situation der Wissenschaft genauer untersuchen zu können, ist es notwendig, den Bereich zu bestimmen, der in dieser Vermittlungsproblematik der Wissenschaft gegenübergestellt ist. Wird dabei auf den Begriff der gesellschaftlichen Praxis zurückgegangen, so besteht die Gefahr, daß der hier interessierende Aspekt verdeckt oder nur unscharf aufgegriffen wird. Die Wissenschaft wird dann nur in ihrer Anwendung und Anwendbarkeit für die gesellschaftlichen Bereiche der Produktion, Bildung, Freizeit und Politik thematisiert, während ihr Verhältnis zu der primären Erfahrung und Erkenntnistätigkeit der Menschen behandelt werden soll, die in diesen Bereichen arbeiten und leben und ihnen gegenüber Erwartungen und Ansprüche entwickeln. Neben der Bedeutung, die die Wissenschaft für die Deutung, Rekonstruktion und Gestaltung der Wirklichkeit von Natur und Gesellschaft besitzt oder beansprucht, muß die Beziehung aufgenommen werden, die die Gesellschaftsmitglieder in ihrem Denken, ihren Interessen und ihrem Handeln subjektiv tagtäglich zu dieser Wirklichkeit eingehen. Sonst kann die Gleichzeitigkeit der gesellschaftlichen Integration und Desintegration der Wissenschaft nicht deutlich werden.

Der Wissenschaft als einer besonderen Art der menschlichen Erkenntnistätigkeit muß eine andere, allgemeinere und vielleicht auch fundamentalere Erfahrung und Erkenntnistätigkeit gegenübergestellt werden, die der Mensch im Alltag seines Lebens und Arbeitens leistet. Um sich diesem Bereich zu nähern, scheint es sinnvoll, den Begriff der Lebenswelt heranzuziehen, weil in ihm objektive Bedingung und subjektive Erfahrung der natürlichen und sozialen Wirklichkeit des Menschen miteinander verbunden sind. Dieser Begriff kann freilich nicht gänzlich unbefangen aufgegriffen werden, sondern muß aus seiner philosophischen und sozialwissenschaftlichen Tradition heraus verstanden werden. Im folgenden sollen aus der kritischen Auseinandersetzung mit dem Lebensweltbegriff Ansätze einer Rekonstruktion entwickelt werden.

II.

Die hier zum Untersuchungsgegenstand gemachten Vermittlungsprobleme sind – wenn auch in einer anderen Sicht- und Ausdrucksweise – schon in den dreißiger Jahren von dem Phänomenologen E. Husserl in seinem Buch über die *Krisis der europäischen Wissenschaften* aufgegriffen worden. Für Husserl stellt sich das Problem als eines der Entfremdung der Wissenschaft von der Lebenswelt. Im Gegensatz zu den ursprünglich in die Wissenschaft gesetzten Hoffnungen, die sich zunächst auch partiell erfüllten, stellt Husserl einen Umschwung in der Stimmung gegenüber der Wissenschaft fest: »In unserer Lebensnot – so hören wir – hat diese Wissenschaft uns nichts zu sagen« (Husserl 1962, 4)[0]. Im 19. Jahrhundert glaubte man zwar, der neuzeitlichen Wissenschaft, insbesondere der Naturwissenschaft, eine allgemeine Weltbildfunktion zuweisen zu können. Dies erwies sich aber als ein Irrtum, weil nach Husserl die neuzeitliche Wissenschaft längst zur bloßen Tatsachenwissenschaft geworden war und damit zu Fragen von Sinn und Unsinn (1962, 4) nicht Stellung nehmen konnte. Nach Husserl ist diese Degeneration der neuzeitlichen Wissenschaft zur bloßen Objektivität eine Folge ihrer Entfremdung von ihrer Ursprungsbasis, nämlich der Lebenswelt, aus der heraus allein ihre Legitimität begründet werden könnte. Nach Husserl stehen nämlich Lebenswelt und Wissenschaft in einem Begründungsverhältnis. Die Wissenschaft behandele prinzipiell dieselben Dinge, die bereits vorwissenschaftlich, lebensweltlich vorkommen[1], mehr noch: Husserl unterstellt sogar eine Strukturgleichheit von Lebenswelt und wissenschaftlich thematisierter Welt[2]; die Lebenswelt gibt deshalb den »Boden« (1962, 150) ab, auf dem die Wissenschaft ruhen muß. Die Geltung der Lebenswelt ist immer bereits vorausgesetzt, und an ihr muß letzten Endes auch die Geltung von Wissenschaft ausgewiesen werden. »Das Subjektiv-Relative (der Lebenswelt) (ist) nicht etwa als ein irrelevanter Durchgang, sondern als das für alle objektive Bewährung die theoretisch logische Seinsgeltung letztlich Begründende, also als Evidenzquelle, Bewährungsquelle« anzusehen (1962, 129). Für Husserl stellt sich deshalb das Problem einer Krisis der europäischen Wissenschaften als die Aufgabe, die Strukturen der Lebenswelt zu erforschen und von ihnen her die Wissenschaft zu begründen.

Wenn bei Husserl mit der Entfremdung der Wissenschaft von der Lebenswelt ein Problem der neuzeitlichen Wissenschaft sehr deutlich bezeichnet ist, dasjenige, das auch uns hier beschäftigt, so ist doch fraglich, ob dasjenige, was er an dieser Dichotomie als problematisch ansieht, nicht selbst einer ideologischen Verblendung entspringt, und ob wir seine Lösungsvorschläge als irgendwie relevant für ›die Not unserer Zeit‹ betrachten können. Wenn man sich klarmacht, daß Husserl das Krisisbuch in den Jahren 1934-37 geschrieben hat, so ist es schon erstaunlich, daß er als die Not unserer Zeit »die Fragen nach Sinn oder Sinnlosigkeit dieses ganzen menschlichen Daseins« (1962, 4) bezeichnet. In der Zeit des Faschismus, wo es um brutale politische Unterdrückung, um Arbeitslosigkeit, um Judenverfolgung und die ständig drohende Kriegsgefahr ging, ein Lösungsmittel für Gegenwartsprobleme zu suchen, indem man so globale Fragen wie nach dem Sinn des menschlichen Daseins stellt und sie mit einer Restaurierung der Metaphysik beantworten will, ist deutlich ein Ausweichen vor der harten politisch-gesellschaftlichen Wirklichkeit. *Die* gesellschaftliche Funktion der Wissenschaft, deren Verlust Husserl beklagt, ist nicht auf konkrete gesellschaftliche Probleme bezogen, sondern ist eine individuelle und abstrakte Tröstungsfunktion.

Man fragt sich, wie Husserl meinen konnte, durch Begründung der Wissenschaft in der Lebenswelt diese Funktion zurückzugewinnen. Dies wird nur verständlich, wenn man sieht, daß die Begründung von Wissenschaft als solcher für ihn offenbar schon der Rückgewinn der Wissenschaft für einen Sinn des Daseins ist. Sie wird nämlich durch Anknüpfung an die Lebenswelt wieder mit dem Bereich des Subjektiven verbunden, der dadurch seinerseits die Chance hat, vernünftig zu werden. Die Frage nach Sinn und Unsinn hängt nach Husserl aufs engste mit der Frage nach

Vernunft und Unvernunft zusammen: »Was hat über Vernunft und Unvernunft, was hat über uns Menschen als Subjekte dieser Freiheit die Wissenschaft zu sagen?« (1962, 4). Der Sinn des menschlichen Daseins besteht eben im Vernünftigsein – so endet Husserls Arbeit: »Daß Vernunft gerade das besagt, worauf der Mensch als Mensch in seinem Innersten hinauswill, was ihn allein befriedigen, ›selig machen‹ kann« (1962, 275).

Für Husserl besteht also die Krisis der europäischen Wissenschaften darin, daß sie keinen Beitrag mehr zur Sinnfrage menschlichen Daseins leisten. Die Wissenschaften können dies nur dann, wenn sie den Anschluß zur Welt des Subjektiven, zur Lebenswelt behalten, ja gerade als Erkenntnis aus diesem Bereich begründet werden. Dann andererseits ist es möglich, daß der Bereich des Subjektiven vernünftig wird, in welchem Vernünftigsein sich der Sinn des menschlichen Daseins erfüllt.

III.

Man könnte Husserls rationalistischen Lösungsversuch dahingestellt sein lassen und sich gleichwohl zur Beschreibung des Problems seines analytischen Begriffspaars ›neuzeitliche Wissenschaft‹ und ›Lebenswelt‹ bedienen. Nun stimmt aber die Direktheit seines Lösungsvorschlages bedenklich. Denn auf der einen Seite findet sich bei ihm kaum Kritik an der Wissenschaft, deren Krise er behauptet. Auf der anderen Seite unterstellt er, daß es nur einer Untersuchung der lebensweltlichen Strukturen bedürfte, um sie wieder an die Wissenschaft anzuschließen. Er hält also ein Auseinanderlaufen von Lebensweltstrukturen und wissenschaftlicher Rationalität gar nicht für möglich. Das einzige, was nach Husserls Programm zur »Versöhnung« zu leisten ist, ist eine philosophische Anstrengung. Weder muß sich die Welt ändern noch die Wissenschaft, denn der Philosoph wird die Erlösung bringen, indem er beides verbindet.

Es ist deshalb zu fragen, ob Husserls Pole ›Lebenswelt‹ und ›Wissenschaft‹ richtig bezeichnet sind, insbesondere ob sein Begriff von Lebenswelt als der Legitimationsinstanz für die Wissenschaft von uns übernommen werden kann. Obgleich nun die systematische Erforschung von Lebenswelt das zentrale Programm ist, das Husserl im Krisisband fordert, ist inhaltlich relativ wenig darüber zu entnehmen, was er unter Lebenswelt versteht. Es ist nur soviel zu erfahren, daß er Kants Programm subjektiver Bedingung objektiver Erkenntnis (wie übrigens schon Heidegger vor ihm) auf das konkrete Subjekt hin überschreiten möchte. Er trifft dabei auf den Leib als Bedingung von Wahrnehmung, weil er feststellt, daß Subjektivität auch Teilnahme, Interesse am Erkenntnisinhalt bedeutet. Da sein Verfahren aber das einer transzendentalen Vernunfterkenntnis ist, kann er von der Lebenswelt nur universale, d. h. transkulturelle und ahistorische Strukturen in den Blick bekommen. Zudem kann er durch seinen Rekurs auf die Lebenswelt die Begründung von Erkenntnis noch nicht aus dem Kantischen Solipsismus herausdrehen, insofern bei ihm zwar die Person im Personenverband vorkommt, Wissen selbst aber noch nicht gesellschaftlich ist.

Damit ist es aber nicht möglich, die Kluft, die sich in den eingangs aufgezählten Problemen manifestiert, zu bezeichnen. Wenn Husserl unterstellt, daß die Wissenschaft bei entsprechender Begründung zur Rationalitätsform der Lebenswelt werden könnte, dann wird die Frage nach lebensweltlichen Wissensformen und ihrer möglichen Selbständigkeit gegenüber der Wissenschaft unterdrückt. Es wäre speziell die Frage nach vorwissenschaftlichen Erfahrungsweisen und ihrer Funktion zu stellen. Ferner ergeben sich die Diskrepanzen nicht zwischen einer universalen, wenn auch lebensweltlich bestimmten Subjektivität und der Wissenschaft. Sie ergeben sich vielmehr zwischen gesellschaftlichen Wissensformen, die an bestimmte gesellschaftliche Subsysteme gebunden sind und in diesen auch eine spezielle Funktion haben, und der universalen Wissenschaft. Die Transformationsprobleme verschwinden ebenfalls, wenn man meint, die Wissenschaft durch eine Rückbindung an die Lebenswelt ihres eigenen Problemzusammenhangs wieder entkleiden zu können. Es ist ja nicht bloß so, daß die neuzeitliche Wissenschaft durch ihren Verselbständigungsprozeß einen gegenüber lebensweltlichen Zusammenhängen unabhängigen Problemzusammenhang geschaffen hat, sondern die Lebenswelt zerfällt selbst in eine Mannigfaltigkeit von Sinnprovinzen mit speziellen sozialen Trägerschichten, von denen die jeweiligen Problemdefinitionen abhängig sind. Um die uns interessierenden Probleme artikulieren zu können, muß man also erstens mit einer Mannigfaltigkeit von regional und historisch bestimmten Lebenswelten rechnen, zweitens damit, daß die Wissenschaft selbst quasi als Lebenswelt, d. h. als ein Sinnzusammenhang mit einer spezifischen Trägerschicht auftritt.

IV.

Diese Überlegungen legen nahe, sich an Stelle von Husserls transzendental-phänomenologischen auf empirische Untersuchungen von Lebenswelt zu stützen. Die Wahrnehmungspsychologie (Phänomenologie der Wahrnehmung und Gestaltpsychologie) und die Soziologie der Lebenswelt (A. Schütz und Ethnomethodologie) haben solche Untersuchungen vorgelegt. Sie erweisen sich aber doch nur als bedingt brauchbar.

Die Phänomenologie der Wahrnehmung und die Gestaltpsychologie haben zwar das Verdienst, so etwas wie eine Wissenschaft von der unmittelbaren und damit vorwissenschaftlichen Wahrnehmung entwickelt zu haben. Problematisch ist nur, daß die vorwissenschaftliche Erfahrung, mit der Wissenschaft etwa im didaktischen Zusammenhang konfrontiert wird, so unmittelbar nicht ist, sondern bereits gesellschaftlich vermittelt und insbesondere von sedimentierter Wissenschaft durchsetzt ist. Gestaltpsychologie und Phänomenologie der Wahrnehmung gehen statt dessen von Experimenten aus, in denen der gesellschaftliche Kontext von Wahrnehmungsvorgängen ausgeblendet wird und der Stand des Wissens im Sinne von *common sense* keine Rolle spielen soll. Ferner wird nicht berücksichtigt, daß es eine Ontogenese des Wahrnehmungsvermögens gibt. Gleichwohl sind diese Untersuchungen, wie der Beitrag von G. Böhme in diesem Band zeigt, bedingt verwendbar. Innerhalb der Entwicklung der Naturwissenschaften gibt es nämlich eine Phase, in der diese an solche gegenüber der konkreten historischen Lebenswelt reduzierten Wahrnehmungen anknüpfen, wie sie von der Gestaltpsychologie und der Phänomenologie der Wahrnehmung erfaßt werden.

Die Soziologie, die im Anschluß an E. Husserl und in Auseinandersetzung mit M. Weber von A. Schütz und später von den Ethnomethodologen entwickelt wurde, bietet schon eher die Möglichkeit, einen Lebensweltbegriff zu formulieren, der die eingangs genannte Kluft zwischen der Wissenschaft und dem Wissen, das an den Alltag des Menschen gebunden ist, analysierbar macht.

In der Untersuchung der Struktur von Alltagswissen und impliziten Handlungsregeln haben diese Autoren gewisse generelle Merkmale lebensweltlichen Wissens festgemacht, die im deutlichen Gegensatz zur Charakteristik wissenschaftlichen Wissens stehen, nämlich beispielsweise die Indexikalität und die Situationsgebundenheit solchen Wissens. Wichtig ist vor allem, daß sie das Alltagswissen an historische und gesellschaftliche Träger gebunden haben. Alltagswissen erscheint hier gewöhnlich als Praxiswissen, ein *know how,* d. h. die Fähigkeit, aufgrund spezieller Regelkompetenzen sich in Situationen orientieren und verhalten zu können. Bisher liegt allerdings noch relativ wenig an solchen Untersuchungen regionalen Praxiswissens vor, außer beispielsweise für die Lebenswelt von Ärzten und Richtern. Problematisch bleibt an diesen Untersuchungen in jedem Fall die Vernachlässigung makrosoziologischer Gesichtspunkte. Die Lebenswelten werden nur auf die Regeln ihrer internen Gruppeninteraktion hin untersucht und nicht auf ihre historischen und sozialen Bedingungen, die sich aus ihrer Geschichte und ihrer je spezifischen Einbindung in eine bestimmte Gesellschaftsformation ergeben. Das wird den Wert dieser Untersuchungen dort einschränken, wo es um die Konfrontation von Wissensschichten geht, in denen sich Klassengegensätze reproduzieren.

Die Arbeiten von A. Schütz[3] zur Lebenswelt und zur Besonderheit lebensweltlichen Wissens haben zu einer Konzentration auf die Abgrenzung von Sinnprovinzen geführt. So steht neben der »Sinnprovinz« der Lebenswelt relativ unverbunden die »Sinnprovinz« der Wissenschaft. In Fortsetzung dieser Tradition geht es auch den Ethnomethodologen[4] darum, die vom Laien vollzogene Rekonstruktion sozialer Wirklichkeit neben die von der Wissenschaft vorgenommene Rekonstruktion zu stellen und sie als zwei verschiedene Methoden begreiflich zu machen. Durch diese primäre Ausrichtung ist die von Husserl eingebrachte kritische Intention der Gegenüberstellung von Wissenschaft und Lebenswelt verlorengegangen. Diese kritische Intention wird nur dann aufgegriffen, wenn neben der Abgrenzung die Beziehung zwischen Lebenswelt und Wissenschaft zum Gegenstand der Untersuchung gemacht wird. Denn nur auf dem Hintergrund des Verhältnisses von Abgrenzung und Beziehung kommt das widersprüchliche Nebeneinander von Integration und Desintegration der Wissenschaft in die gesellschaftliche Wirklichkeit in den Blick. Dazu muß freilich die handlungstheoretische und phänomenologische Eingrenzung des Untersuchungsfeldes überwunden werden.

V.

Trotz der partiellen Brauchbarkeit der Untersuchungen, die im letzten Abschnitt genannt wurden, bleibt die Frage, ob die Verwendung des Lebensweltbegriffs zur Bezeichnung der Transformationsprobleme der Wissenschaft nicht doch bloß eine historische Reminiszenz ist. Soll dieser Begriff einen Nutzen abgeben für die Analyse des Verhältnisses zwischen Wissenschaft und dem Alltag der Erfahrungen, des Denkens und Handelns der Menschen, so müssen aus der bisherigen kritischen Durchsicht einige Folgerungen gezogen werden, um mit einer Kritik dieses Begriffs zugleich eine Rekonstruktion seiner analytischen Kraft anzubahnen.

In jedem Fall würde es nicht genügen, Wissenschaft mit der Faktizität der gesellschaftlichen Strukturen zu konfrontieren. Um die Wissenschaft unter dem Aspekt der oben genannten konkreten Probleme auf ihre Beziehung zur Gesellschaft zu überprüfen, darf die zu berücksichtigende natürliche und soziale Wirklichkeit des Menschen nicht auf ihre objektiven Bedingungen eingegrenzt werden. Es kann z. B. nicht nur um die objektiven Bedingungen von Arbeit gehen, um Bedingungen, die in unterschiedlichem Ausmaß ein wissenschaftliches Fundament besitzen und wissenschaftlich beobachtet und beschrieben werden können. Es muß vielmehr darum gehen, wie der Mensch innerhalb dieser Bedingungen seine Arbeit erlebt, welche Erfahrungen er macht und mit welchen Deutungs- und Orientierungsmustern er sich in ihr zurechtfindet. Neben die zur Wissenschaft entwickelten Erkenntnistätigkeit muß die allgemeine Form der Auseinandersetzung des Menschen mit sich selbst und der ihn umgebenden Natur und Gesellschaft gestellt werden, die Form, die es ihm ermöglicht, sich in der Wirklichkeit zu orientieren, sie sich zu eigen, zu seiner Lebenswelt zu machen.

Um die aufgeführten und hier anzusiedelnden Transformationsprobleme zu erfassen, würde es sich vielleicht anbieten, die Theorie-Praxis-Dichotomie heranzuziehen. Doch der entscheidende Aspekt an der Spannung zwischen der vom Menschen erfahrenen und gedeuteten Wirklichkeit und der Wissenschaft ist kein Übergangsproblem zwischen Theorie und Praxis. Auf der einen Seite entstehen die genannten Probleme ja gerade dadurch, daß die Wissenschaft innerhalb des Entwicklungsstands unserer Gesellschaft selbst eine gesellschaftliche Praxis ist, die andere Praxisfelder entscheidend beeinflußt. Auf der anderen Seite aber tritt der Wissenschaft nicht die unmittelbare Praxis als Gegenpol gegenüber, sondern spezifische, zu Praxiszusammenhängen gehörige Wissensformen.

Deshalb erscheint es sinnvoll, auf den Lebensweltbegriff zurückzugreifen, der es möglich macht, Wissensformen des Alltags von der Wissenschaft abzugrenzen. Dabei ist vor allem von Bedeutung, daß der Lebensweltbegriff als ein kritischer Gegenbegriff gegenüber der Wissenschaft eingeführt worden ist. Er verweist gegenüber der universalen ahistorischen Wissenschaft auf die konkreten, historisch bestimmten und regional spezifizierten Zusammenhänge. Es muß aber festgestellt werden, daß die Untersuchungen von Lebenswelt im allgemeinen diese konkreten Situationen nicht erreicht haben, sondern nur Situativität überhaupt. Ferner ist – der Tradition der Philosophie entsprechend – das Konkrete im Singulären gesucht worden, d. h. im von seinen Voraussetzungen isolierten Individuum und nicht in der historischen Ausprägung von Gesellschaftsformationen, sozialen Klassen und Schichten sowie sozialen Institutionen und Praxisfeldern. Außer vielleicht in didaktischen Situationen wird aber wissenschaftliches Wissen nicht mit den Kompetenzen des Individuums konfrontiert, sondern mit Wissensformen, die bestimmte Institutionen wie die Schule, bestimmte Produktionszusammenhänge wie die Fabrik, oder Praxiszusammenhänge wie die Politik oder das Rechtswesen bestimmen.

Gegenüber der Wissenschaft thematisiert der Lebensweltbegriff die subjektive Gebundenheit und Bedeutsamkeit von Wissen. Es ist aber unzureichend, wenn man diese Relevanzstruktur als Jemeinigkeit (Heidegger) begreift, und nicht sieht, daß Wissen allenfalls als Weisheit oder Erleuchtungswissen in seiner Relevanzstruktur auf das Individuum verweist, sonst aber auf Gruppen von Betroffenen. Die analytische Kraft, die dem Begriff der Lebenswelt zukommt, da er die Perspektive des Menschen auf mit Sinn belegte Welt einzunehmen erlaubt, wird also durch die doppelte Gefahr eines Subjektivismus und Universalismus geschwächt. Diese Gefahr läßt sich jedoch dadurch auflösen, daß die objektiven Grundlagen der Lebenswelt und die Intersubjektivität der in ihr vollzogenen Sinngebung herausgearbeitet werden. Beides tritt immer schon in einer besonderen historischen und sozialen Gestalt auf, in der die allgemeinen Voraussetzungen der inneren und äußeren Natur des Menschen eine bestimmte Form angenommen haben.

Die Grundlagen für die Lebenswelt des Menschen ergeben sich aus den konkreten Bedingungen seiner Arbeit, seiner privaten Existenz, seines politischen und gesellschaftlichen Lebens, die eingebettet sind in historische Entwicklungsprozesse und allgemeine Strukturen der jeweiligen Gesellschaft. Daraus ergibt sich nicht nur, daß das, was als Lebenswelt bezeichnet wird, einem historischen Veränderungsprozeß unterliegt. Es bedeutet vor allem auch, daß zu einem historischen Zeitpunkt und innerhalb einer Gesellschaft eine Vielfalt von Lebenswelten angenommen werden muß, die sich auf die Unterschiede in der sozio-ökonomischen Lage der Gesellschaftsmitglieder rückbeziehen lassen. Schon von der objektiven Grundlage ausgehend kann also etwa die Lebenswelt des Industriearbeiters nicht mit der des Beamten oder der des Managers gleichgesetzt werden. Ebensowenig erlaubt der historische und soziale Charakter der objektiven Grundlage eine Auflösung in vereinzelte Lebenswelten, die nur Gültigkeit für das einsame Individuum besitzen. Die Lebenswelten bleiben an soziale Gruppen und Situationen gebunden, auch wenn sie durch die in der unverwechselbaren Biographie sich herausbildende Individualität des Menschen eine entscheidende Prägung erhalten. Eine weitergehende Betrachtung zeigt, daß von ihrer objektiven Grundlage her die Lebenswelten von Individuen und Gruppen keineswegs in sich homogen sind. Für die Mehrzahl der Gesellschaftsmitglieder besteht eine geradezu unlösbare Aufgabe darin, die verschiedenen Bereiche von Arbeit, Familie, gesellschaftlichem und politischem Leben zu *einer* Lebenswelt zusammenzubringen.

Die Bedingungen der natürlichen und sozialen Existenz des Menschen führen im historischen Entwicklungsprozeß wie auch im Vergleich zwischen sozialen Lagen innerhalb einer Gesellschaft deshalb zu verschiedenen Lebenswelten, weil mit ihnen sehr unterschiedliche Anforderungen an das subjektive Vermögen des Menschen gestellt werden, sich mit ihnen auseinanderzusetzen. Gleichzeitig bedeuten sie sehr unterschiedliche Möglichkeiten und Grenzen, diese Vermögen herauszubilden. Daraus resultieren entscheidende Differenzen in den an die alltägliche Praxis gebundenen Formen der Erfahrung, der Deutungs- und Orientierungsmuster; deren globale Konfrontation mit der durch die Wissenschaften vollzogenen Rekonstruktion sozialer und natürlicher Wirklichkeit wird dadurch erschwert. Diese Differenzierung gilt natürlich auch für die Unterschiede zwischen den Ausschnitten der Lebenswelt einer Person oder einer sozialen Gruppe.

Die Formen der alltäglichen Auseinandersetzung des Menschen mit der ihn bedingenden Wirklichkeit werden in langfristigen Prozessen der Sozialisation erworben, die über die Schul- und Ausbildungszeit hinausgehen und die ganze Lebenszeit überspannen. Diese Prozesse sind gesellschaftliche Vorgänge und besitzen prinzipiell den Charakter von Intersubjektivität, weil sie sich nur über Interaktionen zwischen Menschen und innerhalb gesellschaftlicher Institutionen vollziehen. Dadurch erhält die Lebenswelt nicht nur durch ihre objektiven Grundlagen, sondern auch von ihrer subjektiven Seite her die überindividuelle und an soziale Gruppen gebundene Prägung. Da sich aber Sozialisation immer als ein individueller Bildungsprozeß vollzieht, geht in die Lebenswelt auch die Unverwechselbarkeit des Individuums mit ein.

Das lebensweltliche Wissen besitzt also einen ausgeprägten historischen und gesellschaftlichen Charakter und ist an bestimmte soziale Gruppen und Praxiszusammenhänge gebunden. Mit dem Lebensweltbegriff wird eine Wissensform thematisiert, die im Unterschied zur Wissenschaft nicht Wissen und Handeln trennt, sondern Wissen im Handeln ist. Der Komplexität menschlichen Handelns entspricht die Komplexität des lebensweltlichen Wissens. Ebensowenig wie Handeln als Auseinandersetzung mit den Bedingungen der Lebenswelt auf die technisch-praktischen Aspekte reduziert werden kann, ist lebensweltliches Wissen auf eine quasi-handwerkliche Komponente beschränkt. Es enthält Theorien und Erklärungsmuster, die einen Orientierungsrahmen für das Handeln, Legitimationsformen und Deutungsschemata von Erfahrungen abgeben. Das in die Lebenswelt eingebundene Wissen ist durchdrungen von gesamtgesellschaftlichen und gruppenspezifischen Ideologien und umschließt das, was als das gesellschaftliche Bewußtsein sozialer Gruppen empirisch untersucht wird. Wesentlich ist am Lebensweltbegriff der Weltcharakter von

Wissen selbst. Im Unterschied zur ursprünglichen Erwartung muß gesagt werden, daß der Verzicht auf die Weltbildfunktion zur neuzeitlichen Wissenschaft wesentlich dazugehört. Demgegenüber bezieht sich lebensweltliches Wissen immer auf Totalitäten, selbst wenn diese »Welten« nur von regionaler Bedeutung sind.

Aus diesen Ansätzen einer differenzierten Bestimmung des lebensweltlichen Wissens geht hervor, daß es nicht nur aus ihrem Bezug auf Praxiszusammenhänge und Sozialisationsprozesse zu erklären ist. Eine wichtige Strukturierung erhält es auch durch das in der Klassenlage und Schichtzugehörigkeit der Gesellschaftsmitglieder begründete unterschiedliche Interesse an diesen Praxiszusammenhängen. Damit ergibt sich eine verschiedenartig ausgerichtete alltägliche Erkenntnistätigkeit gegenüber den unmittelbaren oder weiter entfernt liegenden Bedingungen der zu gestaltenden Lebenswelt, was sich in unterschiedlichem Wissen und unterschiedlichen Theorien über diese Lebenswelt niederschlägt.

Die bisherigen Überlegungen machen deutlich, daß das, was sinnvollerweise als das lebensweltliche Wissen dem wissenschaftlichen Wissen entgegenzustellen ist, eine komplizierte Struktur besitzt und in einem komplizierten Bedingungsgefüge steht. Die in ihm vorhandenen Schichten reichen von technisch-instrumentellem Wissen, über Sinnsetzungen für das Handeln und Interpretations- und Verarbeitungsmuster erfahrener Wirklichkeit bis zu umfassenden Vorstellungs- und Legitimationsformen individueller und gesellschaftlicher Realität. In seinen Entstehungsbedingungen hat es – wie anderes Wissen auch – eine objektive Seite, die durch die natürlichen und sozialen Dinge repräsentiert ist, und eine subjektive Seite, die sich aus der Sinngebung des Menschen ergibt. Beides ist über die in Praxiszusammenhängen bestehenden Möglichkeiten und Notwendigkeiten der Auseinandersetzung des Menschen mit den Bedingungen seiner Existenz miteinander verknüpft. Durch diese Verankerung erhält das lebensweltliche Wissen die historische und soziale Dimension, die in der Analyse eine Beziehung auf soziale Gruppen, Institutionen, Gesellschaften und Praxiszusammenhänge notwendig macht. Daraus ergibt sich aber auch, daß das lebensweltliche Wissen durch Tradition und Innovation geprägt ist. Denn die subjektive Seite besteht nicht nur aus der allgemeinen biologisch-organischen menschlichen Verfassung der Erfahrungs- und Erkenntnistätigkeit, sondern sie gehört immer in historische Entwicklungsprozesse. Der einzelne und die Gruppe werden durch interaktive Prozesse der Vermittlung in solche Traditionen hineingestellt, wobei das lebensweltliche Wissen zeitlich und regional die lebensweltliche Erfahrung überschreiten kann.

Die Innovation ergibt sich aus der Konfrontation lebensweltlichen Wissens mit lebensweltlicher Erfahrung. In dieser Konfrontation, wie sie die Geschichte von Individuen, Gruppen und Gesellschaften begleitet, können das alltägliche Wissen und die Alltagstheorie bestätigt und in einem gleichbleibenden Sinne weiterentwickelt werden. Es kann aber auch zu Widersprüchen zwischen dem tradierten Wissen und den in Praxiszusammenhängen eingebundenen Erfahrungen und den Notwendigkeiten ihrer Verarbeitung kommen, so daß grundsätzliche Revisionen notwendig werden. Solche grundsätzlichen Veränderungen des lebensweltlichen Wissens vollziehen sich für seine Träger in der Regel nicht als ein kontinuierlicher und befreiender Prozeß. Da die verschiedenen Teile des lebensweltlichen Wissens auf einer dem Menschen selbst meist verborgenen Tiefenstruktur miteinander verbunden sind, gefährdet die Aufgabe oder Neukonstituierung eines Elements immer auch umfassendere Teile eines Sinngebungs- und Orientierungssystems, die mit grundlegenden Verunsicherungen verbunden sind. Hier lassen sich Parallelen zur Struktur der Entwicklung wissenschaftlichen Wissens ziehen. Dadurch, daß lebensweltliches Wissen Wissen im Handeln ist, erfaßt deren Umstrukturierung die mit ihr angeleitete Praxis und deren Legitimation. So wirkt der Innovation des in Gesellschaften, sozialen Gruppen und individuellen Biographien tradierten lebensweltlichen Wissens eine Tendenz entgegen, die auf eine Erhaltung gängiger Orientierungs- und Deutungsmuster abzielt. Es bilden sich Klischees, Stereotype und erstarrte Rezepte heraus, auf die die veränderte unmittelbare Erfahrung und die Wandlungen in den ihr zugrunde liegenden Praxiszusammenhängen und sozialen Lagen keinen Einfluß haben; diese Veränderungen werden in gleichbleibender Weise verarbeitet und gedeutet. Andererseits können sich aber auch sehr umfassende Umgestaltungen des lebensweltlichen Wissens von Individuen und Gruppen ergeben, die mit tiefgreifenden Krisen verbunden sind und deren Ausmaß mit den »Revolutionen« in der Wissenschaft vergleichbar sind. In den Umbruchsituationen, in denen lebensweltliches Wissen an der

Überprüfung von Erfahrung und Praxis zu scheitern droht und in denen sich die Alternative Erstarren oder Verändern stellt, kann dem wissenschaftlichen Wissen eine besondere Bedeutung zukommen, wenn es nachvollziehbare Erklärungen einer unbegreiflich gewordenen Lebenswelt liefern kann.

Abschließend soll noch einmal gesagt werden, auf welche Weise uns die Konfrontation von Lebenswelt und Wissenschaft sinnvoll erscheint. Geht man, wie wir vorschlagen, von einem konkreten, aktuellen Vermittlungsproblem aus, dann wird man weder wie Husserl eine Strukturgleichheit von Lebenswelt und Wissenschaft unterstellen, noch wie Schütz das bloße Nebeneinander der Sinnprovinzen im Auge haben. Erst der Unterschied und die Konkurrenz der Wissensformen in einem Praxisbereich lassen die Probleme hervortreten. Lebensweltliches Wissen ist in seiner Partikularität herauszustellen; man wird nur dann einen deutlichen Begriff von ihm erlangen, wenn es an soziologisch bestimmbare Träger gebunden, auf gesellschaftlich-institutionelle Praxiszusammenhänge bezogen und auf historische Zeiträume eingegrenzt wird. Diese Konkretisierungen müssen aus dem interessierenden Vermittlungsproblem entwickelt werden. Lebensweltliches Wissen wird dann als eine Form von Wissen zu behandeln sein, das erstens Laienwissen ist, d. h. nicht innerhalb wissenschaftlicher Professionen tradiert und weiterentwickelt wird; das zweitens eine Relevanzstruktur enthält, die auf eine bestimmte betroffene Gruppe bezogen ist; das drittens innerhalb von Gesellschaften und Gruppen weitergegeben wird; das viertens in Praxiszusammenhängen erworben und verändert wird, sich ihnen gegenüber aber auch verselbständigen kann; und das fünftens als *know how* oder als Orientierungs- und Rechtfertigungswissen in den Praxiszusammenhang eingelassen bleibt.

Anmerkungen

o E. Husserl. Die Krisis der europäischen Wirtschaften und die transzendentale Phänomenologie. Den Haag: Martinus Nijhoff, 2. Aufl. 1962.

1 »Die Physiker, Menschen wie andere Menschen, lebend im Sichwissen in der Lebenswelt, der Welt ihrer menschlichen Interessen, haben unter dem Titel Physik eine besondere Art von Fragen und (in einem weiteren Sinne) von praktischen Vorhaben auf die lebensweltlichen Dinge gerichtet.«

2 »Die Welt als Lebenswelt hat schon vorwissenschaftlich die ›gleichen‹ Strukturen, als welche die objektiven Wissenschaften, ..., als apriorische Strukturen voraussetzen und systematisch in apriorische Wissenschaften entfalten.« (ebda., 142)

3 A. Schütz, *Gesammelte Aufsätze*, Band I, Den Haag 1971; ders., *Der sinnhafte Aufbau der sozialen Welt*, Frankfurt 1974; A. Schütz, Th. Luckmann, *Strukturen der Lebenswelt*, Neuwied und Darmstadt 1975

4 Zur Ethnomethodologie vgl. Arbeitsgruppe Bielefelder Soziologen (Hrsg.), *Alltagswissen, Interaktion und gesellschaftliche Wirklichkeit*, Band I, Symbolischer Interaktionismus und Ethnomethodologie; Band II, Ethnotheorie und Ethnographie des Sprechens, Reinbek 1973; G. Weingarten, F. Sack, J. Schenkein, *Ethnomethodologie. Beiträge zu einer Soziologie des Alltagshandelns*, Frankfurt/M. 1976

I

Wissenschaft und Lebenspraxis

L. v. Ferber
Sozialdialekte in der Medizin.
Das Sprachverhalten von Laien, Praktikern und Wissenschaftlern

In der Medizin besteht die ständige Notwendigkeit, Wissenschaft lebenspraktisch anzuwenden. Jeder Arzt – ganz gleich, ob er Kliniker in einer Universitätsklinik, mit besonderen wissenschaftlichen Ansprüchen, oder Allgemeinpraktiker ist – muß sich mit seinen Patienten auseinandersetzen. Arzt ist eben nur, wer Patienten behandelt, und Patienten andererseits sind immer Laien. In den Natur- und Geisteswissenschaften führen dagegen Laienkultur und Expertenkultur ein je getrenntes Leben. Eine Interaktion von Laien und Experten ist seltener und erscheint – anders als in der Medizin – nicht lebensnotwendig. Zur Darstellung der Wissensformen von Laien, Praktikern und Wissenschaftlern scheint die Medizin daher besonders geeignet.

Im folgenden sollen diese Wissensformen in einer empirischen Untersuchung aus dem Bereich der Medizinsoziologie dargestellt werden. Diese Untersuchung arbeitet mit den Methoden der Sprachsoziologie. Sie kann als wegweisend für die Wissenssoziologie gelten, denn

1. ebenso wie die Sprache eignen sich Personen auch ihr Wissen an: Aus dem gesamten gesellschaftlich verfügbaren Wissensbestand (Wissensvorrat nach Luckmann) werden im Laufe des Lebens nur bestimmte Wissensbereiche und Wissensformen relevant und gelernt und dann gewußt. Das Aneignen dieser Wissensbestände ist ein intersubjektiver Prozeß, der sich in den relevanten Sozialsituationen vollzieht. Die Bezugspersonen vermitteln die Normen und Wertvorstellungen, unter denen das Wissen geordnet und ausgewählt wird. Daher sind die Wissensbestände von einzelnen Personen oder sozialen Gruppen nach soziologischen Kriterien wie Ausbildung, Sozialstatus, Rollen verteilt. Mit dem Wissenserwerb geht der Spracherwerb parallel. Beide unterliegen den gleichen Gesetzmäßigkeiten.

2. Wenn Sprache untersucht wird, wird mittelbar auch Wissen

erfaßt, denn: Sprache ist der Spiegel des Wissenshorizontes eines Menschen. Wenn wir Sprache untersuchen, erfahren wir das Wissen, das von den Kommunikationspartnern aktualisiert wird. Es ist das fungierende Wissen, das Wissen, das zum Gesprächsgegenstand gemacht wurde. Als geschriebenes oder gesprochenes Wort ist das Wissen objektivierbar. Irgendwelche unaussprechlichen Gedanken sind noch kein Wissen. Hier ist der Gegenstand noch nicht erfaßt. Wissen kann man nur, was man in Worte fassen kann, was man sagen oder schreiben kann (Siberski).

Aus diesen Gründen scheint es berechtigt, eine empirische Untersuchung, die mit sprachsoziologischen Methoden arbeitet, zur Analyse wissenssoziologischer Fragen einzusetzen. Vor allem auch, weil die Wissenssoziologie noch nicht über eigene Methoden und Kategorien verfügt. Dagegen hat die Sprachsoziologie bereits analytische Kategorien entwickelt, mit deren Hilfe die von den Gesprächspartnern benutzte Sprache (Sozialdialekte) analysiert wird und die Abhängigkeit von situations- bzw. lebensbereichsabhängigen Sprachbeständen (Registern) untersucht wird.

Soziale Distribution von Erfahrung, Wissen und Sprache

Wissens- und Sprachbestände sind entsprechend der Sozialstruktur verteilt. Menschen in ähnlichen Rollen und Sozialstati sowie mit ähnlicher Ausbildung an ähnlichen Arbeitsplätzen haben je ähnliche Erfahrungen und Interessen sowie Normen und Wertvorstellungen, die zu ähnlichen Auffassungsperspektiven führen, denen sie wiederum in ähnlichen Worten Ausdruck verleihen – sie sprechen ähnliche Sozialdialekte.

Die Möglichkeiten des Wissenserwerbs sind ebenso wie das Erlernen der Ausdrucksmöglichkeiten durch den Erfahrungshorizont bestimmt. Denn »aus der ganzen Überfülle und Komplexität der Möglichkeiten des Erlebens und der Erfahrungen liest das Individuum handelnd die Erkenntnisse aus, die seiner Rolle und der relevanten Sozialsituation angemessen sind.« (Luhmann).

Ein Sachverhalt wird also aus der Perspektive eines Rolleninhabers in einer Sozialsituation erfaßt. Mit der Rolle wechselt auch die Perspektive auf den konkreten Sachverhalt und der Stellenwert des konkreten Sachverhaltes im alltäglichen Leben eines Menschen. So wird der gleiche konkrete Sachverhalt – etwa eine

Krankheit – von den Partnern der Sozialsituation – z. B. in der ärztlichen Sprechstunde – aus der jeweils eigenen Rollenperspektive benannt. Laien, praktische Ärzte und Kliniker haben für die gleiche Krankheit unterschiedliche Namen. Ein Rückenschmerz z. B. wird von einem Patienten, der Arbeiter ist, als Verheben bezeichnet. Der Patient verspürte beim Heben eines schweren Werkstücks einen plötzlichen reißenden Schmerz. Für ihn stehen Heben und Schmerz in einer unmittelbaren Beziehung. Dieser Beziehung gibt er den Namen Verheben!

Der Arzt ist nicht selbst krank. Er verbindet kein unmittelbares Erleben mit dem Ereignis des Verhebens. Er erlebt vielmehr den schmerzgeplagten Patienten. Beim Abtasten der Rückenmuskulatur verspürt er die reflektorisch verhärteten Muskelpartien, die der medizinischen Lehrmeinung entsprechend den Schmerz unterhalten. Diese Meinung faßt der Arzt in dem Wort Lumbago zusammen und verschreibt krampflösende Maßnahmen. Nach der Wiederholung ähnlicher Ereignisse wird der Röntgenologe als wissenschaftlicher Gutachter hinzugezogen. Er soll abgelöst von der konkreten Situation – der Patient hat möglicherweise z. Z. keine Schmerzen – die Wirbelsäule beurteilen. Osteochondrose der Wirbelsäule ist seine Diagnose. Diese Diagnose, die den Erkenntnishorizont des Klinikers spiegelt, sagt nichts aus über das Erleben des Patienten oder die Erkenntnis des praktischen Arztes. Die Erkenntnismöglichkeiten der drei mit Krankheit befaßten Personengruppen führte zu drei unterschiedlichen Benennungen der Krankheit. Wissen und Sprache sind, wie dieses Beispiel zeigt, durch Erfahrungen geprägt, die die Individuen in ihrer jeweiligen sozialen Position und in der jeweiligen Sozialsituation mit dem Gesprächsgegenstand machen.

Wie dieses Beispiel weiter zeigt, können die Sozialdialektunterschiede zu erheblichen Verständigungsschwierigkeiten zwischen den Kommunikationspartnern führen, denn hinter jedem Namen steht auch eine besondere Perspektive auf den Gegenstand.

Der Röntgenologe oder Kliniker vertritt die klinisch-wissenschaftliche, erlebnisfreie, objektive, apparatevermittelte Perspektive auf die Krankheit. Seiner Diagnose Osteochondrose folgt keine therapeutische Handlung. (Diese wissenschaftliche Objektivität kann soweit gehen, daß auch in Fällen, in denen der behandelnde Arzt Entscheidungshilfen bräuchte, der Röntgenologe auf

die fehlende praktische Erfahrung hinweisend keine Handlungsanweisungen gibt!)

Der Praktiker »behandelt« dagegen seinen Patienten. Er ertastet
die Krankheit, benennt sie und gibt therapeutische Anweisungen.

Die anschauliche Erfahrung des Erkrankens steht hinter der
Patientenselbstdiagnose »Verheben«.

Die hier vorgestellten Sozialdialekte bezeichnen den gleichen
Gegenstand mit unterschiedlichen Worten. Es kann aber auch den
formal identischen Worten in den unterschiedlichen Sozialdialekten eine je unterschiedliche Bedeutung beigelegt werden. So repräsentiert das Wort Arbeit z. B. im Leben eines Menschen eine
wichtige Sozialsituation, von den Sprechern und Benutzern dieses
Wortes wird ihm eine gruppenspezifische, den täglichen Erfahrungen entsprechende Bedeutung beigelegt.

Die Sprache in den Sozialsituationen – die Register

In einem lebenslangen Sozialisationsprozeß, der über die familiäre
Erziehung, die Schule, Ausbildung und die Berufserfahrung läuft,
erfährt das Individuum die Wirklichkeit seiner sozialen Gruppe.
In der Interaktion mit den Beziehungspersonen dieser kommunikativen Wirklichkeit (Siberski) eignet es sich einen Sozialdialekt
an. Als Mitglied einer sozialen Gruppe steht es in verschiedenen
Lebenssituationen – in Arbeit und Beruf, in Familie und im
Verkehr mit Freunden. Den Wortschatz aus den Sozialdialekten,
der solchen Lebenssituationen typisch zugeordnet werden kann,
bezeichnet die Sprachsoziologie als Register (Halliday). Die für
die Sozialgruppe typische Bewältigung von Lebenssituationen
spiegelt sich in einer situationsspezifischen Sprache, den Registern. Die Abhängigkeit der Register von der sozialkategorialen
Zugehörigkeit der Kommunikationspartner in einer Situation
werden wir im zweiten Teil dieser Arbeit am Beispiel der Sozialsituation Sprechstunde und den dort benutzten Registern von
Kliniksärzten, praktischen Ärzten und Patienten darstellen. Hier
wollen wir zunächst nur die unterschiedlichen Register einer
Sozialgruppe – nämlich der manuell tätigen Arbeiter – in verschiedenen Sozialsituationen – am Arbeitsplatz und in der Krankheit –
schildern. Es handelt sich also um die Sprechstunden- und Ar-

beitsplatzregister. Wenn wir Register so ableiten, daß wir sie auf typische kollektive Lebensbereiche und Sozialbereiche beziehen, dann entsteht das folgende Problem, das ich hier zur Diskussion stellen möchte:

Die Individuen leben in verschiedenen Lebensbereichen bzw. Sozialsituationen zugleich, für sie ist der Wechsel der Sozialsituation lediglich die Aktualisierung einer Sozialsituation bei Latenthalten der übrigen Sozialsituationen. (Wenn z. B. jemand krank wird, so bleibt er doch gleichwohl in seinem beruflichen und in seinem familiären Status.)

Das Problem von Aktualität und Latenz fordert, so lautet die wissens- und sprachsoziologische Hypothese, von dem Individuum eine Synthetisierung seines Wissens von den verschiedenen Lebensbereichen, die es täglich erlebt. Mit der Synthetisierung des Wissens tritt auch eine Homogenisierung des Sprachverhaltens zu einem Sozialdialekt ein.

Oder um die Hypothese der Synthetisierung noch anders zu fassen. Das Individuum synthetisiert seinen Wissens- und Sprachbestand aus dem Wissen der verschiedenen Lebensbereiche, Sozialsituationen und Einzelerlebnisse. Die Erfahrung, die das Individuum in den verschiedenen Lebensbereichen macht, etwa in der Familie, am Arbeitsplatz und im Krankenbett, diese Erfahrungen erlebt es nicht getrennt und je für sich, sondern zu einem sinnhaften Ganzen integriert bzw. synthetisiert. Mit Hilfe der Sprache subsumiert es die verschiedenen Erlebnisse unter einer Sinnordnung. Die Sprache ermöglicht es ihm zudem, die Erlebnisse auch mit denjenigen zu teilen, die ihre Erkenntnisse unter die gleichen Sinnordnungen subsumieren.

Der Sozialdialekt der Arbeiter

Im folgenden soll die kommunikative Wirklichkeit am Arbeitsplatz und in der Krankheit, wie sie im Sozialdialekt der manuell tätigen Arbeiter ihren Ausdruck findet, dargestellt werden. Auch hier gilt folgendes, weder die Arbeitssituation noch das Kranksein bilden abgeschlossene Lebensbereiche. Der Arbeiter nimmt die Erfahrungen aus einer Situation mit hinüber in die andere. Problemlösungswege hier sind ihm Entscheidungshilfen dort. Die Logik der einen Situation überträgt er auf die der anderen. Daher verweisen die Register der einen Situation auf die der anderen Situation.

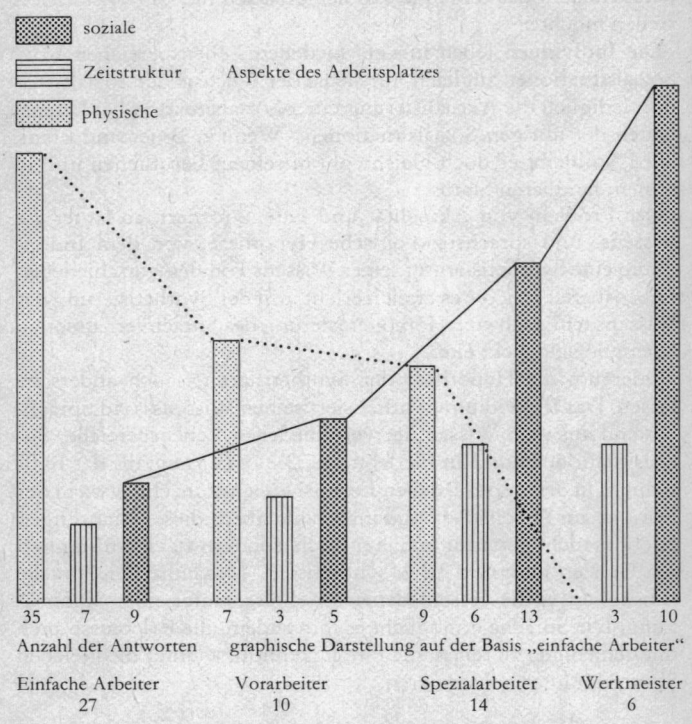

Abbildung 1: Arbeiterkategorien nach Tätigkeitsmerkmalen.

Legende zu den Abbildungen 1 u. 2

Befragung von 56 Kurantragstellern bei der LVA Niedersachsen: Diese Arbeiter wurden in einem halboffenen Interview nach ihren Erkrankungen gefragt und ihren Tätigkeiten am Arbeitsplatz.

Es wurden vier Kategorien gebildet:

1) einfache Arbeiter (ungelernte Arbeiter, keine oder nur kurze Anlernzeiten)

2) Spezialarbeiter (angelernte Arbeiter in besonders hervorgehobener Stellung, z. B. Kranführer)

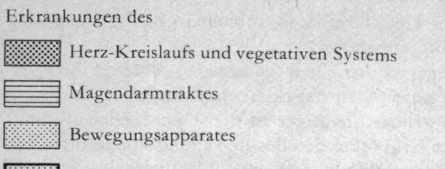

Erkrankungen des

░░░ Herz-Kreislaufs und vegetativen Systems

☰ Magendarmtraktes

░ Bewegungsapparates

░ Bewegungsapparates und vegetativen Systems

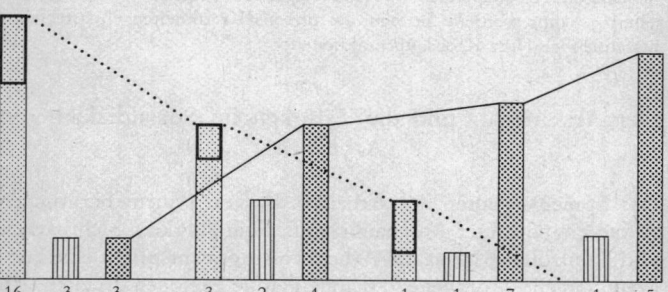

| 16 | 3 | 3 | 3 | 2 | 4 | 1 | 1 | 7 | | 1 | 5 |
| 5 | | | 1 | | | 2 | | | | | |

Anzahl der Erkrankungen   graphische Darstellung auf der Basis „einfache Arbeiter"

Einfache Arbeiter	Vorarbeiter	Spezialarbeiter	Werkmeister
27	10	14	6

Abbildung 2: Arbeiterkategorien nach Erkrankungsart.

3) Vorarbeiter
4) Werkmeister
  Sie unterschieden sich nach ihren Tätigkeitsmerkmalen: s. Abb. 1
1) physische Merkmale (Hitze, Lärm, körperliche Arbeit usw.)
2) Zeitstruktur-Merkmale (Schichtarbeit, Hetze usw.)
3) soziale Merkmale (Beaufsichtigen einer Gruppe, Konflikte mit Mitar-
beitern, Abhängigkeit der eigenen Tätigkeit von der Tätigkeit anderer)
  Sie unterscheiden sich nach der Häufigkeit, mit der sie Krankheiten und
Beschwerden nannten, die wir folgenden Krankheitsarten zugeordnet
haben:
1) Krankheiten des Herz-Kreislaufsystems
2) Krankheiten des Magen-Darmtraktes
3) Krankheiten des Bewegungsapparates
4) Krankheiten des Bewegungsapparates und des Herz-Kreislaufs
  Einfache Arbeiter betonen die physischen Aspekte ihrer Arbeit, sie
nennen dagegen seltener psychosoziale Aspekte ihres Arbeitsplatzes. Ihre

Krankheiten sind seltener Herz-Kreislaufkrankheiten, häufiger dagegen Krankheiten des Bewegungsapparates.

Spezialarbeiter sehen dagegen vor allem die sozialen Aspekte ihres Arbeitsplatzes, während die physischen Aspekte bereits in den Hintergrund treten. Ihre Krankheiten gehören häufiger zu den Herz-Kreislaufkrankheiten und seltener zu den Erkrankungen des Bewegungsapparates.

Werkmeister schließlich schildern fast ausschließlich die sozialen Aspekte des Arbeitsplatzes, während körperliche Aspekte verschwindend selten genannt werden. Sie nannten uns als Krankheiten entsprechend ausschließlich Herz-Kreislaufkrankheiten.

Der Arbeitsplatz und die Tätigkeit im Sozialdialekt von Arbeitern

Das Sprachverhalten des Arbeiters ist von seinem beruflichen Alltag geprägt: Der Anschaulichkeit, Sinnfälligkeit, Sichtbarkeit und Kontrollierbarkeit des Arbeitsvollzuges entspricht eine konkrete Sprache. Vorwiegend manuell tätige Personen drücken sich in sichtbarer, gestenreicher Sprache aus, die sich durch einen hohen Grad an Konkretheit, Anschaulichkeit und Genauigkeit auszeichnet. Beschreibt ein Arbeiter seine Arbeitssituation, so begleitet er die Beschreibung mit Bewegungen und Gesten. Da steht er in gebückter Haltung und muß dabei schwer heben, da spüren die Fingerspitzen, indem sie über die Tischplatte fahren, noch Unebenheiten von 0,01 mm, da ist es heiß oder kalt.

Allerdings nimmt die Konkretheit und körperliche Spürbarkeit der Arbeit vom Akkordarbeiter über den Vorarbeiter zum Spezialarbeiter bis hin zum Meister ab.

1. Ein Akkordarbeiter sagt, »die Arbeit ist schwer, heiß und immer in eins durch und vieles einseitiges Stehen und Ziehen am Hebel, dazu Schwitzen und Zug und keine Luft. – Das ist nicht gut für meinen Rücken, weil es schwer ist und die Einseitigkeit . . .«

2. Spezialarbeiter und Vorarbeiter dagegen sehen die psychonervöse Belastung an ihrem Arbeitsplatz deutlich. Sie haben in ihrem Betrieb eine Sonderstellung inne wegen der Arbeit, auf die sie sich spezialisiert haben und die nur wenige andere oder niemand sonst beherrscht. Z. B. ein Kranführer: »Kranführer sein ist Nervenarbeit, man muß jeden anders bedienen, jeder hängt's anders an, immer verschiedene Menschen bedienen.«

3. Die Gruppe der Meister schließlich, die aus der Position der manuell Arbeitenden in eine Angestellten- oder Beamtenposition wechselten, haben den Wechsel von der körperlich-manuellen Tätigkeit zu einer Tätigkeit, die vorwiegend aus psychosozialen und geistigen Leistungen besteht, erfahren. Ein Fernmeldeoberrat z. B., der früher Sprechstellen-Einrichter und damit Arbeiter war, sieht seine Tätigkeit noch aus der Perspektive des Arbeiters und der Arbeitssituation, die ihm dort als selbstverständlich erschien: »Ich bin Baubeobachter, ich arbeite nun nicht mehr selbst. Als ich anfing, mußte ich noch selbst arbeiten. Jetzt dagegen habe ich einen Aufsichtsposten und Büroarbeit und verantwortliche Tätigkeit.«

Bahrdt und Popitz beschreiben das Weltbild des Arbeiters, also sein Wissen um die Lebenssituationen Arbeit, Krankheit, Politik, und sie zeigen, daß die Gleichsinnigkeiten, die sie über die verschiedenen Lebensbereiche hinweg finden, der Ausdruck dessen sind, daß der Mensch die verschiedenen Lebensbereiche zu einem sinnhaften Ganzen integriert – zu einem Wissensbestand, zu einem Sprachbestand. Ein wichtiges Element der sozialen Wirklichkeit im Arbeiterbewußtsein ist nach Bahrdt das Leistungsbewußtsein. In der sozialen Wirklichkeit dieser Gruppe ist Leistung unmittelbar wertschaffende Leistung oder primäre Leistung als Ergebnis körperlicher, sinnfälliger Arbeit. Arbeit in diesem Sinne ist jederzeit sichtbar und kontrollierbar. Das den Arbeitern gemeinsame Verständnis von Arbeit und Leistung wird einerseits durch das Erlebnis des täglichen selbstverständlichen Arbeitsvollzuges immer wieder bestätigt, und andererseits wird das tägliche Miteinanderleben durch diese Konkretheit, Sinnfälligkeit, Körperlichkeit, Sichtbarkeit und Kontrollierbarkeit geprägt. Die kommunikative Wirklichkeit, die Wirklichkeit, wie sie einer sozialen Gruppe durch eine sinnentsprechende gemeinsame Interpretation aller täglichen Erfahrungen ersteht, umschließt nicht nur die Erfahrungen der Arbeitszeit, sondern auch die Welt der Familie, der Freizeit und der Krankheit, kurz sämtlicher sozialer Bezüge. Diese kommunikative Wirklichkeit einer Gruppe (Siberski) findet ihren beredten Ausdruck in der Ebene der Sprache, sie prägt eine gemeinsame Sprachvariante, einen Sozialdialekt, der für diese Menschen typisch ist.

Krankheit im Sozialdialekt von Arbeitern

Die sinngebende Perspektive auf die Einzelerlebnisse, die diese Einzelerlebnisse zu einer Lebenswelt zusammenschließt, gewinnt der einzelne aus der prägenden, im Vordergrund stehenden Sozialsituation, und das ist gewöhnlich die Arbeitssituation. Wir fanden daher abhängig von der beruflichen Tätigkeit und abhängig von dem beruflichen Status Sinnentsprechungen in so unterschiedlichen Bereichen wie Arbeitsplatz und Krankheit. So fanden wir, daß Arbeiter, die ihre körperliche, konkrete, sichtbare, meßbare Arbeit in sichtbarer, gestenreicher Sprache darstellten, auch ihre Krankheit in der gleichen konkreten, sichtbaren Art beschrieben. Sie zeigten ihre erkrankten Körperteile und sie führten die Einschränkungen der Bewegungsmöglichkeiten vor. Ihre Krankheiten waren mit Händen zu greifen und vorzuzeigen. Die Deutungsmuster, mit deren Hilfe die Orientierung am Arbeitsplatz gelingt, wird auf die Erlebniswelt der Krankheit übertragen. Krankheit steht im sozialen Kontext der Lebenswelt der sozialen Gruppe und findet in der kommunikativen Wirklichkeit dieser Gruppe ihren beredten Ausdruck. Andererseits ist Krankheit nicht nur ein Problem der *Darstellung* von Beschwerden und Behinderungen in der kommunikativen Wirklichkeit. Krankheit, das sind vielmehr auch konkrete Beschwerden und Schmerzen und Dysfunktionen von Organen bei ihrer Überbeanspruchung. Krankheit so gesehen entsteht als Wechselwirkung von Anforderungen am Arbeitsplatz auf der einen Seite sowie persönlichen Verhaltensweisen gegenüber diesen Anforderungen und Können und körperlicher Fitness auf der anderen Seite. Krankheit ist dann das Ergebnis der hieraus resultierenden Dauer-*Über*lastungen bestimmter Organe.

Nur in Ausnahmefällen wird in unserer Gesellschaft der ganze Mensch im Berufsleben beansprucht. In unserer arbeitsteiligen Gesellschaft kommt es gewöhnlich nur zu partialen Leistungsanforderungen und zu partialen Beanspruchungen. Krankheit wird dann wahrgenommen als körperliche Beeinträchtigung in diesen Bereichen besonderer Beanspruchung. Wir haben damit die eigentlich medizin-soziologische Frage nach dem Bezug von der Art der Belastung zur Art der Beeinträchtigung und schließlich zur Art der Erkrankung gestellt.

Das parsonische Paradigma von der Krankenrolle ist demgegenüber einem soziologischen Ansatz verpflichtet, denn es sieht von dem Bezug zu einer bestimmten Erkrankung ab. Die parsonische Sichtweise sieht nämlich die Funktion der Krankenrolle allein in der Entlastung von den Leistungserwartungen aller anderen Rollen und im Hilfsanspruch des Kranken an seine soziale Umgebung.

Ich habe anknüpfend an Bahrdt und Popitz unterschieden zwischen

— manueller Arbeit und körperlicher Belastung:
  Krankheit bedeutet dann körperliche Krankheit und Beeinträchtigung der die körperliche Arbeit leistenden Organe, d. h. der Extremitäten und der Wirbelsäule;
— und zum anderen der nervlich-intellektuellen Arbeit und der entsprechenden psycho-nervösen Belastung:
  Krankheit bedeutet hier Beeinträchtigung im psycho-nervösen Bereich und wenig anschauliche Beschwerden, wie Nervosität und Störungen des Allgemeinbefindens.

Wir fanden daher in der Gruppe der Wirbelsäulenerkrankungen und der Erkrankungen der Extremitäten vorwiegend Menschen, die ihre Arbeit als schwere körperliche Arbeit charakterisieren. Für sie bedeutet Krankheit Überbeanspruchung der die schwere Arbeit leistenden Organe und damit Behinderung bei der Arbeit.

Während wir im bisherigen Teil der Arbeit die Sprache der Laien am Beispiel einer Arbeiterbefragung dargestellt haben, wollen wir im folgenden die Sprache der Wissenschaftler, der Praktiker und der Laien in der Sozialsituation »Ärztliche Sprechstunde« analysieren. Wir haben oben gezeigt, daß die Laien entsprechend ihrem beruflichen Erfahrungs- und Wissenshorizont ihre Krankheit unterschiedlich wahrnehmen und unterschiedlich darstellen; doch wollen wir im folgenden von diesen Unterschieden absehen und das Sprachverhalten der Laien mit dem Sprachverhalten der Ärzte vergleichen. Wir wollen hier auch nicht näher darauf eingehen, daß die Kommunikation zwischen Arzt und Patient von diesen sozialkategoriespezifischen Ausdrucksweisen der Laien geprägt wird (L. v. Ferber 1976).

ERSCHÖPFUNG

Patienten-selbstdiagnosen	In der Kassenpraxis gebräuchliche Diagnosen	Klinische Diagnosen (Immich)
Erschöpfung	Erschöpfung	
Erschöpfungszustand	Erschöpfungszustand	
Erschöpfungskrankheit	Erschöpfungskrankheit	
allgemeine Erschöpfung	allgemeine Erschöpfung	
	allgemeiner Erschöpfungszustand	
völlig erschöpft		
nervöse Erschöpfung	nervöse Erschöpfung	nervöse
nervöser Erschöpfungszustand	nervöser Erschöpfungszustand	Erschöpfung
Nervenzusammenbruch		
	psychonervöse Erschöpfung	
	nervös-seelische Erschöpfung	
	psychischer Erschöpfungszustand	
	seelische Erschöpfung	
körperliche und geistige Erschöpfung	nervöser und allgemeiner Erschöpfungszustand	
	körperlich nervöser Erschöpfungszustand	
allgemeine Erschöpfung und Depression	körperlich nervöse Erschöpfung	
	psychosomatische Erschöpfung	
	psychophysische Erschöpfung	
	psychophysischer Erschöpfungszustand	
	psychophysischer Versagenszustand	
	psychovegetativer Erschöpfungszustand	
	psychovegetative Erschöpfung	
	Erschöpfung bei vegetativer Dystonie	
	vegetativer Erschöpfungszustand	
	vegetative Erschöpfung	
	Versagenszustand	
	körperliche Erschöpfung	übermäßige
	körperlicher Erschöpfungszustand	Erschöpfung
Überanstrengung		
Überforderung		
Überlastung		
Überarbeitung –		
Schwächeanfälle durch schwere Arbeit		
Überanstrengung durch Haushalt und Beruf		
Weiß nicht, muß mal ausspannen – Wochenende immer erholsamer		
Ich bin durchgedreht, fühle mich einfach nicht wohl und bin schlapp wie Gummi		
Habe keine Kraft mehr und komme nicht mehr aus den Erdlöchern		
Ich bin vollkommen fertig		
Ich bin fix und fertig		
Ich kann einfach nicht		
Ich bin nervlich und körperlich total herunter		

DIABETES

Patienten-selbstdiagnosen	in der Kassenpraxis gebräuchliche Diagnosen	Klinische Diagnosen (Immich)
Diabetes	Diabetes	Diabetes mellitus
Diabetiker		Zuckerharnruhr
Diabetes mellitus		Zuckerkrankheit
Zuckerkrankheit	Diabetes mellitus	Altersdiabetes
Zucker	Zuckerkrankheit	Diabetes mellitus
es hat sich Zucker		Insulinrefraktär
eingestellt		MAURIAC-Syndrom
	Entgleisung	Azidose, diabetische
	der Diabetes	Ketose, diabetische
		Praekoma diabeticum
		Koma diabeticum
		Koma, diabetisches
		Koma, hyperglykämisches
		Hypoglykämie, diabetische
	Zusammenhang	Abszeß, diabetischer
	mit Diabetes	Xanthelasma, diabetisches
		Xanthoma diabeticum
		Xanthomatose, diabetische
		Haut, Infektion, diabetische
		Furunkel, diabetisches
		Karbunkel, diabetischer
		Gangrän, diabetische
		Dekubitus, diabetischer
		Haut, diabetische
		Ulcerationen
		Pruritus, diabetischer
		Keratodermia diabetica
		Polydermie, diabetische
		Nekrobiosis lipoidica diabeticorum
		Azetonämie, diabetische
		Neuralgie, diabetische
		Neuritis, diabetische
		Polyneuritis, diabetische
		MORGAGNI-Syndrom
		Iridozyklitis diabetika
		Iritis diabetica
		Katarakta diabetica
		Netzhaut, Blutung, diabetische
		Retinitis diabetica
		Retinopathia diabetica
		Glomerulosklerose, diabetische
		KIMMELSTIEL-WILSON-Syndrom, diabetisches
		Nephrose, diabetische
		Balanitis diabetica
		Vulvitis diabetica

Legende zum Krankheitsregister

Während Kliniker eine Vielzahl von diagnostischen Bezeichnungen für die Diagnosegruppe »Diabetes« mit allen erkennbaren Komplikationen und Begleiterkrankungen sowie meßbaren Veränderungen und Organfunktionen zur Auswahl haben, ist das Diabetes-Register der praktischen Ärzte und Patienten fast leer.

Praktische Ärzte und Patienten haben dagegen ein reiches Register gerade für die »Erschöpfung« bereit, für eine Erkrankung, die mit ihrem psychosozialen Kontext erfaßt wird; hier ist der Kliniker sprachlos.

Die Sprachsoziologie lehrt seit ihren Anfängen, seit *Whorff*, daß Variationen von Worten und Wortkombinationen sowie Wortneuschöpfungen nicht zufällig gedeihen, sondern Ausdruck der sozialen Situation sind, in denen sie entstehen. Die große Eloquenz des Klinikers im Zusammenhang mit einer wissenschaftlich anerkannten Krankheit, dem Diabetes, und umgekehrt der Wortreichtum des praktischen Arztes für Befindlichkeitsbilder des Patienten deuten auf die sehr unterschiedlichen Sozialsituationen, in denen die Worte dieser Diagnose-Register benutzt werden.

Quellen: Das Diagnoseregister des praktischen Arztes ist sozusagen als Nebenprodukt bei einer medizinsoziologischen Untersuchung zum Thema »Krankheit und psychosoziale Situation« entstanden. Im Verlauf dieser Untersuchung wurden 7000 Patienten befragt. Da wir bald feststellten, daß die Verschlüsselung der Diagnosen praktischer Ärzte unter klinischen Diagnoseschlüsseln einen erheblichen Informationsverlust bedeutet hätte, haben wir einen eigenen Praktiker-Diagnoseschlüssel erstellt. Wir haben zu diesem Zweck die diagnostischen Bezeichnungen unter der Rubrik »Diagnose« von 7000 Arbeitsunfähigkeitspapieren sowie von 7000 Vorladungen zum Vertrauensärztlichen Dienst gesammelt und zu Diagnosegruppen zusammengestellt, unter denen wir hier die Diagnosegruppe »Diabetes« und »Erschöpfung« vorstellen wollen.

Die Diagnosen der Kliniker, die hier zum Vergleich aufgeführt sind, entstammen Immichs Klinischen Diagnoseschlüsseln. Diese Diagnosesammlungen lassen sich gut gegenüberstellen, denn Immich ist ähnlich vorgegangen wie wir, er hat von Klinikern in der Klinik ausgefüllte Dokumente gesammelt und die diagnostischen Bezeichnungen von 14 000 solcher Dokumente (meist Klinik-Entlassungspapiere) zusammengestellt.

Die Patienten-Diagnosen erhielten wir von 7000 von uns befragten Patienten auf die Frage: »Welche Krankheit haben Sie?«.

Registervergleiche in der Sprechstunde

In einigen Sozialsituationen, zu denen auch die ärztliche Sprechstunde gehört, besteht die Notwendigkeit für Menschen unterschiedlicher soziostruktureller Zugehörigkeit und unterschiedlicher sozialer Orientierung, miteinander zu kommunizieren. In der
ärztlichen Sprechstunde müssen wissenschaftlich orientierte Ärzte
die Kliniker und die Laien miteinander kommunizieren, und es
müssen praktisch orientierte, niedergelassene Ärzte mit Laien
sprechen. Der Gesprächsgegenstand, die Krankheit, ist für die
Kommunikationspartner in beiden Fällen identisch. Die von diesen drei Gesprächspartnern in dieser Situation benutzte Sprache –
ihre jeweiligen Sprechstundenregister – unterscheiden sich deutlich. Eine vergleichende Analyse der auf den gleichen Gesprächsgegenstand bezogenen Ausdrucksweisen ermöglicht daher eine
Interpretation der von Wissenschaftlern, Praktikern und Laien in
der Sprechstunde benutzten Sprache (Sprechstundenregister).
Hinter diesen Sprechstundenregistern steht das für die drei Gruppen typische Wissen über Krankheit und die für die drei Gruppen
typische Erfahrung mit der Krankheit.

  Innerhalb jeder dieser Gruppen gibt es Untergruppen, die jede
für sich besondere gemeinsame Erfahrungen haben und gemeinsame ähnliche Ausdrucksweisen benutzen. Ärzte z. B. benutzen je
nach Fachrichtung ihre eigene Nomenklatur (Sprechstundenregister). Ein HNO-Arzt spricht, gleich, ob in Klinik oder Praxis,
eben über andere Organe und Beschwerden und mit anderen
Patienten als ein Frauenarzt, und jeder benutzt dabei sein Register.
Die in der Sprechstunde erscheinenden Patienten – Laien – sprechen je nach sozialkategorialer Zugehörigkeit ihren Sozialdialekt
und benutzen in der Sprechstunde nur einen Ausschnitt dieses
Sozialdialektes, das Sprechstundenregister. Ihr Sprechstunden-
gister spiegelt also die Erfahrungen mit der Krankheit im jeweiligen sozialen Kontext. Krankheit hat entsprechend den alltäglichen, beruflichen und familialen Basiserfahrungen eine unterschiedliche Bedeutung, denn Krankheit bringt Beeinträchtigungen in diesen Lebensbereichen mit sich. Andererseits aber wird
Krankheit auch in den Sozialdialekten unterschiedlich dargestellt.
In einem »konkreten« Sozialdialekt manuell tätiger Personen wird
das lebensweltliche Erleben, zu dem auch die Krankheit gehört, in
konkreter, gestenreicher Sprache dargestellt, während nicht ma-

nuell Tätige die hintergründige Unanschaulichkeit ihrer Arbeitsvollzüge – und ihrer Krankheit – im wortreichen, unpräzisen, aber
qualifizierenden Redestil schildern. (Labor 1973)

Die Struktur der Kommunikation zwischen Arzt und Patient
wird einerseits von diesen Sozialdialektmerkmalen der Patienten
geprägt, andererseits sind es aber – und davon soll im folgenden
die Rede sein – die Sozialdialektmerkmale der Ärzte, die für eine
Kommunikation mit Laien unterschiedlich geeignet sind. Patienten sollen hier im folgenden unabhängig von ihren sonstigen
sozialkategorialen Zugehörigkeiten als Laien in der Kommunikation mit Ärzten gesehen werden. Gegenstand der Untersuchung
ist dann die Analyse des sozialen Kontextes, in dem der wissenschaftlich arbeitende Mediziner und der praktisch tätige Arzt
ihren Sozialdialekt entwickelten.

Vergleich der Sozialsituationen:

a) der Kliniker oder Wissenschaftler

Krankheiten stellen sich in Klinik und Praxis sehr unterschiedlich
dar. Der Kliniker arbeitet in einer hochtechnisierten Umgebung.
Eine Krankheit diagnostizieren bedeutet für ihn, aus einer Vielfalt
von Daten und Merkmalen, die diese Technik ihm liefert, entsprechend der Logik der naturwissenschaftlichen Medizin eine Krankheit abzuleiten und sie entsprechend wissenschaftlicher Terminologie zu bezeichnen. Eine jede technische Spezialausrüstung sowie
Spezialausbildung hebt andere Merkmale und Daten der Krankheit in den Vordergrund und führt dadurch zu fachspezifischen
Terminologien.

In der Klinik wird der *Träger* der Krankheit gleichgültig – allein
die Krankheit wird diagnostiziert (Verden-Studie). Die Krankheit
ist verwissenschaftlicht worden (Böhme, 1979). Die sinnlich diffus gegebene Einheit des Kranken geht dabei allerdings verloren.
Ein Diabetes z. B. läßt sich naturwissenschaftlich messend diagnostizieren und Grundkrankheit und Komplikationen lassen sich
entsprechend naturwissenschaftlicher Logik erklären und in vielfältig ausgefächerter Terminologie benennen. Die Lebenssituation, aus der der Diabetiker kommt und in die er zurückkehren

wird und in der er möglicherweise schnell wieder »entgleist«, interessiert in der Klinik nicht.

Krankheiten wie die Erschöpfung, die sich nicht in naturwissenschaftliche Daten auflösen lassen und lediglich anzeigen, daß sich jemand krank fühlt, sind dem wissenschaftlich arbeitenden Kliniker andererseits keine Krankheiten, er benennt sie nicht.

Die Kommunikation des Klinikers findet vorwiegend in der scientific community der Klinik statt, in der er genügend medizinische Experten findet, um ein sachbezogenes Gespräch in wissenschaftlicher Terminologie zu führen.

Das Wissen des Klinikers entspricht dem Lehrbuchwissen seines Faches. Seine Diagnosen sind im Lehrbuch nachlesbar. Die Logik seiner Gedankenführung, wie sie in Fachzeitschriften nachlesbar ist, orientiert sich an der universitären naturwissenschaftlichen Medizin. Wissenschaftliche Forschung in der Medizin orientiert sich fast ausschließlich klinisch (Verden-Studie, S. 90). Eine Vielzahl der Klinik-Chefs ist ja zudem Hochschullehrer einer medizinischen Fakultät, unter den Ärzten entspricht der Kliniker daher am ehesten den von Böhme gegebenen Charakteristika des Wissenschaftlers.

b) Der Patient – der Laie

Der Patient ist Laie und als solcher gerade im Hinblick auf seine Krankheit lebensweltlich orientiert. Folgen wir dem neuen phänomenologischen Ansatz in der Wissenssoziologie, wie er hier von G. Böhme und von M. v. Engelhardt zur Strukturierung der lebensweltlichen Erfahrung vorgetragen wird, so können wir die Antworten auf die Frage: »Welche Krankheit haben Sie?« – also die Sammlung der Patienten-Selbst-Diagnosen – folgendermaßen interpretierten:

1. Krankheit erwächst dem Patienten in der Auseinandersetzung mit den Bedingungen der Lebenswelt. Sie wird gedeutet als Folge von Disharmonien in der sozialen und dinglichen Lebenswelt des Patienten. Sie ist Teil der Lebensgeschichte des Patienten und als solche in die gruppenspezifischen Theorien und Deutungsschemata des lebensweltlichen Wissens eingebunden.

Sie ist dagegen nicht das Resultat pathologisch-physiologischer Abläufe, die im Rahmen der naturwissenschaftlichen Logik zu rekonstruieren sind.

2. Kranksein erlebt der Patient als eine Veränderung seines lebensweltlichen Kontextes. Kranksein bedeutet für ihn Handeln im Orientierungsrahmen der Krankenrolle, wie sie im gesellschaftlichen Bewußtsein seiner sozialen Umgebung existiert.

Kranksein bedeutet für den Laien dagegen nicht: wissenschaftlich kontextfreies Ergebnis der Analyse von distinkten Mannigfaltigkeiten von Merkmalen und Daten; und auch nicht Handlungsnotwendigkeit entsprechend vernünftiger, wissenschaftlich begründeter Therapiepläne.

Gehen wir die Krankheitsbezeichnungen der Patienten im einzelnen durch, so können wir sie am ehesten unter drei Aspekten ordnen:

1. *Organisches Empfinden* von *Müdigkeit* scheint hinter den Worten: Erschöpfung, Erschöpfungskrankheit zu stehen sowie hinter dem »Ich fühle mich nicht wohl«.

2. Die schlechte Befindlichkeit und *verminderte Aktivität* drücken folgende Bezeichnungen aus: »Bin vollkommen fertig«, »bin fix und fertig«, »bin nervlich und körperlich total herunter«, »kann einfach nicht mehr«.

3. Der *soziale Kontext* wird bezeichnet mit den Ausdrucksweisen: Überanstrengung, Überforderung, Überlastung, Überarbeitung, Schwächeanfälle durch zu schwere Arbeit, Überanstrengung durch Haushalt und Beruf, »habe keine Kraft mehr und komme nicht mehr aus den Erdlöchern«, »weiß nicht, muß mal ausspannen, das Wochenende ist immer erholsamer«.

Claudine Herzlich meint, daß es vor allem diese drei Aspekte seien, unter denen sich Laien als krank einschätzen. Wir legen besonderen Wert auf die letzte Gruppe von Krankheitsbezeichnungen, denn unter diesem Aspekt sind die psychosozialen Veränderungen bei Krankheit zusammengefaßt. Dieser Aspekt unterscheidet die Laiensprache deutlich von der der Ärzte, denn den sozialen Kontext, in dem Krankheit entsteht, verbalisieren nur die Patienten als Charakteristikum ihrer Krankheit. Besonders hervorzuheben ist, daß in der Laienlogik, wie selbstverständlich – und das schon seit etwa 10 Jahren – der berufliche Streß als Ursache von Krankheit gesehen wurde: Überanstrengung, Überforderung, die Doppelrolle ... während doch die wissenschaftliche Diskussion um diese Frage damals eben erst begann und in der ärztlichen Umgangssprache noch kein Hinweis auf diese paramedizinische Verursachung von Krankheit zu finden ist. Möglicherweise wäre heute, bei einer Wiederholung der Erhebung, eine Veränderung des ärztlichen Vokabulars festzustellen.

Doch damit haben wir bereits der Analyse der ärztlichen Diagnosen vorgegriffen.

c. Der praktische Arzt

Das Sprechstundenregister des in freier Praxis tätigen Arztes ähnelt dem des Patienten, es unterscheidet sich dagegen deutlich von dem des Klinikers. Die große Vielfalt, mit der er psychosomatische Krankheitsbilder beschreibt (nach weiteren Registeraufstellungen gilt dies gleichermaßen für Lumbago und funktionelle Magen-Darmerkrankungen), deutet an, daß

1. der Arzt diesen Krankheitsbildern in seiner täglichen Praxis häufig begegnet (für 12 bis 20% der Klientel eines frei praktizierenden Arztes gilt, daß sie über Beschwerden klagen, die sich nicht allein durch die Organveränderungen erklären lassen) und

2. der praktische Arzt handlungsbezogen diagnostiziert. Er macht den Versuch, den psychosozialen Kontext der Erkrankungen einzufangen. Er diagnostiziert nicht allein Organveränderungen, sondern auch die kranke Person im Prozeß des Krankwerdens und Krankseins. Allerdings faßt der Arzt den psychosozialen Kontext nicht in Worte, vielmehr übersetzt der Arzt die vom Patienten geschilderten Störungen der Lebenswelt in medizinische Termini mit Hilfe von Stilisierungen und Ausblendungen (Böhme, Podlech).

Die Stilisierung findet statt durch Latinisierung, d. h. durch Übersetzung in »Medizinerlatein«, durch Benutzung von Vokabeln in »kanonisierter Medizinersprache«. Es erscheinen als Übersetzungen psychonervös, psychisch, psychophysisch, psychovegetativ, vegetative Dystonie.

Mit der Übersetzung in kanonisiertes Medizinerlatein findet eine Einengung des Sachverhaltes auf kanonisiertes ärztliches Wissen statt. Der Arzt beschränkt sich auf die Darstellung des Patienten-*befindens*. Er blendet den Wissensvorrat des Patienten zu seiner Überforderung und zu dem ihn bedrohenden Streß aus. Hinweise auf die soziale Umwelt erscheinen in den ärztlichen Diagnosen nicht. Der Arzt schafft auf diese Weise einen medizinischen Tatbestand, der es ihm ermöglicht, den Patienten aus den quälenden

Situationen zu befreien, ihn krank, ihn arbeitsunfähig zu deklarieren. Außerdem wird dem Arzt auf diese Weise der ärztlich-therapeutische Zugriff entsprechend ärztlicher Wissensvorräte und Denkschemata sowie Handlungsroutine ermöglicht.

Mit der Ablösung der Krankheit aus der aktuellen Situation findet eine Simplifizierung, dabei aber modellhafte Typisierung statt. Die Übertragbarkeit der Information Krankheit, z. B. auf Bescheinigungen oder Überweisungen, wird dadurch ermöglicht. Auf den praxiseigenen Karteikarten vermerkt der Arzt zur persönlichen Information Daten zum sozialen Umfeld.

Ein Vergleich der klinisch-wissenschaftlichen Diagnose-Listen mit denen frei praktizierender Ärzte (S. 41 f.) macht die Unterschiede in den Tatbeständen, die hier und dort aus dem lebensweltlichen Sachverhalt Krankheit selegiert werden, deutlich. Diese Unterschiede weisen auf die Verschiedenheit diagnostischen und therapeutischen Handelns in Klinik und Praxis hin. Sie sind Ausdruck spezifischer Eigenart der Handlungskontexte, in denen diagnostiziert und therapiert wird.

Die Ausbildung des praktischen Arztes in Klinik und Studium unterscheidet sich in keiner Weise von der des späteren Klinikers. Der praktische Arzt hat gewöhnlich viele Jahre klinisch gearbeitet, bis er sich selbständig macht. Bis zu diesem Zeitpunkt verfügt er über das Wissensrepertoire eines Klinikers, er diagnostiziert und therapiert in der Klinik entsprechend den oben beschriebenen naturwissenschaftlichen kontextfreien Kriterien: Krankheiten. Er spricht in der medizinischen scientific community klinisch-wissenschaftliches Medizinerlatein und schaut mit den Festrednern wissenschaftlicher Fakultäten herab auf die medizinische Fachsprache, die heute nur noch »einen gigantischen Torso absurder Idiome bildet« (Schipperges, 1976).

Entschließt sich ein Arzt nach vielen Jahren klinischen Trainings, in die freie Praxis zu gehen, braucht er nach Braun (Lehrbuch der Allgemeinmedizin), der als erster die eigene Situation in der Allgemeinpraxis analysierte, etwa 10 Jahre, bis er sich an diese neue Arbeitssituation voll adaptiert hat.

Die Situation des Allgemeinarztes ist charakterisiert durch die folgenden Merkmale:

1. Der Allgemeinarzt steht dem Patienten unmittelbar gegenüber. Aus Anamnese und Diagnose hat der Allgemeinarzt unmittelbar praktische Handlungsanweisungen zu ziehen (primärärztli-

che Versorgung), therapeutische Vorschläge zu machen (90% der Patienten-Arzt-Kontakte münden in eine therapeutische Leistung [Verden-Studie]). Die Orientierung des Praktikers ist also auf »Anschließbarkeit praktischen Handelns« ausgerichtet (Weiss), anders als das wissenschaftliche Handeln, das auf »Anschließbarkeit von Argumenten« (Weiss) ausgerichtet ist. Der Kliniker dagegen beginnt seine Therapie erst, wenn keine ätiologischen Argumente mehr zu erwarten sind. Ablesbar ist diese Einstellung des praktischen Arztes an den Diagnosen zum Diabetes: Den praktischen Arzt interessiert, was therapeutisch zu tun ist – der Diabetes muß eingestellt werden, er ist entgleist. Beschwerden des Patienten wie Hautjucken, Durst, Müdigkeit stehen »im Zusammenhang mit dem Diabetes« und werden verschwinden mit der Therapie.

2. Der praktische Arzt sieht seinen Patienten in »begleitender Anamnese« (Häussler) über viele Jahre, häufig lebenslang, und er lernt meist die übrigen Familienmitglieder ebenfalls kennen sowie bei Hausbesuchen die Lebens- und Wohnsituation. Anders der Kliniker, der eine Organfunktion untersucht und zum Nachbarorgan schon den Urologen, Gastroenterologen oder Pulmologen konsultiert.

In der versachlichten, verwissenschaftlichten Umgebung der Klinik, in der der Bezug nicht die Person und ihr soziales Umfeld, sondern ein Organ ist, und in der die Einengung des Sachverhaltes auf wissenschaftlich kanonisiertes Wissen fraglos stattfindet, wird daher auch das Verschwiegenheitsgebot seltener problematisiert (Verden-Studie), denn der Bezug ist – wie gesagt – nicht die Person, sondern das Organ.

3. Der praktische Arzt handelt und spricht im Rahmen einer therapeutic community. Ihr gehören an: der Patient, häufig auch seine Familienangehörigen, die Arzthelferin sowie die medizinisch-technische Assistentin. Sie alle erwarten praktische Anweisungen zum therapeutischen Handeln vom praktischen Arzt. Die Kommunikation mit Kollegen beschränkt sich auf kurze schriftliche Mitteilungen, auf das Erteilen von Handlungsanweisungen für Röntgen und Labor oder das Überweisen. Eine Diskussion in der scientific community, in einer Gruppe von Wissenschaftlern, findet nicht statt.

Diagnose und Therapie werden nicht durch Argument und Gegenargument unter Wissenschaftlern erhärtet, vielmehr wird in der Allgemeinpraxis die Wirksamkeit der Therapie häufig schon als Beweis für die Richtigkeit der Diagnose gewertet.

4. Zusammenfassend ist die Orientierung des praktischen Arztes im Gegensatz zu der des Klinikers bzw. Wissenschaftlers als »integrativ« und bedacht auf die Einheit des Individuum zu charakterisieren, sie ist nicht spezialistisch, sie ist lebensweltlich kontextorientiert, Sprache und aktualisiertes Wissen sind handlungsbezogen.

Die Unterschiede der Ausrüstung von Klinik und Praxis bringen auch ein sehr unterschiedliches Klientel mit sich. So finden sich unter tausend Diagnosen einer Allgemeinpraxis nur zwei Herzinfarkte, während es Spezialkliniken gibt, in denen etwa 50% der gesamten Klientel die Diagnose Herzinfarkt tragen.

Gesetz von der Struktur der semantischen Felder

Mit der Spezialisierung des Wissens setzt auch eine Terminologisierung der Ausdrucksweise ein. Wir haben diesen Trend am Vergleich Klinikersprache, Praktikersprache nachgewiesen. Die-

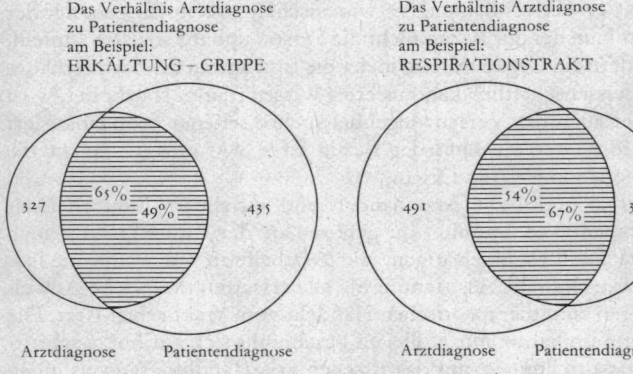

Das Verhältnis Arztdiagnose zu Patientendiagnose am Beispiel: ERKÄLTUNG – GRIPPE

Das Verhältnis Arztdiagnose zu Patientendiagnose am Beispiel: RESPIRATIONSTRAKT

Arztdiagnose   Patientendiagnose

Arztdiagnose   Patientendiagnose

Die allgemeingehaltenen Diagnosen Erkältung bzw. Grippe
Die Mengen der Arztdiagnosen zur Menge der Patienten-Selbst-Diagnosen. ⊖ Arzt und Patient stimmen überein und sagen beide Erkältung bzw. Grippe.

Die differentiierten auf den Respirationstrakt bezogenen Diagnosen (z. B. Bronchitis)
Die Menge der Arztdiagnosen zur Menge der Patienten-Selbst-Diagnosen ⊖ Arzt und Patient stimmen überein und nennen beide eine differentierte auf den Respirationstrakt bezogene Diagnose.

sen Zwang zur Terminologisierung und zur Benutzung definierter Begriffe bei größerer Spezialisierung des Wissens können wir noch deutlicher beim Vergleich der von Laien und praktischen Ärzten benutzten Krankheitsbezeichnungen feststellen.

Hier sind die Häufigkeiten wiedergegeben, mit der Laien und praktische Ärzte auf der einen Seite eine sehr allgemein gehaltene Krankheitsbezeichnung, wie Erkältung oder Grippe, und auf der anderen Seite spezielle differenzierte Diagnosen wie Bronchitis, Tracheobronchitis, Rhinitis (hier als differenzierte Diagnosen des Respirationstraktes zusammengefaßt) benutzen. Die wenig differenzierten Diagnosen Erkältung und Grippe werden von den Laien weit häufiger benutzt als die spezielleren, die dagegen von den praktischen Ärzten häufiger benutzt werden.

Das Bemühen um eine Terminologisierung ist offensichtlich ausbildungs- und handlungsabhängig. Der wissenschaftlich-universitären Ausbildung entsprechend sind alle Mediziner darum bemüht, das Bedeutungsfeld der von ihnen benutzten diagnostischen Termini scharf und eindeutig zu begrenzen. Ihre Termini sollten auf der Basis ihres Wissens klare strukturelle Merkmale aufweisen. Pathologie, Ätiologie und Nosologie sollten in der Syntax der Diagnosen angezeigt sein (Böhme, S. 12). Der Wissenschaftler bzw. Kliniker kann sich im Diskurs mit seinen Kollegen und durch die Klinikausstattung angeregt diesem Spezialisierungsimperativ voll anschließen. Braun meint, wenn ein fieberhafter Infekt in die Klinik geschickt wird, bleibt er dort 14 Tage und kommt mit einer Vielzahl spezieller Diagnosen wieder. Der Allgemeinarzt sagt dagegen »unklares Fieber« oder »grippaler Infekt« und wartet ein paar Tage ab, bis das Fieber sinkt und sich damit seine Diagnose bestätigt. Der Kassenarzt ist also ein Routinier der therapeutischen Praxis. Von ihm werden keine wissenschaftlichen Diskurse verlangt, sondern therapeutisches Handeln unter äußerstem Zeitdruck.

An diesem und weiteren Beispielen läßt sich folgende Gesetzmäßigkeit aufstellen: Das Bedeutungsfeld von Fachtermini ist im Hinblick auf Größe, Trennschärfe und Struktur abhängig vom Spezialisierungsgrad desjenigen oder derjenigen, die über diese Fachtermini miteinander in Verbindung treten. Je stärker spezialisiert und differenziert die Ausbildung des Mediziners ist, um so schärfer begrenzt ist das Bedeutungsfeld der Diagnose und um so ausgeprägter ist die Struktur dieses Bedeutungsfeldes (Gesetz von der Struktur der semantischen Felder).

Abschließend möchten wir folgendes festhalten:

Sozialdialekte repräsentieren unterschiedliche Wissensbestände und unterschiedliches Handeln. Diese Beziehung zwischen Sprache, Wissen und Handeln haben wir an Kommunikations- und Interaktionsprozessen im Gesundheitswesen aufgezeigt.

Es gibt in der Medizin zwei deutlich unterschiedene Orientierungssysteme für Handeln und Wissenserwerb:

a) das auf naturwissenschaftlichen Messungen aufbauende wissenschaftlich kausale Erklären und das kausale Therapieren,

b) die lebenspraktische Handlungsorientierung.

Die Handlungsorientierung der Kliniker ist fast ausschließlich naturwissenschaftlich kausal erklärend ausgerichtet. Laien dagegen richten ihr Handeln lebenspraktisch aus, sie sehen das Handeln in den verschiedenen Lebensbereichen in einem Sinnzusammenhang.

Der praktische Arzt hat zwischen diesen beiden Orientierungssystemen zu vermitteln: er hat dem durch das Kranksein in seinen lebensweltlichen Bezügen verunsicherten Patienten praktische Handlungsanleitung und Hilfe zu geben. Der praktische Arzt hat dabei aber eine Stilisierung seines Handelns und seiner Sprache auf kanonisiertes medizinisch-wissenschaftlich anerkanntes Wissen vorzunehmen.

Die hier vorgestellte Untersuchung macht weiter deutlich, daß den Orientierungssystemen je eine Sprachwelt entspricht. Wissenschaftler, Praktiker und Laien entwickeln deutlich voneinander unterschiedene Sozialdialekte. Die Sozialdialekte haben einen engen Bezug zur Arbeitswelt des Sprechers.

In einigen Sozialsituationen, zu denen auch die ärztliche Sprechstunde gehört, besteht für Menschen unterschiedlicher Orientierung die Notwendigkeit, miteinander zu kommunizieren. Eine solche Situation eignet sich zum Vergleich und zur anschließenden Analyse der von den Gesprächspartnern benutzten Sozialdialekte.

In einer solchen Situation verbalisiert jeder der Beteiligten die ihn interessierenden Probleme des Gesprächsgegenstandes, wie es seinem Wissen und seiner Erfahrung entspricht, in seinem Sozialdialekt. Jeder ist der Sachverständige seiner Probleme und drückt sie adäquat aus.

Für die Kommunikation zwischen Laien, Praktikern und Wissenschaftlern bedeutet das allerdings Störungen und Mißverständnisse, wenn jeder der Kommunikationspartner den Gesprächsgegenstand aus seinem Erfahrungs- und Wissenshorizont definiert, denn die einheitliche Problemdefinition ist Voraussetzung für die Verständigung über das gemeinsame Problem – die Diagnose und die Therapie der Krankheit.

Mit den Kommunikationsbarrieren zwischen Arzt und Patient stößt die Medizin an die Grenzen einer effektiven Therapie! Der heute viel diskutierte Patientenungehorsam – patient compliance – hat das Mißverstehen zwischen Arzt und Patient zum Hintergrund. Der Patient versteht sein Leiden – wie wir zeigten – im Sinnzusammenhang seines Lebenslaufes und seiner Lebenswelt. So kann Heilung auch nur in diesem Zusammenhang stattfinden. Wie jedes Handeln kann auch heilendes Handeln nur im Orientierungsrahmen der gesellschaftlichen Umwelt des Patienten stattfinden. Diagnostisches wie therapeutisches Handeln muß eingebunden sein in die lebensweltliche Erfahrung und das lebensweltliche Wissen derjenigen, die diagnostisch und therapeutisch handeln wollen. Soll der Patient sein Kranksein zur *richtigen* Zeit erkennen und soll der Patient die Therapie in der häuslichen Umgebung selbst im richtigen Maß und zur richtigen Zeit ausführen, wobei richtig durch die medizinischen Wissenschaften definiert ist, so verlangen wir von ihm die Übernahme eines wissenschaftlichen Verständnisses von Krankheit, das aber ist nicht möglich. Bereits der Terminus »patient compliance« zeigt, daß dieses für die Medizin der nächsten Jahre so außerordentlich wichtige Problem von einer verkehrten Richtung, nämlich allein aus ärztlicher Perspektive, angegangen wurde (Zola, 1976). Dagegen müßte es das Bemühen des Arztes sein, sich die Lebenswelt des Patienten zu erschließen, sein Verständnis von Krankheit zu erfahren und die Therapie so einzurichten, daß sie möglichst in den lebensweltlichen Kontext des Patienten integrierbar ist.

Dieses ärztliche Verhalten verlangt allerdings von dem Arzt eine Art »Dolmetscherfunktion« zwischen der individuellen, patientenbezogenen Medizin und der wissenschaftlichen Medizin, denn einerseits gründen die Erfolge der Medizin der letzten hundert Jahre auf ihrer Fähigkeit, vom Individuum abstrahierend die Krankheit als ein naturwissenschaftliches Phänomen zu betrachten, ihre Merkmale und Daten zu systematisieren und die kausalen

Mechanismen aufzuzeigen, die zu den Körperveränderungen führten. Heilung verstand sie als die Unterbrechung dieser Mechanismen. Dieses Verständnis von Krankheit und Therapie ist auch heute noch die Grundlage des klinisch-wissenschaftlichen Krankheitsverständnisses; andererseits aber bleibt diese naturwissenschaftliche Medizin ineffektiv, wenn es nicht gelingt, sie dem Patienten verständlich zu machen und in seine Lebenswelt zu integrieren.

Literaturverzeichnis

Ahrens, Stephan, Aspekte des diagnostischen Entscheidungsprozesses in der Allgemeinmedizin, in: *Münch. Med. Wschr. 119* (1977), Nr. 13, S. 423

Berger, P. L., Luckmann, Thomas, *Die gesellschaftliche Konstruktion der Wirklichkeit,* Frankfurt 1969

Böhme, Gernot, v. Engelhardt, Michael, Zur Kritik des Lebensweltbegriffs. Einleitung zu: *Entfremdete Wissenschaft*

Böhme, G., *Wissenschaftssprachen und die Verwissenschaftlichung der Erfahrung.* Manuskript, Nov. 1975

Braun, R. N., *Lehrbuch der Allgemeinpraxis,* München/Berlin/Wien 1970

v. Ferber, Liselotte, Die Diagnose des praktischen Arztes im Spiegel der Patientenangaben. In der Schriftenreihe: *Arbeitsmedizin, Sozialmedizin, Arbeitshygiene,* Bd. 43, Stuttgart 1971

v. Ferber, Liselotte, Die Verständigung zwischen Arzt und Patient. Eine sprachsoziologische Untersuchung, in: *Der Praktische Arzt,* 9/71

v. Ferber, Liselotte, Die Sprachsoziologie als eine Methode der Untersuchung des Arzt-Patienten-Verhältnisses. In: *Kölner Zeitschrift für Soziologie und Sozialpsychologie,* 27. Jg., Heft 1, 1975, S. 86-96

v. Ferber, Liselotte, Macht Arbeit krank?, Teil I, in: *Arbeit und Leistung,* 10, 1972, 26. Jg., S. 257

v. Ferber, Liselotte, Macht Arbeit krank?, Teil II, in: *Arbeit und Leistung,* 28. Jg., Nr. 3, 1974, S. 57

Freidson, Eliot, *Profession of Medicine. A study of the Sociology of applied Knowledge,* (Dodd, Read & Co.) New York 1970

Gross, R., Der Kranke, der Arzt und die Technologie, in: *D.Ä.,* Heft 42, Okt. 1973, S. 2888

Habermas, J., Luhmann, N., *Theorie der Gesellschaft oder Sozialtechnologie,* Frankfurt 1971

Halliday, M. A. K., The Users and Uses of Language, in: *Readings in the Sociology of Language* (Hrsg.: J. A. Fishman, Yeshira University), The Hague/Paris 1968

Häussler, Siegfried, Die ärztliche Versorgung in der ersten Linie: der praktische Arzt – der Allgemeinarzt, in: *Handbuch der Sozialmedizin,* Bd. III, S. 161, Stuttgart 1976

Herzlich, Claudine, *Santé et maladie. Analyse d'une représentation sociale,* Ecole pratique des hautes études Mouton/Paris/La Hague 1969

Immich, H., *Klinischer Diagnoseschlüssel,* Stuttgart 1966

Kisker, K. P., *Mediziner in der Kritik,* Stuttgart ²1975

Labor, W. Das Studium der Sprache im sozialen Kontext, in: *Aspekte der Soziolinguistik* (Hrsg.: Wolfgang Klein, Dieter Wunderlich), Frankfurt 1973

Pflanz, Manfred, Der Entschluß, zum Arzt zu gehen, in: *Hippokrates,* 35. Jg. 1964, S. 894-897

Podlech, A. Die juristische Fachsprache und die Umgangssprache, in: *Fachsprache – Umgangssprache* (Hrsg.: Petöfi, Podlech, v. Savigny), Kronberg/Ts. 1975

Pohl, Helga, *Krankheit und soziale Interaktion,* Manuskript 1976

Popitz, Bahrdt, Jüres, Kesting, *Das Gesellschaftsbild des Arbeiters. Soziologische Untersuchung in der Hüttenindustrie,* Tübingen 1961

Schipperges, Heinrich, Die Sprache des Arztes, in: *Schriftenreihe der Bezirksärztekammer Nordwürttemberg,* Stuttgart 1976

Schütz, Alfred, *Vom sinnhaften Aufbau der sozialen Welt. Eine Einleitung in die verstehende Soziologie,* Frankfurt 1974

Siberski, Elias, *Untergrund und offene Gesellschaft. Zur Frage der strukturellen Deutung des sozialen Phänomens,* Stuttgart 1967

Verden-Studie, Strukturanalyse allgemeinmedizinischer Praxen, in: *Zentralinstitut für die Kassenärztliche Versorgung in der BRD, Schriftenreihe Bd. VII,* 1977

Weiss, Johannes, Thesen zur Tagung: *Probleme des Übergangs zwischen lebensweltlich-technischem Wissen und wissenschaftlichem Wissen.*

Zola, Irving Kenneth, *Taking One's Medicine Whose Probleme is it?* Unveröffentlichtes Manuskript, Boston 1976

Jan Harenburg/Gerd Seeliger
Transformationsprozesse in der Rechtspraxis.
Eine Untersuchung von Rechtsanwalt/Klienten-Gesprächen*

A. Rechtsdogmatik und rechtliche Entscheidung

I

1. Aufgabe der Rechtsfindung ist es, für vorgelegte soziale Konflikte Lösungen zu finden. Hauptprodukt alltäglicher Rechtspraxis ist die juristische Entscheidung. Als juristische Lösung ist sie im allgemeinen ein Produkt der Transformation von alltagssprachlichen Beschreibungen eines sozialen Konflikts in die Sprache des Rechts – der Suche und Auswahl geeigneter Definitionen und Lösungen des Konflikts auf Rechtsebene. Diese Transformation bedingt die relative Autonomie rechtlichen Entscheidens gegenüber gesellschaftlichen Erwartungen; in ihr gründet Distanz – aber auch mögliche Verfremdung juristischer Problematik. Voraussetzung dieser Transformation ist ein geeignetes Instrumentarium. Von dessen Qualität hängt die Sensibilität des Rechts für soziale Probleme ab – möglicherweise aber auch die Bereitschaft der Praxis, ein angebotenes Instrumentarium anzuwenden. Die Lage der Praxis läßt sich nämlich gerade dadurch kennzeichnen, daß sie auf das Angebot von Instrumenten angewiesen ist, daß sie andererseits aber eigene Ersatzmittel erfinden muß, wenn dieses Angebot nicht ihrem Bedarf entspricht. Ihr Bedarf an Entscheidungsprogrammierung zielt auf Programme, die der Praxis ihre Entscheidungsprobleme lösen helfen.

Aufgabe der Rechtswissenschaft als dogmatischer Jurisprudenz

* Dieser Aufsatz verarbeitet erste Ergebnisse einer vergleichenden Dogmatik- und Beratungsanalyse, die im Rahmen des von der Deutschen Forschungsgemeinschaft geförderten und von Prof. Dr. A. Podlech und Ass. M. A. J. Harenburg geleiteten Forschungsprojekts »Funktionen juristischer Dogmatik« der »Arbeitsgruppe Recht und Mathematik« an der TH Darmstadt von den Verfassern durchgeführt wurde. Er basiert auf den ersten Auswertungen von 30 Beratungsgesprächen. Einzelergebnisse werden nach Abschluß des Projekts veröffentlicht.

bzw. Rechtsdogmatik[1] ist es, diese Instrumente zu liefern. Traditionell sieht Dogmatik ihre Aufgabe in der Auslegung von Rechtstexten, der Bereitstellung von Auslegungsalternativen und von Textverarbeitungsregeln zur Auswahl von Auslegungsalternativen. Dieses Aufgabenverständnis ist primär textbezogen. Programmierungsfunktionen für die Praxis werden damit zwar auch erfüllt, sie sind darin auch rekonstruierbar, werden aber als Aufgabe der Dogmatik nur unzureichend reflektiert. Darin liegt die Gefahr einer Auseinanderentwicklung rechtswissenschaftlicher Produktion und praktischen Bedarfs. Aus diesem Aufgabenverständnis heraus thematisiert Rechtsdogmatik ihre Möglichkeiten und den dogmatischen Status ihrer Theorien. Aus ihm erklärt sich die Verschlossenheit gegenüber unmittelbarer rechtspolitischer Problematisierung ihrer Konzepte und Regeln. Rechtsdogmatik, verstanden als die wissenschaftliche Gestalt des Rechts bzw. seiner Bearbeitung, legt Rechtstexte aus und faßt Auslegungen in dogmatisierten Theorien zusammen. Sie intendiert generell vor allem die Herstellung von Konsistenz, die Vervollständigung und Systematisierung des positiven Rechts. Auf diese Weise bietet sie der Praxis in einem überwiegend klassifizierenden begrifflichen System dogmatisierte, wissenschaftlich erarbeitete Gesichtspunkte des Entscheidens, Theorien über geltendes Recht und Textverarbeitungsregeln, die von Alltagsorientierungen freistellen und infolge einer Dogmatisierung nicht immer erneut problematisiert werden müssen.

Angriffspunkte der Kritik[2] der Rechtsdogmatik sind vor allem die begriffliche Orientierung dogmatischen Systemdenkens und ihre Dogmatisierungen. Letztere bezeichnen Verbote, Ausgangspunkte der Argumentation in Frage zu stellen, bzw. den Zwang, deren Revision ihrerseits dogmatisch zu betreiben und zu begründen. Doch der Begriff der Dogmatik ist nicht nur in der Dogmatik selbst höchst unscharf und eher intuitiv verstanden; auch der Dogmatikbegriff der Kritiker ist meist unklar und oft von jenem der Kritisierten verschieden. Sozialwissenschaftliche Kritik konzentriert sich auf den dogmatischen Status und die Verschlossenheit dogmatischer Theorien gegenüber empirisch-sozialwissenschaftlicher Erkenntnis. Demgegenüber wehrt sich die Rechtsdogmatik mit dem Hinweis auf die Vorgegebenheit von Gesetzestexten gegen den Verlust an Gesetzesbindung, Rechtsklarheit und Rechtsbeständigkeit durch eine Soziologisierung des Rechts. Nun ist nicht zu erwarten, daß dieser Zusammenprall zweier höchst unterschiedlicher Formen von Wissenschaftswissen im Machtkampf zu lösen ist. Es bedarf einer differenzierenden Zuordnung von Ebenen und Einstiegspunkten möglicher Kooperation und möglichen Lernens. Festzuhalten ist allerdings der immense Nachholbedarf an erfahrungswissenschaftlicher Modernisierung im Bereich der Rechtsdogmatik. Eine Kritik an Dogmatikbegriffen, die sich dieser Modernisierung aus traditionellem dogmatischem Selbstverständnis heraus widersetzen, ist nur allzu notwendig. Eine Forderung nach dem Opfer der Dogmatisierung verkennt jedoch deren Sinn. Dogmatisierung ist zur Entlastung der Praxis und zur Sicherung eines hohen Niveaus an Entscheidungsrationalität nötig. Traditionell wird sie jedoch mit der Vorgegebenheit von Texten und mit exegetischen Aufgaben begründet. Ob sich Praxis aber bei der Auswahl einer dogmatischen Theorie gerade an deren Vereinbarkeit mit einem Text orientiert, ist nicht nur ungewiß, sondern höchst fragwürdig. Demgegenüber gehen wir im folgenden davon aus, daß es nicht diese Vereinbarkeit, sondern die Programmierungsleistung der Theorie ist, die ihre Bevorzugung bestimmt.

Lebensfremde Begrifflichkeit und Verwendung von Kriterien, die soziale Probleme bis zur Unkenntlichkeit ins Bürokratische verfremden, ist ein weiterer Kritikpunkt.[3] Gegen technischen Perfektionismus, eine Verfremdung notwendiger gesellschaftlicher Regelungen und undemokratische, technokratische Spezialistenherrschaft soll dann ein enger Kontakt mit der Alltagswelt und deren selbstregulative Kraft Abhilfe schaffen. Diese Lösung gefährdet indes die relative Autonomie rechtlichen Entscheidens, die sich gerade eigenständiger begrifflich-dogmatischer Selektion verdankt, und muß auf die beliebte »verantwortliche Persönlichkeit« vertrauen. Als altes Grundproblem dogmatisierten Rechtsdenkens scheint hier aber auch die angemessene Ausbalancierung von Systemdenken und Einzelfallgerechtigkeit durch. Kompromisse werden dann in Sowohl-als-auch-Lösungen gesucht.

Der Kritik von außen entspricht eine innere Krise. Zweifel an der Leistungsfähigkeit von Rechtsdogmatik werden laut.[4] Anlaß dazu gibt vor allem die Praxis insbesondere der höchstrichterlichen Rechtsprechung, die trotz ständig zunehmender Dogmatikproduktion dazu tendiert, auch dogmatisch nicht aufgearbeitete, unpräzise Alltagsbegriffe zur Lösung von Entscheidungsproblemen heranzuziehen. Folgenorientierung und Aushöhlung dogmatischer Begrifflichkeit sind Stichworte der Diskussion. Unter dem Gesichtspunkt des Verhältnisses von Wissenschaft und Praxis ist dieses Faktum bemerkenswert. Gerade die höchstrichterliche Rechtsprechung ist zugleich ein beachtlicher Dogmatikproduzent. Sie neigt dazu, Urteilsbegründungen im Stile wissenschaftlicher Abhandlungen zu schreiben und sich dabei vor allem mit der Lehre auseinanderzusetzen. Doch als praktische Tätigkeit kann sie in ihrer Dogmatikproduktion auch den Bedarf der Praxis berücksichtigen. Wenn sie trotz dieser Doppelfunktion dazu übergeht, weniger dogmatisch als problembezogen zu entscheiden und dabei ihre eigenen Kriterien verwirft, dann wird die Frage nach der Leistungsfähigkeit der Rechtsdogmatik auch für die Rechtswissenschaft unabweisbar.

Die beschriebene Situation indiziert Entfremdungen in einer Wissenschaft, die über hinreichende Rückkopplungen zur Praxis verfügt oder jedenfalls verfügen sollte. Die Entfremdung von der Wissenschaft auf seiten einer zugleich wissenschaftlich produktiven Praxis tritt neben die notorisch beklagten Barrieren der Dogmatik gegenüber der Lebenswelt der Rechtsbetroffenen – hat aber vielleicht gerade in diesen ihre Ursachen. Der Versuch, soziale Probleme in dogmatisch ungeschütztem Zugriff zu erfassen und zu regulieren, scheint eine dogmatische Kriterien produzierende Praxis mit ihrer eigenen Produktion in Widerspruch zu bringen und zur schnellen Verwerfung gerade erst aufgestellter Kriterien zu nötigen. Der Versuch der Praxis, als Praxis Probleme zu lösen, die die Wissenschaft zu lösen hätte, so aber nicht löst, entfremdet sie eben dieser Wissenschaft durch die Notwendigkeit, sich mit griffigen Alltagsbegriffen und Leerformeln abzusichern. Dem entspricht auch, daß die Rechtstheorie zur Abhilfe entweder eine Umstrukturierung der Dogmatik oder Kombinationslösungen vorschlägt. Letztere suchen insbesondere jenen Kriterien zur rechtstheoretischen Anerkennung zu verhelfen, die faktisch und mit Erfolg von der Praxis zur Lösung ihrer Entscheidungsprobleme ergänzend herangezogen werden. »Vorverständnisse«, »vorpositive Wertungen«, Konsensbildungsstrategien und »richterliche Zwecksetzungen« dienen zur Korrektur dogmatischer Regelungsprogramme.[5]

Die nachfolgende Untersuchung geht von der Annahme aus, daß die Funktion der Rechtsdogmatik primär in der geeigneten Entscheidungsprogrammierung der Praxis liegt. Diese Entscheidungspraxis ist unter den Bedingungen des Zeitdrucks und des Entscheidungszwangs auf die Bereitstellung von Orientierungsmitteln (Programmen) angewiesen, in denen theoretisches Wissen zusammengefaßt, theoretische Möglichkeiten ausgeblendet und Theorien handhabbar gemacht sind. Dies leistet die Dogmatisierung von Theorien. Zugleich ist diese Leistung im dogmatischen Programmangebot auch auf die Komplexitätskapazität der Praxis abzustimmen. Rechtsdogmatik hat danach die Funktion, theoretische und gesellschaftliche Komplexität für die Praxis so zu reduzieren, daß dieser Entscheidungen ermöglicht werden (These 1). Sofern diese Leistung von Rechtsdogmatik nicht erbracht wird, schafft sich Praxis ihre eigenen Reduktionsmechanismen (These 2). Die Regeln, die vom traditionellen Dogmatikverständnis als Reduktionsregeln anerkannt sind, sind deshalb nur eine Teilmenge der Regeln, die von der Praxis zur Entscheidungsgewinnung herangezogen werden (These 3). Die nicht anerkannten Regeln nennen wir ihres ungeklärten Status wegen im Gegensatz zu den dogmatisch anerkannten Regeln »apokryphe« Regeln. Apokryphe Regeln sind durch die Kommunikationsstruktur, die Zeit- und Mittelknappheit und den Entscheidungszwang der Praxissituation bedingt (zur Definition s. u. II 2.).

2. Die Klärung von Dogmatikleistungen in der konkreten Entscheidungspraxis könnte aus globalen Zuordnungen von Rechtslehre und Rechtspraxis herausführen. Die obigen Annahmen lassen sich nur in Entscheidungssituationen überprüfen – und damit in einem Kommunikationsrahmen, der Dogmatikanwendungen strukturiert und ebenso von diesen auch strukturiert wird.

Dabei empfiehlt es sich, typischerweise beanspruchte Dogmatikleistungen und deren Ausfall als Prüfinstanzen einzusetzen. Zunächst ist die häufige Verwendung apokrypher Regeln und deren bemerkenswerter Einfluß auf die Entscheidung aufzuzeigen. (Zu beachten ist hierbei, daß auch für diese Entscheidungen Sachautorität, d. h. dogmatisch korrektes Vorgehen beansprucht wird.) Sodann ist der Einsatz dieser Regeln an jenen Entscheidungspunkten nachzuweisen, wo von Dogmatik generell beanspruchte Leistungen faktisch nicht erbracht werden. Der Ersatz fehlender dogmatischer durch apokryphe Regeln vermag deren Gewicht und die Funktion von jenen zu erweisen. Diese Leistungsfälle sind vor allem: a) Präzisierung vager Ausdrücke, b) Selektion von

Lösungsalternativen, c) Schließung von Lücken. An diesen Fällen läßt sich die Bedeutung von Entscheidungsprogrammen für die Praxis sehr gut zeigen.

Weniger anspruchsvoll, aber nicht weniger deutlich ist der Nachweis der Bedeutung apokrypher Regeln, wenn angebotene Lösungsalternativen einfach ausgeschaltet werden (Alternativenausblendung) und apokryphe Regeln verbliebene Entscheidungsprobleme und alternative rechtliche Gesichtspunkte wegarbeiten. Dogmatische Alternativen stellen in der klassischen Form der Auslegungsalternative ein hinreichendes Niveau an Entscheidungskomplexität sicher; man kann je nach Fallkonstellation die geeignetste Lösung auswählen. Wird vom Entscheider aber von vornherein nur eine dogmatische Lösung anvisiert, dann kann das Ansprechen einer der ausgeschlossenen Lösungen – vor allem dort, wo diese günstiger ist – die Wirkung dogmatischer Reduktion gefährden. Die einzig anvisierte Lösung droht dann ihren Programmierungseffekt zu verlieren und wird stützungsbedürftig. Weicht der Entscheider nicht durch Aufdeckung der Entscheidungsprobleme auf eine Metaebene aus, dann muß er seine Entscheidung bzw. die anvisierte Lösung durch apokryphe Regeln oder vergleichbare Mittel (vgl. unten D II) absichern. Diese Absicherung wird zum Paradefall der Leistungsprüfung. Teils Variante, teils weitere Prüfkonstellation ist schließlich der Fall der Ersetzung aufwendiger, komplizierter dogmatischer Lösungen durch einfachere dogmatische Lösungen – eine aufschlußreiche Situation insbesondere dort, wo die abgedrängte komplizierte Alternative die für den Betroffenen günstigste ist.

II

1. Anwaltliche Rechtsanwendung ist im Rahmen der Beratung erste Stufe juristischer Falltransformation. In ihr werden die Weichen für juristische Sachverhaltsbeschreibungen und damit auch für Lösungen eines sozialen Konflikts gestellt. Auf Anwaltsebene läßt sich noch gut die kommunikative Umsetzung eines Konflikts in einen juristischen Fall beobachten; auch Entscheidungszwang und Zeitdruck sind noch recht unverhüllt sichtbar. Das Bild richterlicher Rechtsfindung wird demgegenüber zu Legitimationszwecken durch hoheitliche Stützen richterlicher Autorität verzerrt. Entsprechend überlagern sich dort Programmierungs-

und Darstellungsfunktionen der Rechtsdogmatik. Dies erschwert die Ermittlung von Programmierungsleistungen der Dogmatik – und weist die Anwaltsebene als die forschungstechnisch günstigste aus.

2. Im Rahmen einer vergleichenden empirischen Dogmatikanalyse wurden in einer Anwaltsuntersuchung 30 Beratungen anhand eines simulierten Falles in einem realistischen Rahmen durchgeführt. Die ersten Auswertungsergebnisse zu dem umfangreichen Gesprächsmaterial werden nachfolgend berichtet und verwertet. Genauere Daten können erst nach Abschluß der aufwendigen Contentanalysen geliefert werden. Hier geht es uns vor allem um die Diskussion einiger bemerkenswerter, bereits ermittelter Daten.

3. Anwaltsberatung – das Erarbeiten und Aussprechen von Ratschlägen, Empfehlungen etc. (Entscheidung) zu einem vorgelegten (mehr oder weniger festumrissenen) Gegenstand, dem zu lösenden sozialen Konflikt, ist in durchschnittlichen Formen vor allem von folgenden strukturellen Merkmalen geprägt:

a) Beanspruchung von Sachautorität aufgrund fachlichen Wissens und praktischer Erfahrung, b) Ratsuche eines Laien, der seine Probleme umgangssprachlich beschreibt, c) Dienstleistungsrahmen, insbesondere Zeitlimits, Darstellungserfordernisse etc., d) genereller Anspruch des Klienten auf soziale Kompetenz – darauf, in eigener Sache und als vernünftiger Bürger kompetenter Gesprächspartner für eine vernünftige und gerechte Lösung sozialer Probleme zu sein – und daraus resultierende Anforderungen an die Entscheidung und ihre Begründung. (Diese Anforderungen lassen sich idealiter in einem normativen Beratungsmodell beschreiben, müssen faktisch aber jeweils erst ausgehandelt werden, wobei Erfolge auch von zielbewußter Problemdurchsetzung seitens des Mandanten abhängig sind.)

Dem entsprechen unterschiedliche Ziele und Bedingungen des Handelns. Es empfiehlt sich daher, die Interaktion Berater–Ratsuchender als strategisches Handeln zweier unterschiedliche – teilweise auch gegenläufige – Ziele verfolgender Individuen zu konzipieren. Die rollenspezifische Differenz jeweiliger Zweckverfolgung, Argumentationsweise, Begründungsanforderung und vor allem Problematisierungsinteressen, muß sich im Beratungsgespräch niederschlagen und ist in ihm auseinanderzuhalten.

Zur Ermittlung von Handlungssinn und Sprecherintention sollten sich teilnehmende Beobachtung und Contentanalyse vor allem an den unter einer bestimmten Zielsetzung jeweils zu lösenden Problemen und ihnen entsprechenden Themen und Argumentationsweisen orientieren. Dementsprechend wird zur Bestimmung und Identifizierung apokrypher Regeleinsätze folgende Klassifizierung von Äußerungen im Beratungsgespräch vorgeschlagen:

(1) Äußerungen, die Entscheidungsalternativen stützen oder angreifen mit:

(1.1) Bezugnahme auf rechtliche (= dogmatisch zugelassene) Entscheidungsprämissen *(rechtliches Argument)*.

(1.2) Bezugnahme auf ein soziales Problem, den sozialen Konflikt *(soziales Argument,* sofern nicht nur die umgangssprachliche Formulierung eines rechtlichen Argumentes vorliegt).

(1.3) Bezugnahme auf Definitionen eines situationsbezogenen Handlungs- bzw. Kommunikationsproblems *(situationsbezogenes Argument)*.

(2) Äußerungen, die sich auf die Handlungssituation beziehen, jedoch nicht zur Stützung oder Kritik einer Entscheidung dienen *(Service)*.

Als *apokryphe Regelverwendung* seien *die Äußerungen vom Typ 1.2 und 1.3* bezeichnet. Die Rechtfertigung einer juristischen Entscheidung mit einem sozialen bzw. situationsbezogenen Argument ist apokrypher Regelverwendung zuzuordnen, weil sie rechtlich nicht korrekt ist, zugleich aber als Prämisse die rechtliche Entscheidung trägt (sie rechtfertigt und einen neuen Gesichtspunkt abweist). Dabei ist zu beachten, daß das soziale bzw. situationsbezogene Argument als *inhaltliches* Argument zur Beachtung ebenso wie zur Abwehr sozialer und moralischer Gesichtspunkte dienen kann, vor allem aber dazu, Entscheidungen zu ermöglichen. Deshalb dienen apokryphe Regeln primär zur Problemreduktion – zur Ersetzung einer fehlenden und zur Verstärkung einer gegebenen dogmatischen Reduktion. Ihr Einsatz ist nicht schon deshalb irrational, weil sie dogmatisch nicht anerkannt sind. Sie können beispielsweise Situationserfordernissen und Kostenrisiken Rechnung tragen.

Als dogmatische Regeln werden die *dogmatisch anerkannten Regeln* bezeichnet, die unter Reformulierung der gesetzlichen Regelungsinhalte zur Lösung eines sozialen Problems von ernstzunehmenden dogmatischen Autoritäten vorgeschlagen werden. Der Rückgriff auf Autoritäten entspricht der Grundstruktur von Dogmatik. Er erlaubt es, einander ausschließende Lösungsvorschläge dieser Autoritäten ohne eigene zusätzliche dogmatische Leistung zusammenzufassen.

B. Der Fall und seine Lösungen

I

Um eine möglichst authentische und für unsere Fragen nach den Leistungen der Rechtsdogmatik fruchtbare Beratungssituation zu erreichen, wurde ein Fall konstruiert, der den Vorzug lebensnaher Alltäglichkeit haben sollte. Dieser Lebenssachverhalt durfte nur geringe Schwierigkeiten bei der rechtlichen Lösung verursachen und sollte darüber hinaus ein Arsenal an moralischen und sozialen Argumenten beinhalten, um den Anwalt in Argumentationszwang zu bringen; denn nur auf diesem Wege konnte es gelingen, die Wege der Entscheidungsfindung und Problemlösung überprüfbar nachzuvollziehen.

Der zur rechtlichen Beurteilung unterbreitete Lebenssachverhalt war dieser:

A, dessen Auto für einige Tage in Reparatur ist, bittet seinen Freund B, der eine Woche mit dem Zug geschäftlich nach Hamburg reisen will, ihm seinen BMW zu überlassen, bis das eigene Fahrzeug wieder in Ordnung ist. Nach einigem Zögern gibt B das Fahrzeug seinem Freund und reist anschließend ab. Einige Tage später ruft Frau B bei A an und bittet ihn, sie zum Bahnhof zu bringen, da sie mit ihrem Mann gemeinsam das Wochenende in Hamburg verbringen möchte. A lehnt zuerst ab, weil er es eines Termins wegen nicht gut einrichten kann, aber auf ihr inständiges Drängen hin und die Betonung, er habe schließlich den Wagen ihres Mannes, erklärt er sich wohl oder übel dazu bereit. Auf der Fahrt zum Bahnhof – A sitzt am Steuer, da Frau B zur Zeit keinen Führerschein besitzt – geraten sie in einen Stau, der sehr viel Zeit kostet. Frau B wird sehr hektisch und befürchtet, den Zug zu verpassen. Nach Auflösung des Staus treibt die immer unruhiger werdende Frau B den A zu schnellerem Fahren und zu riskanten Überholmanövern an. A fährt zu Anfang normal, d. h. verkehrsangemessen weiter, bis er durch die fortlaufenden Aufforderungen und Drohungen von Frau B, er werde schuld am Zuspätkommen sein, selbst nervös und unachtsam wird; er fährt nun ganz im

Wunsch der Frau B schneller, als es die Verkehrssituation erlaubt und sieht deshalb auch zu spät einen von rechts kommenden PKW. Es kommt trotz Vollbremsung zum Unfall, an dem A der Nichtbeachtung der Vorfahrt wegen allein Schuld trägt. Der Schaden am Fahrzeug des B beträgt 3300,– DM; der Verlust des Schadensfreiheitsrabatts weitere 630,– DM, da B's Haftpflichtversicherung in Anspruch genommen wird.

B möchte von seinem Freund A den vollen Schaden ersetzt haben, obgleich dieser einwendet, er habe ihm und seiner Frau schließlich einen Gefallen erwiesen und der Unfall sei allein durch das Verhalten seiner Frau verursacht worden.

II

Unter moralischen oder sozialen Aspekten tauchen bei dieser Schilderung im wesentlichen folgende Fragen auf, deren Beantwortung der Mandant im Rahmen der Beratung zumindest indirekt wünscht:

1. Unter welchen Umständen kann ich von einem Freund, der mir einen Gefallen erwiesen hat, den Ersatz des Schadens verlangen, den dieser aufgrund von Gefälligkeit verursacht hat?

2. Geht nicht derjenige, der seinem Freund ein Auto verleiht, von vornherein das Risiko ein, auf einem eventuellen Schaden an seinem Fahrzeug sitzenzubleiben?

3. Sind Mann und Frau in sozialer Hinsicht nicht als eine Einheit zu sehen, so daß der eine für den anderen einzustehen hat?

4. Ist nicht eigentlich die Frau, die so stark drängte, an dem Verkehrsunfall schuld?

In rechtlicher Hinsicht hingegen sind bei der beschriebenen Ausgangslage überwiegend folgende Probleme vom Rechtsanwalt zu lösen:

1. Ist die aus Gefälligkeit geschehende Überlassung eines Fahrzeugs unter Freunden als ein Leih*vertrag* anzusehen, mit den sich daraus ergebenden gesetzlichen Verpflichtungen, oder als ein rechtlich nicht bewertbares Gefälligkeitsverhältnis?

2. Kann das Chauffieren der Frau zum Bahnhof als ein Auftrag im Sinne des Gesetzes interpretiert werden oder handelt es sich auch hier um ein reines Gefälligkeitsverhältnis?

3. Ist ein Mitverschulden der Frau am Zustandekommen des Unfalls ihrem Ehemann zurechenbar?

4. Hat der Fahrer A, wenn überhaupt, den gesamten, dem B entstandenen Schaden zu ersetzen oder lediglich den Sachschaden?

5. Kann A, wenn er den Schaden dem B ersetzen muß, diesen von Frau B zurückerstattet verlangen?

III

Wenn nachfolgend die rechtlichen Lösungsalternativen grob skizziert werden, so dient dies dazu, den Spielraum abzustecken, innerhalb dessen rechtlich vertretbare Entscheidungen zu finden sind; zum anderen macht die Skizze deutlich, inwieweit lebensweltliche Erwartungen enttäuscht werden.

Die erste Lösungsalternative, die sich wesentlich an der Rechtsprechungstendenz ausrichtet, würde sowohl die freundliche Überlassung des PKW als auch den Chauffeurdienst von A als bloßen Freundschaftsdienst oder rechtlich nicht bewertbare Gefälligkeit betrachten. Ausschlaggebend wäre allein, daß A durch seine unachtsame Fahrweise das Fahrzeug des B (dessen Eigentum) beschädigt hat und ihm deshalb den Sachschaden ersetzen muß. Den Verlust des Schadensfreiheitsrabatts (630,– DM) erhielte B jedoch kurioserweise nicht ersetzt, da dieser Schaden ein Vermögensschaden ist, der als von A nicht direkt – durch die Beschädigung des PKW – verursacht angesehen wird. Ein Mitverschulden der Frau B am Zustandekommen des Unfalls könnte ihrem Mann nicht zugerechnet werden. A müßte den gesamten Sachschaden ersetzen, könnte sich jedoch wegen eines Teils desselben – über die Höhe ließe sich streiten – an Frau B halten und, wenn diese überhaupt Vermögen besitzt, seinen finanziellen Schock dämpfen.

Die zweite Lösungsalternative sähe in der freundschaftlichen Überlassung des PKW einen Leih*vertrag*; dies vornehmlich des Wertes des Fahrzeugs wegen, der als Abgrenzungskriterium von Gefälligkeit und Vertrag fungiert. Dem Leihvertrag zufolge hätte A sowohl den Sachschaden als auch den Verlust des Schadensfreiheitsrabatts zu ersetzen. Sieht man auch die Chauffeur-Leistung des A gegenüber Frau B als ein Vertragsverhältnis an – dies ist möglich aufgrund der festen Zusage seitens des A –, so hätte A bei Erledigung dieses Auftrages einen Schaden erlitten; er muß nämlich den Sachschaden und den Verlust des Schadensfreiheitsrabatts B ersetzen. Rechtlich stellen sich diese Schadensposten als Aufwendungen seitens des A in Erledigung des Auftrags dar. A könnte – hierüber sind sich Rechtslehre und Rechtsprechung noch nicht klar – diese sogenannten Aufwendungen teilweise oder in voller Höhe von Frau B erstattet verlangen, wenn das Zustandekommen des Verkehrsunfalls, insbesondere die erhöhte Gefahrenlage (die Nervosität des Fahrers und dessen zu schnelles Fahren) allein oder überwiegend von Frau B zu vertreten sind. Stimmt man der Auffassung zu, A könne den gesamten oder einen Teil des Schadensbetrags von Frau B zurückfordern, so ist A darüber hinaus wohl auch in der Lage, dies seinem Freund B entgegenhalten zu können, weil Frau B im Rahmen ihrer häuslichen, ehelichen Verpflichtungsmacht (Schlüsselgewalt) den A zu dieser Fahrt bestimmen konnte. Im Ergebnis läuft diese Alternative darauf hinaus, daß B von A überhaupt nichts oder höchstens einen Teil erstattet erhält.

Die dritte Lösungsalternative geht von einer neueren, im Vordringen begriffenen Meinung einiger Rechtslehrer aus. Ihnen zufolge könne bei Freundschaftsdiensten, Leistungen, die im sozialen Bereich aus reiner Gefälligkeit erfolgen, von Verträgen im Rechtssinne nicht gesprochen werden; da sie aber auch nicht außerhalb des Rechts anzusiedeln wären, müßten sie als *vertragsähnliche* Beziehungen, sogenannte gesetzliche Schuldverhältnisse, begriffen werden, deren u. a. wesentliches Merkmal in einer eingeschränkten Haftung des Gefälligen zu sehen ist. Hiernach wäre sowohl die Überlassung des Fahrzeugs als auch die Fahrt zum Bahnhof als gesetzliches Schuldverhältnis anzusehen. Da A bei seiner Fahrt zum Bahnhof die im Verkehr erforderliche Sorgfalt nicht in außergewöhnlichem Maße verletzt hat, haftet er nicht für den von ihm verursachten Schaden. Dies kann A auch dem B erwidern, da B als Ehemann die von seiner Frau im Rahmen ihrer sogenannten Schlüsselgewalt gewünschte Gefälligkeit anerkennen muß.

Die präsentierten Hauptalternativen – zu schweigen von den zusätzlichen Varianten, d. h. Vermischungen von Alternative 1 + 2 und 2 + 3 – zeigen bereits die Palette möglicher Entscheidungen: sie reicht von 0 bis zu vollem Schadensersatz.

Die rechtlichen Lösungsvorschläge lassen im großen und ganzen die ins Detail gehende Beantwortung von Fragen, die den Mandanten bedrängen, vermissen. Welchen Stellenwert und Einfluß gerade die Freundschaft der beteiligten Personen für die rechtliche Lösung besitzt, wird, vielleicht mit Ausnahme der dritten Alternative, dem Mandanten weder erkennbar noch deutlich. Ebensowenig wird ihm die starre Trennung zwischen Mann und Frau, insbesondere in der ersten Alternative, einleuchten. Auch die Frage nach der Schuld am Verkehrsunfall wird dem Mandanten nicht überzeugend beantwortet, der sein Recht sucht.

Bei diesen Punkten vornehmlich – Nichtkongruenz von rechtlichen Lösungsvorschlägen und sozialen Erwartungen – greift der Anwalt im Beratungsgespräch zur Unterstützung seiner rechtlichen Argumentation auf soziale Regeln, Normen oder Bewertungsmaßstäbe zurück, um rechtliche Bewertungen oder Einordnungen dem Mandanten akzeptabel zu machen. Hierauf wird später bei der Analyse der Beratungsgespräche noch genauer einzugehen sein.

C. Analyse der Beratungsgespräche

I

1. Im Verlauf der Beratungsgespräche ist häufig die Frage: »Welchen Betrag wären Sie denn zu zahlen bereit?« an den Mandanten gestellt worden; dabei ging der Rechtsanwalt davon aus, daß der Mandant auf jeden Fall einen Teil des Schadens zu ersetzen habe, und unterstellte gleichzeitig, daß wohl auch nach dem Rechtsgefühl des Mandanten eine Verpflichtung zum Schadensersatz bestünde; zumindest appellierte der Rechtsanwalt an ein solches. Ob das Rechtsgefühl oder die moralische Beurteilung des Sachverhalts dem Mandanten als Laien eine derartige Verpflichtung nahelegen, ist ungewiß. Demzufolge kann auch nicht beurteilt werden, inwieweit die von den Rechtsanwälten getroffenen Entscheidungen den Laien befremden oder mit dessen Rechtsgefühl bzw. moralischer Bewertung konform gehen.

Knapp 50% der Anwälte befanden, ihr Mandant habe den gesamten Schaden zu erstatten, 40% hielten die Zahlung der Hälfte des geforderten Betrages für rechtens, 10% konnten oder wollten noch keine Entscheidung treffen, und ein einzelner Anwalt entschied, der Mandant habe lediglich den geringen Betrag von 500,–

DM zu zahlen. Nur ein Rechtsanwalt wollte den Ratsuchenden von jeglicher Zahlungsverpflichtung freistellen.

2. Für die Einschätzung der Programmierungsfunktion der Rechtsdogmatik (die Rechtsnormen eingeschlossen) ist von Bedeutung, daß 70-80% der befragten Anwälte die rechtliche Lösung der ihnen vorgelegten Probleme über einen der bekanntesten Paragraphen des Bürgerlichen Gesetzbuchs, nämlich § 823, gefunden haben. Dieser Paragraph schreibt bei Verletzung fremden Eigentums die Pflicht zum Schadensersatz vor. Ca. 35% der Befragten haben als Rechtsgrundlage für die Schadensersatzpflicht einen Leihvertrag zwischen A und B genannt. Die Mehrzahl dieser Anwälte haben sowohl § 823 BGB als auch den Leihvertrag als rechtlich entscheidend angesehen. Bei 10% der Anwälte konnte nicht ermittelt werden, aufgrund welcher dogmatischer Alternativen sie ihre Entscheidung getroffen haben.

75% der juristischen Ratgeber haben entweder mit rechtlich nicht anerkannten Rechtssätzen oder juristischen Methoden gearbeitet, d. h. mit ihnen ihre Zwischenlösungen oder Endergebnisse getroffen. So war z. B. die oben genannte, von 40% der Anwälte getroffene Entscheidung, der Mandant habe die Hälfte des geforderten Betrages zu zahlen, rechtlich nicht einwandfrei.

Folgende Annahmen können diese Daten erklären:

Der schlichte Wortlaut der von den Anwälten am häufigsten angewandten Rechtsnorm, § 823 BGB, ermöglicht es ihnen, einen geschilderten Lebenssachverhalt dieser Rechtsnorm sofort unterzuordnen. § 823 BGB kann als ein in den Augen der Praktiker schnell und leicht handhabbares Muster zur rechtlichen Interpretation von Sachverhalten bezeichnet werden. Der auf den ersten Blick klare Wortlaut der genannten Rechtsnorm bringt jedoch den Nachteil mit sich, daß Zweifel über strittige Punkte bei seiner Anwendung leicht unterdrückt werden. So ist z. B. bei der Anwendung des § 823 BGB nur von 10% der Befragten erinnert oder bemerkt worden, daß nach der Rechtsprechung – in einer Konstellation wie der hier vorliegenden – bei der Beschädigung eines Fahrzeugs anläßlich eines Verkehrsunfalls vom Schädiger lediglich der Schaden am Fahrzeug, nicht aber der Verlust des Schadensfreiheitsrabatts zu erstatten ist.

Die erwähnte Rechtsnorm stellt nicht nur ein leicht handhabbares Interpretationsmuster sondern ein Entscheidungsprogramm dar, welches andere Programme ausblendet oder dergestalt dominiert, daß auf letztere nur hilfsweise zurückgegriffen wird. Hieraus erklärt sich die relativ seltene Prüfung und/oder Anwendung des Leihvertrags als Entscheidungsgrundlage. Dieses dominierende Entscheidungsprogramm ist jedoch in dem doppelten Sinne schlicht, als es einmal die Komplexität des Sachverhalts drastisch reduziert und zum anderen gleichzeitig keine Kriterien oder Verfahren zur Verfügung stellt, die es erlauben, dennoch oder weiterhin sich aufdrängende Fragen oder Probleme zu beantworten bzw. zu lösen. In Ermangelung solcher Kriterien oder Verfahren greift der Praktiker bei Anwendung dieses Entscheidungsprogramms daher häufig auf außerrechtliche Mittel zurück — welche wir als apokryphe Regeln und Verfahren (vgl. hierzu unten V u. D II) bezeichnen wollen.

Zur Illustration dienen folgende Dialogausschnitte:

RA: »Sie haben fremdes Eigentum zerstört, beschädigt und müssen deshalb auch den Schaden ersetzen.«
Mand.: »Was heißt hier *fremdes* Eigentum, mein Freund ist ja nicht irgendein Fremder!«
RA: »Sie können Ihren Freund nicht an der Freundschaft festhalten.«

Nachdem der Anwalt erklärt hat, der Mandant müsse wegen Verletzung des § 823 BGB Schadensersatz leisten, wendet dieser ein, eine Voraussetzung zumindest läge nicht vor. Der Rechtsanwalt erwidert in Ermangelung eines paraten rechtlichen Arguments mit dem außerrechtlichen: daß man niemanden zwingen kann, an einer Freundschaft festzuhalten.

Mand.: »Und daß die ganze Sache unter Freunden gelaufen ist, hat das nichts zu bedeuten?«
RA: »Der Schaden ist ihm entstanden! Und Sie waren, nun ganz grob gesagt, der Schadensverursacher.«

Auch hier vermag der Rechtsanwalt auf die Frage des Mandanten, ob das Freundschaftsverhältnis nicht von rechtlicher Bedeutung sei, nicht mit einem ihm zur Verfügung stehenden rechtlichen Kriterium zu reagieren, sondern verweist auf ein unbestrittenes bzw. überhaupt nicht in Zweifel gezogenes Faktum.

II

Eingedenk der Tatsache, daß die anwaltliche Beratungssituation von Zeitdruck und Entscheidungszwang geprägt ist, haben wir zur optimalen Ausnutzung und Strukturierung der uns gewährten Beratungszeit – durchschnittlich 30 Minuten – Argumente und Fragen entworfen, welche auf die einschlägigen rechtlichen Probleme hinweisen und die Anwälte zur Stellungnahme herausfordern sollten. Die Argumente und Fragen waren so in die Umgangssprache transformiert worden, daß der rechtliche Gehalt soweit als möglich erhalten blieb.

Diese Argumente und Fragen konnten ihre Funktion als rechtliche Stimuli aber nur ungenügend erfüllen. Ein Viertel der Anwälte nahmen die Stimuli zwar insgesamt auf, ein Drittel jedoch fast überhaupt nicht, und mehr als ein Drittel gingen nur teilweise darauf ein.

Dies Ergebnis läßt vornehmlich folgende, sich einander nicht ausschließende Interpretationsweisen zu:

1. Die in der Umgangssprache formulierten rechtlichen Stimuli waren nicht eindeutig genug, um die gewünschten Reaktionen hervorzurufen. Für diese Vermutung spräche die Vagheit und Mehrdeutigkeit alltagssprachlicher Ausdrücke, die keine präzise Zuordnung zu rechtlichen Begriffen oder, allgemein, keine Unterordnung unter Rechtsregeln indizieren. Diese Vermutung könnte auch durch die Annahme gestützt werden, daß zur rechtlichen Beurteilung eines Sachverhalts eine Sachverhaltsbeschreibung vorliegen muß, »die genau diejenige Information enthält, die für eine rechtliche Bewertung erforderlich ist«.[6] Unter »rechtlicher Bewertung« werden dabei z. B. die komplementären Sätze »bei Gefälligkeiten ist die Haftung des Gefälligen eingeschränkt« und »bei Gefälligkeiten ist die Haftung des Gefälligen nicht eingeschränkt« verstanden. Der Stimulus zu einer solchen rechtlichen Bewertung ist jedoch – wie aus den Beratungsgesprächen gefolgert werden kann – nur dann eindeutig positiv, wenn er sich juristischer Fachtermini bedient.

So wurde z. B. der Stimulus des Mandanten: »Ich habe die Frau meines Freundes allein auf ihre Veranlassung, ihren Wunsch, ihr Antreiben hin zum Bahnhof gefahren, so daß ich mich doch auch wegen des entstandenen Schadens an sie wenden können muß« meist nicht als Stimulus für das Vorliegen eines Auftragsverhältnisses im Sinne des § 662 BGB und eines möglicherweise sich daraus ergebenden Aufwendungsersatzanspruches erkannt; demgegenüber wurde der Stimulus des Mandanten: »ich habe doch die Frau meines Freundes sozusagen in ihrem ›Auftrag‹ zum Bahnhof gefahren, so daß ich mich doch auch wegen des Schadens an sie halten können muß« überwiegend als Anlaß zur Prüfung der Frage genommen, ob ein Auftragsverhältnis vorliegt.

2. Wenn eine umgangssprachliche Aussage ohne Mühe als rechtlicher Stimulus erkannt werden kann, dann ist der mangelhafte Response entweder auf die Unkenntnis des stimulierten Programms oder auf die schwache Programmierungskraft der stimulierten Rechtsregel bzw. dogmatischen Theorien zurückzuführen. Letztere Annahme kann dort als positiv bestätigt gelten, wo die stimulierten Rechtsregeln oder Theorien vom Rechtsanwalt verwendet werden, um dem Freund einen außergerichtlichen, nichtrechtlich fundierten Vergleichsvorschlag zu unterbreiten und ihm gegenüber zu begründen.

So hatten ca. 35% der Anwälte, nachdem sie dem Mandanten eine volle Schadensersatzpflicht als rechtliches Ergebnis präsentiert hatten, ihm vorgeschlagen, seinem Freund einen Brief zu schreiben, durch den dieser zur Annahme eines Vergleichsvorschlags gebracht werden sollte. In dem Brief wurden bzw. sollten all diejenigen Argumente und Gesichtspunkte verwendet werden, die vom Mandanten stimuliert, vom Rechtsanwalt aber entweder verworfen oder nicht berücksichtigt worden waren.

III

A. Podlech hat in dem Aufsatz »Die juristische Fachsprache und die Umgangssprache« – allerdings im Rahmen gerichtlicher Argumentation – folgende These aufgestellt[7]:

»Die rechtliche Beurteilung eines Sachverhalts blendet die Wertungen der Beteiligten aus oder berücksichtigt sie (vom Standpunkt der Beteiligten aus zufällig) aus anderen Gründen, als die Beteiligten diese Wertungen vertreten.«

Diese These konnte für die hier untersuchten anwaltlichen Argumentationen im großen und ganzen bestätigt werden. An wichtigen Gesichtspunkten zur Beurteilung des Falles sind vom Mandanten vorgebracht worden:

1. Die freundschaftlichen Beziehungen zwischen den Beteiligten müssen bei der rechtlichen Beurteilung ihren Niederschlag finden oder zumindest eine gütliche Beilegung erzwingen.

2. Seine Gefälligkeit, seine freundliche Geste gegenüber Frau B, darf nicht unberücksichtigt bleiben.

3. Der Eigentümer des Fahrzeugs und seine Frau müssen als Einheit betrachtet werden, so daß diesem das Verhalten der Frau zuzurechnen ist.

Keiner der befragten Anwälte hat die Freundschaft zwischen A und B *rechtlich* berücksichtigt. Es wurde lediglich ab und an ein Bedauern über das Verhalten des B – seine Forderung nach vollem Schadensersatz – zum Ausdruck gebracht, ebenso häufig aber auch vorgeschlagen, die Freundschaft zur Herbeiführung einer gütlichen, rechtlich nicht erzwingbaren Einigung einzusetzen.

Die Gefälligkeit des A, d. h. seine hilfsbereite Handlung, ist als solche rechtlich nicht verwertet worden. Entweder wurde diese Handlung als rechtlich unbeachtlich zurückgewiesen, weil A hierzu nicht verpflichtet gewesen sei, weil Gefälligkeiten keinen Freibrief darstellten, oder die Gefälligkeit wurde in ein Auftragsverhältnis uminterpretiert bzw. als Haftungsbeschränkung gewertet.

Nahezu 70% der juristischen Ratgeber gingen von einem Mitverschulden der Ehefrau beim Zustandekommen des Verkehrsunfalls aus. Immerhin knapp 40% hiervon wollten das Mitverschulden bei der Bemessung des Schadensersatzanspruchs des Ehemanns berücksichtigen. Dieses Ergebnis widerspricht auf den ersten Blick der oben aufgestellten These. Da die Zurechnung gegenüber dem Ehemann auf eine rechtlich nicht deutlich erkennbare Weise bewerkstelligt wurde, läßt sich der Widerspruch nur durch die Vermutung ausräumen, daß die Zurechnung auf eine rechtlich nicht korrekte Weise zustande kam. Diese Vermutung kann sich auf das Faktum stützen, daß 75% der Anwälte Zwischenergebnisse der rechtlichen Lösung des Falles auf rechtlich nicht korrekte Weise erzielt hatten, zumal die Ehegatten häufig juristisch strikt getrennt behandelt wurden.

IV

Die gemessen an den Erwartungen des Mandanten nicht zureichende Berücksichtigung der sozialen und/oder moralischen Aspekte des Falles drückt sich in folgenden Zahlen aus: Die Ehebeziehung wurde von 35%, das Risiko von 50%, die Gefälligkeit von 60% und die Freundschaft von 65% der Anwälte unzureichend berücksichtigt. Um näher zu verdeutlichen, was als unzureichende Berücksichtigung der angeführten sozialen oder moralischen Aspekte anzusehen ist, wollen wir einige Beispiele anführen:

Mand.: »Aber es war schließlich seine Ehefrau, die mich gedrängt und zum Schnellerfahren aufgefordert hat.«
RA: »Ja schon, aber die Ehefrau ist 'ne Frau wie jede andere auch.«

Der soziale oder auch moralische Aspekt, daß hier die Ehebeziehung eine Rolle spielen und der Ehemann sich doch das Verhaltens seiner Frau zurechnen lassen müßte, wird in der anwaltlichen Sentenz als irrelevant betrachtet.

Mand.: »Wird das Hinfahren zum Bahnhof (meine Gefälligkeit) überhaupt nicht honoriert?«
RA: »Sie sollten die zwar hinfahren, aber Sie sollten dabei nicht das Auto kaputt machen.«

Die Frage des Mandanten nach der Berücksichtigung seiner Gefälligkeit wird mit einem Vorwurf beantwortet.
Eine Erklärung der unbefriedigenden Berücksichtigung des moralischen Aspekts des Falles, nämlich der Gefälligkeit des A, kann im folgenden bestehen:
Der umgangssprachliche Ausdruck »Gefälligkeit« konnotiert ein ethisch als gut bewertetes Handlungsmotiv. Der Rechtspraktiker hingegen nimmt den vom Mandanten umgangssprachlich verwendeten Ausdruck »Gefälligkeit« als juristischen terminus technicus auf. Als solcher verweist »Gefälligkeit« vornehmlich auf die *Unentgeltlichkeit* einer Handlung und das *Fehlen* einer rechtlichen Verpflichtung zur Vornahme einer Handlung. Die deutsche Rechtsdogmatik läßt im Gegensatz zu der anderer Länder die Gefälligkeit, das Handeln aus altruistischem Motiv, keinen Einfluß auf die rechtliche Beurteilung des schuldhaften Verhaltens eines aus Gefälligkeit Handelnden nehmen; statt die Motive und die Absichten des Handelnden zu beachten, werden ›objektive‹ Kriterien der Schuldbeurteilung zugrundegelegt. So blendet Rechtsdogmatik moralische Aspekte aus, indem sie umgangssprachliche Begriffe auf andere Weise definiert.

Es wurde bereits in der letzten Ziff. I darauf hingewiesen, daß der Praktiker in Ermangelung rechtlicher Verfahren zur Lösung ihm vorgelegter Probleme auf außerrechtliche Mittel zurückgreift.

Die Häufigkeit der nachfolgend zu beschreibenden Argumentationstechniken, die in den analysierten Beratungsgesprächen von Anwälten verwendet wurden, ist ein starkes Indiz für das Fehlen anerkannter rechtsdogmatischer Problemlösungsmuster und Argumentationsmethoden.

Diese Argumentations- oder Problemlösungstechniken sind keineswegs durch die Besonderheit des juristischen Stoffes geprägt; sie sind vielmehr weit verbreitete, auch im Alltag häufig verwandte Argumentations- oder Problemlösungs›tricks‹. Die Anwendung solcher Techniken oder Tricks bei rechtlichen Problemlösungen wollen wir *apokryphes Verfahren* nennen. Sie sind von apokryphen Regeln genau zu unterscheiden (s. u. D 2).

An häufig wiederkehrenden apokryphen Verfahren wurden gefunden:

1. Die Technik der Erweiterung: Das Argument oder die Behauptung des Mandanten wird über ihren wörtlichen Sinn hinaus geführt, also in einem weiteren Sinn genommen, als der Mandant beabsichtigt oder sogar ausgedrückt hat, um sie in dem erweiterten Sinn zu widerlegen.

Beispiel:

Mand.: »Bei der heutigen Verkehrssituation gehe ich doch immer, wenn ich einem Freund den Wagen gefälligkeitshalber überlasse, das Risiko ein, daß mein Fahrzeug bei einem Unfall beschädigt wird und ich auf dem Schaden sitzenbleibe oder mich zumindest auf gütliche Weise mit dem Freund einigen muß.«

RA: »Das ist nicht zutreffend, weil ich beim Verleihen an den Freund nicht gleichzeitig darin einwillige, daß dieser bei Rot über die Ampel fährt und einen Unfall baut.«

Von einem derart grob verkehrswidrigen Verhalten des Fahrers hatte der Mandant überhaupt nicht gesprochen.

2. Die Technik der absurden Konsequenzen (sie ist verwandt mit der Technik der Erweiterung): Stillschweigend wird zur Behauptung/Annahme des Mandanten eine weitere Behauptung/Annahme hinzugefügt; aus beiden Behauptungen/Annahmen zieht der Rechtsanwalt dann einen absurden Schluß.

Beispiel:

Mand.: »Letztendlich hat die Ehefrau des Eigentümers des PKW mich aufgefordert, viel schneller zu fahren und riskante Überholmanöver auszuführen, so daß das Risiko eines Verkehrsunfalls demzufolge von den Eheleuten zu tragen ist und nicht von mir.«

RA: »Sie durften aber nicht schneller fahren, denn sie springen ja auch nicht aus dem Fenster, wenn ich zu Ihnen sage: Springen Sie aus dem Fenster!«

Der Anwalt fügte hierbei stillschweigend die allgemeine Prämisse hinzu: man darf keiner Aufforderung folgen, die einem selbst Schaden bringt. Doch es steht gerade in Frage, ob den Mandanten in der von ihm geschilderten Lage ein Schaden treffen kann.

3. Die Technik der Ablenkung: Sie ist unter den Argumentations- oder Diskussionstricks der beliebteste und gebräuchlichste und fast unausbleiblich, wenn ein Anwalt bei einem Problem oder einer Frage in Bedrängnis gerät.

Beispiele:

Mand.: »Daß ich dem anderen Fahrzeug die Vorfahrt genommen habe, ist klar und deshalb hätte ich auch einen Strafzettel zahlen müssen; aber warum die Frau, die Eheleute, das ganze Geld nun von mir verlangen, kann ich nicht einsehen, weil sie halt doch mich andauernd so gedrängt hat, schneller zu fahren und zu überholen und so.«

RA: »Ist denn bereits ein Nachweis geführt worden über die Höhe der Reparaturkosten?«

Der Anwalt erwidert auf das Argument des Mandanten mit einer Gegenfrage, die auf ein anderes Feld gehört. Das weitere Gespräch wird dann über Details der Kosten fortgesetzt.

RA: »Ich kann sicher Gerichtsurteile zu Tätigkeiten aus Gefälligkeit finden, wonach Sie allein dann nicht die volle Haftung treffen würde.«

Mand.: »Ja, ich dachte auch, weil alles nur auf Veranlassung der Frau geschehen ist, aus reiner Gefälligkeit von mir; ich wollte ja gar nicht dort hin fahren, deshalb dürfte ich doch auch nicht alles zahlen müssen.«

RA: »Unter der Hand sieht es so aus, als seien Sie allein haftbar dafür, verantwortlich dafür. Also das ist Ihre eigene Sache, wenn Sie sich von dem Mitfahrer nervös machen lassen.«

Der Rechtsanwalt ist offensichtlich unsicher über der Frage geworden, ob bei Gefälligkeiten die Haftung eingeschränkt ist, und schwenkt auf den seiner Ansicht nach unbezweifelbaren Vorwurf ab, daß der Mandant sich nicht richtig verhalten habe.

D. Rechtsdogmatik in der Anwaltspraxis

I

Die Ergebnisse unserer Beratungsanalyse sind einigermaßen überraschend. Sie sollen hier im Hinblick auf ihre Bedeutung für die Theorie der Rechtsdogmatik kurz diskutiert werden; eine abschließende Diskussion ist allerdings erst der endgültigen Auswertung auch der derzeit noch laufenden nicht-juristischen Beratungsanalysen vorzubehalten.

1. Bestätigt hat sich die zentrale Annahme unserer Dogmatiktheorie, wonach dogmatische Regeln nur eine Teilmenge der Regeln sind, die von der Praxis bei der Entscheidungsgewinnung herangezogen werden. Dort, wo Anwälte zur Begründung ihrer Entscheidungen bereit waren, lassen sich häufig apokryphe Regeln nachweisen. Dort, wo Begründungen versagt oder nur angedeutet wurden, ist dieser Nachweis nur über komplizierte Inhaltsanalysen der Beratungstexte zu führen. Diese sind noch nicht abgeschlossen. Auch in diesen Fällen ist jedoch, so viel ist bereits erkennbar, häufig mit apokryphen Regeln gearbeitet worden. Angesichts der Tatsache, daß diese Regeln nicht als für die Rechtsfindung relevante anerkannt sind, verdient deren häufiger Einsatz besondere Hervorhebung. Die Bedeutung dieses Ergebnisses mag der Hinweis noch unterstreichen, daß unser »Mandant« mit einem Set von rechtlichen Stimuli argumentierte, die es den Anwälten leicht machten, durch Einführung weiterer rechtlicher Gesichtspunkte einige apokryphe Regeleinsätze zu vermeiden.

Zur Prüfung des Einflusses dieser Regeln hat sich die anspruchslosere Prüfkonstellation besonders bewährt (vgl. oben A I 2). Die apokryphen Regeln dienten überwiegend dazu, alternative rechtliche Gesichtspunkte abzuwehren. Sie sicherten damit die angebotene rechtliche Lösung und deren starke Reduktionsleistung. Deshalb sind sie auch im Zusammenhang mit jener Technik zu sehen, die wir apokryphes Verfahren nennen (s. u. II) – einer Technik der Immunisierung, die sie punktuell durch inhaltliche Leistungen (soziale bzw. situationsbezogene Argumente) ergänzen.

Hauptanwendungsfall war die Stabilisierung der rechtlichen Lösung über § 823 BGB (1. Lösungsweg, vgl. B III). Diese Stabilisierung gelang durch Abwehr neuer rechtlicher Gesichtspunkte, die auf andere rechtliche Lösungsmöglichkeiten verwiesen. Diese

Gesichtspunkte wurden von uns mehrmals (umgangssprachlich) angeschnitten. Dies mag das Ausmaß der Abwehr verdeutlichen. Die Leistung der abwehrenden apokryphen Regeln zeigt sich darin, daß sie den abgewehrten Gesichtspunkt zwar von rechtlicher Berücksichtigung ausschlossen, ihn aber als Argument für gütliche Einigungsvorschläge sehr wohl zuließen. Die Stabilisierung der gewählten dogmatischen Lösung liegt gerade darin, daß unverträgliche Gesichtspunkte als *rechtlich* irrelevant, auf *nicht-rechtlicher* Ebene aber durchaus als verwertbar erschienen und gern verwertet wurden. Der Mandant fand die Argumente, die ihm wichtig zu sein schienen, in den Briefen der Anwälte an die Gegenseite, mit der gütliche Einigung oder außergerichtlicher Erfolg angestrebt wurde, reichlich verwertet, nachdem sie als rechtlich irrelevant und die Lage rechtlich als aussichtslos beschrieben waren.

Die subtilen Prüfkonstellationen haben sich nur teilweise bewährt. Dies ist zunächst eine Folge der beschriebenen Alternativenausblendung, die eine dogmatische Niveaufixierung mit sich bringt, welche ihrerseits weitere Prüfungen behindert. Wo Alternativen nicht in den Blick kommen, erübrigt sich die Prüfung von Wahlkriterien. Hinzu kommt, daß auch dort, wo sie in den Blick kamen – etwa neben § 823 BGB Leihvertrag und Auftrag –, unter Alternativen oft schlechterdings willkürlich gewählt wurde. Gründe wurden nicht angegeben und sind auch nicht ersichtlich. Hier kann der Einflußnachweis nur indirekt gelingen, da die feldexperimentellen Möglichkeiten einer Wahlkriterienprüfung versagen. Nachweise nicht-rechtlicher Kriterien einer Wahl und der – seltenen (15%) – Operationalisierung vager Ausdrücke gelangen daher nur in einigen Fällen.

Völlig gescheitert ist die Prüfung apokrypher Lückenfüllungen. Dogmatische Lücken öffnen sich üblicherweise weniger am Beginn als gegen Ende rechtlicher Fallkonstruktion und sie liegen auch nicht sogleich auf der Hand, denn es ist gerade das Geschäft der Dogmatik, Lücken zu schließen. Unsere eingebaute Lücke war erst nach mehreren Entscheidungsschritten zu erreichen. Überwiegend wurde sie nicht erreicht – oft infolge früher apokrypher Reduktion der Problematik oder wegen unzulässiger Flucht in eine Mitverschuldenszurechnung gegenüber dem Ehemann. Wurde sie erreicht, so wurde sie nicht gesehen und schlicht durch behauptete dogmatische Regeln übergangen.

2. Bezogen auf die Rechtsdogmatik ergibt sich somit, daß dogmatische Alternativen und dogmatische Operationalisierungen vager Ausdrücke überwiegend nicht ausgeschöpft wurden. Die für unseren Fall einschlägigen Alternativen können dabei größtenteils als allgemein bekannt und leicht ersichtlich gelten; sie wurden auch in der Rechtsprechung zu ähnlichen Fällen immer wieder in Anspruch genommen und erörtert. Die häufigste Lösung über § 823 BGB ist im Vergleich zu dem dogmatischen Angebot für diesen Fall wenig komplex und erschien wohl auch nicht weiter operationalisierungsbedürftig. Aus dem dogmatischen Angebot ist also die einfachste und für die Fallproblematik wenig sensible Lösung gewählt worden. Diese Lösung ist zugleich für den Mandanten die ungünstigste. Dieses Ergebnis wurde häufig durch Annahme von Mitverschulden abgemildert, das dann aber oft rechtlich wenig korrekt dem Ehemann zugerechnet wurde und andererseits erst über diese Zurechnung von der vollen Zahlungspflicht befreite.

Bei diesem Ergebnis sind natürlich die Bedingungen der untersuchten Anwaltspraxis zu berücksichtigen. Im durchschnittlichen Anwaltsalltag sind die vorgelegten Fälle ohne weitere Vorbereitung und möglichst sofort zu lösen. Berücksichtigt man dies, so bedeutet das obige Ergebnis, daß in der Anwaltspraxis diejenigen dogmatischen Lösungen die besten Verwendungsaussichten haben, die einfach und leicht handhabbar sind.

II

1. An der Lösung über § 823 BGB fällt zweierlei auf: sie klammert erstens alle Besonderheiten des Falles aus und behandelt ihn als gewöhnliches Unfallgeschehen; sie verdrängt zweitens eine Alternative, die ebenso im Gesetz verankert ist und juristisch noch mehr leistet. Diese Lösung reduziert also besonders gründlich soziale Komplexität. Sie reduziert ebenso auch theoretische Komplexität, besonders durch die Fixierung auf eine einzige Vorschrift und deren extensive Auslegung, die eine Ausnahme praktisch nur im Falle einer Gewaltanwendung zulassen will. Schließlich zeichnet sie sich den Vertragslösungen gegenüber auch nicht durch größere Textverbundenheit aus. Sie kann deshalb weder über Textbindung noch über inhaltliche Leistungen erklärt werden. Sie

leistet in erster Linie einfachste Entscheidungsprogrammierung durch hochgradige Komplexitätsreduktion.

2. Unsere Reduktionsthese hat sich nach den bisherigen Ergebnissen bewährt. Nach ihr hat Rechtsdogmatik die Funktion, für eine unter Zeitdruck und Entscheidungszwang arbeitende Praxis theoretische und gesellschaftliche Komplexität zu reduzieren und Entscheidungen zu ermöglichen. Die vorgefundene drastische Reduktion verdient eine kurze Betrachtung. Generell besteht die Reduktionsleistung der Rechtsdogmatik in einer Fixierung des juristisch Möglichen. Dogmatik bietet dabei an vielen Stellen einige Varianten an – so auch in unserem »Fall«. Gerade diese Varianten sind für Dogmatik wichtig. Sie sichern Lernfähigkeit innerhalb dogmatischer Strukturen und erleichtern dogmatische Innovation. So kann eine bestimmte Fallkonstellation eine Neubewertung der angebotenen oder eine Kreation neuer Varianten veranlassen. Diese Offenheit der Dogmatik entfiele, wenn Dogmatik immer nur eine Lösung bereitstellte.

Gibt es Varianten, dann kann der Rechtsanwender wählen. Als Wahlkriterien fungieren, wenn dogmatisch anerkannte Auswahlregeln fehlen, nach unserer Prognose apokryphe Regeln, die durchaus zweckrationalem Vorgehen dienen können – etwa indem sie prozessuale Chancen und Kosten berücksichtigen. Neben dieser Lösung des Wahlproblems hat die Untersuchung die Bedeutung einer anderen Lösung, der Alternativenausblendung, deutlich gemacht. In ihr wird das Wahlproblem beseitigt: das dogmatische Potential wird von vornherein auf eine einzige Variante reduziert. Diese Problemlösung sei als autoritative Reduktion der Rechtsdogmatik in der Entscheidung bezeichnet. Sie beseitigt die Entscheidungslage, denn unter ihr gibt es nichts zu wählen. Sie ist autoritativ, indem sie den Entscheidungsspielraum schlicht vorstrukturiert und jede Begründung erspart – so als gäbe es nur diese rechtliche Lösung.

Dieses Verfahren reduziert also den Entscheidungsspielraum drastisch. Es handelt sich um eine Problemverdrängung, die ihre eigenen Folgeprobleme hat. Das Negationsverbot, das jede Dogmatik kennzeichnet, wird in ihm extrem verschärft und stützungsbedürftig. Indem nur eine Variante zur Disposition gestellt wird, gerät deren Anwendung schnell rigide – oft auch autoritär. Zur Illustration dient das folgende Beispiel:

Mand.: »Mhm. Ja, stört Sie das nicht, wenn ich für jemand einen Gefallen tue, und das Theater mitmache und extra nach Frankfurt fahre und dann mich noch terrorisieren lasse, nun, das soll man nicht machen, aber jetzt ist es halt passiert. Daß ich denen hinterher gegenüber überhaupt nichts sagen kann, nur als der dastehe, der die Freundschaft riskiert . . .«

RA: »Nun, ob es mich stört oder ob es mich nicht stört, das ist nur von sekundärer Bedeutung. Wenn Sie zum Anwalt kommen, dann gehe ich davon aus, daß Sie einen Rechtsrat einholen wollen . . . Dann gehe ich davon aus, daß Sie von mir wissen wollen, wie die Rechtslage ist, und die ist leider zu Ihren Lasten. Und ich kann Sie ja nicht belügen. Ich könnte genauso sagen, was, da machen wir einen Prozeß draus, och, da gibt's Recht, und dann fliegen wir weg, dann sage ich, ach der dumme Richter ist es gewesen und Sie haben dann die Kosten obendrauf. Nun, dann wäre ich ein schlechter Anwalt.«

Zur Alternativenausblendung paßt gut die Strategie, die wir als apokryphes Verfahren (s. o. C V) bezeichnen – eine Immunisierungsstrategie gegen die Thematisierung ausgeblendeter Alternativen, die sich allgemeiner Argumentationstechniken bedient und punktuelle apokryphe Regelanwendung ersetzt, ergänzt oder es sich erspart, diese explizit zu machen. Dazu ist zu beachten: Ausblendung ist eine Technik, die das Entscheiden vereinfacht. Apokryphes Verfahren ist eine Technik, die diese Vereinfachung absichert. Da sie inhaltliche Begründungen erspart, ist sie zugleich ein starkes Indiz für die Selektion dogmatischer Alternativen über nicht explizit gemachte apokryphe Regeln (s. o. C V), d. h. über inhaltliche, dogmatisch aber nicht anerkannte, Entscheidungsprämissen – Immunisierungstechnik und apokryphe Entscheidungsprämisse sind also zu trennen.

Durch apokryphes Verfahren wird ein Nachteil der Ausblendung abgeschwächt. Im Unterschied zur echten Alternativenwahl, in der der Verzicht auf die Vorteile nicht gewählter Varianten als Wahl sinnhaft festzuhalten ist, würden bei der Ausblendung Punkt-für-Punkt-Auseinandersetzungen mit rechtlichen Stimuli (mit Kritik) nötig, die auf ausgeblendete, problemsensiblere und günstigere Varianten verweisen.

Das apokryphe Verfahren schützt die Reduktionsleistung der Ausblendung durch Begründungsverweigerung. Weil es zur Absicherung nicht-dogmatischer Entscheidungskriterien taugt, einer Absicherung, die nur noch durch gelegentliche Verwendung apokrypher Regeln zu ergänzen ist, dürfte dieses Verfahren auch in einer Praxis mit hohem dogmatischem Niveau anzutreffen sein.

Es schützt Ausblendungen und damit eine Entscheidungstechnik, die insbesondere praktischer Erfahrung entscheidendes Gewicht sichert – also an prognostische und intuitive Kriterien anzuknüpfen gestattet. Diese Deutung wird bestärkt durch die Vermutung, daß die häufigste Lösung auf Rechtsprechungslinie liegt. Entsprechende anwaltliche Überzeugungen mögen die häufige Ausblendung gesteuert haben.

3. Abschließend sei betont, daß apokryphe Regeln und Verfahren nicht nur in der Anwaltspraxis anzutreffen sind. Sie finden sich hier allerdings aufgrund des Gesprächsrahmens recht unverblümt. Dogmatisches Niveau und apokryphe Reduktionen unterliegen zwar den Bedingungen der alltäglichen Anwaltspraxis, die unter hohem Zeitdruck ad hoc erste Falltransformationen leisten soll. Das dogmatische Niveau wird unter etwas günstigeren Bedingungen schnell steigen (etwa in spezialisierten Praxen und bei höheren Gerichten); dadurch wird die Notwendigkeit apokrypher Reduktionen im Entscheidungsalltag aber nur auf subtilere Ebenen verschoben, denn auch dort wird Rechtsdogmatik zur Lösung anstehender Probleme allein nicht genügen, wenn sie keine oder eine für die Praxis unbrauchbare Leistung anbietet. Es wäre daher falsch, die ermittelten Reduktionen einfach mit Eigenarten des Anwaltsbetriebes zu erklären.[8] In der Anwaltspraxis sehen wir eine forschungstechnisch günstige Zuspitzung von Grundproblemen der Rechtsanwendung, eine Zuspitzung, die extreme Reduktionen deutlich macht.

III

Entfremdung durch Rechtsdogmatik und deren Anwendung ist in der Transformation einer Lebenssachverhaltsschilderung in rechtliche Tatbestände zu beobachten, d. h. in die Aussagen, die für eine rechtliche Bewertung erforderlich sind. Bei dieser Transformation werden über rechtliche Gesichtspunkte aus lebensweltlicher Sicht wesentliche Aussagen ausgeschieden. Rechtswirklichkeit ist nicht mehr die von Laien erfahrene soziale Wirklichkeit. Die Ausklammerung sozialer und moralischer Bewertungen von Sachverhalten scheint als Entfremdungsphänomen ein notwendiges Übel rechtsdogmatischer Arbeit darzustellen.

Die rechtlichen Lösungen sozialer Konflikte sind häufig unvollständig, weil nur ein Teil der Probleme, die sich in den sozialen

Konflikten offenbaren, als relevante Probleme aufgenommen und durch Entscheidung ad acta gelegt werden. Starkes Befremden gegenüber solchen Lösungen zeitigt jedoch auf Dauer Anstöße zu rechtlicher Innovation, zu einer Änderung dogmatisch fixierter Problemlösungen.

Andererseits: die juristischen Mittler benutzen Rechtsdogmatik in einer (notwendigerweise?) auf ihre praktischen Bedürfnisse zugeschnittenen Form, denn die Theoretisierung der rechtsdogmatischen Sprache untergräbt das Bewußtsein praktischer Gewißheiten, die sie zum erfolgreichen Handeln benötigen.

In diesem Zuschnitt der Dogmatik wird Entfremdung als Differenz zur lebensweltlichen Sicht sozialer Konflikte nochmals verschärft und nicht, wie man hoffen könnte, gemildert. In ihm wird zugleich eine Entfremdung zwischen der Rechtsdogmatik als Teilgebiet der Rechtswissenschaft und der Rechtspraxis insofern deutlich, als jene an den Bedürfnissen und Bedingungen der Praxis vorbeiproduziert. Die Frage, wie leistungsfähige Entscheidungsprogramme auszusehen hätten, ist damit an die Rechtswissenschaft zurückgegeben. Diese könnte darin eine Aufforderung zur Änderung ihrer Produktion – und, als Rechtslehre, zur Überprüfung der Juristenausbildung sehen.

Anmerkungen

1 Zur Rechtsdogmatik vgl. J. Esser, *Vorverständnis und Methodenwahl in der Rechtsfindung*, Frankfurt ²1972; N. Luhmann, *Rechtssystem und Rechtsdogmatik*, Stuttgart 1974; D. de Lazzer, Rechtsdogmatik als Kompromißformular, in: *Dogmatik als Methode. Josef Esser zum 65. Geburtstag*, Kronberg/Ts. 1975; A. Podlech, Zur Theorie einer juristischen Dogmatik, in: ders. (Hrsg.), *Rechnen und Entscheiden. Mathematische Modelle juristischen Argumentierens*, Berlin 1977

2 Zur Kritik siehe H. Albert, Erkenntnis und Recht. Die Jurisprudenz im Lichte des Kritizismus, in: H. Albert et al. (Hrsg.), *Rechtstheorie als Grundlagenwissenschaft der Rechtswissenschaft. Jahrbuch für Rechtssoziologie und Rechtstheorie* 2 (1972), S. 80-96; H. Rottleuthner, *Richterliches Handeln. Zur Kritik der juristischen Dogmatik*, Frankfurt 1973

3 So Th. Rasehorn, Von der Klassenjustiz zum Ende der Justiz, in: *Kritische Justiz 1969*, S. 273 ff.

4 Vgl. J. Esser, Möglichkeiten und Grenzen des dogmatischen Denkens im modernen Zivilrecht, in: *Archiv für civilistische Praxis* 172 (1972), S. 97-130; S. Simitis, Die Bedeutung von System und Dogmatik – dargestellt an rechtsgeschäftlichen Problemen des Massenverkehrs, in: ebd. S. 131-154

5 Vgl. J. Esser, a.a.O. (Anm. 1); J. Harenburg, Vorverständnis und Innovation. Ein Rahmenkonzept empirischer Innovationsanalyse, in: J. Harenburg, A. Podlech, B.

Schlink, *Rechtlicher Wandel durch richterliche Entscheidung. Beiträge zu einer Entscheidungstheorie der richterlichen Innovation,* Darmstadt 1979

6 Siehe dazu A. Podlech, Die juristische Fachsprache und die Umgangssprache, in: J. S. Petöfi, A. Podlech, E. v. Savigny (Hrsg.), *Fachsprache–Umgangssprache,* Kronberg/Ts. 1975, S. 161-189, 170. (Wiederabgedruckt in: H.-J. Koch, *Juristische Methodenlehre und analytische Philosophie,* Kronberg/Ts. 1976, S. 31 ff.

7 A. Podlech, a.a.O. (Anm. 6), S. 170

8 Vgl. nur das Material bei R. Lautmann, *Justiz – die stille Gewalt,* Frankfurt 1972

II

Wissenschaft und Schulpraxis

Michael v. Engelhardt
Das gebrochene Verhältnis zwischen wissenschaftlichem Wissen und pädagogischer Praxis

1. Vorbemerkung

Die Probleme der Vermittlung zwischen wissenschaftlichem Wissen und gesellschaftlicher Praxis besitzen eine besondere Brisanz in Handlungsfeldern, in denen es um eine bewußte Sozialisation des Menschen geht. Solche Handlungsfelder sind in den Bereichen der öffentlichen und privaten Erziehung und Bildung, in der praktischen Sozialpädagogik, aber auch in den verschiedenen Formen der individuellen und kollektiven Therapie gegeben. Dabei geht es um die Frage, wie weit das in den Institutionen der Wissenschaft erzeugte pädagogisch-sozialwissenschaftliche Wissen von den praktisch tätigen Pädagogen zur bewußten Gestaltung von Sozialisationsprozessen aufgegriffen werden kann. In diesem Beitrag soll das Verhältnis von Wissenschaft und pädagogischer Praxis für den Bereich der Lehrerarbeit in der öffentlichen Schule untersucht werden.

Wissenschaftliches Wissen und pädagogische Praxis stehen im Bereich der Lehrerarbeit in einem widersprüchlichen Verhältnis zueinander. Auf der einen Seite wird immer wieder aus der Unsicherheit von Lehrern beim Deuten und beim Lösen täglicher Arbeitsprobleme, aus Innovationsängsten und aus der geringen Professionalisierung des Lehrerberufs die Notwendigkeit einer wissenschaftlich fundierten Aufklärung der Lehrer über die pädagogische Tätigkeit und die Institution Schule abgeleitet. Auf der anderen Seite liefern die existierenden empirischen Untersuchungen zum Lehrerbewußtsein und Forschungen zur pädagogischen Interaktion nur einen geringen Beitrag für die Erfüllung dieser Aufgabe. In vielen Fällen beschränkt sich ihr Nutzen darauf, die entsprechenden Wissenschaftler über die Schulwirklichkeit, über den Unterricht und das Bewußtsein der Lehrer zu informieren. Unter den Lehrern ist auch heute noch eine Wissenschaftsfeindlichkeit oder zumindest eine tiefe Skepsis gegenüber dem »Gebrauchswert« wissenschaftlichen Wissens für die Lösung praktischer Alltagsprobleme verbreitet. Das in der Ausbildung angeeignete wissenschaftliche Wissen und die damit verbundenen Orientierungen verlieren bei Eintritt in die Berufspraxis an Bedeutung für die handlungsrelevanten Zielsetzungen und Deutungsmuster des Lehrers.

Dieses gebrochene Verhältnis zwischen Wissenschaft und pädagogischer Praxis verweist auf Probleme der Transformation wissenschaftlichen Wissens in die Alltagstheorien der Lehrer. Eine nähere Analyse läßt deutlich werden, daß diese Vermittlungsprobleme nicht nur auf Unterschiede der kognitiven Struktur und der Sprache, sondern auch auf Unterschiede in der Entstehung und der Verwendung wissenschaftlichen Wissens zurückgehen. Die Ursachen für das gebrochene Verhältnis zwischen Wissenschaft und pädagogischer Praxis, durch die eine Übernahme wissenschaftlichen Wissens in die konkreten Kontexte der Wahrnehmung und des Handelns der Lehrer behindert wird, sind zum einen in den schulischen Bedingungen der Anwendung wissenschaftlichen Wissens zu suchen. Zum anderen ergeben sie sich aus den Bedingungen der Produktion wissenschaftlichen Wissens. Entsprechend dieser Grundannahme gliedert sich die folgende Darlegung und Analyse der Vermittlungsprobleme in zwei Teile. Im ersten Teil werden die Schwierigkeiten der Integration wissenschaftlichen Wissens in die pädagogische Praxis herausgearbeitet. Die dabei eingehenden empirischen Aussagen über das Lehrerbewußtsein stützen sich auf Ergebnisse einer mehrjährigen Forschungsarbeit.[1] Im zweiten Teil wird die pädagogisch-sozialwissenschaftliche Forschung daraufhin untersucht, wie weit in ihr schon vorweg die Grenzen der Aufnahme wissenschaftlichen Wissens angelegt sind.

2. Die Wissenschaftsfeindlichkeit der Praxis

Die Vermittlungsprobleme zwischen wissenschaftlichem Wissen und Alltagswissen der Lehrer sind nur auf dem Hintergrund der generellen Beziehung zwischen Wissen und Praxis zu verstehen.

Wissen kann sich zum einen in der Weise auf die Praxis beziehen, daß mit ihm die Notwendigkeit und Möglichkeit einer Veränderung aufgezeigt wird. Zum anderen kann mit dem Wissen eine bestehende Praxis als die unter bestimmten Bedingungen einzig adäquate Möglichkeit ausgewiesen werden. Auch wenn es mit

Sicherheit Wissen gibt, das nicht in dieser Weise auf Praxis bezogen ist, ergibt sich das problematische Verhältnis zwischen wissenschaftlichem Wissen und pädagogischen Alltagstheorien aus dieser doppelten Beziehung.

Mit Alltagswissen ist das für die pädagogische Arbeit bedeutsame Wissen gemeint, das sich der Lehrer in eigenen Sozialisationsprozessen, in der Ausbildung und in der Berufspraxis erworben hat. Dieses Wissen steht dadurch in einer engen Beziehung zum Handeln, daß mit ihm die Zielentwürfe der pädagogischen Tätigkeit und die Deutungsmuster für die Diskrepanz zwischen angestrebtem und vorhandenem Zustand entwickelt werden. In der pädagogischen Tätigkeit ist ein enger Zusammenhang zwischen Arbeit und Erkenntnis angelegt[2], der die Möglichkeit einer wechselseitigen Weiterentwicklung von pädagogischem Alltagswissen und pädagogischem Handeln bedingt. Diese in der pädagogischen Arbeit angelegte Möglichkeit einer Weiterentwicklung des Alltagswissens bietet den Anknüpfungspunkt für die Aufnahme wissenschaftlichen Wissens. Der enge Zusammenhang zwischen Arbeit und Erkenntnis enthält aber gleichzeitig auch die Grenze für eine Weiterentwicklung des Alltagswissens und die Barriere für die Aufnahme wissenschaftlichen Wissens. Denn an das wissenschaftliche Wissen können Handlungsimperative gebunden sein, die die Handlungsmöglichkeiten des Lehrers bei weitem übersteigen. Die dadurch entstehende Diskrepanz zwischen pädagogischem Anspruch und durchsetzbarer Wirklichkeit kann die Identität des Lehrers gefährden, die sich aus der vergangenen und gegenwärtigen Praxis ergibt. Um dieser Gefährdung zu entgehen, wird ein Rückzug auf ein Alltagswissen notwendig, mit dem diese Praxis legitimiert werden kann.

Die Handlungsmöglichkeiten des Lehrers sind zum einen durch die vorgegebenen Bedingungen schulischer Lehr- und Lernarbeit und zum anderen durch sein eigenes subjektives Handlungsvermögen begrenzt. Diese Handlungsbedingungen bilden den Rahmen für die Alltagstheorien, mit denen die pädagogischen Zielsetzungen entworfen und pädagogische Erfahrungen interpretiert werden. Dieser Rahmen beschränkt auch die Aufnahme und Verarbeitung pädagogisch-sozialwissenschaftlichen Wissens. In dem Maße, wie die gesellschaftliche Organisation der Lehrerarbeit eine Umsetzung des Zugewinns an pädagogischer Erkenntnis in eine von den Lehrern selbst durchgeführte Veränderung der pädago-

gischen Arbeit ausschließt, in dem Maße wächst die Rezeptionsbarriere gegenüber dem wissenschaftlichen Wissen.

In der Beziehung, die die Lehrer zum wissenschaftlichen Wissen
eingehen, lassen sich vier Formen unterscheiden: Die Form der
Abschirmung; die Form der Umfunktionierung; die Form der
Abspaltung und die Form der produktiven Auseinandersetzung.

Die erste Form der *Abschirmung* ist dadurch charakterisiert, daß
das wissenschaftliche Wissen nur soweit aufgegriffen wird, wie es
entweder die eingeschliffenen Zielsetzungen, Handlungsweisen
und Interpretationsmuster bestätigt oder für sie irrelevant ist. Die
Alltagstheorie hat sich zu einem so festen System herausgebildet,
daß weder wissenschaftliche Darstellungs- und Erklärungsversu-
che noch unmittelbare Erfahrung sie in Frage stellen können.
Diese Form drückt sich z. B. in einem geringen Einfluß neuerer
Sozialisations- und Handlungstheorien auf die Zielentwürfe der
pädagogischen Arbeit[3] oder in einer geringen Auswirkung neuerer kritischer Interaktionstheorien[4] auf die pädagogischen Handlungsmuster aus.

Die zweite Beziehung zum wissenschaftlichen Wissen ist durch
Anpassung und *Umfunktionierung* der Inhalte gekennzeichnet. Das
wissenschaftliche Wissen wird zwar in die Alltagstheorien aufgenommen. Dabei werden aber die Handlungskonsequenzen fast
unmerklich verändert, so daß dieses Wissen mit der etablierten
Praxis vereinbar ist oder nur unwesentliche und äußerliche Mo-
difikationen notwendig macht. Ein Beispiel hierfür ist das Heranziehen von Ergebnissen der schichtenspezifischen Sozialisations-
forschung zur Erklärung von Lern- und Motivationsstörungen.
Neben die Deutungsmuster, mit denen die Gründe für Lernstörungen ausschließlich in dem Schüler – seiner Intelligenz und
seinem Interesse – gesucht werden, sind in den letzten Jahren in
nicht unwesentlichem Umfang solche Erklärungsmuster getreten,
die sich auf das soziale Herkunftsmilieu der Schüler beziehen. Die
kritische und praktische Absicht, von der das Aufdecken schich-
tenspezifischer Sozialisationsvoraussetzungen ursprünglich geleitet war, bleibt aber nicht unbedingt in den Interpretationen der
Lehrer erhalten, mit denen die Ergebnisse der in diesem Zusammenhang aufgestellten theoretischen Überlegungen und empirischen Untersuchungen herangezogen werden. Zum einen ist mit
dem Aufdecken der Bedeutung des Herkunftsmilieus nicht mit
Notwendigkeit das Wissen um die daraus resultierende soziale

Ungleichheit und ein Interesse an ihrer Einschränkung oder gar Abschaffung verbunden. Zum anderen – und das ist hier der entscheidende Aspekt – werden mit dieser Erklärung die Bedingungen der Motivationsschwierigkeiten außerhalb des pädagogischen Feldes der Schule gelegt. Durch diese soziale Verankerung außerhalb des Arbeits- und Handlungsfeldes der Lehrer wird die Lösung dieser Schwierigkeiten immer weniger zu einer praktisch-pädagogisch anzugehenden Aufgabe.[5]

Das Deutungsmuster von Motivationsmängeln, mit dem das soziale Umfeld der Schüler in den Blick gerückt wird, setzt sich deutlich von Erklärungen ab, die sich ausschließlich auf Intelligenz und Interessen der Schüler beziehen. Das gilt für die wissenschaftliche Argumentation und für die aus ihr zu ziehenden bildungspolitischen Konsequenzen. Im pädagogischen Alltag können beide Erklärungen allerdings mit den gleichen praktischen Folgen verbunden sein. Die ehemals verbreitete Vorstellung vom Primat einer anlagebedingten und statischen Begabung hat sich unter dem Druck unübersehbarer Tatsachen zum Teil verwandelt in die modernere Vorstellung von der starken Bedeutung der sozialen Umwelt. Die soziale Umwelt determiniert den Schüler gleichsam als eine zweite Natur ebenso irreversibel, wie seine erste Natur, die in der Begabung zum Ausdruck kommt. Auf diese Weise wird das wissenschaftliche Wissen aus der Forschung zur schichtenspezifischen Sozialisation umfunktioniert und den in der Schule gegebenen Handlungsmöglichkeiten des Lehrers angepaßt.

Die dritte Beziehung zur Wissenschaft läßt sich am besten als *Abspaltung* des wissenschaftlichen Wissens von dem Alltagswissen bestimmen. Das wissenschaftliche Wissen wird zwar vom Lehrer aufgenommen, ohne daß dadurch allerdings die unmittelbar auf die pädagogische Praxis bezogenen Alltagstheorien berührt werden. Dieses Nebeneinander führt dazu, daß sich die Person des Lehrers in den anspruchsvoll reflektierenden »Sonntags-Pädagogen« und den handelnden »Alltags-Pauker« aufspalten muß. Als Beispiel hierfür läßt sich anführen, daß sich viele Lehrer der negativen Folgen bewußt sind, die sich aus den von ihnen praktizierten pädagogischen Handlungsmustern für die Entwicklung der Selbständigkeit und Kooperationsfähigkeit unter den Schülern ergeben. Gleichzeitig müssen diese Lehrer aber Erklärungen entwickeln, aus denen sich die unbedingte Notwendigkeit dieser Handlungsmuster ableiten läßt. Das gleiche läßt sich für das ambivalente Verhältnis der Lehrer zum abstrakten Leistungsprinzip zeigen.[6] Neben dem wissenschaftlich abgestützten Wissen um die negativen Auswirkungen des abstrakten Leistungsprinzips stehen Alltagstheorien, die den Einsatz der Leistungsbewertung zur Behebung von Motivations- und Disziplinschwierigkeiten begründen.

Die vierte Beziehung soll als *produktive Auseinandersetzung* bezeichnet werden. Bei dieser Form wird vom Lehrer neues wissenschaftliches Wissen aufgegriffen und in die Alltagstheorie aufgenommen. Das Motiv für diese Offenheit ergibt sich aus dem Interesse und der Erwartung, daß auf diese Weise pädagogische Probleme neu und angemessener wahrgenommen und erklärt werden können und daß sich so notwendige Veränderungen pädagogischer Zielsetzungen und Handlungsweisen einleiten lassen. Zur Charakterisierung dieser Beziehung wird deshalb der Begriff der Auseinandersetzung gewählt, weil es sich dabei nicht um ein Verhältnis der Identität und gegenseitigen Bestätigung handeln kann. Wissenschaftliches Wissen und das im Alltag der Berufspraxis bewährte Wissen treten in eine widersprüchliche Beziehung zueinander. Das bewirkt für den Lehrer eine spannungsreiche Dynamik und die Notwendigkeit einer schwierigen Auseinandersetzung. In keinem Fall kann es dabei um eine Ersetzung des Alltagswissens durch wissenschaftliches Wissen gehen.

Die vier Formen sind eng miteinander verbunden. Das läßt sich im beruflichen Werdegang jedes einzelnen Lehrers und auch in einzelnen pädagogischen Handlungs- und Entscheidungssituationen verfolgen. Die produktive Auseinandersetzung mit wissenschaftlichem Wissen ist immer der Gefahr ausgesetzt, in die Form der Abspaltung oder die Form der Umfunktionierung überzugehen, ohne daß solche Veränderungsprozesse von der betroffenen Person bewußt miterlebt werden müssen. Da die Umfunktionierung nicht bei allen wissenschaftlichen Aussagen über pädagogische Prozesse und deren Bedingungen gelingt und da die Abspaltung mit ganz besonderen innerpsychischen Belastungen verbunden ist, besteht die Tendenz, daß sich die Abschirmung besonders stark ausbreitet. So läßt sich auch zeigen, daß mit zunehmender Berufsdauer diese Form des Verhältnisses von Alltagswissen und wissenschaftlichem Wissen zunimmt. In der Form der Abschirmung wird die Erfahrung von der Irrelevanz und Unbrauchbarkeit pädagogisch-sozialwissenschaftlichen Wissens zu einem konsequenten Ende geführt. Die Ehrfurcht vor der Wissenschaft und die Angst gegenüber den an sie gebundenen Handlungsimperativen sind damit allerdings nicht aus allen Schichten der Person verbannt.

Die Mehrzahl der Lehrer verteilt sich auf die drei zuerst genannten Formen, die unterschiedliche Varianten des gebrochenen Verhältnisses zwischen wissenschaftlichem Wissen und pädagogischer Praxis darstellen. Die Konzentration auf die Abschirmung ist – wie schon angedeutet – vom Berufsalter der Lehrer abhängig. Sie wird in dem Maße eingeschränkt, wie sich ein Interesse an der Veränderung der Bildungseinrichtungen in der politischen Öffentlichkeit durchsetzen kann und wie in den entsprechenden Wissenschaften neues Wissen und neue Theorien entwickelt werden. Beides – ein verbreitetes Bewußtsein von der Veränderungsnotwendigkeit pädagogischer Prozesse und ein darauf bezogenes Angebot wissenschaftlichen Wissens – erschwert dem Lehrer die Abschirmung seiner Alltagstheorien und zwingt ihn, neues pädagogisch-sozialwissenschaftliches Wissen zumindest aufzunehmen. Treten keine weiteren Bedingungen hinzu, so werden dieses Wissen und diese Theorien umfunktioniert oder – was häufiger der Fall ist – in den Teil der Person abgespalten, der neben dem Praktiker den aufgeklärt reflektierenden Pädagogen vertritt und der in dem Entwurf pädagogischer Idealitäten den neuesten Stand der wissenschaftlichen Entwicklung anzuwenden weiß. Mit dem Abbruch der Reformversuche im Bildungswesen und der Zunahme des politischen und ökonomischen Drucks verlagert sich der Schwerpunkt der Verhältnisse gegenüber dem wissenschaftlichen Wissen zur Abschirmung, die nur dasjenige durchläßt, was die ohnehin gegebenen Ziele, Formen und Deutungsmuster der pädagogischen Interaktion legitimiert.

Die produktive Auseinandersetzung zwischen wissenschaftlichem Wissen und dem Alltagswissen findet im Vergleich zu den anderen Formen eine relativ geringe Verbreitung unter den Lehrern. Im folgenden sollen nun die Bedingungen aufgeführt werden, die diese Auseinandersetzung begünstigen. Sie liegen einerseits in der Person des Lehrers und seinen Verhaltensweisen und ergeben sich andererseits aus den objektiven Bedingungen der schulischen Arbeit.

Unter den Lehrern, die sich in den verschiedenen Aspekten ihrer

pädagogischen Praxis durch eine besonders starke Aufnahme pädagogisch-sozialwissenschaftlicher Theorie- und Wissenselemente
auszeichnen, sind von den verschiedenen Lehrergruppen besonders stark die Lehrer an Integrierten Gesamtschulen vertreten. In
den Aufbau- und Erprobungsphasen dieses Schulsystems waren
für die Lehrer Bedingungen der Arbeit gegeben, die zu einer
Veränderung der überlieferten pädagogischen Praxis führen sollten. Zugleich entstanden viele unvorhergesehene und nicht ein-
geplante Problemstellungen, die ganz offensichtlich neue Erklärungsmuster und Lösungsversuche notwendig machten. Die objektiven Bedingungen der unterrichtlichen Tätigkeit lieferten also
die Möglichkeiten und Notwendigkeiten, in die Durchführung
der pädagogischen Praxis die Reflexion der pädagogischen Arbeit
systematisch einzubeziehen. Die erfolgreiche pädagogische Arbeit
war auf eine in sie integrierte pädagogische Erkenntnistätigkeit
angewiesen. Dabei waren die diese Praxis tragenden Lehrer auf
pädagogisch-sozialwissenschaftliches Wissen angewiesen, um den
an sie gestellten Anforderungen gerecht werden zu können. Es
zeigte sich allerdings oft genug, daß die etablierten Wissenschaften die neuen Ziele und Lösungsversuche nicht anleiten konnten,
weil sie zum Teil zwar zu den Konzeptionen und Entwürfen
dieser neuen Schulreform mit beigetragen hatten, nicht aber auch
schon die neue Praxis zum Gegenstand der Forschung gemacht
hatten. Daraus entstand die Notwendigkeit einer wissenschaftlichen Begleitung, der aber häufig nur halbherzig nachgegangen
werden konnte und bei der der politische Legitimationsdruck oft
eine Einengung auf den bloßen Nachweis der Überlegenheit dieser Schulform bewirkte.

Diese objektiven Bedingungen, die eine Aufnahme wissenschaftlichen Wissens in die alltäglichen Verarbeitungsformen unmittelbarer pädagogischer Erfahrung nicht nur unterstützen, sondern
auch erzwingen, wird durch eine entscheidende subjektive Bedingung ergänzt. Die Lehrer an den Integrierten Gesamtschulen sind
zu einem besonders hohen Prozentsatz aus eigenem Antrieb und
wegen eines persönlich getragenen Engagements für das
bildungspolitische Reformvorhaben an diese Schulen gegangen.[7]
Diesen Lehrern sind also nicht die Bedingungen einer neuen
pädagogischen Praxis bloß oktroyiert worden, wie das häufig bei
der Einführung neuer Richtlinien der Fall ist. Durch politisches
Engagement, durch die Verarbeitung negativer beruflicher Er-

fahrungen an anderen Schulen, durch Ausbildung und auch durch wissenschaftliches Wissen haben diese Lehrer mit den eigenen Intentionen die zu verändernde pädagogische Praxis getragen. Diese Verbindung der objektiven Bedingungen mit den subjektiven Interessen an einer sich wandelnden pädagogischen Praxis läßt die in Alltagstheorien angelegten Rezeptions- und Transformationsbarrieren gegenüber wissenschaftlichem Wissen herabsinken. Das gilt natürlich besonders stark auch für Schulversuche wie die Bielefelder Laborschule[8] oder noch ausgeprägter für den Glocksee-Schulversuch in Hannover.[9] Wie weit allerdings die herkömmliche Wissenschaft dem so entstehenden objektiven und subjektiven Bedarf an Ziel-, Erklärungs- und Handlungsentwürfen genügen kann, ist die im zweiten Teil anzugehende Frage.

Mit dem Stagnieren der Reformversuche im Bildungssystem und der Rückkehr zu einer allgemeinen Experimentier- und Innovationsfeindlichkeit in der BRD entsteht für die an einer veränderten pädagogischen Praxis interessierten Lehrer, die selbstverständlich auch im übrigen Schulsystem zu finden sind und dort ihre anstrengende Arbeit verrichten, ein neues Problem bei der Verarbeitung der damit verbundenen Erfahrungen. In diesem Verarbeitungsproblem wird das Verhältnis von Alltagstheorie und wissenschaftlichem Wissen auf einer zweiten Stufe hergestellt. Es geht nun darum, ob die Theorien zur pädagogischen Interaktion, zur Sozialisation und zur schichtenspezifischen Sozialisationsvoraussetzung deshalb als falsch oder auch nur als irrelevant angesehen werden, weil sich die daraus abgeleiteten positiven Entwürfe für die Ziele, Inhalte und Formen schulischen Lernens unter den gegebenen Verhältnissen immer weniger realisieren lassen. Wenn das geschieht – und das deutet sich durchaus an –, dann ist der Übergang von dem produktiven Verhältnis zwischen Wissenschaft und pädagogischer Praxis zu den verschiedenen Formen des gebrochenen Verhältnisses angelegt. Dabei findet eine nicht wenig verbreitete Alltagstheorie Anwendung, die in etwa besagt, daß alle wissenschaftlichen Theorien falsch oder nicht brauchbar – eben nur bloße Theorien – sind, wenn sich aus ihnen keine realisierbaren Handlungsentwürfe entwickeln lassen. Damit werden die Bedingungen, die die Verwirklichung dieser Entwürfe behindern, entweder aus der Wahrnehmung verdrängt oder zu festen, quasi naturhaften Konstanten erklärt.

Dieser Prozeß des schnellen Verschleißens der relativen Gültigkeit wissenschaftlichen Wissens ist nur dadurch aufzuhalten, daß von der Wissenschaft Theorien angeboten werden können, mit denen die Realisierungsgrenzen und Modifikationsnotwendigkeiten der ursprünglichen Konzepte überzeugend dargelegt werden. Es bedarf also der wissenschaftlichen Erklärung der unzulänglichen Anwendbarkeit wissenschaftlicher Theorien[10] in den empirischen Kontexten schulischer Lehr- und Lernarbeit, um der Abschirmung, Umfunktionierung und Abspaltung des wissenschaftlichen Wissens entgegenzuwirken. Ebenso wichtig, wenn nicht noch wichtiger, sind allerdings praktische Verhaltensweisen der Lehrer selbst. Das geht aus den im folgenden aufgeführten Bedingungen hervor, die das produktive Verhältnis zur Wissenschaft unterstützen.

Junge Lehrer zeigen gegenüber ihren älteren Kollegen eine größere Bereitschaft zur Aufnahme wissenschaftlichen Wissens. Die relative Nähe zur ersten und zweiten Ausbildungsphase bedingt eine engere Beziehung zur Wissenschaft. Die Junglehrer sind mit der besonders schwierigen Aufgabe konfrontiert, ihre wissenschaftlich fundierten Kenntnisse und Vorstellungen mit der sie umgebenden Praxis und mit der eigenen Arbeit in Einklang zu bringen. Die bei den jüngeren Lehrern stärker verbreitete produktive Auseinandersetzung mit wissenschaftlichem Wissen ist eine sehr gefährdete und kurzfristige Ausgangsbedingung. In vielen Fällen geht sie mit zunehmendem Berufsalter deutlich zurück. Diese Gefährdung zeigt sich auch in der Art, wie das wissenschaftliche Wissen von den jüngeren Lehrern aufgegriffen wird. Bei den Zielsetzungen der Unterrichtsarbeit und bei den positiven Vorstellungen von dem Verhalten der Schüler ist der Einfluß neuerer pädagogisch-sozialwissenschaftlicher Theorien relativ stark ausgeprägt. Mit wachsender Nähe zum direkten pädagogischen Handeln geht dieser Einfluß aber zurück. So ist er z. B. relativ schwach in den auf die Motivationsmängel der Schüler gerichteten Deutungsmustern ausgeprägt, die eng mit Handlungsmustern verknüpft sind. Darin zeigt sich, daß die erste Phase der Lehrerausbildung nahezu ausschließlich auf eine kognitive Entwicklung konzentriert ist, von der das unterrichtspraktische Handlungsvermögen unberührt bleibt. Vom Verlauf der Entwicklung dieses Handlungsvermögens in der zweiten Ausbildungsphase[11] und der nachfolgenden Zeit hängt es ab, ob die anfänglich eingebrachten Ansätze eines produktiven und offenen

Verhältnisses gegenüber der Wissenschaft gefestigt und ausgebaut werden können oder ob sich die ebenfalls schon zu Beginn angelegte Tendenz der Abspaltung weiter entwickelt.

Neben den bisher aufgeführten Bedingungen, die eine positive Auseinandersetzung mit dem wissenschaftlichen Wissen unterstützen, sind noch zwei weitere Aspekte anzuführen. Eine relative Offenheit gegenüber der Wissenschaft wird zum einen durch eine intensive Kommunikation mit Kollegen, Schülern und Eltern und zum anderen durch ein Engagement in der Interessenvertretung der Lehrer unterstützt. Mit dem ersten Aspekt des Verhaltens wird eine Wahrnehmungs- und Reflexionsebene immer wieder neu hergestellt, die eine Vermittlung zwischen unmittelbarem pädagogischen Handeln und pädagogischer Erkenntnis überhaupt erst möglich macht. Bei dem zweiten Aspekt geht es um die Vermittlung pädagogischer Erkenntnisse in die Veränderung der pädagogischen Arbeitsbedingungen. In diesem Sinn kann das Engagement für eine Interessenvertretung als ein Auflösungsversuch der Spannung verstanden werden, die sich unweigerlich ergibt, wenn die mit dem wissenschaftlichen Wissen verbundenen Handlungsimperative auf die empirischen Handlungsmöglichkeiten des Lehrers treffen. Das wird im folgenden etwas näher ausgeführt.

Die individuelle Unterrichtserfahrung des einzelnen Lehrers ist in mehrfacher Hinsicht begrenzt und enthält damit eine Barriere gegenüber dem auf allgemeine Aussagen über pädagogische Prozesse und ihre Bedingungen zielenden wissenschaftlichen Wissen. Die pädagogische Erfahrung ist auf einzelne Fälle orientiert, erfaßt je spezifische Ausschnitte und erhält durch die Verknüpfung mit der individuellen Handlungsmöglichkeit eine subjektive Ausprägung. Diese individuelle Erfahrung kann durch eine intensive Kommunikation und Kooperation unter den Lehrern auf eine verallgemeinernde Stufe der Intersubjektivität gehoben werden. Das Zusammenfügen von immer wieder auftretenden Disziplin- und Motivationsschwierigkeiten kann die Grundlage legen für das Erkennen von allgemeinen Bedingungen, die in die individuelle Arbeit übergreifen und in sie hineinwirken. Sie kann die Rezeptionsbereitschaft für die aus der Wissenschaft entstammenden Annahmen und Belege zu diesen Problemen verstärken. Die Diskussion über je individuelle Umgangsweisen mit Problemen der Motivation, Disziplin und Stoffbewältigung trägt zur verobjektivierten Betrachtung des subjektiven Verhaltens bei und schärft den Blick für den komplizierten Zusammenhang zwischen den Orientierungen und Handlungen der Schüler und denen des Lehrers.

In der gemeinsamen Erörterung können die Lehrer die subjektiven und objektiven Bedingungen erkennen, die für die unzulängliche Realisierung der pädagogischen Zielsetzungen verantwortlich sind. Dadurch können sich die Lehrer gegenseitig helfen, die in der eigenen Person angelegten Hindernisse aufzufinden, die als Ergebnisse der in Familie, Schule und Hochschule durchlaufenen pädagogischen Prozesse das Handeln und die Orientierungen bestimmen. Ebenso können dadurch diejenigen Bedingungen aufgedeckt werden, die dem Lehrer über Inhalte, vorgegebene Ziele und Formen des schulischen Lernens und über Verhaltensweisen der Schüler als Hindernisse seiner Arbeit entgegentreten.

Diese Kommunikation, die auf eine Verallgemeinerung von individuellen Erfahrungen und auf eine Verarbeitung der Grenzen und Möglichkeiten pädagogischen Handelns ausgerichtet ist, ist zwar auf den Minimalkonsens angewiesen, daß solche Verarbeitungs- und Reflexionsprozesse einen Sinn und Zweck haben. Sie erhält aber ihre Fruchtbarkeit und die Chance zur konkreten Allgemeinheit durch die Heterogenität der eingebrachten Zielsetzungen, Probleme und Erfahrungen. Erst durch die Verbindung der unterschiedlichen Ausschnitte vom Schüler, dem pädagogischen Prozeß und seinen innerschulischen und außerschulischen Bedingungen, auf die z. B. die verschiedenen Fachlehrer durch die Spezifika ihrer Lerngegenstände und Lernanforderungen eingeschränkt sind, läßt sich ein Bild entwickeln, das der komplexen Wirklichkeit angemessen ist. Das gleiche gilt für die Kommunikation zwischen den Lehrern der verschiedenen Jahrgangsstufen. Hier kann aus dem Zusammentragen und Austauschen der Unterrichtserfahrungen, mit denen immer nur zeitlich eingegrenzte Ausschnitte aus der Entwicklung des Schülers erfaßt werden, eine übergreifende Vorstellung von Prozessen schulischer Sozialisation entwickelt werden. Dadurch können allgemeinere Bedingungen und Strukturen dieser Prozesse in den Blick treten.[12]

Durch diese Kommunikation wird der Handlungsdruck, der von dem wissenschaftlichen Wissen ausgehen kann, von der individuellen pädagogischen Arbeit zur kollektiven Arbeit der Lehrer verlagert. Dadurch kann das Interesse an der Wissenschaft zunehmen. Indem mit der gemeinsamen Kommunikation die pädagogische Erkenntnis, die ein Moment der pädagogischen Arbeit bildet, aus der Individualität und Zufälligkeit herausgehoben wird, lassen sich Formen der reflektierenden Verarbeitung schulischer Wirklichkeit entwickeln. Diese gemeinsame Erkenntnistätigkeit der Lehrer ist nicht nur eine Transformationsebene zwischen Wissenschaft und pädagogischer Praxis, sondern kann selbst zu einem Teil neuer Wissenschaft werden. Denn die Tiefe der Einblicke in pädagogische Prozesse und die Fülle an erfahrener Wirklichkeit, die ein Lehrerkollegium auf sich vereinigt, gehen weit über das hinaus, was der Forscher durch Befragungen, Beobachtungen und Tests erfassen und aus einer Fülle von Einzeldaten rekonstruieren kann. Die darin enthaltene Qualität einer pädagogischen Erkenntnis kann sich allerdings erst dann entwickeln, wenn in der gemeinsamen Kommunikation die pädagogische Erfahrung aus der individuellen Isolation herausgehoben und zu ganzheitlichen und aspektenreichen Aussagen verarbeitet wird.

Damit sich Ansätze einer solchen Lehrerkommunikation entwickeln können, müssen mindestens vier Bedingungen gegeben sein. Die gemeinsame Kommunikation muß erstens möglichst weitgehend von Angst und Konkurrenz befreit sein; sie muß zweitens von der Anstrengung getragen sein, die Ebene unmittelbarer Erfahrung und gängiger Darstellungen und Interpretationen zu übersteigen; sie darf drittens nicht nur eine neben der eigentlichen Arbeit stehende Belastung sein, sondern muß zum voll eingeplanten und akzeptierten Teil der Arbeit werden; und es müssen sich viertens Chancen abzeichnen, die Ergebnisse einer solchen Kommunikation in spürbare Verbesserungen der pädagogischen Arbeit umsetzen zu können. Bei genauerer Überprüfung dieser Bedingungen zeigt sich, daß sie weit über die innerhalb der gegenwärtigen Institution Schule gegebenen Möglichkeiten hinausgehen.

Nun wird mit einer intensiven Kommunikation unter den Lehrern die partikulare Arbeitserfahrung, die eine Aufnahme pädagogisch-sozialwissenschaftlichen Wissens behindern kann, zum Teil zwar aufgehoben. Die dabei entwickelte Verarbeitung alltäglicher Unterrichtserfahrungen und Zielsetzungen hat aber dennoch eine ganz wesentliche Beschränkung, die sie von der wissenschaftlichen Betrachtung und Analyse trennt. Die Aspekte, die vom pädagogischen Prozeß in den Blick geraten, werden – obgleich sie einen verallgemeinerten Charakter angenommen haben – mit Notwendigkeit durch die Arbeitsinteressen und durch die Erfahrungen geprägt sein, die mit der Perspektive des Erwachsenen, des Pädagogen und des Inhabers der Lehrerposition innerhalb der staatlichen Institution Schule verbunden ist. Die so bedingte Begrenzung der Reflexion auf bestimmte Ausschnitte der komplexen Wirklichkeit schulischer Sozialisation kann nur überwunden werden durch eine besonders intensive Kommunikation mit dem direkten Interaktionspartner Schüler. Der Schüler vertritt die andere Seite der pädagogischen Realität, der sich der Lehrer nicht bloß durch Phantasie und Einfühlungsvermögen annähern kann.[13]

Die Aufhebung der begrenzten Wahrnehmung des pädagogischen Prozesses ist aber auch auf eine intensive Kommunikation mit den Eltern angewiesen. In dieser Kommunikation kann der Wahrnehmungshorizont durch die unmittelbare Konfrontation mit den familialen Sozialisationsmilieus ausgeweitet werden. Denn es müssen Unterschiede in den familialen Denk- und Erfahrungsstilen und spezifische Ansprüche gegenüber der Schule aufgenommen werden. Bei den Beziehungen zu den Schülern und den Eltern geht es nicht nur um eine Intensivierung der Kontakte, sondern auch darum, daß die vorherrschenden Interaktionsmuster gleichsam auf einer Metaebene überschritten werden.[14] Die Realisierung dieser Kommunikation hat ebenso wie die unter den Lehrern ihre objektiven institutionellen Grenzen, aber auch ihre subjektiven Behinderungen in den Verhaltens- und Orientierungsdispositionen der beteiligten Personen.

Obwohl die skizzierte umfassende kommunikative Verarbeitung der pädagogischen Praxis eine entscheidende Voraussetzung für das offene Verhältnis gegenüber der Wissenschaft bildet, reicht sie dennoch nicht aus. Das Interesse an einer Aufhellung der eigenen Praxis durch Wissenschaft kann erst dann für die Lehrer von einem allgemeinen Bekenntnis zu einem ernsthaften Engagement werden, wenn eine weitere entscheidende Bedingung gegeben ist. Die sich in einer produktiven Auseinandersetzung mit Wissenschaft abzeichnenden Handlungsalternativen dürfen nicht zu einem Anspruch führen, der individuell nicht einzulösen ist. Ebensowenig darf eine Verlagerung der Realisierungsgrenzen auf die Ebene gesellschaftlicher und institutioneller Strukturen zur Resignation führen. Damit gewinnen Aktivitäten in der Interessenvertretung der Lehrer an Bedeutung, mit denen sich die Betroffenen für eine Verbesserung der Lehr- und Lernbedingungen einsetzen. Nur durch diese Aktivitäten, die die direkte pädagogische Erfahrung mit der sie verarbeitenden Kommunikation und diese mit einer verändernden Gestaltung der pädagogischen Praxis verknüpfen, bekommt es einen Sinn, sich mit Wissenschaft auseinanderzusetzen. Denn erst wenn das veränderte Verstehen der Wirklichkeit, das durch Wissenschaft hervorgerufen werden kann, mit der Aussicht auf eine positive Veränderung verbunden ist, erhält das wissenschaftliche Wissen einen Gebrauchswert für die Praxis.

Die bisherigen Ausführungen können in der folgenden Weise zusammengefaßt werden. Transformationsschwierigkeiten zwischen dem Alltagswissen des Lehrers und dem auf pädagogische Prozesse bezogenen wissenschaftlichen Wissen lassen sich nicht nur auf kognitive und sprachliche Unterschiede verschiedener Wissensarten zurückführen. Im Verhältnis von Alltagswissen und wissenschaftlichem Wissen lassen sich drei Formen erkennen, die alle darauf hinauslaufen, daß die mit der Wissenschaft verbundenen Handlungsimperative abgewehrt werden. Die Identität des Lehrers, die sich aus seiner vergangenen und gegenwärtigen Praxis ergibt, muß auf diese Weise einer möglichen Gefährdung entzogen werden. Diesen drei Formen ist eine vierte Form gegenüberzustellen, die durch eine produktive Auseinandersetzung zwischen Alltagswissen und wissenschaftlichem Wissen gekennzeichnet ist. Die nähere Beschäftigung mit den Bedingungen, die eine solche Auseinandersetzung ermöglichen, geben Anhaltspunkte für die Ursachen des gebrochenen Verhältnisses zwischen Wissenschaft und pädagogischer Praxis.

Das gebrochene Verhältnis zwischen Wissenschaft und pädagogischer Praxis geht auf eine spezifische Beziehung zwischen pädagogischer Arbeit und pädagogischem Alltagswissen zurück. Wenn sich die mit der pädagogischen Arbeit verbundene Ausweitung der pädagogischen Erkenntnis nicht positiv umsetzen läßt und nur zu überhöhten Ansprüchen gegenüber dem Lehrer führt, dann wird die Beziehung zwischen Arbeit und Erkenntnis gestört. Das Alltagswissen als Summe der praxisrelevanten Erkenntnis erhält die Funktion, Wahrnehmung und Zielsetzung der pädagogischen Arbeit so zu strukturieren, daß die daraus resultierenden Handlungskonsequenzen mit der bisherigen Praxis vereinbar sind. So entstehen dann auch die im Alltagswissen enthaltenen Barrieren für eine Aufnahme und Überprüfung des wissenschaftlichen Wissens.

Dieser Zusammenhang ist begründet in einer spezifischen Form der Organisation der Lehrerarbeit. Er kann durch die Einführung bestimmter Bedingungen aufgelöst werden, bei denen es letztlich um zwei zentrale Aspekte geht. Zum einen muß eine Erweiterung und Veränderung der Erkenntnis über die pädagogische Arbeit dadurch einen subjektiv nachvollziehbaren Sinn erhalten, daß sie sich in einer kurz- oder längerfristigen Umgestaltung der pädagogischen Praxis umsetzen läßt. Das betrifft sowohl die objektiven Bedingungen der pädagogischen Tätigkeit als auch die subjektiven Voraussetzungen beim Lehrer. Zum anderen muß durch eine Kommunikation zwischen den Lehrern, in die auch Schüler und Eltern einzubeziehen sind, die individuelle Eingrenzung pädagogischer Erfahrung und Erkenntnis überwunden werden. Bei dem ersten Aspekt geht es um die motivationale Voraussetzung und bei dem zweiten Aspekt um die kognitive Voraussetzung für eine produktive Auseinandersetzung mit der Wissenschaft.

3. Die Praxisfeindlichkeit der Wissenschaft

Im ersten Teil dieses Beitrags wurden die Grenzen der Aufnahme von Wissenschaft in pädagogische Alltagstheorien aus den Bedingungen der pädagogischen Arbeit abgeleitet. Im zweiten Teil geht es um die Barrieren, die in dem wissenschaftlichen Wissen angelegt sind.

Die pädagogisch-sozialwissenschaftliche Forschung geht durch ihre Methode und durch die Definition ihres Gegenstands ein spezifisches Verhältnis zum Forschungsobjekt ein, das auch in dem dabei entwickelten wissenschaftlichen Wissen enthalten ist. Dieser Objektbezug bedingt die vom wissenschaftlichen Wissen ausgehende Resistenz bei der Transformation in das Alltagswissen und die Praxis pädagogischen Handelns. Er begründet die Tendenz, daß das so gewonnene Wissen nur ein externes Verhältnis zur pädagogischen Praxis ermöglicht. Dieses Wissen eignet sich zwar für die Verwaltung, Beurteilung oder beschreibenden und analysierenden Charakterisierung der pädagogischen Tätigkeit, sperrt sich aber gegen die Aneignung durch den in der Praxis stehenden Pädagogen. Der Forscher tritt in ein grundsätzlich anderes Verhältnis zum pädagogischen Prozeß als der ihn durchführende Lehrer. Die hier angelegte Differenz zwischen Wissenschaft und Praxis ist eine andere als diejenige, die zwischen dem Naturwissenschaftler und dem Ingenieur besteht, der auf der Grundlage naturwissenschaftlichen Wissens Maschinen konstruiert und baut. Sie unterscheidet sich aber auch von derjenigen, die das Verhältnis des beratenden Sozialwissenschaftlers zum sozialwissenschaftlich orientierten Politiker kennzeichnet.

Naturwissenschaftler und Ingenieur gehen in ihrer Tätigkeit einen im Prinzip gleichen Subjekt-Objekt-Bezug ein. Der Ingenieur und seine Tätigkeit sind nicht Bestandteile des Objektbereichs der Forschungstätigkeit des Naturwissenschaftlers. Die vom Naturwissenschaftler und Ingenieur mit ihren Tätigkeiten hergestellten Auseinandersetzungen mit dem Objekt und die Definitionen des Objekts weisen allerdings erhebliche Unterschiede auf. Übersetzungsprobleme zwischen wissenschaftlichem Wissen und Technik ergeben sich aus diesen Differenzen. In ähnlicher Weise kann von einer prinzipiell gleichen Subjekt-Objekt-Beziehung zwischen dem beratenden Sozialwissenschaftler und dem Politiker ausgegangen werden, die als Ausgangspunkt der problematischen Transformationsprozesse genommen werden können. Im Verhältnis des pädagogisch-sozialwissenschaftlichen Forschers, der den pädagogischen Prozeß zum Gegenstand seiner Tätigkeit macht und dem Lehrer, dessen Tätigkeit in der Durchführung dieses Prozesses besteht, gibt es diese Gleichheit des Subjekt-Objekt-Bezugs nicht.

Wenn sich der Wissenschaftler der pädagogischen Wirklichkeit anzunähern sucht, muß er selbstverständlich den handelnden Pädagogen in die Objektdefinition seiner Forschungsarbeit aufnehmen. Das in dieser Forschungsarbeit erzeugte Wissen ist nicht auf den Ausschnitt der pädagogischen Realität eingegrenzt, der den Gegenstand der Unterrichtsarbeit des Lehrers bildet. In dieses Wissen sind auch der Lehrer und seine Tätigkeit mit eingeschlossen. Der in seiner Arbeit zu direktem Handeln und Zielentwürfen gezwungene Lehrer wird also mit einem wissenschaftlichen Wissen konfrontiert, in dem er ein Teilmoment des Objekts wissenschaftlicher Reflexionen und Analysen bildet und durch das er entweder zum selbstverantwortlichen Subjekt oder zum determinierten Vollzugsorgan objektiver Verhältnisse gemacht wird. Die daraus resultierende Problematik in der Aneignung dieses Wissens verschärft sich in dem Maße, wie an dieses Wissen Handlungsimperative geknüpft sind. Dieser Zusammenhang wird im folgenden an einigen Beispielen näher ausgeführt. Ebenso wie bei der Beziehung der Praxis zur Wissenschaft wird auch hier eine allgemeinere Problematik im Verhältnis zwischen den Human- und Sozialwissenschaften und den von ihnen erfaßten Lebensfeldern und Gesellschaftsmitgliedern offengelegt, die das Verhältnis zwischen wissenschaftlicher und praktischer Pädagogik übergreift.

Ein an der geisteswissenschaftlichen Pädagogik[15] ausgerichtetes Wissen bleibt, da es weitgehend von den konkreten Bedingungen pädagogischer Prozesse abstrahiert, relativ irrelevant für eine Ausrichtung und Verarbeitung empirischer Unterrichtstätigkeit. Die Verantwortung für den pädagogischen Prozeß wird im persönlichen Bereich des sehr allgemein vorgestellten Pädagogen angesiedelt und objektive Bedingungen, die jenseits von Orientierungen und geistigen Einflüssen liegen, können kaum in den Blick geraten. Das in dieser Tradition entwickelte Wissen enthält in sich keine entscheidenden Barrieren für die Aufnahme in das Lehrerbewußtsein. Es wird aber, da es wenig mit erfahrener Wirklichkeit und zu lösenden praktischen Problemen zu tun hat, neben den handlungsrelevanten Alltagstheorien existieren, ohne auf diese einen nennenswerten Einfluß zu nehmen. Der Versuch, diese Position der Betrachtung pädagogischer Prozesse zu überwinden, hat zu einer stärkeren empirischen und auch sozialwissenschaftlichen Ausrichtung der Unterrichtsforschung geführt. Diese stärkere Aufnahme empirischer Wirklichkeit läßt sich in der Erforschung zweier zusammengehöriger Aspekte verfolgen: dem Lehrerbewußtsein und dem Unterrichtshandeln.

Untersuchungen zum Bewußtsein der Lehrer[16], die etwa Begabungsvorstellungen, Bildungsziele, Auseinandersetzungen mit unterschiedlichen pädagogischen Praktiken und Reformbereitschaft zu erfassen suchen, sind besonders der Gefahr ausgesetzt, wissenschaftliches Wissen zu erzeugen, das von den Betroffenen selbst kaum aufgenommen werden kann. Die auf das Bewußtsein konzentrierten Forscher gehen mit einer unterschiedlich präzise dargelegten und aus allgemeineren pädagogischen Theorien abgeleiteten Vorstellung von dem erstrebenswerten oder adäquaten Bewußtsein des Lehrers an die Erfassung, die Darstellung und Interpretation des Phänomens heran. Dabei konstatieren sie in der

Regel ein negatives Abweichen der empirisch feststellbaren Wirklichkeit von dieser Vorstellung. Nun sind diese Untersuchungen nur mit spärlichen oder sehr globalen Hinweisen auf die Entstehungs- und Veränderungsbedingungen dieses Bewußtseins versehen. Indem so nur ein Teilaspekt der sozialen Wirklichkeit aufgenommen wird, entsteht häufig der Eindruck, jeder Lehrer sei alleine für sein Bewußtsein und vor allem für das damit verbundene pädagogische Handeln verantwortlich. So entwickelt sich aus dem wissenschaftlichen Wissen über die vorherrschenden Bewußtseinsformen der Lehrer ein moralisches Urteil, das eine produktive Auseinandersetzung mit diesem Wissen verhindert. Dabei ist die Problematik für den Lehrer nicht nur darin begründet, sein eigenes Bewußtsein sich selbst gegenüber zu verobjektivieren und in den notwendigerweise allgemeinen und auf Indikatoren angewiesenen wissenschaftlichen Aussagen wiederzufinden. Alle denkbaren Reaktionen auf das so hergestellte Wissen schließen die kritische Reflexion und Veränderung eigener Orientierung aus.

Ein Wiedererkennen eigener Vorstellungen und Orientierungen in den Bereichen der empirisch erfaßten Bewußtseinsformen, die auf dem Hintergrund einer allgemeinen Theorie als negativ oder inadäquat charakterisiert werden, ist deshalb erschwert, weil die volle Verantwortung für sie auf dem einzelnen lastet und weil mit der Ausblendung von Entstehungsbedingungen auch keine Ansätze für eine Veränderung aufscheinen können. Dem potentiellen Rezipienten dieses Wissens bleiben nur zwei Möglichkeiten offen. Er erkennt sich in den vorherrschenden Bewußtseinsformen wieder, muß aber gleichzeitig die bewertende Charakterisierung ablehnen. Er bestätigt sich in seinen Vorstellungen und Orientierungen, indem er jetzt auch noch die hinter der Beurteilung stehende Theorie oder pädagogische Position explizit als irrelevant oder falsch ablehnen muß. Auf diese Weise kann z. B. – entgegen den Absichten der Wissenschaftler – die Veröffentlichung des empirisch festgestellten Befunds einer Innovationsfeindlichkeit unter den Lehrern, was eine Grundlage in der anstrengenden pädagogischen Arbeit hat, zur Zerstörung der ebenfalls verbreiteten Einsicht in die Veränderungsnotwendigkeit schulischer Lehr- und Lernprozesse und ihres institutionellen Rahmens führen.[17]

Die zweite Möglichkeit der Reaktion der Lehrer besteht darin, sich nur mit der positiv beschriebenen Bewußtseinsform zu identifizieren. Die damit vollzogene Abgrenzung von der Mehrheit der eigenen Berufsgruppe ist damit verbunden, die vielleicht doch latent vorhandenen negativen Formen aus dem Rezeptionsbewußtsein zu verdrängen, ohne daß diese dadurch an Wirklichkeit und Wirksamkeit verloren hätten.

Das auf die beschriebene Weise erzeugte wissenschaftliche Wissen über das Lehrerbewußtsein gerät – unabhängig von den Intentionen des Forschers – in ein äußerliches Verhältnis zu den Trägern dieses Bewußtseins. Damit ist der Gebrauchswert dieses Wissens auf die Wissenschaft und auf Maßnahmen eingeschränkt, die von außen auf die Lehrer und ihren Bildungsgang Einfluß zu nehmen suchen. Daß die Methode des Interviews als Instrument zur Erfassung des Bewußtseins einen entscheidenden Einfluß auf die in dem Wissen enthaltenen Rezeptions- und Transformationsbarrieren hat, kann in diesem Zusammenhang nur angedeutet und nicht näher ausgeführt werden.[18]

Der zweite Strang der empirischen Unterrichtsforschung richtet sich auf das direkte Unterrichtshandeln des Lehrers und reicht von der Erfassung unterschiedlicher Lehrertypologien über Untersuchungen zu Unterrichtsstilen bis zu Ansätzen der Interaktionsanalyse.[19] Kennzeichnend für diese Untersuchungen ist, daß sie ebenfalls auf der einen Seite von positiven Vorstellungen des Unterrichtsprozesses ausgehen, denen Aussagen über die empirische Verbreitung der jeweiligen Formen gegenübergestellt werden, die über Unterrichtsbeobachtungen gewonnen sind. Auch hier bleiben weitgehend die objektiven und subjektiven Bedingungen für die Entstehung bestimmter Verhaltens- und Reaktionsweisen ausgeschlossen. Durch die Konzentration auf nur beobachtbares Verhalten im Klassenzimmer werden aus dem Untersuchungsbereich die Erwartungen und Vorstellungen der Lehrer ausgeschlossen, die diese mit dem pädagogischen Handeln verbinden. Auch wenn sich die in diesem Zusammenhang entwickelten Kriterien und Verfahren der Beobachtung zum Teil in der Lehrerausbildung bewährt haben, so enthält das auf diese Weise gewonnene Wissen über die vorherrschenden Formen der pädagogischen Interaktion eine ähnlich bedingte Rezeptionsbarriere, wie das auf die Bewußtseinsformen ausgerichtete wissenschaftliche Wissen.

Da die objektiven und subjektiven Bedingungen der Handlungsmuster weitgehend aus der Analyse ausgeblendet bleiben und bei den positiv bewerteten Handlungsmustern unterstellt wird, daß sie im Prinzip erlernbar sind, entwickelt sich auch bei diesem wissenschaftlichen Wissen ein auf den einzelnen einwirkender moralischer Druck, der eine produktive Auseinandersetzung mit diesem Wissen verhindert. Dadurch, daß von den pädagogischen Handlungsmustern die inhaltlichen Intentionen und Aufgabenstellungen abgelöst werden, drohen die so gewonnenen Charakterisierungen zu äußerlichen Bestimmungen zu werden, die von dem sozialen Gehalt und den Alltagsproblemen pädagogischer Praxis entleert sind. Auch hier ergibt sich aus der Definition des Untersuchungsgegenstands, aus der wissenschaftlichen Methode der Realitätserfassung und aus der Interpretation der erhobenen Daten eine Barriere in dem dabei hergestellten wissenschaftlichen Wissen, die deren Aufnahme in die Alltagstheorien des Pädagogen behindert.

Während die Transformationsbarrieren in den bisher behandelten Beispielen wissenschaftlichen Wissens zu einem erheblichen Teil auf die Reduktion der in der pädagogischen Situation handelnden und denkenden Person des Lehrers und auf die Abstraktion von den einwirkenden Bedingungen zurückzuführen sind, kehrt sich das Verhältnis in den nachfolgenden Beispielen um. Im Bemühen darum, den wissenschaftlichen Aussagen über pädagogische Prozesse nicht nur eine empirische Basis zu geben, sondern auch mehr Aspekte von der psychischen und sozialen Wirklichkeit zu erfassen, sind allgemeine Bedingungen in den Blick geraten, unter denen die Unterrichtsarbeit zu verrichten ist. Diese Bedingungen werden vor allem in vier Richtungen verfolgt: die psycho-sozialen Bedingungen der Schüler; die psycho-sozialen Bedingungen der Lehrer; die spezifischen Organisationsformen der Schule; die gesellschaftliche Funktion schulischer Bildungs- und Ausbildungsprozesse. Das wissenschaftliche Wissen, mit dem diese in die pädagogische Arbeit einwirkenden Bedingungen aufgegriffen werden, kann eine entlastende und die erfahrene Wirklichkeit ordnende Funktion haben. Deshalb liegt bei diesem Wissen die Rezeptionsbarriere niedriger als bei den bisher behandelten Beispielen wissenschaftlichen Wissens. Da von diesem Wissen aber eine handlungshemmende Wirkung ausgeht, liegt diese Barriere gleichzeitig auch höher. Um diesen Zusammenhang näher zu erläutern, werden die drei zuletzt genannten Determinanten schulischer Lehr- und Lernarbeit und die auf sie gerichteten wissenschaftlichen Aussagen aufgegriffen.

Auf der Grundlage psychoanalytischer Entwicklungsmodelle ist herausgearbeitet worden, daß der Lehrer in seinem aktuellen Denken und Verhalten dadurch in eine besondere psycho-soziale Determiniertheit verstrickt ist, daß er die in seiner Kindheit und Jugend durchlaufenen pädagogischen Prozesse und Konflikte meist unbewältigt in sich trägt und mit gleichsam vertauschten Rollen im schulischen Unterricht wiederholen muß.[20] Dieses Wissen um die Befangenheit der eigenen Gegenwart in der weitgehend unbegriffenen und unbewältigten Vergangenheit kann dem Lehrer zwar Anhaltspunkte für die Erklärung nicht akzeptierbarer Verhaltensweisen der eigenen Person geben, in der pädagogischen Arbeit muß der Lehrer aber dieses Wissen weitgehend aus seinem Bewußtsein verdrängen, will er weiterhin mit einer gewissen Spontaneität handlungsfähig bleiben. Denn dieses Wissen kann erst dann positiv genutzt werden, wenn in langwierigen Prozessen der individuellen und kollektiven Selbstaufklärung auch ein Stück Handlungsfähigkeit verändert wird. Solange diese Möglichkeit nicht gegeben ist, geht von diesem Wissen wegen des weiterhin bestehenden Handlungszwangs eine Rezeptionsbarriere aus. Das gilt um so mehr, als diese Theorie in ihrer ursprünglichen Fassung für den Lehrer nur die Möglichkeit einer Wiederholung selbst erlebter pädagogischer Verhältnisse und nicht die Möglichkeit einer Überführung solcher Erfahrungen aus der Vergangenheit in eine andere und positive Gestaltung pädagogischer Prozesse enthält. Diese wissenschaftlichen Aussagen werden nur von denjenigen Lehrern in die Erklärung ihrer alltäglichen Denk- und Verhaltensmuster aufgenommen, die ohnehin schon durch andere Erfahrungen eine Offenheit für autobiographische Selbstreflexion besitzen. Sie können am wenigsten von denjenigen Lehrern aufgenommen werden, bei denen der in diesen Aussagen ausgedrückte Zusammenhang am verhängnisvollsten wirksam ist.

Wird mit dieser Theorie dem Lehrer die eigene Subjektivität als Einschränkung seines Denkens und Handelns gegenübergestellt, so wird ihm mit den nachfolgenden wissenschaftlichen Aussagen die Objektivität der Institution Schule als wenig beeinflußbare Determinante deutlich gemacht. Aus der Verknüpfung von organisationssoziologischen Ansätzen mit Sozialisationstheorien und unter Rückgriff auf kulturanthropologische Traditionen ist ein objektiv wirkender Zusammenhang zwischen Gesellschaft und schulischer Sozialisation entwickelt worden, dem sich der Lehrer nicht entziehen kann.[21] Die Strukturprinzipien der Institution Schule bedingen Interaktionsmuster, Lebens- und Erfahrungsräume, die jenseits von bewußt gesetzten Inhalten und Zielen der Lehrer zum entscheidenden Einflußfaktor der schulischen Entwicklungsprozesse der Schüler werden. Dieser Zusammenhang realisiert sich hinter dem Rücken der Lehrer und durch ihr Verhalten hindurch. Er wirkt als »geheimes Curriculum«.

Diese Bestimmung der pädagogischen Prozesse in der Schule hilft dem Lehrer sicherlich, eine ganze Reihe alltäglicher Erfahrungen zu deuten, nicht zuletzt die eingeschränkte Auswirkung der eigenen pädagogischen Intentionen auf den real ablaufenden Entwicklungsprozeß der Schüler. Sie steht aber in einer besonders problematischen Beziehung zu der Handlungsnotwendigkeit des praktischen Pädagogen. Für die Lehrer, deren eigenes Curriculum mit dem sich geheim realisierenden Curriculum nahezu identisch ist, besitzt diese wissenschaftliche Erklärung der pädagogischen Prozesse keinen Erkenntniswert. Die Lehrer aber, die sich mit den am Schülerverhalten ablesbaren Auswirkungen des objektiv wirkenden Sozialisationsmilieus Schule nicht identifizieren können, werden in ein Dilemma hineingezwungen. Sie können sich diesem Dilemma nur sehr unzulänglich dadurch entziehen, daß sie dieses Wissen in den Teil der Person verlagern, der als sozialwissenschaftlich reflektierender Pädagoge nichts mit dem praktisch tätigen Lehrer zu tun hat. Die Grenze für eine produktive Auseinandersetzung mit Alltagstheorien, die hier zum Ausdruck kommt, geht darauf zurück, daß neben dem wissenschaftlichen Wissen von der Determiniertheit der pädagogischen Prozesse die Notwendigkeit zu individuellen Entscheidungen und Handlungen bestehen bleibt.

Ein ähnliches Problem stellt sich bei wissenschaftlichem Wissen, das aus einer kritischen Bestimmung der funktionalen Beziehung zwischen Schule und Gesellschaft gewonnen wird.[22] Nach dieser Bestimmung reduziert sich der schulische Ausbildungsprozeß und damit die pädagogische Arbeit des Lehrers auf drei Funktionen. Unabhängig von seinen subjektiven Intentionen legt der Lehrer durch seine Arbeit erstens die Grundlage für die Herausbildung eines Arbeitsvermögens, das nur den begrenzten Qualifikationsanforderungen des Kapitals genügt; er trägt zweitens zur Herausbildung von Normen und Verhaltensweisen bei, die nur zur Integration in etablierte betriebliche und gesamtgesellschaftliche Herrschaftsverhältnisse und zur flexiblen Aufnahme sich wandelnder Legitimationen geeignet sind; er vollzieht drittens die Prozesse schulischer Selektion, die sich bei näherer Betrachtung als soziale Selektion und als die personelle Seite der Reproduktion sozialer Ungleichheit erweisen.[23]

In der Auseinandersetzung mit solchen Funktionsbestimmungen, die hier ebensowenig wie die anderen Ansätze auf ihren Realitätsgehalt hin geprüft werden sollen, kann dem Lehrer der Blick geschärft werden für die Bedingungen und Folgen seiner Tätigkeit, die sich seinem Einfluß entziehen. Die Vorstellung von einer Verwirklichung der gesellschaftlichen Funktion der Schule, die durch die Intentionen und Handlungen der Lehrer hindurch erfolgt, kann aber in letzter Konsequenz nur eine Person aufgreifen, die außerhalb dieses Funktionszusammenhangs steht. Für die Mehrzahl der Lehrer, die mit ihrer Arbeit die schulische Sozialisation und Selektion betreibt, ist die Übernahme einer solchen Theorie fast unmöglich. Zum einen setzt die Durchführung der Unterrichtstätigkeit voraus, daß der Lehrer diese mit einem subjektiv vertretbaren Sinn belegt. Zum anderen muß der Lehrer die Bedeutung seiner subjektiven Absichten und Handlungen gegen einen objektiv wirkenden Funktionszusammenhang verteidigen, um den Handlungs- und Entscheidungsnotwendigkeiten nachkommen zu können, die ihm dadurch ja nicht abgenommen sind. So enthält das aus dieser externen Betrachtung und Analyse resultierende Wissen in sich eine Struktur, die eine Abschirmung ihm gegenüber, eine Umdeutung und Umfunktionierung oder die abspaltende Verdrängung in die Teile der Person nahelegt, die für die pädagogische Praxis irrelevant sind.

Die behandelten Beispiele wissenschaftlicher Theorien und wissenschaftlichen Wissens können entwickelt und aufgenommen werden von Personen, die außerhalb des Praxiszusammenhangs der Schule stehen. Sie können auch in der theoretischen Lehrerausbildung vermittelt werden, weil Studenten – ähnlich wie die Wissenschaftler – die Schulwirklichkeit und ihre zukünftigen Kollegen von außen als einen sozialen Sachverhalt betrachten. Treten die ausgebildeten Lehrer in die Berufspraxis ein, müssen sie auf andere, jenseits der Wissenschaft stehende Erklärungs- und Deutungsmuster zurückgreifen. So entsteht ein für die tägliche Unterrichtsarbeit relevantes System von Alltagstheorien und Alltagswissen, das geeignet ist, die realisierbare Praxis zu tragen und zu bestätigen. Die diskutierten wissenschaftlichen Ansätze zur Erfassung von Unterrichtsprozessen und Schulwirklichkeit sind – soweit sie sich tatsächlichen Wirkungszusammenhängen annähern können – vielleicht geeignet, die Grundlage für eine von außen kommende Veränderung von Ausbildung und Schule einzuleiten. Sie enthalten aber schwer überwindbare Barrieren, wenn sie aufgenommen werden sollen in Prozesse, bei denen es um eine Selbstverständigung und Selbstaufklärung der Lehrer und eine durch sie selbst betriebene Veränderung ihrer Praxis geht.

Die in diesem Beitrag aufgewiesene Problematik im Verhältnis zwischen Wissenschaft und gesellschaftlicher Praxis ist sicherlich nicht dadurch aufzulösen, daß die im historischen Prozeß immer weiter ausdifferenzierte Arbeitsteilung zwischen unmittelbarer Praxis und der sie reflektierenden und untersuchenden Wissenschaft negiert wird. Engere und vor allem neue Formen einer Kooperation können dagegen Ansätze für eine bessere Bewältigung liefern.[24] Soll sich in dieser Kooperation eine fruchtbare Beziehung entwickeln, so müssen auf beiden Seiten entscheidende Veränderungen eingeleitet werden.

In der Wissenschaft muß es darum gehen, durch die dynamische Verbindung objektiver sozialer Verhältnisse mit subjektivem Verhalten die schlechte Alternative der Darstellung sozialer Wirklichkeit zu überwinden, die in der Annahme der vollständigen Freiheit des Menschen einerseits und der Annahme der vollständigen Determiniertheit des Menschen andererseits besteht. Außerdem muß die Wissenschaft ihr externes Verhältnis zur Praxis dadurch aufzulösen suchen, daß sie sich derjenigen Rekonstruktion sozialer Wirklichkeit annähert, die die in der Praxis stehenden Personen aus ihrer Erfahrungs- und Handlungsperspektive heraus vornehmen. In die Praxis muß als eine notwendige Bedingung ihre reflexive Verarbeitung aufgenommen werden, die sich durch eine gemeinsame Kommunikation der beteiligten Personen vollzieht. Erst dadurch kann eine Vermittlungsebene zwischen alltäglicher Erfahrung, Alltagstheorien und Wissenschaft hergestellt werden. Darüber hinaus muß die gesellschaftliche Organisation der Praxis Mittel und Möglichkeiten vorsehen, über die die in ihr tätigen Gesellschaftsmitglieder sich und die Praxis verändern können. Damit kann wissenschaftliches Wissen überhaupt erst den ihm zukommenden Gebrauchswert erhalten.

1 Dieses Forschungsprojekt wurde unter Leitung des Autors am Soziologischen Seminar der Universität Göttingen durchgeführt. Der Bezug auf empirische Befunde aus einer repräsentativen Befragung von Lehrern der allgemeinbildenden Schulen im Raum Niedersachsen kann innerhalb dieses Beitrags nur einen sehr allgemeinen Charakter annehmen.

2 Vgl. in diesem Zusammenhang H. v. Hentig, Erkennen durch Handeln, in: A. Flitner, U. Hermann (Hrsg.), *Universität heute – Wem dient sie? Wer steuert sie?*, München 1977, S. 198-230.

3 Zur empirischen Illustration vgl. M. v. Engelhardt, Qualifikation und Selektion in der Schule – Pädagogische Arbeitsorientierungen und gesellschaftliches Bewußtsein von Lehrern –, in: *Zeitschrift für Soziologie,* H. 2, April 1979.

4 Für die Anwendung der kritisch gewendeten Interaktionstheorie auf pädagogische Prozesse vgl. K. Mollenhauer, *Theorien zum Erziehungsprozeß,* München 1972.

5 Vgl. dazu M. v. Engelhardt, Probleme der Lernmotivation und Unterrichtsbeteiligung – Deutungsmuster und Lösungsperspektiven der Lehrer –, in: *Die Deutsche Schule,* H. 4. April 1979.

6 Vgl. M. v. Engelhardt, Die Unterrichtsarbeit des Lehrers und das Leistungsprinzip, in: J. Beck/H. Boehncke (Hg.), *Jahrbuch für Lehrer,* Reinbek 1978.

7 95% der in dem aufgeführten Forschungsprojekt befragten Lehrer an Integrierten Gesamtschulen (Niedersachsen) gab als Grund für die Wahl der Schule das Reformvorhaben an.

8 Zu den dabei auftretenden Problemen vgl. Lehrergruppe Laborschule, *Laborschule Bielefeld: Modell im Praxistest. Zehn Kollegen ziehen ihre Zwischenbilanz,* Reinbek bei Hamburg 1977.

9 Vgl. dazu *Ästhetik und Kommunikation,* H. 22/23, Dez. 1975/Febr. 1976.

10 In diesem Zusammenhang sind die Beiträge und Diskussionen auf dem 6. Kongreß der Deutschen Gesellschaft für Erziehungswissenschaft (März 1978) besonders interessant; vgl. dazu *betrifft : erziehung,* H. 5, Mai 1978 und *Zeitschrift für Pädagogik,* H. 2, 1978.

11 Eine zusammenfassende Darstellung der verschiedenen Untersuchungen, die die einschneidenden Veränderungen im Bewußtsein der Lehrer beim Übergang von der Ausbildung zur Berufspraxis belegen, findet sich bei D. Hänsel, *Die Anpassung des Lehrers,* Weinheim/Basel 1975; für eine aus Selbsterfahrungen gewonnene Darstellung dieses Prozesses vgl. Arbeitsgruppe Aumeister, *Der Praxisschock,* München/Wien 1976.

12 Diese Kommunikation unter Lehrern müßte sich natürlich auch auf die Lehrer der verschiedenen Schularten innerhalb des Bildungssystems erstrecken. Erst so kann sich eine durch unmittelbare Erfahrung getragene Vorstellung vom gesellschaftlichen Charakter der Lehr- und Lernprozesse herausbilden, die sich in Beziehung setzen läßt zu wissenschaftlichen Aussagen über das Bildungssystem. Diese Perspektive wird hier nur angedeutet, weil sie sich zu weit von den Ansätzen einer realisierten Kommunikation unter Lehrern entfernt.

13 Deshalb müßte der Mitbestimmung der Schüler im Unterricht eine große Bedeutung zukommen; vgl. M. v. Engelhardt. Lernziel: Mündige Schüler, in: *betrifft: erziehung,* H. 2, Febr. 1979.

14 Wie schwierig und fruchtbar es ist, neue Verkehrsformen zwischen Lehrern und

Eltern zu entwickeln, die die eingeschliffenen Muster überwinden, wird deutlich in M. du Bois-Reymond, *Verkehrsformen zwischen Elternhaus und Schule,* Frankfurt/M. 1977.

15 Diese Richtung ist vor allem mit den Namen E. Spranger, Th. Litt, H. Nohl verbunden.

16 Für Untersuchungen zum Lehrerbewußtsein im deutschsprachigen Raum vgl. A. Combe, *Kritik der Lehrerrolle,* München 1971; A. Hopf, *Lehrerbewußtsein im Wandel,* Düsseldorf 1974; J. J. Koch, *Lehrerstudium und Beruf. Einstellungswandel in den ersten beiden Phasen der Ausbildung,* Ulm 1973; J.-P. Kob, *Das soziale Bewußtsein des Lehrers an Höheren Schulen,* Würzburg 1958; Kratsch, Vathke, Bertlein, *Studien zur Soziologie des Volksschullehrers,* Weinheim 1967; G. Schefer, *Das Gesellschaftsbild des Gymnasiallehrers,* Frankfurt/M. 1969; B. Schön, *Das gesellschaftliche Bewußtsein von Gesamtschullehrern,* Weinheim/Basel 1978; H. Zeiher, *Gymnasiallehrer und Reform. Eine empirische Untersuchung über Einstellungen zu Schule und Unterricht,* Stuttgart 1973.

17 Die subjektiven Innovationsbarrieren werden dadurch belegt, daß die Lehrer bei den Gründen für die eingeschränkte Realisierung positiver Vorstellungen relativ selten die eigenen Qualifikationen und Verhaltensweisen anführen. Die Einsicht in die Veränderungsnotwendigkeit schulischer Lehr- und Lernprozesse wird dadurch belegt, daß unter den Lehrern eine Diskrepanz zwischen idealen Vorstellungen und erlebter Wirklichkeit, Forderungen nach Veränderungen ihrer Unterrichtsbedingungen und ein positives bis ambivalentes Verhältnis gegenüber schulpolitischen Alternativen wie die der Integrierten Gesamtschule sehr verbreitet sind.

18 Die wohl radikalste Kritik an diesem Instrument ist entwickelt worden von H. Berger, *Untersuchungsmethode und soziale Wirklichkeit,* Frankfurt/M. 1974.

19 Vgl. dazu N. A. Flanders, *Analyzing Teaching Behavior,* Reading/Mass. 1970; E. Amidon, E. Hunter, Verbal Interaction Category System, in: E. Amidon, J. B. Hough (eds.), *Interaction Analysis: Theory, Research and Application,* London 1967; R. Tausch, A.-M. Tausch, *Erziehungspsychologie,* Göttingen 1973, 7. Aufl.

20 Diese Theorie ist zunächst von S. Bernfeld, *Sisyphus oder die Grenzen der Erziehung,* Wien 1931, 2. Aufl., entwickelt worden; neu aufgegriffen wurde sie von P. Fürstenau, Zur Psychoanalyse der Schule als Institution, in: *Das Argument,* H. 2, Febr. 1971.

21 Vgl. dazu P. Bourdieu, J. P. Passeron, *Die Illusion der Chancengleichheit,* Stuttgart 1971; F. Wellendorf, *Schulische Sozialisation und Identität,* Weinheim/Basel 1973; J. Zinnecker (Hrsg.), *Der heimliche Lehrplan,* Weinheim/Basel 1975.

22 Zur Darstellung und partiellen Kritik dieses Ansatzes vgl. z. B. H. Fend, *Gesellschaftliche Bedingungen schulischer Sozialisation,* Weinheim/Basel 1974.

23 Wie sich Lehrer mit den gesellschaftlichen Aufgaben der Qualifikation und Selektion auseinandersetzen, wird dargelegt in M. v. Engelhardt, Qualifikation und Selektion in der Schule – Pädagogischen Arbeitsorientierungen und gesellschaftliches Bewußtsein von Lehrern –, a. a. O.

24 Vgl. *betrifft : erziehung,* 8. Jg., H. 5, Mai 1975, Handlungsforschung; Haag et al. (Hrsg.), *Aktionsforschung,* München 1975; Th. Heinze et al., *Handlungsforschung im pädagogischen Feld,* München 1975.

Gernot Böhme
Die Verwissenschaftlichung der Erfahrung
Wissenschaftsdidaktische Konsequenzen

1. Vorbemerkung

Den Ausdruck »Verwissenschaftlichung der Erfahrung« kann man in zweierlei Weise verstehen. Auf der einen Seite bedeutet er, daß dasjenige, was unmittelbarer, lebensweltlicher Erfahrung zugänglich ist, schrittweise in den Einzugsbereich der Wissenschaft gerät. Auf der anderen Seite kann der Titel bedeuten, daß das einmal entstandene wissenschaftliche Wissen wieder auf die Lebenswelt zurückwirkt und nun die ursprünglich vorwissenschaftlichen Erfahrungsweisen selbst verwandelt. Beide Prozesse sind seit Jahrhunderten im Gange und bestimmen unseren Alltag. Wo die Wissenschaft einen Erfahrungsbereich erfaßt, verliert die lebensweltliche Erfahrung ihre Zuständigkeit. Nicht mehr der unmittelbar Betroffene, sondern der Fachmann erhält damit die Kompetenz, die relevanten Erfahrungen zu machen. Es bilden sich Hierarchie- und Abhängigkeitsverhältnisse heraus, die auf der Unterschiedlichkeit des Wissentypus beruhen. Diese Abhängigkeitsverhältnisse werden dadurch erhalten bzw. auch verschärft, daß wissenschaftliches Wissen nicht ohne weiteres jedermann vermittelbar ist. Wissenschaftliches Wissen ist nicht einfach eine Präzisierung des vorwissenschaftlichen und setzt deshalb – soll es nicht bloßes Faktenwissen bleiben – eine Transformation des Erkenntnisvermögens selbst voraus. Trotz dieser Schwierigkeiten der Wissensvermittlung dringt wissenschaftliches Wissen ständig in die Lebenswelt ein und verwandelt diese. Dieser Vorgang ist nicht bloß ein Fortschritt in der Selbstreflexion und Durchsichtigkeit der Lebenswelt, denn es gibt nicht nur *eine* Art von Verwissenschaftlichung. Damit wird auch die Transformation der Lebenswelt durch Wissenschaft zu einem nicht-trivialen Prozeß.

In diesem Aufsatz soll zunächst nur herausgefunden werden, welche die relevanten Fragen sind, die für eine Aufhellung der angedeuteten Probleme bearbeitet werden müssen. Darüber hinaus sollen einige wenige generalisierende Hypothesen aufgestellt werden, die aus eigenen Fallstudien zu Prozessen der Verwissenschaftlichung erwachsen sind. Diese Fallstudien gehören in den Bereich der Entstehung von einzelnen Wissenschaften, insbesondere Naturwissenschaften.

Zuvor sind noch einige Bemerkungen zu machen, die Mißverständnisse abhalten sollen. Wenn hier von Erfahrung die Rede ist, so in dem Bewußtsein, daß damit nur die eine Quelle menschlicher Erkenntnis bezeichnet wird. Die Unterscheidung zweier Quellen menschlicher Erkenntnis geht auf Kant zurück. Er unterscheidet Anschauung und Begriff, Sinnlichkeit und Verstand, Rezeptivität und Spontaneität. Ich hätte hier auch von vornherein – und dann vielleicht deutlicher – von der Verwissenschaftlichung der Wahrnehmung reden können. Dann wäre aber verlorengegangen, daß naturwissenschaftliche Erfahrung im Unterschied zur lebensweltlichen nicht mehr Wahrnehmung ist, sondern apparative Erfahrung. Unter Erfahrung soll also hier allgemein der Prozeß verstanden werden, durch den der Mensch aus dem Umgang mit Dingen und Menschen Kenntnis über diese gewinnt.

Es ist ein Unterschied zu machen zwischen der Erfahrung, die sich auf die Natur, und der Erfahrung, die sich auf andere Menschen richtet. Erstere ist sinnliche Erfahrung, letztere ist wesentlich kommunikative Erfahrung. In diesem Aufsatz wird fast ausschließlich von der Erfahrung der Natur die Rede sein, allerdings in der Hoffnung, auch für die Erfahrung des anderen Menschen und die Verwissenschaftlichung dieser Erfahrung, d. h. die Entstehung von Humanwissenschaften, gewisse Vorgriffe auf die Bearbeitung der analogen Probleme zu geben.

Es wurde schon angedeutet, daß dieser Aufsatz die Hypothese enthält, daß der Prozeß der Verwissenschaftlichung nicht eindeutig ist, d. h. daß es mehrere Typen von Verwissenschaftlichung gibt. Wenn hier von Verwissenschaftlichung die Rede ist, so ist im allgemeinen der Typ von Verwissenschaftlichung gemeint, der zur neuzeitlichen Wissenschaft und dem Superparadigma der Naturwissenschaft führt. Für diesen Typ gilt, daß die Wissenschaft *nicht* eine unmittelbare Fortsetzung lebensweltlicher Erfahrung ist. Gleichwohl entwickelt sich wissenschaftliche Erfahrung aus der lebensweltlichen heraus. Das aber bedeutet, daß die Wissenschaft sich nach einer gewissen Entwicklung von der Lebenswelt emanzipiert und ihre dann reifen Erfahrungsweisen auf Phänomenbereiche richtet, die lebensweltlicher Erfahrung überhaupt nicht zugänglich sind. Unter diesen Gesichtspunkten ist das Beispielmaterial für die Verwissenschaftlichung der Naturerfahrung im wesentlichen der Periode zwischen 1500 und 1800 zu entnehmen. Davor – beispielsweise in der griechischen Antike – ging es bei der Verwissenschaftlichung nicht um den Typ neuzeitliche Wissenschaft, danach war die neuzeitliche Naturwissenschaft so emanzipiert, daß ihre Phänomene in zunehmendem Maße *nur* noch Laborphänomene waren.

2. Der Prozeß der Verwissenschaftlichung

Daß die Wissenschaft nicht aus Nichtwissen, sondern aus bereits vorwissenschaftlich akkumuliertem Wissen entsteht, ist heute ein allgemein anerkannter Satz. Worin aber dieses vorwissenschaftliche Wissen besteht, wie der Kontext beschaffen ist, innerhalb dessen es sich entwickelt, die Lebenswelt, bleibt unklar – insbesondere dann, wenn es nicht gelingt, die Lebenswelt gegenüber der Wissenschaft abzugrenzen. Das wird aber schwerfallen, wenn man zugleich die Hypothese hat, daß das wissenschaftliche Wissen in die Lebenswelt zurückwirkt und diese transformiert. Wenn man sich andererseits auf anthropologische Faktoren zurückzieht, von denen man allenfalls behaupten kann, daß sie historisch invariant sind, so wird die Ausbeute sehr gering sein; sie wird ferner nur Kompetenzen, nicht aber Erfahrungen enthalten können. Eine Alternative stellte die »Sinnesdatenepistemenologie« dar. Hier – beispielsweise bei Mach – wurde behauptet, daß die lebensweltlich gelieferte Basis für die wissenschaftliche Erfahrung in Sinnesdaten bestünde, so daß der Prozeß der Verwissenschaftlichung lediglich in der Verarbeitung dieses Materials zu sehen sei. Diese Position mußte aber erheblich revidiert werden. Die Gestaltpsychologie zeigte, daß das primär Gegebene keinesfalls allein aus Sinnesdaten besteht, sondern – mindestens – aus Gestalten. Die Phänomenologie hat diese Einsicht erweitert, indem sie zeigte, daß es sich nicht einmal bloß um Gestalten, sondern um Gegenstände handelt, und nicht nur um Gegenstände, sondern um Gegenstände in einer Umgebung. Diese Gegenstände sind auch nicht einfach Vorhandenes, sondern – wie Heidegger sagt – Zuhandenes, d. h. Gegenstände, die in Verweisungszusammenhängen stehen und in lebensweltlichem Kontext Bedeutung haben. Dieser Weg zum Konkreten ist in jüngster Zeit von der kritischen Psychologie fortgesetzt worden, indem gezeigt wurde, daß – jedenfalls in unserer Lebenswelt – das unmittelbar Gegebene nicht nur Verweisungsbezüge enthält, die seinen Gebrauchswert ausmachen, sondern bereits durch seinen Tauschwert mitgeprägt wird. Holzkamp (1976) setzt in der Konstitution der menschlichen Wahrnehmung drei Schichten an. Die erste Schicht ist dadurch bestimmt, daß der Mensch ein Organismus ist, der sich in der Umwelt so orientieren können muß, daß er überlebt. Hier sind die biologisch-organismischen Charakteristika der Wahrnehmung anzusiedeln. Eine zweite Schicht von Charakteristika ist dadurch bestimmt, daß der Mensch sein Leben und das Leben der Gattung durch kooperative Arbeit erhalten muß. Diese Charakteristika sind bereits als gewordene zu betrachten, allerdings als solche, die zur Menschwerdung als solcher gehören. Eine dritte Schicht von Charakteristika der Wahrnehmung ist durch die historisch sich entwickelnde Gesellschaftsformation bestimmt. Hier hat Holzkamp insbesondere die Bedingungen der bürgerlichen Gesellschaft und ihre Bedeutung für die Wahrnehmung untersucht.

Wenn man heute von Lebenswelt spricht, so hat es wenig Sinn, hinter dieses Niveau von Konkretion zurückzufallen. Wenn es insbesondere um die Entstehung neuzeitlicher Naturwissenschaft bzw. um die Verwissenschaftlichungsprozesse geht, die zu ihr führen, dann ist als vorwissenschaftlicher Erfahrungshintergrund nicht die organismisch oder anthropogenetisch bestimmte Ebene als Ausgangspunkt zu nehmen, sondern die unter historischen Bedingungen sich wandelnde Lebenswelt innerhalb einer bestimmten Gesellschaftsformation.

Die lebensweltliche Erfahrung der nicht-menschlichen Entitäten, der »Natur«, besteht heute in der Erfahrung, die der Mensch im arbeitenden Umgang mit der Natur, in Tausch und Konsum macht. Es gehört zur Lebenswelt aber ebenso die ästhetische Erfahrung und die Erfahrung, die der Mensch mit seiner Umgebung macht, insofern er selbst in ihr als Leib existiert.

Demzufolge gibt es nicht nur eine, sondern genaugenommen vielfache Lebenswelten. Die Lebenswelt der industriellen Arbeit ist keineswegs identisch mit der des Freizeitkonsums und die Lebenswelt künstlerischer Produktion und des Kunstkonsums ist nicht identisch mit der Lebenswelt der juristischen und der Verwaltungspraxis. Man kann das so darstellen, daß sich aus der Lebenswelt durch Normierung der Verhaltensweisen gewisse fachspezifische Regionen ausdifferenzieren. Diese vielfachen Lebenswelten überschneiden sich und sind häufig auch »zugleich da«. Die Einheit der Lebenswelt besteht aus diesem Zusammenhang; nicht liegt allen Lebenswelten eine zugrunde, aus der sich alle anderen ausdifferenzierten. Eine solche Hypothese führte nur wieder zurück zu ahistorisch anthropologischen Grundmustern.

An welcher Stelle innerhalb dieses Geflechts von Lebenswelten setzt nun die Verwissenschaftlichung an? *Welche* lebensweltliche Erfahrung ist es denn, die verwissenschaftlicht wird? Ist es eine spezifische Lebenswelt, deren Erkenntnispraxis durch weitere Spezifikation in Wissenschaft übergeht? Man könnte doch beispielsweise – wie die Protophysik – die Hypothese aufstellen, daß Geometrie eine Art Fortsetzung des Bauhandwerks mit anderen Mitteln ist. Doch die Geschichte der Entstehung der naturwissenschaftlichen Einzelwissenschaften zeigt, daß diese nicht mit Fortsetzung und weiterer Ausarbeitung von breiten Erfahrungen der Lebenswelt beginnen, sondern vielmehr mit marginalen Erfahrungen oder doch in marginalen Lebenswelten. So beginnt die neuzeitliche Wärmelehre nicht mit Bacons breiter Übersicht über die Wärmephänomene, sondern mit der Erfindung eines Spielgerätes, des Thermoskops. So setzt die neuzeitliche Optik nicht an der Fülle der lebensweltlichen Erfahrungen mit dem Licht an, sondern in der relativ marginalen Lebenswelt des Umgangs mit dem Licht, wie sie bei den Brillenmachern vorkommt. So beginnt die wissenschaftliche Beschäftigung mit dem Phänomen des Magnetismus nicht als Analyse des altbekannten Phänomens des Magnetischen Steins, sondern mit der Untersuchung des inzwischen (d. h. im 14. Jahrhundert) von den Seeleuten benutzten Kompasses. Wichtiger noch als diese Marginalität der Erfahrung ist die Tatsache, daß die Wissenschaft nicht an den Erfahrungen ansetzt, die für die Lebenswelt oder die Lebenswelten charakteristisch sind, nämlich den Erfahrungen von Gegenständen in ihren Verweisungszusammenhängen, sondern bei der Erfahrung von »Qualitäten«, bzw. Effekten. Verwissenschaftlicht wird eben nicht primär etwa die Kochkunst, sondern die Wärmeerfahrung, nicht der Bau optischer Apparate, sondern die Erfahrung von Farbe. Auch in diesem Sinne setzt die Verwissenschaftlichung an marginalen Erfahrungen an. Diese Tatsache, d. h. die Tatsache, daß die Wissenschaft innerhalb der Lebenswelt bei relativ abstrakten und reduzierten Erfahrungen ansetzt, gibt der Sinnesdatenepistemenologie im nachhinein ein gewisses Recht. Nur fragt sich, wie es denn bereits innerhalb der Lebenswelt zu dieser relativen Isolierung von Qualitäten und Effekten kommt.

Obgleich also sicher kein Zweifel daran besteht, daß die naturwissenschaftlichen Einzeldisziplinen aus der Lebenswelt entstanden sind, so erfordert doch die Marginalität ihrer Basiserfahrungen einen besonderen Grund für diese Entstehung. In der »allgemeinen« Lebenswelt jedenfalls besteht kein Anlaß, Farben als solche, Hörbares als solches, Druck als solchen und dergleichen zu thematisieren. Ein möglicher Grund für solche Thematisierungen ist schon in der phänomenologischen Existenzphilosophie Heideggers bezeichnet worden. Heidegger hat darauf hingewiesen, daß es Störungen im lebensweltlichen Bedeutungs- und Verweisungszusammenhang sind, die die Dinge und ihre bloßen »Eigenschaften« auffällig werden lassen. Störungen, die im Gebrauch der Dinge auftreten, reißen die Dinge aus der Seinsweise der Zuhandenheit und zeigen sie in ihrer bloßen Vorhandenheit. Ein ähnlicher Gedanke ist neuerdings von Janich (1973) formuliert worden, indem er Naturwissenschaften als »Störungsvermeidungswissenschaften« bezeichnete. Dieser Grund zur Thematisierung einzelner Qualitäten, von denen man als solchen in der lebensweltlichen Erfahrung nicht isoliert Kenntnis nimmt, erklärt aber nur einige Fälle. So ist etwa der Ursprung der Pneumatik darin zu suchen, daß die im 15. Jahrhundert üblichen Pumpenkonstruktionen dort versagten, wo eine Pumphöhe von über 10 m erforderlich war.

In anderen Fällen wird man spezifische Lebenswelten bzw. einen spezifischen Umgang mit den Dingen in der Lebenswelt für die Entstehung von Einzelwissenschaften verantwortlich machen müssen. Dabei ist insbesondere an das ästhetische Verhalten zu denken. Geometrische Optik (bei Anaxagoras) und Akustik im Sinne von Pythagoreischer Musiktheorie hatten bei den Griechen ihren Ursprung. Für den Neuanfang der Wissenschaft in der Renaissance war diese Thematisierung schon vorgegeben. Für die Entwicklung der neuzeitlichen Akustik, die eigentlich erst mit Newton einsetzt, bleibt die ästhetische Thematisierung des Hörbaren zunächst leitend. Denn nicht das Hörbare überhaupt wird Thema der Akustik, sondern Töne – nicht Geräusche. Erst in unserem Jahrhundert werden Geräusche überhaupt thematisiert, veranlaßt durch Probleme der U-Boot-Abwehr und des Lärms. Die neuzeitliche Optik im Sinne von geometrischer Optik, die sich mit den Problemen der Perspektive, der Vergrößerung und der Verkleinerung beschäftigt, ist zunächst auch eine Fortsetzung der antiken Thematisierung im ästhetischen Bereich. Anders verhält es sich mit der Optik qua Farbenlehre; ihr Ursprung in Newtons Beschäftigung mit der chromatischen Aberration am Teleskop zeichnet sie als »Störungsvermeidungswissen« aus.

Schließlich darf man nicht unterschlagen, daß es auch eine Reihe von Disziplinen gibt, die an »Kuriositäten« ansetzen, an seltenen, seltsamen oder katastrophalen Natureffekten, die sich von jeher in die Lebenswelt nicht integrieren ließen. Die vorneuzeitliche Naturlehre hat sich ja überhaupt weitgehend als Kuriositätenbericht dargestellt. Bei der Transformation dieser Kuriositäten in Gegenstände der Wissenschaft ging es dann darum, einmalige oder gelegentliche Ereignisse in jedermann auf geregelte Weise zugängliche Effekte zu transformieren. Hier ist vor allem an die Anfänge der Elektrizitäts- und Magnetismuslehre zu denken.

Zunächst wäre also zu erklären, warum überhaupt spezifische und isolierte Sinnesqualitäten in der Lebenswelt thematisiert werden. Damit ist aber über die Verwissenschaftlichung der entsprechenden Erfahrungen noch nicht viel gesagt.

Sicherlich ist die Ablösung der Qualitäten von Gegenständen – nicht rote Dinge, sondern rotes Licht, nicht heißes Wasser, sondern Wärme – schon ein erstes Charakteristikum von Wissenschaft. Wissenschaftliche Erfahrung aber kann erst durch Untersuchung des Transformationsprozesses bestimmt werden, der sie gegen die lebensweltliche absetzt. Denn durch diesen Prozeß entscheidet sich erst, was sich als »wissenschaftlich« herausbildet bzw. was von dem lebensweltlichen Erfahrungsfundus in die Wissenschaft eingeht.

Gewöhnlich wird der Übergang von der lebensweltlichen zur wissenschaftlichen Erfahrung als Vorgang der Präzisierung verstanden. Die Wissenschaftstheorie redet von dem Übergang von Qualität zu Quantität. Ich selbst habe von dem Übergang von diffuser zu spezifischer Erfahrung gesprochen (1975, 1978). Das ist zwar eine zutreffende Bestimmung, die aber verdeckt, daß der Ausgangspunkt: diffuse oder qualitative Erfahrung nicht eigentlich der der Lebenswelt ist, nicht einmal der der spezifischen Lebenswelt oder spezifisch lebensweltlicher Erfahrungen, die zur Thematisierung führen. Tonerfahrungen oder Hörerfahrungen sind in der Lebenswelt nicht diffus, sondern jeweils höchst spezifisch und exakt. Der Charakter der Unbestimmtheit kommt in diese Erfahrungen erst durch die Isolierung gegen den lebensweltlichen Zusammenhang hinein. Das Residuum dieser Isolierung, die »reine Qualität«, ist deshalb unbestimmt, weil sie lebensweltlich in verschiedenen Situationen vorkommt. So ist es zwar wahr, daß »Härte« vorwissenschaftlich etwas ganz Unspezifisches ist, weil sie je nach Arbeitssituation etwas anderes bedeutet. Beim Glaser, Bauer oder Drechsler aber ist Härte durchaus bestimmt: der harte Diamant, der Glas ritzt, der harte Boden, der sich schlecht pflügen läßt, und das harte Holz, das schwer zu schnitzen ist. Die »Indexikalität« der vorwissenschaftlichen Begriffe ist eine Verbindung von Präzision (im Kontext) und Vagheit (in der Vermittlung von verschiedenen Kontexten). Der erste Schritt der Verwissenschaftlichung schneidet die Kontexte ab und läßt zunächst nur die Unbestimmtheit zurück. Die Wissenschaft muß dann erst systematisch ihre eigene Präzision erzeugen. Präzision in der Lebenswelt hat also eine andere Gestalt als in der Wissenschaft. So gibt es, wie man weiß, bei den Eskimos sehr viele Ausdrücke für Schnee, die die Beschaffenheit von Schnee sehr spezifisch bestimmen. Diese Art von Bestimmtheit bezieht sich aber gerade nicht auf einzelne Qualitäten, sondern faßt Aussehen, Feuchtigkeit, Festigkeit usw. in eins. Entsprechend haben die Maler sehr präzise Vorstellungen von Farben, die aber außer der Färbung das Farbmaterial, die Oberflächenbeschaffenheit und die Bedeutung implizieren, die sich aus dem gewöhnlichen Zusammentreffen mit anderen nichtfarblichen Eigenschaften ergibt. Präzision in der Lebenswelt, die Spezifikation bis zur Singularität, beruht auf einer »Vermischung« der in der wissenschaftlichen Erfahrung getrennten Qualitäten.

Wenn man den Übergang von der lebensweltlichen zur wissenschaftlichen Erfahrung als Präzisierung faßt, verdeckt man zugleich die Tatsache, daß die nachher in der Wissenschaft isolierten Qualitäten im jeweiligen Erfahrungskontext einen inneren Zusammenhang haben. Dieser Zusammenhang kann bei der Verwissenschaftlichung verlorengehen. So gehen etwa in der Newtonschen Farbenphysik die Beziehungen von Harmonie und »sich beißen« verloren, die allgemein in der Lebenswelt, besonders aber für den Maler ganz deutliche Phänomene sind.

Diese zunächst noch ganz unverbundenen Beobachtungen führen zu der These, daß es sich bei dem Übergang von der lebensweltlichen zur wissenschaftlichen Erfahrung nicht einfach um einen Übergang zur Exaktheit handelt, sondern um eine Reorganisation des Erfahrungsbereiches. Es stellt sich damit die Aufgabe, die verschiedenen Organisationsformen wissenschaftlichen und lebensweltlichen Wissens einander gegenüberzustellen.

3. Strukturelle Unterschiede und Schwellen

Der Sinn der Untersuchung von strukturellen Unterschieden zwischen lebensweltlicher und wissenschaftlicher Erfahrungsweise besteht in erster Linie darin, Klarheit über die Schwierigkeiten zu schaffen, die bei der Wissensvermittlung auftreten. Sollte sich die Hypothese bestätigen, daß die Verwissenschaftlichung der Erfahrung nicht nur in einer Präzisierung, sondern in einer Reorganisation der Erfahrung besteht, so wäre Vermittlung wissenschaftlichen Wissens nicht nur Mitteilung von Wissensinhalten, sondern hätte in der Ausbildung ganz bestimmter Erfahrungskompetenzen zu bestehen. Von dieser Voraussetzung geht offenbar Wagenschein (1975) aus, wenn er die naturwissenschaftliche Wissensvermittlung als einen Einübungsprozeß versteht. Ebenso wie Wagenschein hat auch Bachelard (1978) die Schwierigkeiten der Vermittlung naturwissenschaftlichen Wissens zum Thema gemacht. Er hat ihre Ursache in den erkenntnistheoretischen Brüchen *(rupture épistémologique)* gesehen. Diese Umbrüche in der Erkenntnisweise selbst haben für ihn in der Entwicklung der Wissenschaft historisch und dann in der Ausbildung jedes einzelnen Studenten stattzufinden. In dieser Verbindung von historischen und pädagogischen Problemen liegt bei Bachelard aber noch eine Unklarheit darüber, worin die epistemologischen Umbrüche eigentlich bestehen. Denn es ist ein Unterschied, ob Mythos und Aberglaube im Gang der historischen Entwicklung durch Rationalität ersetzt werden, oder ob es sich um die Auseinandersetzung mit Strukturen lebensweltlicher Erfahrung handelt, die als solche einen Eigenwert haben. Wir werden uns im nächsten Abschnitt mit dieser Frage des Eigenwertes der verschiedenen

Wissensformen auseinandersetzen. In bezug auf Bachelard ist hier nur noch zu bemerken, daß das Problem der epistemologischen Umbrüche erst dann zum wirklichen Problem wird, wenn es sich nicht mehr nur — wie Bachelard meint — um einen Übergang von Falschheit zu Richtigkeit handelt, sondern wenn zugleich Notwendigkeit und Unüberholbarkeit vorwissenschaftlicher Erfahrung eingesehen wird.[0]

Die Frage nach den Strukturen lebensweltlicher Erfahrung sieht sich zwei Schwierigkeiten gegenüber: Auf der einen Seite ist auch hier wieder unklar, welche Lebenswelt man meint; auf der anderen Seite gibt es methodische Probleme: Woher und auf welche Weise will man wissen, was die Strukturen lebensweltlicher Erfahrung sind? Die erste Frage kann man vielleicht noch funktional entscheiden. Wenn es beispielsweise — wie in diesem Abschnitt — darum geht, die Schwierigkeiten herauszufinden, die sich für die Wissenschaftsdidaktik aus den Schwellen zwischen den Wissensformen ergeben, dann wird man sich an die Lebenswelt halten müssen, in der Kinder groß geworden sind, und d. h. heute, an eine Lebenswelt, die keine berufliche Erfahrung enthält. Was das Methodische angeht, so bleibt vorläufig nichts anderes übrig, als sich mit Provisorien zu begnügen. Es gibt verschiedene Einzelwissenschaften, die sich mit vorwissenschaftlichen Erkenntnisformen beschäftigt haben, wie beispielsweise die Phänomenologie, die Gestaltpsychologie, die genetische Psychologie. Ferner kann man diejenigen Wissenschaften heranziehen, die sich selbst als Systematisierung lebensweltlicher Erfahrung darstellen, bei denen also nicht der epistemologische Bruch zwischen Lebenswelt und Wissenschaft anzusetzen ist, wie er für die neuzeitliche Wissenschaft charakteristisch ist. Derartige Formen von Wissenschaft dürften sich bei Aristoteles und in der Goetheschen Farbenlehre[1] finden.

Die Strukturen wissenschaftlicher Erfahrung sind scheinbar leichter zu eruieren, weil man hier viel eher als bei der Lebenswelt damit rechnen kann, daß die Erkenntnisregeln explizit sind, bzw. weil man sich auf die methodische Reflexion der Wissenschaft selbst berufen kann. Auch hier ergeben sich natürlich Probleme, weil auch wissenschaftliche Erkenntnisgewinnung weitgehend auf *tacit knowledge* beruht (Polanyí 1962).[2] Das größere Problem besteht aber darin, herauszufinden, welches überhaupt die relevanten Strukturen wissenschaftlicher Erkenntnisgewinnung sind.

Als relevant in diesem Zusammenhang sind ja nicht diejenigen Strukturen anzusehen, die die wissenschaftstheoretische Reflexion auf den Erkenntnisprozeß artikuliert hat, sondern diejenigen, die die Besonderheit wissenschaftlicher gegenüber lebensweltlicher Erkenntnis darstellen. Sie kommen eventuell erst dann in den Blick, wenn man schon weiß, was lebensweltliche Erfahrung ist.

Es hat nun in einem kurzen Aufsatz wenig Sinn, Wahrnehmungswissenschaften, Phänomenologie, Gestaltpsychologie, genetische Psychologie und z. T. auch Ethnomethodologie daraufhin zu durchforsten, was sie an Strukturen lebensweltlicher Erfahrung herausgearbeitet haben mögen. Ich will mich deshalb sogleich auf die Strukturen konzentrieren, die im Übergang zur Wissenschaft ein *obstacle épistémologique* darstellen. Dabei ist daran zu erinnern, daß die Ergebnisse der genannten Disziplinen sich bereits auf die – als Ausgangspunkt der Wissenschaft anzunehmenden – reduzierten Wahrnehmungen von Farben, Tönen etc. beziehen.

Lebensweltliche Erfahrung ist wesentlich Sinneserfahrung; sie ist an den menschlichen Leib gebunden.[3] Das hat für Gliederung und Einheit der Erfahrungen Folgen. Die lebensweltliche Erfahrung gliedert sich nach den menschlichen Sinnen. Historisch knüpft die Naturwissenschaft an diese Gliederung an, d. h. es gibt Akustik, Optik, Mechanik (Bewegungslehre), Wärmelehre. Aber ihre Erfahrungsweise ist doch wesentlich eine andere – was auch auf Dauer zu einer anderen Disziplinengliederung führt. Als naturwissenschaftliche Erfahrung gilt nicht mehr, was man gesehen, gehört, gerochen hat und dergleichen, sondern was ein Apparat angezeigt hat. Dient dabei am Anfang einer Disziplinenentwicklung der Apparat zur Objektivierung dessen, was man sinnlich erfährt, so dreht sich das Verhältnis bald um: Der Apparat dient nicht mehr dazu, ein so und so empfundenes Phänomen zu messen, sondern er definiert das Phänomen.[4]

Weil mit der Wissenschaft Erfahrung apparative Erfahrung wird[5], dehnt sich ihr Bereich schnell über das mit menschlichen Sinnen Erfahrbare aus. Wichtiger noch ist, daß über die Effekte am Apparat Phänomene identifiziert werden, die für die sinnliche Wahrnehmung auseinanderliegen, etwa Licht und Elektrizität.

Ein zweites Charakteristikum, das der leiblichen Gebundenheit sinnlicher Erfahrung entspringt, sind die Synästhesien. Da die

Sinne im Leib zusammenhängen und die lebensweltliche Erfahrung, die man lebensgeschichtlich erworben hat, das jeweils Wahrgenommene mitbestimmt, ist jede einzelne Sinneswahrnehmung durch die anderen Sinne mitbestimmt. Eine Farbe ist samtig, ein Ton scharf, eine Wärme schwül (nämlich feucht). In einer Wahrnehmung sind also – von der Wissenschaft her gesehen – jeweils mehrere Variablen enthalten. Der Prozeß der Verwissenschaftlichung besteht dann darin, die entsprechenden Variablen zu trennen und damit die Angaben eines Gerätes eindeutig zu machen. Dabei gehen notwendig diejenigen Phänomene verloren, die gerade auf Synästhesien beruhen.

Ein weiteres Charakteristikum lebensweltlicher Erfahrung ist die schon genannte Unbestimmtheit oder Indexikalität. Diese hat zur Folge, daß die Wissenschaft eindeutige Zugangsweisen zu den Phänomenen festlegen muß, durch die dann die wissenschaftlichen Phänomene definiert werden. Dadurch wird der Sinn der Begriffe eindeutig, und andererseits wird man mehrere Begriffe für nur einen lebensweltlichen Begriff erhalten. Der Schwierigkeit dieses Differenzierungsprozesses entspricht später die Schwierigkeit des Studenten, das, was er als eines erfährt, in der Wissenschaft als vielfaches wiederzufinden.

Ein drittes Kennzeichen lebensweltlicher Erfahrung ist die Objektgebundenheit der Phänomene. Bei der Thematisierung der Qualität geht schon im ersten Schritt der Verwissenschaftlichung die Objektgebundenheit verloren. Trotz der isolierten Thematisierung blieb aber für die Wissenschaft lange die Vorstellung einer Gliederung ihres Gegenstandes nach Substanz und Akzidenz erhalten. Es ist eine der größten Schwierigkeiten der Vermittlung naturwissenschaftlichen Wissens, daß dem Studenten zugemutet werden muß, sich die physikalischen Phänomene ohne Träger vorzustellen. »Schwere ohne schwere Körper« widerspricht jeder lebensweltlichen Erfahrung.

Ein viertes Charakteristikum lebensweltlicher Erfahrung ist die Situationsgebundenheit jeden Phänomens.[6] Lebensweltliche Phänomene sind »Erscheinungen«, relevant allein in der Weise, wie sie sich dem Menschen darstellen.[7] In der Naturwissenschaft dagegen ist ein Phänomen zwar auch von der Situation abhängig, aber doch nur so, daß diese es mehr oder weniger gut sehen läßt. Deshalb ist es zulässig, in der Wissenschaft die Bedingungen so zu wählen, daß sich das Phänomen eindeutig und möglichst deutlich zeigt. Für den Neuling[8] muß dieses Verfahren willkürlich bzw. unzulässig wirken, weil man dadurch scheinbar Singuläres an Stelle von Allgemeinem zum Thema macht und noch dazu die Bedingungen so wählt, daß herauskommen kann, was man »wissen wollte«.

Ein fünftes Merkmal lebensweltlicher Erfahrung ist, daß alle Qualitäten polarisiert sind und häufig eine innere Gliederung und Harmonie bzw. Disharmonie zeigen. Es gibt schwere und leichte Dinge, es gibt Wärme und Kälte, es gibt hohe und tiefe Töne. Die aktuellen Phänomene sind jeweils durch die Spannung dieser Polarität bestimmt. Die Wissenschaft läßt nun fast nirgends Polaritäten bestehen. Ihr Ziel ist es, allgemeine Vergleichbarkeit der Phänomene in einem Bereich herzustellen. Es gibt nicht schwere und leichte Dinge, sondern nur mehr oder weniger schwere Dinge. Diese »Linearisierung« eines Phänomenenbereiches ist der erste Schritt zur Quantifizierung. Das Problem der Vergleichbarkeit dessen, was lebensweltlich von verschiedener Erscheinungsweise ist, stellt in der Vermittlung wissenschaftlichen Wissens eine besondere Schwierigkeit dar, z. B. daß Luft schwer ist und Eis einen Wärmegrad hat.

Damit sind einige Schwellen genannt, die sich aus den strukturellen Unterschieden zwischen lebensweltlicher und wissenschaftlicher Erfahrung ergeben. Diese Beispiele auf einen Begriff zu bringen, bleibt eine Aufgabe.

4. Funktionalität und Eigenbedeutung der verschiedenen Erfahrungsweisen

Die Frage nach der Beziehung von lebensweltlicher und wissenschaftlicher Erfahrung könnte auch von nur historischem Interesse sein. Aber schon der Hinweis auf die Probleme der Wissensvermittlung, speziell der Wissenschaftsdidaktik, zeigt, daß das nicht der Fall ist, weil es offenbar bleibende Resistenzen gegenüber wissenschaftlichem Wissen gibt. Trotzdem ist zu fragen, ob diese Resistenzen vielleicht regressiven Charakter haben oder ob die Tendenz zur Aufwertung oder Rehabilitierung lebensweltlicher Erfahrungsweisen, die allein schon in unserer Fragestellung liegt, eine kulturkritische ist. Die Arbeit Bachelards könnte dies nahelegen, denn für ihn ist ja die lebensweltliche Erfahrung eben die bloß vorwissenschaftliche und das, um dessen Überwindung es geht.

Man kann die Frage nach der Relevanz der Untersuchung noch in einer anderen Weise stellen. Lebensweltliche Erfahrung wird ständig auch in dem Sinne verwissenschaftlicht, daß wissenschaftliche Erfahrungsweisen in die Lebenswelt eindringen. Das reicht von der Kontrolle leiblicher Rhythmen und Verhaltensweisen mit Hilfe des Thermometers (Knaus Ogino) bis zum Konsum nach ernährungswissenschaftlichen Gesichtspunkten und anhand von Kalorientabellen. In der Arbeitswelt wird die Arbeitserfahrung tendenziell durch Kontroll- und Regelapparate substituiert. Es stellt sich also die Frage, ob dieser Entwicklung prinzipielle Grenzen gesetzt sind oder ob umgekehrt das Beharren auf der Eigenständigkeit von so etwas wie lebensweltlicher oder Arbeitserfahrung eine – historisch gesehen – ohnmächtige Sentimentalität ist.

Die Frage nach der Relevanz unserer Untersuchung hängt offenbar davon ab, ob sich die zentrale Hypothese, die ihr zugrundeliegt, bestätigen läßt. Sie bestand in der Behauptung, daß der Übergang von lebensweltlicher zu wissenschaftlicher Erfahrung nicht ein gradueller Übergang der Präzisierung ist, sondern eine Reorganisation der Erkenntnisweise. Ferner hatten wir behauptet, daß dieser Übergang nicht nur auf eine Weise geschehen kann, sondern daß es mehrere Typen von Verwissenschaftlichung gibt. Wenn sich diese Behauptungen bewahrheiten sollten, dann wird sich auch zeigen lassen, daß wissenschaftliches Wissen nicht jedem Zusammenhang, der Erkenntnis erfordert, adäquat ist. Wenn wissenschaftliches Wissen das lebensweltliche ständig transformiert, so wird von entscheidender Bedeutung sein, mit welcher Art der Verwissenschaftlichung der Erfahrung dies geschieht. Wir müssen, solange keine hinreichenden Untersuchungen über strukturelle Unterschiede in den Erfahrungsweisen durchgeführt wurden, ihre Existenz einmal unterstellen und aufgrund der bisherigen Einsichten versuchen, Eigenbedeutung und Funktionalität dieser Erkenntnisweisen darzulegen. Dabei wollen wir auf die Behandlung wissenschaftlichen Wissens verzichten, weil dies unter den Stichworten »technisches Erkenntnisinteresse« und »Kontrolle der Natur« bereits hinreichend geschehen ist.

Man wird die Eigenbedeutung und Funktionalität lebensweltlichen Wissens wohl nur dann deutlich machen können, wenn man sich auf spezifische lebensweltliche Zusammenhänge bezieht. Wir wollen das an zwei Beispielen tun.

Als erstes sei an lebensweltliche Zusammenhänge gedacht, in denen man wesentlich als Leib vorkommt, wie Sich-Kleiden, Wohnen, Konsum, Sport. Für diese Zusammenhänge hat die leibgebundene sinnliche Erfahrung, wie ich meine, eine unüberholbare Bedeutung. Der strukturelle Grund dafür ist die Einheit sinnlicher Erfahrung, wie sie in der Einheit des Leibes gegeben ist und sich spezifisch in Synästhesien ausdrückt. Wissenschaftliche Erfahrung spezifiziert das, was man lebensweltlich erfahren kann und zerlegt es in distinkte Variable. Auf diese Weise kann zwar tendenziell der ganze Erfahrungsinhalt lebensweltlicher Erfahrung reproduziert werden; auf der einen Seite aber ist er lebensweltlich gerade in seiner diffusen Weise interessant, und auf der anderen Seite ist die Einheit, die die Wissenschaft aus der Mannigfaltigkeit der Erfahrungsdaten herstellt und die in gewisser Weise eine Rekonstruktion der ursprünglich gegebenen lebensweltlichen ist, eine theoretische. Das heißt, die Einheit des sinnlich Gegebenen ist, wenn sie wissenschaftlich rekonstruiert wird, nur eine gedachte, während sie lebensweltlich in der Erfahrung selbst liegt. Dies ist aber für die Verfügbarkeit solchen Wissens für den Alltag von ausschlaggebender Bedeutung. Um ein bekanntes Beispiel zu geben: das, was man lebensweltlich als warmes oder kaltes Wetter empfindet, setzt sich aus Lufttemperatur, Strahlungswärme, Luftfeuchtigkeit und anderem zusammen. Deshalb ist das Thermometer für ein adäquates leibliches Verhalten dem Wetter gegenüber immer nur ein ungefährer Anhaltspunkt. Man kann die Lage natürlich verbessern, indem man Hygrometer und andere Instrumente hinzunimmt. Doch die Rekonstruktion dessen, was man als schwül empfindet, bleibt für den Alltag zumindest ein unpraktikables Unterfangen. Geradezu unmöglich könnte es dadurch werden, daß lebensweltliche Erfahrungen durch biographische Vorerfahrungen jeweils mitbestimmt sind.

Wie aus den Humanwissenschaften weitgehend geläufig, zeigt dieses Beispiel, daß die Ersetzung lebensweltlichen Wissens durch wissenschaftliches Wissen genau dort problematisch wird, wo es nicht darum geht, die Lebenswelt selbst konstruktiv zu verwandeln, sondern eine Orientierung im unmittelbar Gegebenen zur Verfügung zu stellen. Schwerer ist schon die Frage zu beantworten, ob lebensweltliches Wissen tendenziell durch wissenschaftliches Wissen dort ersetzt werden kann, wo man es bereits in der Lebenswelt mit ausdifferenzierten Erfahrungszusammenhängen, wie beispielsweise spezifischen Berufswelten, zu tun hat. Die Verwandlung von Natur- zu Arbeitsmaterial verfährt dort bereits hoch selektiv und nur noch wenige Zugangsweisen und spezifische Natureffekte werden im Arbeitsprozeß thematisch.[9] Kann im Zuge einer fortschreitenden Verwissenschaftlichung der Produktion die Arbeitserfahrung selbst durch wissenschaftliches Wissen ersetzt werden? Diese Frage läßt sich sehr schwer beantworten, zumal, solange man nicht weiß, was eigentlich Arbeitserfahrung ist. Auch die empririschen Untersuchungen zu diesem Thema, wie etwa bei Kern/Schumann (1976), sind für die Beantwortung dieser Frage nicht hinreichend. Denn es kann ja nicht allein um die gegenwärtige subjektive Beurteilung der Beteiligten gehen, sondern vielmehr um die Frage, ob es in der Struktur von Arbeitserfahrung Momente gibt, die sich nicht oder jedenfalls nicht in praktikabler Weise durch wissenschaftliches Wissen ersetzen lassen. Soviel läßt sich aber den empirischen Untersuchungen entnehmen: es sind eher die Unregelmäßigkeiten im Produktionsprozeß, z. B. des Arbeitsmaterials, kleinere Zwischenfälle an den Maschinen, Versagen des Zusammenspiels innerhalb größerer Komplexe, die die Kompetenz des »Erfahrenen« erforderlich machen. Ferner zeigen die Situationen des Arbeitskampfes, daß das Geflecht von Vorschriften und Regeln offenbar nicht hinreicht, den Arbeitsprozeß funktionell und effektiv durchzugestalten. Gerade ein Verhalten nach Plan bringt den Prozeß ins Stocken. Offenbar ist die Fähigkeit, ständig in unkonventioneller Weise zwischen den Regeln zu vermitteln, im Arbeitsprozeß unverzichtbar. Ähnlich verhält es sich bei der immer wieder benötigten Fähigkeit, Material und Prozeßzustände sinnlich zu beurteilen. Die Prozesse, die in der Produktion durchgeführt werden, sind ja auch in der Regel keine reinen Natureffekte, sondern setzen sich aus dem Zusammenspiel vieler Variablen zusammen. Dabei kann es sein, daß die Registrierung einer Variable oder auch nur einer endlichen, aber praktikablen Anzahl von Variablen durch Instrumente zur Steuerung nicht ausreicht. Der »Blick« auf das Material oder den Prozeßzustand bleibt – jedenfalls vorläufig – in vielen Fällen relevant, ein Blick, der auf dem Hintergrund von Arbeitserfahrung die Gesamtheit der Variablen integrativ beurteilt.

Die Frage nach der Eigenbedeutung lebensweltlicher gegenüber wissenschaftlicher Erfahrung zielt nicht nur auf die akademische Rehabilitation einer Wissensform, die unter der Herrschaft neuzeitlicher Wissenschaft ihre Berechtigung verloren zu haben scheint. Sollte sich zeigen lassen, daß nicht für jeden Zusammenhang ein Wissen von der Form neuzeitlicher Wissenschaft adäquat ist, dann ergibt sich die Forderung nach einer Ausbildung der lebensweltlichen Wissensform als solcher. Das hat einerseits theoretische Konsequenzen, weil dann Formen von Verwissenschaftlichung wieder in den Blick treten, die eine Systematisierung lebensweltlicher Erfahrung darstellen: Andererseits ergeben sich auch praktische und soziale Konsequenzen: es geht dann um Formen der Ausbildung, um die Bedeutung von Berufs- und Arbeitserfahrung, um die Stellung des Facharbeiters gegenüber dem Ingenieur, allgemeiner des Laien gegenüber dem Fachmann, des *common sense* gegenüber der Wissenschaft.

5. Wissenschaftsdidaktische Konsequenzen

Die Widerstände, die die Vermittlung naturwissenschaftlichen Wissens zu gewärtigen hat, sind in der wissenschaftsdidaktischen Literatur durchaus bekannt und haben zum Teil eingehende Untersuchungen erfahren (Jung/Schwedes 1975, Hofmann/Jung/Wiesner 1975, Viennot 1977). Sie werden zum Teil auf die partielle Überlappung von Umgangssprache und Wissenschaftssprache zurückgeführt, also darauf, daß die Termini der Wissenschaftssprache immer wieder umgangssprachliche Assoziationen mit sich bringen. So wird etwa – in Untersuchungen zur Mechanik – festgestellt, daß Beschleunigung immer wieder (nur) als Schnellerwerden verstanden wird, daß Masse als Menge, Trägheit als Faulheit, also Ruhebedürfnis interpretiert wird. Ferner beklagt man sich beispielsweise darüber, daß die nötigen Abstraktionen nicht durchgeführt, die Symbolik immer wieder mißdeutet wird – was in unserem Zusammenhang indes keine große Bedeutung hat. Wichtiger ist die Beobachtung, daß das *Sehen* sich häufig nicht den Normen wissenschaftlicher Erfahrungsweise fügt: »Kinder sehen nicht, was sie sehen sollen!« (Jung/Schwedes 1978, 87)

Diese Untersuchungen sind jedoch rhapsodisch; sie beschränken sich in der Regel auf eine Aufzählung von Lernschwierigkeiten. Ein systematisches Begreifen dieser Schwierigkeiten wird kaum versucht. Ansätze dazu könnten die Arbeiten aus der Schule Piagets bieten. Diese teilen aber das Vorurteil, das wir bereits bei Bachelard kritisiert haben, das Vorurteil nämlich, daß das naturwissenschaftliche Denken die höchste Form von Rationalität sei, auf die hin alle Stufen ontogenetischer Intelligenzentwicklung sich organisieren. Daß die Untersuchungen Piagets diesen Eindruck erzeugen, liegt nachweislich an der Anlage seiner Experimente, die gerade diejenigen Kompetenzen abfragen, die als Vorformen oder Momente naturwissenschaftlich-technischer Intelligenz sich deduzieren lassen. Die systematischen Schwierigkeiten der Vermittlung naturwissenschaftlichen Wissens scheinen uns nicht in einem »noch nicht« zu liegen; vielmehr ist anzunehmen, daß auch bei voll entfalteter Intelligenz des erwachsenen Menschen Erfahrung und Denken anders organisiert sein können, als es der naturwissenschaftlichen Denk- und Erfahrungsweise entspricht. Diese *common-sense*-Denkweisen sind nicht bloß als zu überwindende Vorformen der naturwissenschaftlichen zu verstehen, sondern haben ihre Funktionalität in bestimmten lebensweltlichen Praxiszusammenhängen. Am nächsten kommt dieser unserer Auffassung Laurence Viennot (1977), der von spontanen Denkweisen *(raisonnement spontané)* spricht und feststellen konnte, daß sie auch noch bei ausgebildeten Physikern zu beobachten sind. Sein Hauptthema war die Mechanik, und deshalb ist es nur konsequent, wenn er die Bedeutung spontaner Denkweisen im Bereich des Sports, des Verkehrs und dergleichen aufsucht, in Bereichen also, in denen der menschliche Körper selbst von mechanischen Gesetzen betroffen ist. Hier *kann* der Mensch Vielkörperprobleme integrieren und hat es in seiner Erfahrung immer schon mit integrierten Effekten zu tun. Sein Verständnis dient der praktischen Orientierung innerhalb komplexer Situationen, an denen er als Betroffener teilhat, oder – wie Viennot sagt – dazu, sich an die unmittelbar wahrgenommenen Effekte anzupassen (*s'adapter aux effets directement perçus*, 217).

Wenn aber zugestanden ist, daß die natürlichen Erfahrungs- und Denkweisen eine andere (und sinnvolle) Organisation haben als die naturwissenschaftlichen, fragt es sich, ob die Konfrontation mit den Schwierigkeiten im naturwissenschaftlichen Unterricht weiterhin unter dem Aspekt einer »Überwindung« dieser Schwierigkeiten behandelt werden darf. Selbst wenn man nicht wie Bachelard auf eine Ausmerzung dieser Vorstellungen aus ist, sondern eher von einem therapeutischen Verfahren spricht und sich wie Wagenschein einen sanften Übergang von natürlichen zu wissenschaftlichen Vorstellungen denkt, so bleibt als Ziel eben doch die »Überwindung« – was um so grotesker ist, wenn sich nachher auch bei ausgebildeten Physikern die »überwundenen« Vorstellungen obstinat halten. Wenn unsere These von der Funktionalität lebensweltlicher Erfahrungsweisen und der Schwelle zwischen diesen und den wissenschaftlichen Erfahrungsweisen stimmt, dann kann naturwissenschaftlicher Unterricht nicht einseitig als ein Übergang zur naturwissenschaftlichen Denkweise betrieben werden, sondern muß als »Bewahren und Dazulernen« verstanden werden: Lebensweltliche Vorstellungen sollten nicht abgeschafft oder überwunden werden, sondern vielmehr erhellt, verstanden und selbst – so weit es geht – systematisiert werden. Naturwissenschaftliche Denkweisen können nicht an ihre Stelle treten, denn sie gehören in einen anderen funktionalen Zusammenhang. Sie sollen zusätzlich erworben und in der Konfrontation mit lebensweltlichen Vorstellungen in ihrer Spezifität erkannt werden, andererseits aber auch die lebensweltlichen Erfahrungsweisen durchsichtig machen.

Methodische Hilfen und Material für einen solchen naturwissenschaftlichen Unterricht geben auf der einen Seite die wenigen Fälle, in denen lebensweltliche Erfahrungen der Natur systematisiert werden, auf der anderen die Geschichte der Naturwissenschaft selbst. So sollten in keinem Optikunterricht bei der Behandlung der Farben neben den Experimenten zur unterschiedlichen Brechung von Licht verschiedener Wellenlänge goethische Farbexperimente fehlen. So sollte neben der Plausibilisierung des Trägheitsgesetzes experimentell die gehemmte (natürliche) Bewegung behandelt werden; auch sollten Experimente durchgeführt werden, die dem aristotelischen »dynamischen Gesetz« einen Sinn geben. Anhand von wissenschaftsgeschichtlichen Beispielen läßt sich dann die mühselige Entwicklung wissenschaftlicher Begriffe in der Naturwissenschaft demonstrieren und dem Schüler oder dem Studenten eine Einsicht in seine eigene Mühe und die Art seiner Verständnisschwierigkeiten vermitteln. Auf der anderen Seite werden Lehrer, Dozenten und Wissenschaftsdidaktiker vor dem arroganten Erstaunen bewahrt, daß Studenten nach mehreren Semestern Physikstudium »noch immer nicht« verstanden haben, was Temperatur ist, – wenn sie nämlich selber wissen, daß zwischen Galilei und Josef Black die Menscheit 200 Jahre gebraucht hat, um diesen Begriff zu entwickeln.

Die Vermittlung naturwissenschaftlichen Wissens kann nicht allein in der Vermittlung von Fakten, nicht einmal von Gesetzen oder Theorien bestehen. Dies alles mag sich einfügen in ein anderes Programm, nämlich des Kennenlernens und des Sicheingewöhnens in einen bestimmten Erfahrungs- und Denktyp. Dieser naturwissenschaftliche Denktyp wird den Schülern und Studenten dann nicht fremd bleiben oder von ihnen affektiv abgewehrt werden, wenn sie nicht gezwungen werden, ihn zu ihrem *eigenen* zu machen.

Auch heute noch sind viele Pädagogen der Auffassung, daß die Naturwissenschaft zum organisierenden Prinzip unserer Bildung werden müsse, der früher humanistischen, jetzt polytechnischen Bildung, denn schließlich leben wir ja in einer wissenschaftlich-technischen Welt. Diese Auffassung verkennt das Wesen der Naturwissenschaft selbst. Für die humanistische Bildung war die Einheit von Können und Sein entscheidend. Es ist charakteristisch für unsere Naturwissenschaft, daß diese Einheit auseinandergefallen ist: Man kann zugleich ein schlechter Mensch und ein guter Naturwissenschaftler sein; es war weder ein Einwand gegen Galilei noch gegen seine Wissenschaft, wenn er seinen Lehren abschwor. Sicherlich kann man die Frage stellen, ob unsere Naturwissenschaft so bleiben kann, und zwar einerseits angesichts ihrer Bedeutung als Produktivkraft, andererseits angesicht der wissenschaftlich-technisch produzierten Umweltkrise. Die vorliegende Naturwissenchaft ist jedenfalls ein Instrument, und es kommt für den Lernenden darauf an, dieses Instrument gebrauchen zu können und in seiner Funktionalität zu verstehen. Dazu gehört insbesondere ein Verständnis dafür, unter welchen Bedingungen dieses Instrument adäquat ist und unter welchen nicht und wie ein Problem aufbereitet sein muß, um mit naturwissenschaftlich-technischen Mitteln lösbar zu sein.

Unsere Welt, auch unsere Lebenswelt, ist durch Naturwissenschaft und Technik bestimmt. Das heißt aber nicht, daß wir nach naturwissenschaftlichen Erfahrungsweisen leben, sondern, daß Naturwissenschaft und Technik bevorzugte Lösungskapazitäten darstellen. Diese sind jedoch in der Regel nicht in der Hand der unmittelbar Betroffenen (der Energieverbraucher, der Flugzeugpassagiere, der Radiohörer), sondern werden von professionellen

Wissensstäben, den Fachleuten, verwaltet. Soll der »allgemeinbildende« Unterricht in den Naturwissenschaften und in der Technik einen Sinn haben, so den, zukünftigen Naturwissenschaftlern und Technikern einen Begriff von der Eingeschränktheit und Spezifität ihrer Methoden zu geben, und den anderen, nachher »bloß« Betroffenen die Möglichkeit zu geben, ihrer beständigen Entmündigung durch die Wissensstäbe entgegenzuwirken.

Anmerkungen

0 Wagenschein glaubt nicht wie Bachelard an die Notwendigkeit eines Bruches zwischen »volkstümlicher« und wissenschaftlicher Denkweise. Sein pädagogisches Anliegen ist deshalb nicht Überwindung, sondern Erweiterung ursprünglicher Erfahrungen. S. Wagenschein 1976, 92

1 Für eine entsprechende Interpretation der Goethischen Farbenlehre s. vom Verf. (1977) *Ist Goethes Farbenlehre Wissenschaft?*

2 Wenn man übrigens wie Schütz/Luckmann (1970) als zum Wissensvorrat der Lebenswelt gehörig rechnet, was fraglos vorausgesetzt wird, und zudem annimmt, daß dieses Wissen durch Personengebundenheit ausgezeichnet ist, dann wird nach Polanyis Auffassung von Wissenschaft – aber auch nach der von Kuhn – ein Großteil des wissenschaftlichen Wissens dem lebensweltlichen Wissensfundus zuzurechnen sein.

3 Das hat besonders Merleau-Ponty herausgearbeitet (1966).

4 Das zeigt deutlich die Entwicklung der Wärmelehre. Das Thermoskop sollte ursprünglich anzeigen, wie warm etwas ist, im Sinne von: wie warm man etwas empfindet. Als Nullpunkt der Eichung wurde deshalb u. a. auch der ›temperierte‹ Punkt vorgeschlagen, d. h. derjenige Punkt, an dem man etwas weder als warm noch als kalt empfindet. S. zur Entwicklung der Wärmemessung Middleton 1966 u. Böhme 1976.

5 Die Entgegensetzung von lebensweltlicher und wissenschaftlicher Naturerfahrung als sinnlicher und apparativer sollte nicht so verstanden werden, daß in der Wissenschaft die Sinne nicht mehr gebraucht würden. Überall, wo Datengenerierung mit Theoriebildung konfrontiert wird, also Erkenntnis statthat, ist es notwendig, daß die Daten irgendwie mit den Sinnen zur Kenntnis genommen werden. Aber das naturwissenschaftliche Phänomen braucht in keinerlei Beziehung zu der spezifischen Sinnesqualität des Sinnes zu stehen, mit dem das geschieht. Thema ist nicht die Wirkung der Natur auf die menschlichen Sinne, sondern die Wechselwirkung *in* der Natur. Diesen Unterschied kann man sehr gut am Verhältnis der Newtonschen und Goethischen Farbenlehre studieren. S. dazu Böhme 1978.

6 Die Situationsgebundenheit arbeitet besonders Schütz in Schütz/Luckmann 1970 heraus.

7 Nach Kant erkennen wir die Natur nur, wie sie uns erscheint. Wenn man aber mit ihm Erscheinung als sinnliche Gegebenheit versteht, dann kann man seine These

nur dann akzeptieren, wenn man annimmt, daß die Natur den Menschen auch nur interessiert, insofern er von ihr leiblich-sinnlich betroffen sein kann. Das ist aber nicht der Fall – z. B. interessiert den Menschen die Natur auch als ›Apparat‹. Das hat Interpreten wie Sellars (1968) bewogen, nun den naturwissenschaftlich erkannten Gegenstand dem sinnlich gegebenen wie das »Ding an sich« der Erscheinung entgegenzusetzen.

8 Nicht nur dem Neuling, wie man an Goethes Polemik gegen Newton sieht. Goethe bemängelt an Newton besonders, daß er einzelne, herausgegriffene Phänomene untersucht statt die ganze Reihe der wirklich vorkommenden. S. dazu Böhme 1977.

9 Das trifft auch analog für Gegenstände der Humanwissenschaft zu. So sind beispielsweise psychologische Tests genau dort adäquat, wo der Mensch lebensweltlich auf wenige und spezifische Eigenschaften und Kompetenzen reduziert ist, in der Fabrik, im Büro.

10 S. zu diesem Verselbständigungsprozeß der neuzeitlichen Wissenschaft: Böhme, v. d. Daele, Krohn 1977.

11 S. den Beitrag von L. von Ferber (in diesem Band S. 29 ff.).

12 Ein schönes Beispiel dafür analysiert Podlech 1975.

Literaturverzeichnis

Böhme, G., Die Ausdifferenzierung wissenschaftlicher Diskurse, in: N. Stehr/R. König, *Wissenschaftssoziologie, Sonderheft 18 der KZfSS,* Köln 1975, 231-253

ders., Quantifizierung und Instrumentenentwicklung. Zur Beziehung der Entwicklung wissenschaftlicher Begriffsbildung und Meßtechnik, in: *Technikgeschichte 43* (1976), 307-313

ders., Ist Goethes Farbenlehre Wissenschaft?, in: *Studia Leibnitiana IX* (1977), 27-54

ders., Wissenschaftssprachen und die Verwissenschaftlichung der Erfahrung, in: J. Zimmermann (Hrsg.), *Sprache und Welterfahrung,* München 1978, 89-109

Böhme, G./v. d. Daele, W./Krohn, W., *Experimentelle Philosophie. Ursprünge autonomer Wissenschaftsentwicklung,* Frankfurt 1977

Bachelard, G., *La formation de l'esprit scientifique – contribution a une psychanalyse de la connaissance objective,* Paris 1972 (*Die Bildung des wissenschaftlichen Geistes. Beitrag zu einer Psychoanalyse der objektiven Erkenntnis,* Frankfurt 1978)

Hoffmann, K./Jung, W./Wiesner, H., Welche Informationen liefern Assoziationen von Schülern für den Physikunterricht, in: *Zur Didaktik der Physik u. Chemie. Vorträge auf der Tagung für Didaktik Physik/Chemie in Freiburg, Sept. 1975* (Hrsg. H. Dahnke), Hannover 1975, 279-288

Holzkamp, K., *Sinnliche Erkenntnis – Historischer Ursprung und gesellschaftliche Funktion der Wahrnehmung,* Kronberg [3]1976

Janich, P., *Zweck und Methode der Physik aus philosophischer Sicht,* Konstanz 1973

Jung, W./Schwedes, H., Lernschwierigkeiten im Physikunterricht, in: *Zur Didaktik der Physik und Chemie. Vorträge auf der Tagung für Didaktik der Physik/Chemie in Freiburg, Sept. 1975* (Hrsg. H. Dahnke), a.a.O., 82-90

Kern, H./Schumann, M., *Industriearbeit und Arbeiterbewußtsein,* Köln 1976

Merleau-Ponty, M., *Phänomenologie der Wahrnehmung,* Berlin 1966

Middleton, W. E. Knowles, *A History of the Thermometer and its Use in Meteorology,* Baltimore 1966

Podlech, A., Die juristische Fachsprache und die Umgangssprache, in: J. S. Petöfi, A. Podlech, E. v. Savigny (Hrsg.), *Fachsprache – Umgangssprache,* Kronberg/Ts. 1975, 161-190

Polanyi, M., *Personal Knowledge,* New York 1962

Schütz, A./Luckmann, Th., *Strukturen der Lebenswelt,* Neuwied/Berlin 1971

Sellars, W., *Science, perception and reality,* London ³1968

Viennot, L., *Le raisonnement spontané en dynamique elementaire.* Thèse de doctorat d'etat presentée à l'Université Paris VII, Paris 1977

Wagenschein, M., *Verstehen lehren. Genetisch-Sokratisch-Exemplarisch,* Weinheim 1975

Wagenschein, M., *Die Pädagogische Dimension der Physik.* Braunschweig: G. Westermann, 4. Aufl. 1976

Lutz Hieber
Möglichkeiten zur Verbindung naturwissenschaftlichen und lebensweltlich-praktischen Wissens im genetischen Lernen

Die gesellschaftliche Dimension naturwissenschaftlichen Wissens

Die herkömmliche Darstellung der Unterrichtsgegenstände in den naturwissenschaftlichen Schulfächern strebt im allgemeinen eine für das Niveau der jeweiligen Altersstufen zurechtgestutzte Reproduktion des gesicherten Lehrbuchwissens der nächsthöheren Ausbildungsstufe, der Universitäten, an. Eine Folge davon ist die Übernahme der Beschränkung auf die Vermittlung reinen Fachwissens in die Schule hinein, die nur an den Universitäten, soweit sie der Ausbildung von Naturwissenschaftlern dienen, insofern gerechtfertigt ist, als die Erlangung fachlicher Kenntnisse und Fertigkeiten eine unabdingbare Voraussetzung für die spätere Berufsausübung darstellen.

Ein Unterricht, der sich fachimmanent allein am logischen Aufbau des naturwissenschaftlichen Lehrstoffes orientiert, fördert die Vorstellung von einer autonomen Entwicklung von Wissenschaft, die stets unbeeinflußt von den Zielsetzungen einer gesellschaftlichen Gesamtpraxis fortschreitet und ungetrübt von ›äußeren‹ Umständen Wissen akkumuliert. Sofern nach der herrschenden Ideologie die Existenzbedingungen der kapitalistischen Gesellschaft, nämlich die private Form der Kapitalverwertung und ein loyalitätssichernder Verteilerschlüssel für soziale Entschädigungen, der Diskussion entzogen bleiben, kann auf dieser Grundlage der Schein entstehen, die Entwicklung des gesellschaftlichen Systems sei durch die Logik eines autonomen Fortschritts von Wissenschaft, der notwendig technische Entwicklungen nach sich zieht, bestimmt. Die hieraus ableitbare Technokratie-These, die durch den propagandistischen Hinweis auf die Rolle von Technik und Wissenschaft erklären und rechtfertigen will, daß in modernen hochindustrialisierten Gesellschaften ein demokratischer Willensbildungsprozeß über praktische Fragen seine Funktion weitgehend verloren habe, ist darauf angelegt, als Hintergrundideologie in das Bewußtsein der Bevölkerung einzudringen und legitimierende Kraft zu entfalten.

Angesichts aber der in immer weitere Bereiche vordringenden technisch-wissenschaftlichen Umgestaltung des Alltagslebens, deren Folgen nicht immer unproblematisch waren und daher zu teilweise vehementen Auseinandersetzungen im Bereich der Infrastrukturpolitik und der Militärpolitik führten, wird ein naturwissenschaftliches Lehrangebot obsolet, das sich allein auf die *Darbietung reinen Fachwissens* beschränkt und gesellschaftliche Bezüge strikt ausklammert. Als konstitutiver Bestandteil der Massenwirksamkeit der entpolitisierend wirkenden Technokratie-These, die ja eine rigide Beschränkung des politischen Entscheidungsspielraumes durch sogenannte Sachzwänge behauptet, entspricht die fast absolute Dominanz dieser Art der Wissensvermittlung an Schulen und Hochschulen *nicht mehr dem bisher erreichten Grad der Demokratisierung* unserer Gesellschaft, die speziell auch in der Bürgerinitiativen-Bewegung (aber nicht nur dort) einen angemessenen Ausdruck gefunden hat. Denn die meist von Bürgerinitiativen initiierte öffentliche Diskussion um problematische industrielle oder staatliche Projekte zeigen immer wieder die Notwendigkeit einer inhaltlichen Vermittlung naturwissenschaftlichen und technischen Wissens mit gesellschaftlichen Erkenntnissen und politischen Argumentationen, die auch für die Entstehung solcher Bewegungen konstitutiv ist: einerseits wächst

»in dem Maße, in dem die Wissenschaften tatsächlich für die politische Praxis beansprucht werden, ... für die Wissenschaftler objektiv der Zwang, nun auch, über technische Empfehlungen, die sie erzeugen, hinausgehend, auf die praktischen Folgen, die sie auslösen, zu reflektieren« (Habermas 1968; 143);

andererseits kann eine Einbeziehung solcherart aufgeworfener Probleme durch die mittelbar oder unmittelbar Betroffenen in den demokratischen Willensbildungsprozeß nur gelingen, wenn die Kenntnis der stofflichen Zusammenhänge für breite Bevölkerungskreise eine stabile Grundlage für die Formulierung politischer Alternativen darstellt, damit also die Basis von Entscheidungen als Expertenwissen gerade nicht einer Indienstnahme durch staatliche oder industrielle Instanzen vorbehalten bleibt.

Beispiele für überregionale bzw. kommunale Initiativen, deren

Aktionen eng mit einer Verbreitung naturwissenschaftlichen Wissens in aufklärerischer Absicht verbunden waren, sind die Bewegung ›Kampf dem Atomtod‹ gegen Ende der 5oer Jahre, deren Intentionen Anfang der 6oer Jahre von der ›Ostermarsch‹-Bewegung wieder aufgegriffen wurden, sowie die seit etwa 1973 bestehende Bewegung gegen den forcierten Ausbau der Kernkraftwerke in der BRD, oder auch der Konflikt um die Erweiterung des Kohlekraftwerks in Voerde seit Mitte der 6oer Jahre. Für das Entstehen der Bewegung ›Kampf dem Atomtod‹ war die von den namhaftesten westdeutschen Atomforschern unterzeichnete ›Erklärung der Göttinger 18‹ von großer Bedeutung, die nach dem Ort, von dem aus sie am 12. 4. 1957 durch den damaligen Präsidenten der Max-Planck-Gesellschaft, Otto Hahn, der Öffentlichkeit übergeben wurde, benannt wird. Sie wandte sich gegen das seit 1956 immer deutlicher offenbar werdende Drängen der Bundesregierung unter ihrem Kanzler Adenauer nach Atomwaffen für die Bundeswehr, das mit Hilfe verharmlosender Behauptungen, wie der von Adenauer, taktische Atombomben seien nichts weiter als die Weiterentwicklung der Artillerie, unterstützt wurde. Durch diese Erklärung wurde eine breite Diskussion über Atombewaffnung in der westdeutschen Bevölkerung angefacht, die ein spontanes Engagement gegen Atomwaffen eines nicht unbeträchtlichen Teils der politisch Interessierten nach sich zog und damit an politischer Wirkung bei weitem das übertraf, was etwa einige Tage zuvor durch ablehnende Stellungnahmen der Oppositionsparteien SPD und FDP zur Atombewaffnung zuwege gebracht wurde (Rupp 1970; 73). Aber die Wissenschaft war nicht nur in der Form dieser Äußerung der Forscher in der Entstehungsphase der Anti-Atomwaffen-Bewegung von großer Relevanz, sondern die Vermittlung wissenschaftlichen Wissens war als Aufklärung etwa über die Schädlichkeit von Kernspaltprodukten, die aus Atombombentests in der Atmosphäre freigesetzt wurden, bis in die 6oer Jahre hinein fester Bestandteil der politischen Argumentation der Kernwaffengegner (z. B.: Wolf 1960). Auch die Bürgerinitiativen gegen den Bau von Kernkraftwerken wären nicht entstanden, wenn nicht innerhalb der wissenschaftlichen Diskussion selbst Zweifel an der Sicherheit und Ungefährlichkeit dieser neuen Technologie vorhanden gewesen wären, die dann u. a. durch zahlreiche Vorträge und eine Flut von Publikationen den mittelbar und unmittelbar Betroffenen zugänglich gemacht wurden. Die Verknüpfung von Kenntnissen aus den verschiedenen für die Beschreibung der Auswirkungen des Kernkraftwerkbetriebes notwendigen Wissenschaftsdisziplinen – wie der Kernphysik, der Chemie, der Strahlenbiologie und der Medizin – untereinander, sowie mit wissenschaftlichen Resultaten aus dem Bereich der Ökonomie, waren und sind notwendig, um, wiederum in enger Zusammenarbeit mit Forschern, in eine breite Diskussion wissenschafts- und energiepolitischer Alternativen einzutreten und die daraus von den in Bürgerinitiativen Engagierten entwickelten Ziele durchsetzbar zu machen.

Die durch Bürgerinitiativen, aber auch durch Parteien und Verbände in die öffentliche Diskussion hineingetragenen Kontroversen um den Einsatz großtechnischer Aggregate, die mit dem Eindringen neuer Technologien in immer weitere Lebensbereiche noch zunehmen wird, zeigt nicht nur die Notwendigkeit der *Entwicklung von Fähigkeiten zur Einbindung wissenschaftlich-technischen Wissens in politische Argumentationen* (vgl. dazu: Hieber 1978), sie läßt auch die Mängel einer schulischen und universitären Ausbildung offenbar werden, die sich tunlichst bemüht, naturwissenschaftliche Wissensvermittlung von gesellschaftsbezogenen Momenten radikal zu befreien.

Die Vorstellung einer autonomen, von gesellschaftlichen Zielen nicht beeinflußbaren Entwicklung von Wissenschaft, die aus der herkömmlichen, die wissenschaftlichen Gegenstände verselbständigenden Lehrbuchwissen entspringt, fördert die Erzeugung des Scheins, Wissenschaft verfolge nur solche Zwecke, die durch die wissenschaftliche Praxis selbst produziert werden. Die damit unterstellte Verselbständigung der Zweckrationalität, die unterschlägt, daß Wissenschaft – durch die Verwertung von Forschungsresultaten und Qualifikationen – ein Mittel zur Erreichung von gesellschaftlich gesetzten Zwecken ist, hemmt selbstverständlich eine realistische Einschätzung von der Funktionsweise und der Reichweite staatlicher und industrieller Forschungsförderungs- und Forschungsplanungsmaßnahmen für die gesamtgesellschaftliche Praxis. Indem sie eine Einbeziehung der ohnehin stattfindenden Lenkung wissenschaftlicher Praxis in den demokratischen Willensbildungsprozeß behindert, erweist sich die in der isolierenden Behandlung unterstellte Autonomie von Wissenschaft auch als politisches Problem.

Anforderungen an den Schulunterricht

Eine fachimmanente Präsentation naturwissenschaftlicher Gegenstände im Schulunterricht, die eine Vermittlung der Grundlagen eines vorhandenen wissenschaftlichen Gebäudes intendiert, ist nicht anzustreben. Im Hinblick auf eine spätere Berufspraxis ließe sich dies als ein erster Schritt zur Erlangung jenes breiten Wissensfonds verstehen, der als Hauptbestandteil der Qualifikation technisch-wissenschaftlicher Intelligenz gilt, aber der überwiegenden Zahl der Schüler, die keine Ausbildung dieser Art anstrebt, den zukünftigen *Laien* also, wird auf diese Weise nicht zu zutreffenden Vorstellungen über das, was Naturwissenschaften eigentlich sind, verholfen.

Angesichts der Tatsache, daß die große Mehrzahl der Schüler die eigentlichen Lehrinhalte, das im Unterricht eingeübte naturwissenschaftliche Gesetzeswissen – man denke z. B. an die im Fach Physik in der gymnasialen Sekundarstufe II behandelten Wurf- und Fallgesetze aus der Mechanik, an die Theorie einfacher Schaltungen aus der Elektrizitätslehre oder an die Formeln aus der Wellenoptik – nach Schulabschluß wegen mangelnder Nutzbarkeit in der beruflichen und alltäglichen Praxis sehr schnell wieder vergißt, scheint es sinnvoll, die gesellschaftliche Bedeutung der Naturwissenschaften sowie die Herausbildung von praktisch relevanten Einstellungen zu ihnen ins Zentrum der pädagogischen Bemühungen zu stellen. So kommt diesem Fachunterricht die wichtige Aufgabe zu,

»gerade den nicht primär naturwissenschaftlich interessierten Schülern 1. einen Überblick über die Naturwissenschaften, ihre wissenschaftstheoretische Struktur und ihre gesellschaftliche Bedeutung zu verschaffen, damit ihnen Wissenschaft und Technik nicht zeitlebens als fremde, unbegriffene und damit unkontrollierbare Phänomene gegenüberstehen, – 2. an erfahrenen Beispielen den Zusammenhang zwischen technischer Rationalität und Herrschaft deutlich zu machen, damit sie hinter technisch legitimierten Sachzwängen nach Machtstrukturen zu fragen lernen, – 3. die Rolle der Wissenschaft für den gesellschaftlichen Fortschritt in Abhängigkeiten von gesellschaftlichen Bedingungen deutlich zu machen, damit sie nicht einer naiven Wissenschaftsgläubigkeit aufsitzen« (Reiß 1976; 163).

Eine *erste Vorbedingung für die Einbeziehung dieser gesellschaftlichen Dimension von Naturwissenschaft* besteht darin, gerade auch bei denen, die im Sinne der herkömmlichen Schulpraxis als ›nicht begabt‹ gelten, *keine Abneigung* gegen diese Fächer aufkommen zu lassen, also bei denen, die mit großer Wahrscheinlichkeit zu den späteren Laien zählen werden, ein Verständnis für die angebotenen Inhalte zu wecken. Bislang bilden sich, durch ähnliche Entwicklungen im vorangegangenen Mathematikunterricht vorbereitet, in den naturwissenschaftlichen Unterrichtsfächern relativ früh zwei deutlich unterscheidbare Gruppen, nämlich die Interessierten und die Desinteressierten. Diese während der ganzen Schulzeit im wesentlichen bestehen bleibende Polarisierung, die meist an Notenunterschiede in den betreffenden Fächern gekoppelt ist, verschärft sich noch dadurch, daß bei den an der Logik des Wissenschaftsgebäudes orientierten Curricula einmal bestehende Leistungsrückstände auch bei wachsendem Interesse am Gegenstand nur schwer aufholbar sind und wiederholte Mißerfolgserlebnisse wiederum zu einer Unlust am Fach führen.

Wagenschein, der prominente Begründer einer fortschrittlichen Position in der Physikdidaktik, hat immer und immer wieder auf die Notwendigkeit hingewiesen, im Fachunterricht einen Zusammenhang zwischen lebensweltlicher und wissenschaftlicher Erfahrung herzustellen, um gerade »den in der Demokratie so wichtigen Laien, den ›Jedermann‹« (Wagenschein 1975b; 315) nicht durch eine bloße Einübung in einen Teil des als gesichert geltenden Bestandes an Fachwissen abzustoßen. Denn die Kluft zwischen lebensweltlichem Wissen und wissenschaftlichem Wissen[1] führt beim Laien, der im herkömmlichen Unterricht Wissenschaft kaum anders als in Form von Informationen über wissenschaftliche Resultate erfährt, zu einer Abschreckung vor der Dürre der naturwissenschaftlichen Sprache, der Unanschaulichkeit der Begriffsbildung und der Undurchschaubarkeit experimenteller Apparaturen, deren Zweckmäßigkeit ihm nicht durch späteren Gebrauch vertraut werden kann, da ihm ihre Verwendbarkeit zum Zwecke konkreter Praxisbewältigung fremd bleibt. Diese Befremdung schlägt fast notwendig nach zwei Seiten hin aus: neben einer *Wissenschaftsfeindlichkeit,* einer geradezu aggressiven Ablehnung der Beschäftigung mit einem Bereich, den seine Erfahrung nicht einholen kann, existiert oft eine blinde *Wissenschaftsgläubigkeit,* die ihre Ursache in der Unterwerfung unter eine fremd bleibende Praxis hat, deren Übermächtigkeit durch die Sicherheit, die über jeden Zweifel erhabene Methode gewährleistet scheint (Wagenschein 1971; 497). Eine notwendige Bedingung für eine

Integration der Reflexion über die gesellschaftliche Bedeutung wissenschaftlich-technischer Entwicklungen in den Unterricht besteht sicher darin, solche blockierenden Verhaltensweisen in der Schule nicht mehr zu produzieren.

Die eng damit zusammenhängende *zweite Vorbedingung* für die Einbeziehung der oben genannten gesellschaftlichen Dimension in den naturwissenschaftlichen Unterricht besteht darin, den pädagogischen Prozeß so umzuorganisieren, daß die typische *fachspezifische Sozialisation,* die ein Resultat des traditionellen fachorientierten Unterrichts ist, *durchbrochen* wird.

Herkömmliches Lernen wird, soweit es naturwissenschaftliche Gegenstände betrifft, weitgehend nach dem Muster einer Einübung gesicherten Wissens gestaltet, wobei unterstellt wird, durch schrittweises Nachvollziehen und Üben werde Verständnis produziert. Die Eindeutigkeit der Lösung von Aufgaben, sowie die daraus resultierende scheinbare Objektivierung der Leistungsmessung durch Noten kann attraktiv auf bestimmte Schüler wirken, die aus diesen Lernformen eine Motivation entwickeln, sich mit diesem Bereich besonders zu beschäftigen und damit einhergehend einen Rückzug in die Sphäre der Wertfreiheit und des instrumentellen Leistungsverhaltens anzutreten.

Die Sozialisationswirkung eines solchen naturwissenschaftlichen Unterrichts wird darin bestehen, Tätigkeitsformen in arbeitsteiliger Abspaltung und treibhausmäßiger Spezialisierung zu fördern, die bereits heute in den industriell hochentwickelten Gesellschaften für die Ausübung der meisten produktiven und administrativen Tätigkeiten eher hinderlich sind und immer mehr vermittels elektronischer Datenverarbeitungsanlagen bzw. kybernetischer Systeme ersetzbar werden. Denn Lernen als Einüben in Regelwissen wird in dem Maße obsolet, in dem die Funktionsweise gesellschaftlicher Institutionen durch Dienst nach Vorschrift, durch abstrahierende Regelbeobachtung, über ganze Bereiche lahmgelegt werden würde, wenn es nicht in der täglichen Praxis unterhalb dieser Regulierungen ein erhebliches Maß an Selbständigkeit und Selbstorganisation gäbe (zu ihren Formen: Hoffmann 1977). Zwar wird wegen der Unkontrollierbarkeit dieser ›subversiven‹ Formen von Selbstbestimmung versucht, sie soweit wie möglich zu unterdrücken, aber gleichwohl kann kein Zweifel über ihre lebenswichtige Bedeutung für die Funktionsweise einer komplexen industriellen Gesellschaft bestehen.

»Da diese Anlagen und Fähigkeiten der Menschen in der Schule nicht systematisch gefördert und allseitig entwickelt werden, bleiben sie mehr oder minder privatisiert, das heißt: von den kollektiven Formen des politischen Selbstbewußtseins und der politischen Aktivität ausgegrenzt. So entstehen in der herkömmlichen Schule Parallelprozesse: offizieller Unterricht auf der einen, abgespaltene Aktivitäten, unter der Bank, auf dem Schulhof, in der Phantasieproduktion während des Unterrichts auf der anderen Seite« (Negt 1975/76; 48).

Um dieses Auseinanderfallen der Entwicklung von Fähigkeiten zu verhindern ist es notwendig, die treibhausmäßig einseitige Förderung der bloß reproduktiven Aneignung gesicherten Wissens wieder in den lebendigen Zusammenhang des Schülers zu seiner gesellschaftlichen Wirklichkeit zurückzuholen, also Lernen – wie es z. B. im Glocksee-Schulversuch in Hannover erprobt wird – als einen Gesamtprozeß zu begreifen, bei dem keine Dimension aus dem ›offiziellen‹ Unterrichtsgeschehen verbannt wird. Für die naturwissenschaftlichen Fächer heißt das, daß ihre strenge Systematik und ihr Objektivitätsanspruch, die zur Ausgrenzung von Emotionalität, zu einer Fremdheit gegenüber den subjektiven Interessen der Schüler verleitet, in eine realitätsfremde Einschätzung der Naturwissenschaften auszumünden tendiert, wenn nicht zumindest darauf geachtet wird, daß – auch über Einbeziehung von Schülern in die Unterrichtsplanung – ihr Zusammenhang mit den gegenwärtigen und zukünftigen Bedürfnissen der Schüler für sie einsehbar und im Unterrichtsverlauf praktisch relevant wird.

Anforderungen an die naturwissenschaftliche Fachausbildung

Die universitäre Ausbildung in den Naturwissenschaften ist im allgemeinen auf die Vermittlung der fachlichen Qualifikationen angelegt, die ein diplomierter Studienabgänger braucht, um entweder mit den in seiner Berufspraxis auftretenden Problemen fertig zu werden oder – wenn er besonderen Anforderungen genügt – im Forschungsbereich tätig zu werden. Daß das Lehrangebot im *Diplom-Studiengang* allein auf die Akkumulation naturwissenschaftlichen Wissens abgestellt ist, erscheint den beteiligten

Dozenten und Studenten im allgemeinen plausibel, weil die in den naturwissenschaftlichen Fächern vorliegenden Theorien eine logische Struktur aufweisen, bei der das Kompliziertere systematisch auf dem Einfacheren aufbaut, so daß der Lernende nicht umhin kommt, von unten anfangend sich durch das Lehrbuchwissen durchzuarbeiten, um einmal zur Diskussion aktueller Forschungsprobleme gelangen zu können. Für den Studenten geht es unter diesen Bedingungen also vordringlich darum, sich die als zeitlos gültig erachteten naturwissenschaftlichen Methoden durch Übung anzueignen und seinen Wissensfundus durch repetitives Aneignen des Bekannten so weit zu vervollkommnen, daß er über ein den beruflichen Aufgaben in der reinen oder angewandten Forschungspraxis adäquates Instrumentarium an gesichertem Problemlösungswissen verfügt.

Die unterstellte logische und akkumulative Struktur naturwissenschaftlichen Wissensbestandes hat Konsequenzen für die *fachspezifische Sozialisation in der universitären Ausbildung,* zu deren wichtigster die hohe Fachmotivation der Naturwissenschaftler zählt. Empirische Befunde zeigen, daß Studenten in den Fachbereichen Naturwissenschaft und Technik eine Hochschätzung von Wissenschaftlichkeit als solcher (scientism), aber geringere Reflexionsfähigkeit und -bereitschaft bei Lehrenden und Lernenden, ferner eine hohe Wettbewerbshaltung unter Studenten und eine eher funktional-instrumentelle Orientierung ohne besondere menschliche Wärme oder Begeisterung bei den Lehrenden wahrnehmen. Dazu korrespondierend bekundeten Dozenten, die Studenten vor allem kognitiv weiterbringen zu wollen und geringen Wert darauf zu legen, die soziale Integration der Studenten in die Ausbildungssituation zu fördern, wobei diese Einstellungen einhergehen mit einer rigiden Handhabung der Examina nach impersonellen Standards (Huber 1974; 21 f).

Neben diesen Auswirkungen der fachlichen Qualifikationsprozesse auf die universitäre Sozialisationsphase wissenschaftlich-technischer Intelligenz spielt die Kommunikationsstruktur in den Lehrveranstaltungen eine sehr wesentliche Rolle, da sie geprägt ist durch eine Wissenschaftssprache, die sich auf die Verwendung eindeutiger, präzise zu definierender Begriffe und im Extremfall der mathematisch formulierten Theorien auf eindeutig formulierte symbolische Zeichensysteme beschränkt. Diese Wissenschaftssprache hängt mit der Umgangssprache nicht mehr direkt zusammen, und daher ist die wissenschaftliche Kommunikation von der Dimension abgeschnitten, in der Sprache als zwischenmenschliche Kommunikation erscheint, wo ihre an sich nicht eindeutigen Begriffe und Strukturen erst durch den sozialen Kontext der Interagierenden Eindeutigkeit erhalten. Die Einübung in und die Gewöhnung an das – innerhalb des naturwissenschaftlichen Wissenschaftsbetriebs sicher unabdingbar notwendige – methodologische Regelsystem in der Sprache dieser Fachbereiche ist in dem Maße, in dem die Habitualisierung fortschreitet, gekoppelt an den Verzicht auf die Möglichkeit, soziale Kommunikation zu leisten. Da alle Einflüsse, denen der Student von naturwissenschaftlichen Fächern ausgesetzt ist, darauf hinwirken, die naturwissenschaftliche Rationalität und die damit zusammenhängende wissenschaftliche Verständigung als schlechthin maßgeblich zu behaupten, läßt sich feststellen, daß »die soziale Kompetenz von Naturwissenschaftlern durch ihre Ausbildung beeinträchtigt wird« (Klüver, nach Huber 1974; 26).

Die hohe Fachmotivation, das funktional-instrumentelle Leistungsverhalten, sowie die Habitualisierung des durch die Wissenschaftssprache geprägten innerfachlichen Kommunikationssystems werden nicht erst in der universitären Sozialisation produziert, sondern sie gehen auf persönlichkeitsspezifische Faktoren zurück, die bereits im naturwissenschaftlichen Unterricht der Schule angelegt werden, dann zu einer Entscheidung für ein entsprechendes Studienfach führen und dort schließlich im treibhausmäßigen Klima der fachspezifisch beschränkten Ausbildung sich voll entfalten und verfestigen.

Durch Befragung promovierter Industriechemiker (Kurucs 1972) und promovierter Industriephysiker (Kurucs 1975) wurde festgestellt, daß der Übergang von der Ausbildung in den Beruf von einem Schock begleitet ist, da die jungen Wissenschaftler, die die Normen ihres Faches in höchstem Grade verinnerlicht haben, in den ersten Berufsjahren die Erfahrung machen, daß sie die an sie gestellten Anforderungen nicht bewältigen können, wenn sie Verstöße gegen diese Normen vermeiden wollen. Der von Symptomen wie Depression, Leistungsschwäche und allgemeine Unzufriedenheit (Kurucs 1972; 43) begleitete Bruch beim Übergang von der universitären zur beruflichen Sozialisation wird im wesentlichen durch die erzwungene Anpassung an das betriebswirtschaftliche Kosten-Nutzen-Denken, das ja im neuen Betätigungsfeld eine dominierende Rolle innehat, durchgesetzt. Seine Existenz, die ein anschauliches Beispiel für die Wirksamkeit der studienbedingten Einflüsse auf die Persönlichkeitsstruktur darstellt, läßt ermessen, welch große subjektive Widerstände beim Übergang zu Reflexionszusammenhängen, die andere als naturwissenschaftliche Gegenstandsbereiche einbeziehen, überwunden werden müssen.

Eine Lösung des Problems der fachspezifischen Sozialisation, die zuvörderst ein zur Einschätzung der gesellschaftlichen Dimension des eigenen Tätigkeitsbereiches geeignetes Begriffs- und Argumentationsinstrumentarium zur Verfügung zu stellen intendiert, kann weder von einer bloßen Umgestaltung der Form des hochschuldidaktischen Prozesses der Wissensvermittlung, noch durch eine Anfüllung des Studiengangs etwa mit gesellschaftswissenschaftlichem Fachwissen erreicht werden. Denn beides bliebe unverbunden mit den Gegenständen und der Struktur des fachlichen Interesses und ließe bei der starken naturwissenschaftsbezogenen Motivation der Studenten die vorherrschende zweckrationale Denkweise völlig unangetastet.

Ein gesellschaftsbezogener Begriff von Naturwissenschaft läßt sich nur an naturwissenschaftlichen Gegenständen entfalten, die einerseits erlauben, ohne allzu weite Entfernung aus dem fachlichen Zusammenhang soziologische und philosophische Denkweisen einzuführen, und andererseits den Vorteil besitzen, direkt an der fachlichen Motivation anzuknüpfen. Es gibt *zwei Gruppen von Gegenständen,* die diese Vorzüge aufweisen: Zur *ersten* gehören in der Biologie die Darwinsche Abstammungslehre, in der Chemie der Atomismus und in der Physik die Kopernikanische Wende oder die Kopenhagener Deutung der Quantentheorie, also Theorien, die wissenschaftsgeschichtlich gesehen in großen Umbruchsituationen entstanden sind und die weit über die fachwissenschaftliche Diskussion hinauswirkten. Da sie das *Weltbild* verändert haben und ihre Formulierung nicht ohne einen engen Bezug zu philosophischen Argumentationen geschehen konnte, lassen sich, besonders deutlich durch einen Rückgriff auf die Originalliteratur, die solche Bezüge – anders als die meisten heute gebräuchlichen Lehrbücher – auch im fachwissenschaftlichen Kontext ausführlich thematisiert, an diesen fachwissenschaftlichen Gegenständen philosophische und gesellschaftswissenschaftliche Gedankengänge entfalten. Diese naturwissenschaftlichen Gegenstände eignen sich

– gerade wegen ihrer unmittelbaren Beziehung zu unserem heutigen Weltbild – besonders dazu, die Kluft zwischen lebensweltlichem Wissen und wissenschaftlichem Wissen überbrückbar zu machen. Falls hier eine Separierung beider Wissensbereiche vermieden wird, gelingt es, die wichtigste Bedingung für eine Einbeziehung naturwissenschaftlichen Wissens in die alltägliche Orientierungs- und Entscheidungspraxis zu erfüllen. Denn nur wenn naturwissenschaftliches Wissen gegenüber lebensweltlichem Wissen nicht als isolierter Block bestehen bleibt, ist dieses Wissen auch rezipierbar und verfügbar, wo es um die gesellschaftliche Dimension von Wissenschaft und Technik geht. Zur *zweiten* Gruppe gehören solche Gegenstände, bei denen etwa durch die Diskussion in den Massenmedien oder durch politische Bewegungen direkt das Problem der *gesellschaftlichen Bedeutung von Technologieentwicklungen* thematisiert worden ist. Beispiele sind die gegenwärtige Diskussion um den Sinn des Ausbaus des Kernkraftwerksbestandes oder die Diskussion um die Atombombe. Als Mittel zur Erarbeitung eines wissenschaftstheoretisch begründbaren Wissenschaftsbegriffs können solche exemplarischen Fälle, die einen unmittelbaren Zusammenhang von politischen Entscheidungen und Wissenschaftsentwicklung erkennen lassen, in einer Form das Material liefern, die den Lernenden in der Lehrveranstaltung große Eigenbeteiligung ermöglicht.

Da es ohne Anstöße und engagierte Mitarbeit von Angehörigen der technisch-wissenschaftlichen Intelligenz nicht möglich ist, problematische Konsequenzen der technisch-wissenschaftlichen Entwicklung für die Gesellschaft durch einen demokratischen Willensbildungsprozeß zu korrigieren bzw. solche Fragen überhaupt der öffentlichen Diskussion zugänglich zu machen, sollte die Ausbildung der Fähigkeit, die gesellschaftliche Dimension der eigenen Tätigkeit reflektieren zu können, integraler Bestandteil des naturwissenschaftlichen Qualifikationsprozesses sein. Eine Ergänzung des traditionellen, allein an der Vermittlung fachlicher Kenntnisse und Fertigkeiten orientierten Lehrangebots durch die Explikation der philosophischen und gesellschaftlichen Dimension einiger besonders geeigneter Gegenstände dürfte genügen, um die folgenschweren Auswirkungen fachspezifischer Sozialisation aufzubrechen. Nicht nur die neuen Inhalte, sondern speziell auch die Abkehr vom repetitiv einübenden Lernverhalten, das hier durch die im geistes- und sozialwissenschaftlichen Bereich bekannte argumentative Aneignung von Wissen ersetzt werden muß, werden dazu beitragen, der ausbildungsbedingten Beeinträchtigung der sozialen Kompetenz von Naturwissenschaftlern entgegenzuwirken.

Die herkömmliche *Ausbildung der Lehrer* für Realschulen und Gymnasien (bzw. Sekundarstufe I und II) in den naturwissenschaftlichen Fächern läuft fast völlig parallel zum betreffenden Diplom-Studiengang, den sie bis zu einem für ihren Beruf als adäquat erachteten Niveau mit verfolgen, während sie, völlig unzusammenhängend damit, einige philosophische und pädagogische Veranstaltungen besuchen, die einer eigentlich pädagogischen Grundausbildung dienen sollen. Durch die erzwungene Partizipation am Lehrangebot für solche Studenten, die in ihrem späteren Beruf über einen breiten Fundus an fachlichem Problemlösungswissen verfügen müssen, werden sie sich eine Menge Wissen aneignen, das seinem Inhalt und seiner Struktur nach für die Schulpraxis völlig irrelevant ist.

Gerade in der Lehrerausbildung darf keine fachbornierte Wissensaneignung stattfinden, da der naturwissenschaftliche Unterricht wegen des allgemeinbildenden Charakters der Schule andere Anforderungen stellt, als Fachkenntnisse, die an der Hochschule erworben werden, weiterzugeben. Wenn der Lehrer – gemäß den oben genannten Zielen naturwissenschaftlichen Unterrichts – im Zusammenhang mit der Vermittlung wissenschaftlichen Wissens die Bedeutung des wechselseitigen Bedingungsgefüges von naturwissenschaftlicher und gesellschaftlicher Entwicklung für gesellschaftlichen Fortschritt durchschaubar machen und, damit einhergehend, naive Wissenschaftsgläubigkeit bzw. eine die Beschäftigung mit diesen Problemen ablehnende Wissenschaftsfeindlichkeit bei den Schülern vermeiden soll, muß seine eigene Ausbildung an diesen Zielen orientiert sein. In seinem Studium dürfen demzufolge fachwissenschaftliche Kenntnisse nicht, wie in den taditionellen Studiengängen üblich, gänzlich unvermittelt neben pädagogischen und philosophischen Lehrinhalten, die selbst wieder untereinander unzusammenhängend sind und gerne gesellschaftswissenschaftliche Bezüge ausklammern, dargeboten werden, da sonst die Gefahr besteht, daß sich die einzelnen Elemente bei der Unterrichtsgestaltung nur sehr schwer oder gar nicht zu einem sinnvollen Ganzen synthetisieren lassen. Wenn im Sinne einer Bildung, die nicht nur repetitives Einüben gesicherten Wissens intendiert, beim Lernenden die – den Forschungsdisziplinen nachstrukturierten – Wissensbereiche nicht wie unverdaute Brocken nebeneinander liegen bleiben sollen, darf dies auch nicht beim Lehrenden der Fall sein.

Das genetische Prinzip

Den Anforderungen, die sich aus dem allgemeinbildenden Charakter der Schule ergeben, wird – soweit ich sehe – keines der gebräuchlichen Schulbücher gerecht, wie auch den Anforderungen, die an die naturwissenschaftliche Ausbildung an den Universitäten zu stellen sind, keines der Fachlehrbücher Rechnung trägt. Um die negativen Auswirkungen zu vermeiden, die der herkömmliche naturwissenschaftliche Unterricht zur Folge hat, entwickelte Wagenschein das *Prinzip des genetischen Lehrens,* das durch eine Anbindung des wissenschaftlichen Wissens an die lebensweltliche Erfahrung die Ausbildung von Interesse an naturwissenschaftlichen Gegenständen ermöglicht. Im Gegensatz zum darlegenden Lehren der traditionellen Unterrichtsformen, das vergleichbar einer Führung durch eine geordnete Ausstellung der Funde einer abgeschlossenen Expedition darauf aus ist, gesichertes Wissen zu präsentieren, bleibt der genetische Lehrgang immer eng an den *Prozeß der Wissensentwicklung im Lernenden selbst* gebunden. Nach diesem Prinzip vollzieht sich die Entwicklung von Einsicht wesentlich im *sokratischen Gespräch,* das den Verstehensprozeß kontinuierlich fortschreitend von der Umgangssprache, der Sprache des in der lebensweltlichen Erfahrung wurzelnden Verstehens, zur Fachsprache, der Sprache des – in der verengenden Sicht des Faches – Verstandenen führt. Damit soll er über eine produktive Spannung, die den pädagogischen Prozeß vom Lernenden her entfacht und aufrecht erhält, eine Sicherheit des Wissens erreicht werden, die durch die Existenz miteinander unverbundener, teilweise kontradiktorischer Wissensbereiche nicht mehr erschüttert werden kann (Wagenschein 1975a. Sowie ergänzend: Weigelt 1975/76).

Das genetische Prinzip kann und muß sich auf *exemplarische Themenkreise* beschränken, die sich allerdings zum Ziel der Lehrveranstaltung nicht wie ein Baustein verhalten werden, an den additiv andere Bausteine angefügt werden, um ein Lehrgebäude zu errichten, sondern die von der Art eines Schwerpunktes, eines Pfeilers sind, die das Ganze tragen. Die an exemplarischen Fällen sich herauskristallisierende naturwissenschaftliche Grundbildung stellt gewissermaßen die Bildungspfeiler zur Verfügung, an denen das, je nach Ausbildungsgang und beruflichen Erfordernissen mehr im Vordergrund (z. B. im Diplomstudiengang) oder mehr im Hintergrund (z. B. im Schulunterricht) stehende, darlegende Lehren anknüpfen kann. An einigen tragenden, exemplarischen Erfahrungen genetischen Verstehens kann das traditionelle darlegende Lehren, das deduktiv vorgeht, ableitend von wenigem Selbstverständlichen bzw. durch den genetischen Lehrgang selbstverständlich Gewordenen, anknüpfen und so die sparsam und straff gespannten Brückenbögen zwischen diesen Pfeilern bilden.

Mit der Behandlung exemplarischer Fälle kann die Zerfaserung der Lehre in streng voneinander abgedichtete Fächer vermieden werden, die nichts anderes ist, als eine ohnmächtige Widerspiegelung der gesamtgesellschaftlichen Arbeitsteilung. Niemand erfährt die Realität aufgeteilt in fachspezifische Gegenstandsbereiche. Ein Lehrangebot, das eine gelingende Orientierung in dieser Realität ermöglichen soll, darf sich nicht an der Form ausgewiesener fachwissenschaftlicher Erkenntnis, die auseinandergerissen ist in Disziplinen, ausrichten. Mit der Behandlung von naturwissenschaftlichen Gegenständen im genetischen Lehrgang, die diese Gegenstände auch für den Verstehensprozeß ganz läßt, also keine der für sein Erfassen notwendige Dimensionen – unter Einschluß von Gesellschaftswissenschaften und Philosophie – ausblendet, ist die Chance gegeben, ein angemesseneres Wissenschaftsverständnis zu vermitteln, als dies im herkömmlichen Fachunterricht je gelingen kann.[2]

Vermittlung wissenschaftlichen und lebensweltlichen
Wissens im genetischen Prozeß – Beispiel:
Kopernikanische Wende

Die Vermittlung lebensweltlichen und wissenschaftlichen Wissens im genetischen Lehrgang birgt besondere Schwierigkeiten, weil der Lernende nicht als unbeschriebenes Blatt in den Unterricht kommt, sondern bereits die festgelegten, durch lebensweltliche Praxis empirisch gesicherten Kenntnisse besitzt. Daher kommt es für ihn nicht darauf an, Wissen bloß zu erwerben, sondern er muß *Wissen wechseln,* er muß die durch die alltägliche Erfahrung angehäuften Hindernisse für einen wissenschaftsorientierten Verstehensprozeß wegräumen, um auf einer Kritik lebensweltlichen Wissens aufbauend zum wissenschaftlichen Wissen zu gelangen. Wenn dieser Prozeß nicht dadurch gekennzeichnet ist, daß jeder der für diesen Übergang notwendigen Schritte durch Überzeugung zustande kommt, entsteht zwischen beiden Wissensbereichen ein Bruch, der das wissenschaftliche Wissen unverbunden neben der lebensweltlichen Praxis bestehen und daher für sie irrelevant werden läßt (was z. B. dazu führt, daß eingeübtes Schulwissen, sobald nicht mehr gebraucht, schnell vergessen wird).

Der Fortschritt zum naturwissenschaftlichen Denken hin ist der Weg zu einem Denken, dem eine abstrakte, unanschauliche Tendenz innewohnt, da es nicht wie das alltägliche Verstehen die Erscheinungen in ihrer breiten Fülle hinnimmt, von der Sache ausgeht, sondern von der experimentellen Methode. Das auf apparativ vermittelter Erfahrung aufbauende wissenschaftliche Wissen kann, wegen der unterschiedlichen Zugangsweise zum Gegenstand, von der sinnlichen Erkenntnis der lebensweltlichen Praxis nicht ohne weiteres integriert werden.

Zur Illustration der *Verwirrung,* die oft *durch bloße Information über wissenschaftliche Wissensbestände* erzeugt wird, folgende Anekdote, die nach der Erzählung eines Pädagogen berichtet wird:

»Ein Mädchen hat das erste Schuljahr in einem kleinen westfälischen Ort erlebt. Nennen wir ihn Münse. Es kommt dann, mit den Eltern versetzt, in ein anderes Dorf mit anderer Schule und anderem Lehrer. Der sagt einmal: ›Die Sonne geht auf.‹ – Da meldet sich das Kind und merkt an, vermutlich nicht eigentlich widersprechend, doch einschränkend, die Treue zum ersten, vielleicht verehrten Lehrer wahrend und zu ihrer Heimat Münse, wo es ganz andere Dinge gab als Sonnenaufgänge: ›Bei uns in Münse dreht sich aber die Erde!‹« (Wagenschein et al. 1973; 71 f.)

Die lebensweltliche Erfahrung des Kindes, auf einer solide ruhenden Erde zu leben (die in der umgangssprachlichen Rede vom ›Sonnenaufgang‹ ausgedrückt wird), wird dadurch, daß es nicht mehr für wahr hält, was es sieht, sondern glaubt, was sein ehemaliger Lehrer sagte, nicht eigentlich einer Revision, einer

Ersetzung durch wissenschaftliches Wissen unterzogen. Bloße Information über die Grundlagen des Kopernikanischen Weltbildes haben aus dem Mädchen eine Schein-Kopernikanerin gemacht, die, vom Lehrer überredet, glaubt, auf einer bewegten Erde zu wohnen, ohne davon wirklich überzeugt zu sein.

Neuere wissenschaftstheoretische Ansätze zeigen, daß in der Wissenschaftsgeschichte kein kumulativer Verlauf auszumachen ist, bei dem Schritt für Schritt neue Erkenntnisse zum Vorhandenen gehäuft wurden, sondern daß der Entwicklungsgang der Wissenschaft Brüche und Hindernisse aufweist, die in der europäischen Kulturgeschichte beim Übergang von der unmittelbaren, alltäglichen Erfahrung zur wissenschaftlichen Erkenntnis zu überwinden waren. Eine Orientierung der Organisation des Lernprozesses am Verlauf der Wissenschaftsgeschichte – selbstverständlich unter Vermeidung der dort aufgetretenen Fehlentwicklungen und Sackgassen – kann dazu beitragen, die entsprechenden individualgeschichtlich auftretenden Hindernisse auf dem Weg vom lebensweltlichen zum wissenschaftlichen Wissen zu bewältigen. Der *genetische Lehrgang,* in dem der pädagogische Prozeß vom Lernenden und nicht vom jeweiligen Stand des Lehrbuchwissens strukturiert wird, setzt *beim Lehrenden* die *Kenntnis von Brüchen in der Wissenschaftsgeschichte* und die Argumente, die zu ihrer Überwindung beitrugen, voraus, damit er auf die Probleme, die mit einer wissenschaftsorientierten Kritik des lebensweltlichen Wissensbestandes verbunden sind, jeweils dem Stand des Lernprozesses adäquat reagieren kann. Erst dann kann er einer sokratischen, schrittweisen Herausentwicklung wissenschaftlichen Wissens durch Kritik der im Alltag angehäuften Erfahrungen behilflich sein, die jene Kluft zwischen beiden Wissensbereichen vermeidet, die bei einer Präsentation des aus Lehrbüchern entnommenen, der lebensweltlichen Erfahrung oft genug kontradiktorisch entgegenstehenden Faktenwissens unvermeidlich ist.

Der genetische Lehrgang in den Naturwissenschaften wird bei vielen Gegenstandsbereichen bei *Aristoteles* anfangen können, da dessen Formulierungen von alltäglichen Erfahrungen, die jeder einzelne nachvollziehen kann, wenn er seine konkreten, der Orientierung in einer gesellschaftlichen Praxis dienenden Unterscheidungen über deren unmittelbare Bezüge hinaus verlängert, um sie in theoretischem Interesse als Sätze, die für alle Gegenstände der physischen Welt Geltung beanspruchen, zu formulieren. Seine Physik war in einem konkreten Sinne bereits als eine empirische Wissenschaft konzipiert worden, »empirisch in dem Sinne nämlich, daß Aristoteles den Aufbau der auch später als empirisch bezeichneten Wissenschaft bewußt an ein alltägliches Erfahrungswissen anzuknüpfen suchte« (Mittelstraß 1974a; 63).

Alle zentralen Sätze der Aristotelischen Physik, wie z. B. der *Aristotelische Bewegungssatz,* nach dem die Geschwindigkeit eines Körpers proportional der treibenden Kraft und umgekehrt proportional dem vom Körper zu überwindenden Widerstand ist, lassen sich in dieser Weise als Verallgemeinerungen der Erfahrung verstehen, die jedermann in natürlichen Zusammenhängen macht. Die Aussage dieses Satzes, den man oft auch das Grundgesetz der Aristotelischen Dynamik nennt, wird plausibel, wenn man bedenkt, daß Aristoteles seine Analyse auf einen bestimmten Erklärungsbegriff, ein Paradigma gestützt hat, zu dem er durch Betrachtung eines gewissen, aus der alltäglichen Praxis bekannten Standardtyps gekommen ist.

»Wenn man – nach seiner Auffassung – die Bewegung eines Körpers verstehen will, sollte man die Situation so betrachten, als ob man es mit einem Wagen zu tun hätte, der von einem Pferd gezogen wird: d. h., man sollte nach zwei Faktoren Ausschau halten, dem äußeren Agens (dem Pferd), das den Körper (den Wagen) in Bewegung hält, und nach den Widerständen (den Unebenheiten der Straße und der Reibung der Wagenräder), die danach streben, die Bewegung zum Halten zu bringen. Das Phänomen erklären heißt erkennen, daß der Körper sich mit einer Geschwindigkeit bewegt, die einen Gegenstand von seinem Gewicht bei dem herrschenden Verhältnis zwischen Kraft und Widerstand angemessen ist« (Toulmin 1968; 63f).

Die Relationen, die aus der Analyse von Bewegungsvorgängen nach diesem Paradigma herauskommen, sind nun nicht schlichtweg falsch, wie heute nach der Kenntnis des Newtonschen Axioms, das eine Proportionalität von Kraft zu Masse und zu Beschleunigung behauptet, vermutet werden könnte. Wenn die Aussage von Aristoteles einmal versuchsweise gemäß dem in der modernen Physik Üblichen als mathematische Gleichung formuliert wird, Proportionalitäten aber nur als ungefähre und qualitative Verhältnisse versteht, so erhält man eine Gleichung, die als das ›Stokessche Gesetz‹ bekannt ist (Toulmin 1968; 62). Dieses Gesetz gibt die Geschwindigkeit eines Körpers, der mit einer konstanten Kraft durch eine Flüssigkeit mit einer bestimmten

Viskosität gezogen wird, als proportional zur Kraft und umgekehrt proportional zur Viskosität an. Aristoteles wäre also, wenn er entsprechende Versuche angestellt (z. B. Steinchen durch einen mit Wasser, Olivenöl etc. gefüllten, hinreichend hohen Glaszylinder fallen lassen) hätte, in seinen Überzeugungen noch bestärkt worden, während ihm für genügend genaue Messungen von Fallzeiten in Luft, die ihm die Beschränkung des Gültigkeitsbereiches seines Satzes hätte feststellen lassen können, die entsprechenden Meßgeräte fehlten.

Dieses Beispiel eines zentralen Satzes aus der aristotelischen Physik, das die Plausibilität und die Leistungsfähigkeit der durch Verallgemeinerung lebensweltlicher Erfahrung gewonnenen Sätze illustriert, macht anschaulich, welch gewaltige Schwierigkeiten in der Theoriebildung beim Übergang zu den fundamentalen Erkenntnissen der neuzeitlichen Physik überwunden werden mußten. Während für den aristotelischen Erfahrungsbegriff kennzeichnend ist, daß er in Form einer gemeinsamen Lebenspraxis sowohl Basis als auch Begründungsmittel der Praxis empirischer Wissenschaft ist, tritt – bei gleichzeitigem Verlust der Beziehung zu dieser Basis – in der Physik seit Galilei an die Stelle der vor-theoretischen Lebenspraxis im Begründungsrahmen empirischer Wissenschaft das Experiment als eine technisch kontrollierte Erfahrung. In der neuzeitlichen Physik tritt »als empirisches Wissen . . . nicht mehr auf, was sich als ein vor-theoretisches Wissen fassen läßt, sondern was mit den Instrumentarien einer physikalischen bzw. technischen Praxis (häufig gegen das Erfahrungswissen einer lebensweltlichen Praxis) gewonnen wurde« (Mittelstraß 1974a; 66). Mit der Bindung des Erfahrungsbegriffs neuzeitlicher Naturwissenschaften an die Bedingungen eines experimentellen Vorgehens, in welchem Erfahrung instrumentell erzeugt wird, geht ihr Bezug zur lebensweltlichen Erfahrungsbasis verloren. Da sich mit dem Begriff der Erfahrung zugleich der Begriff dessen, was als empirisch begründet gelten darf, ändert, fallen die Bereiche Erfahrungswissen und theoretisches Wissen, zwischen denen im aristotelischen Sinne wegen des lebensweltlichen Begründungszusammenhangs von vornherein Widersprüche ausgeschlossen sind, im Rahmen der Methodologie neuzeitlicher Naturwissenschaft auseinander.

Die mit der Umwälzung von der aristotelischen Naturphilosophie zur neuzeitlichen Naturwissenschaft in der Theoriebildung bewältigten Probleme müssen von jedem Anfänger wieder bewältigt werden.[3] Denn der *Übergang zur neuzeitlichen Physik* führte weg von der im lebensweltlichen Erfahrungszusammenhang fundierten Anschaulichkeit, deren Korrelat die Tauglichkeit der Umgangssprache für die Formulierung wissenschaftlicher Theorien ist, hin zur *unanschaulichen, häufig kontradiktorisch zum in der alltäglichen Praxis fundierten lebensweltlichen Wissen entstehenden, instrumental erzeugten Erfahrung.* Die Schritte, die wissenschaftsgeschichtlich die Herausbildung der neuzeitlichen Experimentalwissenschaft aus der aristotelischen Naturphilosophie bewerkstelligten, können individualgeschichtlich die Funktion erfüllen, lebensweltliches und wissenschaftliches Wissen zu verbinden, um sie nicht in separate Blöcke zerfallen zu lassen.

Die Kenntnis der Wissenschaftsgeschichte ermöglicht dem Lehrenden in einem genetischen Lehrgang, die Probleme, die im Verlauf des sokratischen Gesprächs diskutiert werden, ernst zu nehmen und sie als zum Prozeß des wissenschaftlichen Verstehens gehörig zu erkennen, während er ohne dieses Hilfsmittel leicht in die Haltung verfällt, wissenschaftsbezogene Fragen, die von der alltäglichen Erfahrung geprägt sind, als ›nicht zur Sache gehörig‹ abzutun, weil sie sich der Diktion und der Intention nach von dem in den Lehrbüchern dargelegten Wissensbestand deutlich unterscheiden. Als Beispiel für solchermaßen mit zum genetischen Prinzip gehörende Grundkenntnisse sollen einige der Anläufe, die unternommen wurden, um etappenweise die anschaulichen Erklärungszusammenhänge zu überwinden, aus der Geschichte der Entstehung des *Kopernikanischen Weltbildes* dargestellt werden.

Aristoteles faßte, in Anlehnung an den biologischen Wachstums- und Entwicklungsablauf, den Begriff der Bewegung ganz allgemein im Sinne von Veränderung. Dort entwickelt sich, wie man sehen kann, jedes Lebewesen aus einem Keim, aus einem potentiell Seienden, der selbst von einem Erwachsenen, einem aktuell Seienden kommt, in dem die Organisation, die sich aus dem Keim entwickeln soll, schon verwirklicht ist. Diese Bewegung ist ›natürlich‹, falls sie ungestört bleibt, also nicht durch Gewaltanwendung, durch Einwirkungen eines anderen Körpers Veränderungen erzeugt werden, die – wie z. B. das Niedertreten einer Pflanze – nichts mit der gewöhnlichen Entwicklung gemein haben. Während eine erzwungene Bewegung als erklärt gilt, wenn die äußeren Ursachen nachgewiesen sind, reicht zur Erklärung einer natürlichen Bewegung aus, sie als ›arteigen‹ aufzufassen, gleichgültig ob es sich um ein belebtes Wesen oder ein unbelebtes Objekt handelt.

›Oben‹ und ›unten‹ als kosmologische Ordnungsbegriffe haben in der aristotelischen Naturphilosophie die Funktion, die Ursache einer speziellen Bewegung, nämlich der Ortsveränderung[4], namhaft machen zu können, sofern es sich um eine natürliche Bewegung handelt. Als die Ursache der natürlichen Lageveränderung eines Elements wird sein Streben aufgefaßt, seinen natürlichen Ort einzunehmen, was für jedes Element nach Aristoteles auch heißt, seine Form zu erlangen. Die Beobachtung, daß Wasser bergab fließt und Steine herunterfallen, während sie bergauf getragen werden müssen, und daß Flammen und Rauch in unbewegter Luft senkrecht aufsteigen, lassen im Rahmen einer vortheoretischen Lebenspraxis, die wesentlich stets eine elementare Unterscheidungs- und Orientierungspraxis ist, die Erklärung dieser Bewegungen vermittels der Qualitäten ›leicht‹ (das natürliche Niveau des Rauches ist irgendwo ›oben‹ in der Atmosphäre) und ›schwer‹ (der natürliche Ort eines Steines ist ›unten‹) als sinnvoll erscheinen.

Die Überzeugung von der *zentralen Lage der Erde im Weltall* ist eine logische Folge der Theorie des natürlichen Ortes und der natürlichen Bewegung, denn die schwere Erde kann sich nirgends anders befinden als wo sie von Natur aus hingehört, nämlich ins Weltzentrum, das der natürliche Ort des Schweren ist. Selbst wenn sie irgendwann einmal nicht dort gewesen sein sollte, wäre sie schon längst in natürlicher geradliniger Bewegung dorthin gelangt, wie jeder andere schwere Körper auch, der, wenn er losgelassen wird, dem seiner Zusammensetzung entsprechenden Ort zustrebt.

Der Himmel dreht sich nach Ansicht des Stagiriten ständig um eine Achse, welche durch den Mittelpunkt der Erde geht, der sich mit dem Mittelpunkt des Weltalls deckt. Während es im irdischen Bereich keine andere natürliche Bewegung gibt als die geradlinige, nicht unbeschränkt andauernde Bewegung der Elemente nach oben oder unten, kreisen die Fixsterne unaufhörlich um uns, ohne daß irgendetwas sie anzutreiben scheint. Die Ewigkeit der Himmelsbewegung kommt nach seiner Ansicht durch eine dem Element Äther, aus dem die Himmelskörper bestehen, eigene Bewegungsform zustande, die kreisförmig sein muß, weil das die

Bedingung dafür ist, daß sie nicht nach einer gewissen Zeit endet (Moreau 1975).

Die *erste heliozentrische Theorie* des Aristarch von Samos unterscheidet sich von der des Aristoteles durch die Behauptungen, daß die scheinbare Bewegung der Fixsterne eine durch die Eigenrotation der Erde hervorgerufene optische Täuschung sei, und daß die scheinbare jährliche Bewegung der Sonne durch eine Translation der Erde entlang der eigenen Kreisbahn um die im Zentrum der Sternsphäre ruhende Sonne hervorgerufen würde. Seine Vorstellung konnte sich nicht durchsetzen, da sie – neben weltanschaulichen – astronomische und physikalische *Einwände*, die gegen sie erhoben wurden, nicht entkräften konnte. Der wichtigste astronomische Einwand ging von den Verhältnissen am Fixsternhimmel aus: wenn es wahr sein sollte, daß sich die Erde auf einer Kreisbahn um die Sonne bewegt, müßten sich die Winkelabstände der Sterne und folglich die Muster der Sternbilder beim Durcheilen der Bahn verändern, ähnlich wie etwa ein Gebäude von einem vorbeifahrenden Fahrzeug je nach Blickwinkel perspektivisch verschieden aussieht. Eine Sternparallaxe, wie eine solche Erscheinung in der Astronomie genannt wird, konnte aber nicht beobachtet werden, ja sie war erst im 19. Jahrhundert mit der bis dahin erreichten technologischen Vervollkommnung von Teleskopen feststellbar. Zu den astronomischen Einwänden, die allein schon ausgereicht hätten, um die Theorie des Aristarch zunächst als unglaubwürdig zu erweisen, kamen noch Einwände, die durch Argumente aus der Dynamik gestützt wurden: Ptolemäus, der letzte große Vertreter des geozentrischen Weltbildes in der Antike, fand die nach der heliozentrischen Theorie erforderliche ungeheure translatorische Geschwindigkeit der Erde (sie rast in 24 Stunden auf ihrer Bahn fast 3 Millionen Kilometer entlang) unglaublich, da sie bei einer so immensen Geschwindigkeit unter all den auf ihr befindlichen Dingen wegrasen und alles hinter sich zurücklassen müßte. Zur Rotation der Erde fragte er, wie ein irdischer Körper – vor allem z. B. eine Wolke in der Atmosphäre oder ein Vogel – sich jemals in östlicher Richtung relativ zur Erdoberfläche bewegen könne, wenn die Erde allein durch die tägliche Drehung sich viel schneller als irgendwelche der um sie ablaufenden Bewegungen unter diesen wegdrehen würde (ihre Oberfläche hat in Äquatornähe eine Geschwindigkeit von mehr als 1600 km/h in dieser Richtung) (Toulmin et al. 1970; 128-133).

Die *Durchsetzung der heliozentrischen Theorie* in der Kopernikanischen Wende war erst möglich, nachdem solche Argumente entkräftet wurden. Einer der Wegbereiter, dessen Überlegungen hier beispielhaft vorgestellt werden sollen, ist Nikolaus von Oresme, ein spätscholastischer Nominalist, der auch an der Herausbildung des Trägheitsprinzips Anteil hatte. Seine Auseinandersetzung mit den Argumenten der antiken Astronomen zuungunsten einer rotierenden Erde setzt mit der Feststellung ein, daß alle Bewegung nur relativ sei, und deshalb die sichtbare Bewegung des Himmels kein Einwand gegen die tägliche Umdrehung der Erde um ihre eigene Achse sein könne. Dann wendet er sich den bekannten Schwierigkeiten aus dem Bereich der Dynamik zu und führt dazu aus:

»Muß eine Erdumdrehung unweigerlich zu gewaltigen Stürmen führen? Nein: Wenn wir annehmen, daß die Atmosphäre die Rotation mitmacht, wird letzteres keine derartige Wirkung haben. Alle Bewegungen auf der Erde – selbst die von Pfeilen, Wolken und anderen fliegenden Objekten – werden genau so vonstatten gehen, als ob die Erde in Ruhe wäre. So kann man durch direkte Beobachtungen nicht entscheiden, ob die Erde rotiert oder nicht« (Toulmin et al. 1970; 173).

Seine Argumente für die Rotation der Erde, die zu einem großen Teil von Kopernikus übernommen wurden, setzt er noch durch die Feststellung fort, daß es deutliche Anzeichen für eine wirkliche Rotation der Erde gäbe:

»Man wird zur Annahme gezwungen, daß die Geschwindigkeit des Himmels überaus groß sei. Jeder, der über die große Höhe oder Entfernung des Himmels, über seine Ausmaße und die Länge seines täglichen Weges nachdenkt, wird folgendes klar erkennen: wenn eine Umdrehung dieser Art an einem einzigen Tage vollendet wird, kann man sich nicht vorstellen, auf welche Weise eine so erstaunliche und gewaltig große Geschwindigkeit des Himmels bestehen könnte« (Toulmin et al. 1970; 174).

Diese wenigen Beispiele aus der Geschichte der Astronomie können illustrieren, daß Wissenschaftsgeschichte ein wichtiger Bestandteil im genetisch organisierten Lernprozeß ist, weil sie den Lehrenden in die Lage versetzt, dem schrittweisen Übergang von dem in der lebensweltlichen Erfahrung fundierten Wissen zum wissenschaftlichen Wissen durch überzeugende Argumente behilflich zu sein. Wissenschaftsorientierte Verstehensprozesse setzen voraus, daß das im lebensweltlichen Erfahrungszusammenhang gewonnene astronomische Weltbild, in dem z. B. die Begriffe ›oben‹ und ›unten‹ im Rahmen einer alltäglichen Orientierungspraxis sinnvoll verwendet werden, durch Überzeugung gegen das von der neuzeitlichen Astronomie hervorgebrachte Weltbild ausgetauscht wird, wo z. B. die Begriffe ›oben‹ und ›unten‹ obsolet geworden sind. Um das kopernikanische Modell des Sonnensystems nicht nur wie einen Glaubensartikel zu apportieren, muß sich der Lernende (unter anderem) – wie schon Oresme Jahrhunderte vor ihm – klargemacht haben, warum der ganze massive Erdball mit uns Menschen, unserem Besitz und unseren Wohnstätten, mit Schiffen, Tieren und Bäumen in 24 Stunden eine Strecke von fast 3 Millionen Kilometern auf der Bahn um die Sonne entlangrasen und sich dabei noch mit Geschwindigkeiten bis zu mehr als 1600 Stundenkilometern ostwärts um die eigene Achse drehen kann, ohne daß dadurch die auf ihr befindlichen Gegenstände und Lebewesen in Mitleidenschaft gezogen werden.

Überwindung fachspezifischer Arbeitsteilung im genetischen Lehrgang – Beispiel: Dampfmaschine

Wissenschaftsgeschichte hat aber im genetischen Lehrgang nicht nur die Funktion eines Hilfsmittels, das die wissenschaftsimmanenten Argumentationszusammenhänge, mit Hilfe derer ein überzeugender Übergang vom lebensweltlichen zum wissenschaftlichen Wissen bewerkstelligt werden kann, namhaft zu machen imstande ist. Da Schüler und Studenten die gesellschaftlichen Interessen, die in den Forschungsprozeß hineinwirken, nicht durch eigene Beteiligung erfahren können, muß für sie *die Wissenschaftsgeschichte das Material liefern,* an dem sie sich einen *Begriff von Naturwissenschaft* verschaffen können, der zum Verständnis der heutigen, von einem tiefgreifenden wissenschaftlich-technischen Wandel geprägten Praxis beiträgt.

Unter den naturwissenschaftlichen Gegenständen, die sich für den genetischen Lehrgang als exemplarische Fälle anbieten, um einen Begriff von Naturwissenschaft zu entwickeln, gibt es solche, bei denen die Bedeutung wissenschaftlicher Theoriebildung für die Existenz unseres heutigen Weltbildes sichtbar gemacht werden kann, während andere, näher an der Ebene der Technikentwicklung angesiedelte, den wechselseitigen Bedingungszusammenhang von Wissenschaftsentwicklung und materieller Produktion thematisierbar machen. Um den genetischen Lehrgang nicht zu überlasten ist es ratsam, in seiner Durchführung, je nach dem zu behandelnden Gegenstand, eine dieser beiden Dimensionen, also entweder die gesellschaftsbezogene oder die philosophische, in den Vordergrund zu rücken, ohne sich allerdings auf eine starre Beschränkung auf eine dieser beiden einzulassen.

So kann die Geschichte der Astronomie nicht nur zur Bewältigung der in der Kopernikanischen Wende abgelaufenen Umorientierung im philosophischen sowie im astronomisch-physikalischen Denken (die Gegenstand des vorigen Abschnitts war) beitragen, sie kann auch zeigen, daß diese wissenschaftliche Revolution gekoppelt ist an eine Umorientierung der Interessen, unter denen Astronomie betrieben wurde. Denn der Übergang vom geozentrischen zum heliozentrischen Weltbild hätte nicht stattfinden können, wenn nicht eine Loslösung von einer seit der Antike existierenden Bindung an die Astrologie durch die im 14. Jahrhundert virulent werdenden Probleme der Kalenderreform, die im Jahre 1582 unter Verwendung des Kopernikanischen Werkes von Papst Gregor XIII. durchgeführt wurde, und vor allem der geographischen Ortsbestimmung, welche die Navigatoren seit der Entdeckung Amerikas und anderer überseeischer Länder beschäftigte, unter neuen, von gesellschaftlich relevanten Kräften getragenen Zielsetzungen, eingesetzt hätte (Hieber 1975; 453-462. Hieber 1976). Die Einbeziehung solcher Tatsachen in den genetischen Lehrgang schärft den Blick dafür, warum gewisse naturwissenschaftliche Erfahrungen, deren Inhalte ja sicher von gesellschaftlich-historischen Bedingungen unabhängig sind, erst zu bestimmten Zeiten entdeckt werden, warum also z. B. die Kopernikanische Wende sich gerade vom 16. bis ins 18. Jahrhundert hinein erstreckte und nicht schon etwa tausend Jahre früher möglich war.

Die heliozentrische Theorie des Sonnensystems, in der astronomische Aussagen eng mit der Konstituierung des neuzeitlichen Weltbildes verkoppelt sind, gehört zu den fachwissenschaftlichen Gegenständen, an denen sich im genetischen Lehrgang notwendig die *philosophische Dimension von naturwissenschaftlichen Erkenntnissen* entfaltet, während ihr konkreter Zusammenhang mit der materiellen gesamtgesellschaftlichen Praxis zwar besonders bezüglich des Problems der geographischen Ortsbestimmung vorhanden ist, aber nur durch zusätzlich in den Lehrgang einzubeziehendes Material für den Lernenden erkennbar wird. Da sich jedoch die philosophische Dimension von Naturwissenschaft nur an Gegenständen wie der Kopernikanischen Wende, der Darwinschen Entwicklungstheorie oder ähnlichem entfalten läßt, während sich ein direkt gesellschaftsbezogener Begriff von Naturwissenschaft — etwa an der Rolle der Naturwissenschaften für die Produktivkraft- und die Herrschaftskraftentwicklung — auch anhand anderer wissenschaftlicher Entwicklungen in den Lehrprozeß integrieren läßt, wird im betreffenden genetischen Lehrgang, um seine Überfrachtung zu vermeiden, die Veränderung des Weltbildes durch diese Theorien im Vordergrund stehen, ohne allerdings das ihre Entstehung überhaupt ermöglichende sozioökonomische Bedingungsgefüge rigide auszuklammern.

Anders wird es sich mit Gegenständen der naturwissenschaftlichen Lehre verhalten, bei denen durch Massenmedien, politische Bewegungen oder Geschichtsschreibung bereits das Problem der Bedeutung von wissenschaftlicher Entwicklung anhand der gesellschaftlichen Konsequenzen, die aus ihrer Anwendung resultieren, thematisiert worden ist. Die Möglichkeit der Vermittlung eines *gesellschaftsbezogenen Begriffs von Naturwissenschaft* im genetischen Lehrgang kann bei diesem zweiten Typ von Gegenständen, die zu einer exemplarischen Behandlung geeignet sind, durch Aufzeigen der Verknüpfung des wissenschaftlichen Entwicklungsganges mit gesellschaftlichen, vorwiegend ökonomischen und militärischen Interessen, die Einbindung von Naturwissenschaft in die gesamtgesellschaftliche Praxis deutlich machen. Damit kann an symptomatischen Fällen der Charakter von Wissenschaft als eines Mittels zur Erreichung von Zwecken, die stets einer Festlegung im Rahmen der die gesamtgesellschaftliche Praxis bestimmenden Interessenkonstellationen unterliegen, erarbeitet werden. Als illustrierendes Beispiel eines für den Schulunterricht in diesem Sinne geeigneten Gegenstandes wählen wir hier die Dampfmaschine.

Die *Partikularisierung der Wissensvermittlung in der herkömmlichen Schule* durch die Aufteilung des Unterrichts in Fächer verhindert eine Orientierung in einer von fortwährenden tiefgreifenden sozialen und wissenschaftlich-technischen Umwälzungen geprägten Lebenswelt. Entgegen den Anforderungen, die aus dem allgemeinbildenden Charakter der Schule abzuleiten sind, unterdrückt das Überangebot an isolierten, zerfaserten Kenntnissen und Informationen, das unbewältigte ›Stoffelend‹, die Lernprozesse der Schüler und unterdrückt damit die Fähigkeit, das Gelernte zu verarbeiten.

So werden in der traditionellen Schule etwa im Fach Geschichte die industrielle Revolution, im Fach Deutsch literarische und poetische Texte zur aufkommenden Arbeiterfrage bzw. Maschinisierung der Produktion, im Fach Gemeinschaftskunde die Funktion von Gewerkschaften im demokratischen kapitalistischen Staat und im naturwissenschaftlichen Unterricht die Funktionsweise technischer Aggregate wie der Dampfmaschine behandelt, ohne den tatsächlichen Zusammenhang dieser fachspezifisch verselbständigten Elemente zu thematisieren. Der genetische Lehrgang kann demgegenüber den behandelten Gegenstand ganz lassen, ohne Rücksicht auf Fächergrenzen zu nehmen, die wechselseitige Bedingtheit der verschiedenen Dimensionen z. B. des Gegenstandes *Dampfmaschine in der industriellen Revolution* aufzeigen, indem die naturwissenschaftlich-technische bzw. technikgeschichtliche, die soziologische, die ökonomische, die politische und auch die literarische Dimension dieses einen Gegenstandes im Zusammenhang behandelt werden. Wie die im alltäglichen Leben eintretenden wissenschaftlich- technischen Neuerungen sich nur äußerst selten allein mit dem Instrumentarium eines einzelnen Faches behandeln lassen, sollen auch die im genetischen Lehrgang angebotenen Gegenstände nicht durch fachdisziplinäre Partikularisierung auseinandergerissen werden. Denn nur wenn sie als Ganze zur Diskussion stehen, können überhaupt die ganzen Ausmaße ihrer Wirkungen gesehen werden. Die Verbindung von geeigneten naturwissenschaftlich-technischen Themen mit gesellschaftlichen Erscheinungen verfolgt die pädagogische Absicht, die Schüler zu befähigen, alle aus dem Thema technischer Fortschritt entfalteten soziologischen Erscheinungen auf ihre unmittelbaren und künftigen Interessen zurückzubeziehen, also Kompetenz zur Orientierung in unserer hochindustrialisierten Gesellschaft zu erwerben.

In diesem Sinne kann – um bei unserem Beispiel zu bleiben – die Entstehungs- und Wirkungsgeschichte der Dampfmaschine James Watts exemplarisch die innerhalb der gesamtgesellschaftlichen Praxis vorhandenen technisch zu lösenden Aufgaben, die zu ihrer Bewältigung erforderlichen technischen und wissenschaftlichen Fortschritte, sowie die weit über das ursprüngliche Aufgabenfeld hinausreichenden sozioökonomischen Konsequenzen einer in solchem Rahmen stattfindenden technischen Entwicklung aufzeigen, um daran anknüpfend den möglichen Zusammenhang bzw. die tatsächliche Divergenz von Produktivkraftentwicklung und der Intention eines ›guten Lebens‹ zu reflektieren.

Die Vorläuferin der Wattschen Dampfmaschine war die 1712 von Newcomen gebaute Maschine, deren Verwendung Aufgaben der vorindustriellen Zeit diente, welche die Bemühungen hervorgerufen hatten, eine neue Kraftmaschine zu schaffen. Diese Aufgaben waren

»einmal eine höfische, nämlich zum Ruhme eines Fürsten die Fontänen in den barocken Gärten mit Wasser zu versorgen, und zum andern eine wirtschaftliche im Sinne des Merkantilismus, nämlich die Erzgewinnung in den Bergwerken zu erhöhen durch eine wirksamere Art, des hinderlichen Grubenwassers Herr zu werden« (Klemm 1969; 15).

Das Schaffen Watts setzte am Schwachpunkt dieser atmosphärischen Maschine, dem hohen Energieverlust ein. Aufbauend auf dem vorhandenen Stand der Wärmelehre, die um die Mitte des 18. Jahrhunderts bereits die Erkenntnis des begrifflichen Unterschieds zwischen Wärmegrad und Wärmemenge gewonnen hatte, stellte er eigene wissenschaftliche Untersuchungen in den Jahren 1763 bis 1768 zur Verdampfungs- und Kondensationswärme an. Aufgrund dieser Untersuchungen konnte er den Energieverlust wesentlich reduzieren. Seine erste, einfach wirkende Dampfmaschine, die in Zusammenarbeit mit dem Unternehmer Boulton ab 1776 produziert wurde, verbrauchte, gemessen an der alten Newcomen-Maschine, nur ein Viertel an Kohlen. In den achtziger Jahren des 18. Jahrhunderts fand die Arbeit Watts ihre Krönung in der gelungenen Konstruktion der doppelt-wirkenden Dampfmaschine mit Drehbewegung, die als Antriebskraft für Produktionsmaschinen, wie Spinnmaschinen oder mechanische Webstühle, eines der zentralen Momente des Fabrikbetriebes wurde. Boulton & Watt verkauften ihre Maschinen zunächst nicht; sie verkauften ›power‹, und die geleistete Arbeit wurde in der Form abgegolten, daß der Gegenwert von einem Drittel der gegenüber der alten Newcomenschen Maschine ersparten Kohle entrichtet werden mußte. Dieser Bezahlungsmodus hielt sich bis zum Auslaufen des Grundpatents, das 1769 erteilt, im Jahre 1775, als es bereits zur Hälfte abgelaufen war, auf Betreiben von Boulton & Watt, nach zähen politischen Auseinandersetzungen durch eine besondere Parlamentsakte um weitere 25 Jahre bis 1800 verlängert wurde (Roosen 1969; 28).

Die industrielle Revolution ist nun keineswegs eine lineare Konsequenz der auf Watt zurückgehenden technischen Fortschritte, vielmehr liegt ihr Ausgang im 18. Jahrhundert in der Schöpfung neuer Werkzeugmaschinen, die den einzelnen Arbeiter, der ein einzelnes Werkzeug handhabt, durch einen Mechanismus ersetzt, der mit einer Menge derselben oder gleichartiger Werkzeuge auf einmal operiert und von einer einzigen Triebkraft, welches auch immer ihre Form sei, bewegt wird. Die in der Arbeitsteilung und Kooperation der Manufaktur herausgebildeten Arbeitsformen hatten die spätere Ersetzung des Menschen durch die Maschinerie vorbereitet, indem sie erstens schon teilweise die Ersetzung der handwerklichen Fähigkeiten des Produzenten durch den Gebrauch von Maschinen, sowie zweitens die Ablösung von natürlichen Antriebskräften durch die in vielem Handwerkszeug (z. B. beim Spinnrad) bereits angelegte Funktionsteilung des Menschen als bloße Antriebskraft und als Arbeiter, der eigentlich handwerklich tätig wird, ermöglichten. In der Werkzeugmaschine, die den Ausgangspunkt für den Übergang vom Handwerks- oder Manufakturbetrieb zum Maschinenbetrieb bildete, erscheinen demzufolge

»im großen und ganzen, wenn auch oft in sehr modifizierter Form, die Apparate und Werkzeuge wieder, womit der Handwerker und Manufakturarbeiter arbeitet, aber statt als Werkzeuge des Menschen jetzt als Werkzeuge eines Mechanismus oder als mechanische. Entweder ist die ganze Maschine nur eine mehr oder minder veränderte mechanische Ausgabe des alten Handwerksinstruments, wie bei dem mechanischen Webstuhl, oder die am Gerüst der Arbeitsmaschine angebrachten tätigen Organe sind alte Bekannte, wie Spindeln bei der Spinnmaschine, Nadeln beim Strumpfwirkstuhl, Sägeblätter bei der Sägemaschine, Messer bei der Zerhackmaschine usw. . . . Die Werkzeugmaschine ist also ein Mechanismus, der nach Mitteilung der entsprechenden Bewegung mit seinen Werkzeugen dieselben Operationen verrichtet, welche früher der Arbeiter mit ähnlichen Werkzeugen verrichtete. Ob die Triebkraft nun vom Menschen ausgeht oder selbst wieder von der Maschine, ändert am Wesen der Sache nichts. Nach Übertragung des eigentlichen Werkzeugs vom Menschen auf einen Mechanismus tritt eine Maschine an die Stelle eines bloßen Werkzeugs . . .

Die Dampfmaschine selbst, wie sie Ende des 17. Jahrhunderts während der Manufakturperiode erfunden ward und bis zum Anfang der 80er Jahre des 18. Jahrhunderts fortexistierte, rief keine industrielle Revolution hervor. Es war vielmehr umgekehrt die *Schöpfung der Werkzeugmaschinen, welche die revolutionierte Dampfmaschine notwendig machte.* Sobald der Mensch, statt mit dem Werkzeug auf den Arbeitsgegenstand, nur noch als Triebkraft auf eine Werkzeugmaschine wirkt, wird die Verkleidung der Triebkraft in menschliche Muskel zufällig und kann Wind, Wasser, Dampf usw. an die Stelle treten« (Marx 23; 393-396, Hervorhebung von mir, L. H.).

Der genetische Lehrgang, der die zum Verständnis der Dampfmaschine notwendigen Grundlagen wie z. B. Aggregatzustände, Dampfdruck, technische Kenntnisse im sokratischen Dialog durch schrittweisen Übergang von lebensweltlicher Erfahrung zur wissenschaftlich fundierten Erklärung erarbeiten wird, kann, worauf bereits diese große Skizze geschichtlicher Zusammenhänge hinweist, das dialektische Verhältnis von technischem und ökonomischem Fortschritt in diesem exemplarischen Fall einbeziehen. Einerseits wird Geschichte als Technikgeschichte, als Beschreibung der Entwicklung dieses Gerätes und des immer besseren Verständnisses der seiner Funktionsweise zugrundeliegenden naturwissenschaftlichen Gesetzmäßigkeiten, ein Hilfsmittel für den genetischen, im lebensweltlichen Wissensbestand des Schülers eingewurzelten Verstehensprozeß darstellen. Andererseits wird Geschichte als Wirtschafts- und Sozialgeschichte, die vermittels der oben umrißhaft skizzierten Zusammenhänge einen Einblick in den Ablauf von Produktivkraftentwicklung gibt, die ökonomische, soziale und politische Dimension der industriellen Revolution aufzeigen. Anknüpfend etwa an die mit der Nutzbarmachung der Dampfmaschine für den industriellen Produktionsprozeß einsetzende physische Erleichterung der Industriearbeit und die damit ermöglichte Einbeziehung von Kindern und Frauen in die Fabrik, oder an die Revolutionierung des Verkehrswesens durch Dampflokomotive und Dampfschiff[5], gelingt es auch hier, die Organisation des Verstehensprozesses vom Kinde her zu gestalten. Aber erst das Ganz-lassen des thematisierten Gegenstandes, erst das Verhindern des Zustandekommens einer partikularisiert fachspezifischen Wissensvermittlung läßt am exemplarischen Fall die gesellschaftlichen Bezüge naturwissenschaftlich-technischer Entwicklungen erkennen und stellt damit die Basis dafür dar, in der Schule, also in einer vom Produktionsbereich abgespaltenen Institution, Kompetenzen zur Orientierung in unserer von fortwährenden tiefgreifenden sozioökonomischen und wissenschaftlich-technischen Umwälzungen geprägten Lebenswelt zu erwerben.

Leistungsfähigkeit des genetischen Prinzips

Angesichts der Auswirkungen, die wissenschaftliche und technische Entwicklungen im Produktions- wie im Reproduktionsbereich bereits haben bzw. die künftig zu erwarten sind, sind den Ausbildungsinstitutionen, an denen naturwissenschaftliches Wissen vermittelt wird – je nach Adressatenkreis –, besondere Aufgaben zugewachsen, welche innerhalb der herkömmlichen Organisation naturwissenschaftlicher Lehrveranstaltungen nicht gelöst werden können. So ist an denjenigen Institutionen, die, wie die allgemeinbildenden Schulen, primär nicht zum Erwerb beruflicher Qualifikationen dienen, darauf zu achten, daß sich bei den Absolventen, deren Auseinandersetzung mit den Naturwissenschaften mit dem Schulabgang beendet ist, den späteren Laien also, nicht die heute weitverbreitete Wissenschaftsgläubigkeit bzw. Wissenschaftsfeindlichkeit breit macht, um eine gesellschaftsbezogene Auseinandersetzung mit faktischen oder geplanten Entwicklungen von Technik und Naturwissenschaft nicht von vornherein abzuschneiden. Dementsprechend ist eine Lehrerausbildung anzustreben, die durch Vermeidung der bekannten negativen Auswirkungen der fachspezifischen Sozialisationswirkungen und der fachbornierten Wissensaneignung dazu beiträgt, eine den genannten Forderungen angemessene Unterrichtspraxis zu realisieren.

Anders verhält es sich mit der Ausbildung in den Diplomstudiengängen, die ja in erster Linie zur Vermittlung von berufsrelevanten Fachkenntnissen und Fähigkeiten zu dienen hat, aber darüber hinaus auch, der Rolle der Naturwissenschaften für die gesellschaftliche Gesamtpraxis entsprechend, die Mittel zur Verfügung stellen sollte, die zur Reflexion der gesellschaftlichen Bedeutung der eigenen Berufspraxis und der Entwicklung naturwissenschaftlicher Fachgebiete erforderlich sind. Die gesellschaftliche Dimension naturwissenschaftlicher Tätigkeit, die unter anderem ihren Ausdruck darin findet, daß Naturwissenschaftler als

Experten in ihren Spezialgebieten zur Beratung von politischen Gremien und Parteien herangezogen werden, oder durch Bürgerinitiativen, die sich um eine Einbeziehung von Forschungsplanung und von Verwendung technologischer Großgeräte in den demokratischen Willensbildungsprozeß bemühen, gefordert werden, läßt eine Erweiterung des universitären Lehrangebots sinnvoll erscheinen, die neben der Aneignung naturwissenschaftlicher Fachkenntnisse auch einen Begriff von Naturwissenschaft selbst beinhaltet.

Als Alternative zur traditionellen naturwissenschaftlichen Lehre an Schule und Hochschule, nach deren Konzeption Lernprozesse als repetitives Einüben gesicherter Wissensbestände aufgefaßt wird, bietet sich das *genetische Prinzip* an, das dessen von anderen Wissensbereichen abgespaltene, allein dem logischen Aufbau des Lehrbuchwissens folgende Darbietung von Unterrichtsstoff vermeidet.

Die Vorteile der genetischen Organisation naturwissenschaftlichen Unterrichts liegen auf der Hand: in der *Schule* ermöglicht die Strukturierung der pädagogischen Situation durch das sokratische Gespräch, das eine schrittweise Herausarbeitung wissenschaftlicher Erkenntnisse aus dem durch alltägliche Erfahrung gesicherten Wissensbestand intendiert, die *Organisation des Lernprozesses vom Kinde aus*. Beim Lernenden entsteht, weil die Kluft zwischen lebensweltlicher und wissenschaftlicher Erfahrung überbrückbar geworden ist, eine ablehnende Haltung gegen die naturwissenschaftliche Denkweise nicht, die im herkömmlichen Fachunterricht durch sture Einübung abstrakt bleibenden Gesetzeswissens oft genug produziert wird. Allerdings setzt das Gelingen dieses Übergangs voraus, daß der Lehrer, statt durch vorschnelle Präsentation von Lehrbuchwissen den Verstehungsprozeß des Schülers abzubrechen, über die Kenntnis des kulturgeschichtlichen Weges der Theoriebildung zum thematisierten exemplarischen Gegenstand verfügt, um Hindernisse richtig einzuschätzen und Hinweise auf Argumentationen zu ihrer Überwindung anbieten zu können.

Außerdem ermöglicht der genetische Lehrgang, Unterrichtsgegenstände ganz zu lassen und damit, anders als es durch fachbezogene Partikularisierung der Wissensvermittlung in der herkömmlichen Schule der Fall ist, zur Ausbildung von Kompetenzen beizutragen, die für den *Umgang mit naturwissenschaftlich-technischen*

Veränderungen der Lebenswelt erforderlich sind. Insbesondere kann die Trennung des Bereiches der Geistes- und Gesellschaftswissenschaften von dem der Naturwissenschaften durchbrochen werden, indem Verflechtungen von wissenschaftlich-technischen mit gesellschaftlichen und erkenntnistheoretischen Entwicklungen sichtbar werden können und damit die Frage nach dem Wozu der Wissenschaft zu stellen gestatten.

Da niemand die Realität in einer fachspezifischen Aufteilung erfährt, verdeckt die Zerfaserung der Lehre in gegeneinander abgeschottete Fächer den Realitätsbezug des Fachwissens für den Schüler und erschwert damit das Entstehen von *Interesse,* während erst durch die Einbeziehung aller zur Behandlung eines Gegenstandes notwendigen Dimensionen diese Realität durchschaubar und mit eigenen Bedürfnissen zusammenbringbar wird. Mit der Veränderung der Lernorganisation durch das genetische Prinzip werden damit auch die Voraussetzungen geschaffen, die zum Durchbrechen fachspezifischer Sozialisationsmechanismen notwendig sind, weil einerseits eine scheinbare Objektivierung der Leistungsmessung durch Abkehr von repetitiv einübenden Verhaltensweisen obsolet wird, und andererseits das durch schulische Leistungsanreize geschaffene Interesse zugunsten eines aus lebensweltlichen Bezügen entstandenen Interesses ersetzbar wird.

In der *universitären Lehre* kommt die Durchführung von Veranstaltungen nach dem genetischen Prinzip einer Einführung des *Seminars mit einer kleinen Studentengruppe,* wie es in gesellschafts- und geisteswissenschaftlichen Fächern seit jeher bewährt ist, in den naturwissenschaftlichen Bereich gleich.[6] Für die *Lehrerausbildung* ist dies von großer Relevanz, weil ein Lehrer, der in seinem Studium keine anderen Veranstaltungstypen als Vorlesungen, Übungen und ähnliches kennenlernte, in der Schule zur Form des Frontalunterrichts tendieren wird, der nichts anderes als repetitiv einübende Lernverhaltensweisen befördert. Nur in Veranstaltungsformen, in denen die argumentative Aneignung von Wissen eine zentrale Rolle spielt, kann er durch ständige Übung und Erprobung diejenigen *Verhaltensweisen* entwickeln, die durch die fachspezifische Sozialisation im traditionellen Studium auf ein rudimentäres Stadium heruntergebracht werden, aber für seine spätere Berufspraxis, wenn sie sich nicht ausschließlich in den traditionellen Gleisen bewegen soll, von eminenter Bedeutung sind.

Außerdem ist die *Aneignung von philosophischen, gesellschaftswissenschaftlichen und historischen Kenntnissen,* die ein Lehrer braucht, der sich nicht auf die Durchführung eines fachbornierten Unterrichts beschränken will, ebenfalls an die Veranstaltungsform des Seminars gebunden, da es sich für die Vermittlung von Fachkenntnissen aus diesen Bereichen sowie der für ihre Verarbeitung adäquaten Denkweisen bewährt hat.

Während in diesem fächerintegrierenden Zusammenhang für die Lehrerausbildung wissenschaftsgeschichtliche Lehrinhalte, denen ja eine wichtige Hilfsfunktion für den genetischen Lehrgang zukommt, eine zentrale Rolle spielen, rückt sie im Diplomstudiengang mehr an die Seite, um der Diskussion philosophischer und gesellschaftswissenschaftlicher Implikationen wissenschaftlich-technischer Entwicklungen Vorrang einzuräumen. Das Lehrangebot für diejenigen, die später als wissenschaftlich qualifizierte Fachkräfte in der Industrie bzw. in staatlichen Forschungsinstitutionen tätig sein werden, sollte nicht nur naturwissenschaftliches Wissen, sondern auch Wissen über die Naturwissenschaft, einen Begriff von Naturwissenschaft vermitteln, der ja mit dem Instrumentarium, das diese selbst zur Verfügung stellt, nicht zu gewinnen ist. Wegen der hohen fachlichen Motivation, die durch die fachspezifische Sozialisation noch gestärkt wird, ist eine didaktische Voraussetzung für die Erarbeitung eines Begriffs der eigenen Wissenschaft, die zweifellos nicht ohne ein Überschreiten der eigenen Fachgrenzen gelingen kann, daß dies an fachwissenschaftlichen Gegenständen erfolgt, die ohnehin Bestandteil des Ausbildungsganges sind. Und genau dies ist mit Hilfe des genetischen Prinzips zu erreichen, da es an exemplarischen Fällen, die in geeigneter Weise aus dem fachlichen Lehrpensum ausgewählt werden können, ohne allzu weite Entfernung aus dem fachorientierten Interessenzusammenhang die sozialwissenschaftliche und philosophische Dimension naturwissenschaftlicher Tätigkeit zu behandeln erlaubt.

Da allerdings die Anforderungen, die die Durchführung genetischer Lehrveranstaltungen im universitären Bereich stellen, die Fähigkeiten der fachwissenschaftlichen Dozenten im allgemeinen überschreiten werden, lassen sie sich nur durchführen, wenn eine Intensivierung der Bemühungen um eine interdisziplinäre Gestaltung erfolgreich sind. Die in jüngerer Zeit im gesellschafts- und geisteswissenschaftlichen Bereich entstandenen Spezialdisziplinen wie Wissenschaftstheorie oder Wissenschaftssoziologie bringen gleichermaßen wie die dort bestehenden älteren Spezialdisziplinen wie Wissenschafts- und Technikgeschichte besonders günstige Voraussetzungen für eine Kooperation mit den Naturwissenschaften in der Lehre mit.

Anmerkungen

1 Der *lebensweltliche oder Aristotelische Erfahrungsbegriff* wird dann gebraucht, wenn wir ein bestimmtes menschliches Wissen als durch Erfahrung (im umgangssprachlichen Sinne von ›Erfahrenheit‹, ›Erfahrensein‹) erworben ausweisen, bei der es auf Fähigkeiten des Menschen ankommt, die ein Geübtsein, ein Vertrautsein mit gewissen Handlungen voraussetzen. Im Unterschied dazu wird der *Begriff der wissenschaftlichen Erfahrung* (Kantische Bedeutung von Erfahrung) so verstanden, daß damit nicht mehr die lediglich lebensweltlicher Erfahrenheit entsprungenen Handlungsmöglichkeiten gemeint sind, sondern im wesentlichen die nach methodischen Prinzipien gewonnenen Erkenntnisse (Kambartel 1974; 156 f.). Anders als die Aristotelische Physik, die als empirische Wissenschaft bezeichnet werden muß, baut die Galileische und damit die neuzeitliche Physik, die ebenfalls empirisch ist, da sie eine Kontrolle physikalischer Sätze durch Auszeichnung von Verfahren vorsieht, »nicht mehr auf den Erfahrungsbezügen einer gemeinsamen alltäglichen Praxis auf, sondern auf den bereits speziellen Aufgabenstellungen einer technischen Praxis« (Mittelstraß 1974 b; 70 f.).

2 Wagenschein beschränkt sich in seinen Darlegungen zum genetischen Prinzip auf den einzelwissenschaftlichen Bereich, den er allenfalls durch Wissenschaftsgeschichte im Sinne einer innerwissenschaftlich bleibenden Ideengeschichte ergänzt, ohne den Handlungszusammenhang naturwissenschaftlicher Praxis und Theoriebildung als Bestandteil unserer hergestellten geschichtlichen Welt zu thematisieren. Durch diese, bei ihm durch eine zu enge Bindung an die Tradition des Humanismus zustandekommende Restriktion verliert das genetische Prinzip – ungeachtet seiner Leistungsfähigkeit im pädagogischen Bereich – an Bedeutung, da »zwei Bedingungen nicht erfüllt sind: die Revision des auf die Dimension der Vergangenheit beschränkten bürgerlichen Geschichtsbegriffs und die Überwindung der traditionellen Arbeitsteilung zwischen den Einzelwissenschaften« (Negt 1971; 26. Vgl. auch: Janich 1973, Schulze 1973).

3 Das gilt nicht nur für den Übergang von der Aristotelischen zur Galileischen Physik, sondern ist auch auf andere wissenschaftliche Revolutionen übertragbar, wie z. B. die Überwindung der Grundlagenkrise in der Physik im ersten Drittel unseres Jahrhunderts durch die Einsteinsche Relativitätstheorie und die Kopenhagener Deutung der Quantentheorie.

4 Bei der obigen Darstellung des Grundgesetzes der Aristotelischen Dynamik wurde die Verwendung des Bewegungsbegriffs stillschweigend im heutigen physikalischen Sinne auf diese spezielle Art der Bewegung, die Ortsveränderung beschränkt.

5 Material hierzu ist zu finden z. B. im Kapitel über Maschinerie und große Industrie im ersten Band des ›Kapital‹ von Marx (Marx 23; 391-530), oder in Klemm (1954).

6 Es ist klar, daß die Durchführung solcher Veranstaltungen nur einen Anfang darstellen kann auf dem Wege zu einer sinnvollen Wissenschaftsdidaktik, die allein im Rahmen einer fächerübergreifenden Ausbildung unter Einschluß projektorientierter Studieneinheiten möglich ist.

Literatur

Habermas, Jürgen, 1968: *Technik und Wissenschaft als ›Ideologie‹*, Frankfurt/M.

Hieber, Lutz, 1975: Zum Konzept ›Finalisierung der Wissenschaft‹, in: *Leviathan 3*, S. 449-472.

Hieber, Lutz, 1976: Gesellschaftliche Steuerung der Wissenschaft und das Konzept der Finalisierung, in: *Leviathan 4*, S. 284-289.

Hieber, Lutz, 1978: Vermittlung wissenschaftlichen Wissens in Bürgerinitiativen, in: *Blätter für deutsche und internationale Politik 23*, S. 353-360.

Hoffmann, Rainer-W., 1977: *Die Verwissenschaftlichung der Produktion und das Wissen der Arbeiter*, Vortrag auf der Tagung der Sektion Wissenschaftsforschung der Deutschen Gesellschaft für Soziologie am 17.-18. 6. 1977 in München.

Huber, Ludwig, 1974: Das Problem der Sozialisation von Wissenschaftlern, in: *Neue Sammlung 14*, S. 2-33.

Janich, Peter, 1975: Die Integration der Naturwissenschaften auf der Grundlage ihrer theoriebildenden Methoden: Die genetische Organisation naturwissenschaftlichen Lehrstoffs, in: Frey, Karl; Häußler, Peter (Hrsg.), *Integriertes Curriculum Naturwissenschaft: Theoretische Grundlagen und Ansätze* (Bericht über das 4. IPN-Symposion), S. 117-127, Weinheim–Basel.

Kambartel, Friedrich, 1974: Wie abhängig ist die Physik von Erfahrung und Geschichte?, in: K. Hübner; A. Menne (Hrsg.), *Natur und Geschichte* (X. Deutscher Kongreß für Philosophie, Kiel 8.-12. 10. 1972), S. 154-169, Hamburg.

Klemm, Friedrich, 1954: *Technik*, Freiburg–München.

Klemm, Friedrich, 1969: Der Weg von Guericke zu Watt, in: *Abhandlungen des Deutschen Museums 37*, Heft 1 (»200 Jahre industrielle Revolution«), S. 5-23.

Kurucz, Jenö (Hrsg.), 1972: *Das Selbstverständnis von Naturwissenschaftlern in der Industrie – Ergebnisse einer Befragung promovierter Industriechemiker*, Weinheim.

Kurucz, Jenö, 1975: *Industriephysiker und Industrieherren*, Saarbrücken.

Marx, Karl, 23: Das Kapital, Bd. 1, *Marx – Engels – Werke Bd. 23*, Berlin (DDR).

Mittelstraß, Jürgen, 1974 a: *Die Möglichkeit von Wissenschaft*, Frankfurt/M.

Mittelstraß, Jürgen, 1974 b: Metaphysik der Natur in der Methodologie der Naturwissenschaften, in: K. Hübner; A. Menne (Hrsg.), *Natur und Geschichte* (X. Deutscher Kongreß für Philosophie, Kiel 8.-12. 10. 1972), S. 63-87, Hamburg.

Moreau, Joseph, 1975: Die finalistische Kosmologie, in: Gustav Seeck (Hrsg.), *Die Naturphilosophie des Aristoteles*, S. 59-76, Darmstadt.

Negt, Oskar, 1971: *Soziologische Phantasie und exemplarisches Lernen*, Frankfurt/M.

Negt, Oskar, 1975/76: Schule als Erfahrungsprozeß – Gesellschaftliche Aspekte des Glocksee-Projekts, in: *Ästhetik und Kommunikation*, Heft 22/23, S. 36-55.

Reiß, Veronika, 1976: Interdisziplinäre Curricula in den Naturwissenschaften als

Sozialisationsmedien, in: Bloch, Jan et al., *Curriculum Naturwissenschaft,* S. 149-170, Köln.

Roosen, Richard, 1969: Watts Pionierpatent und die weitere Entwicklung der Dampftechnik, in: *Abhandlungen und Berichte des Deutschen Museums 37,* Heft 1 (»200 Jahre industrielle Revolution«), S. 24-44.

Rupp, Hans Karl, 1970: *Außerparlamentarische Opposition in der Ära Adenauer,* Köln.

Schulze, Theodor, 1973: Fachbereichsübergreifende Integration – aus der Sicht eines geplanten Gesamtcurriculums für die Bielefelder Laborschule, in: Frey, Karl; Häußler, Peter (Hrsg.), *Integriertes Curriculum Naturwissenschaft: Theoretische Grundlagen und Ansätze* (Bericht über das 4. IPN-Symposion), S. 361-381. Weinheim–Basel.

Toulmin, Stephen, 1968: *Voraussicht und Verstehen,* Frankfurt/M.

Toulmin, Stephen; Goodfield, June, 1970: *Modelle des Kosmos,* München.

Wagenschein, Martin, 1971: Naturwissenschaftliche Bildung und Sprachverlust, in: *Neue Sammlung 11,* S. 497-507.

Wagenschein, Martin; Banholzer, Agnes; Thiel, Siegfried, 1973: *Kinder auf dem Wege zur Physik,* Stuttgart.

Wagenschein, Martin, 1975 a: *Verstehen lehren* (5. erw. Aufl.), Weinheim–Basel.

Wagenschein, Martin, 1975 b: Wissenschafts-Verständigkeit, in: *Neue Sammlung 15,* S. 315-327.

Weigelt, Peter, 1975/76: Langeweile, in: *Ästhetik und Kommunikation,* Heft 22/23, S. 141-149.

Wolf, Fritze, 1960: Kein Grund zur Unruhe, in: *Das Argument,* Nr. 17, abgedruckt in: *Das Argument AS* 1/1, Berlin 1974, S. 225 f.

III

Wissenschaft und Arbeiterbewegung

Wolf Schäfer
Proletarisches Denken und Kritische Wissenschaft
(I)

> Die Philosophen haben das Proletariat
> auf seinen starken Arm reduziert;
> es kommt darauf an,
> seinen Kopf wieder zu entdecken.

1. Zur Kritik des Wissenschaftlichen Sozialismus

Der wissenschaftliche Sozialismus hat das proletarische Denken unterdrückt. . . .

Der wissenschaftliche Sozialismus hat das proletarische Denken überwunden. . . .

Die Überwindung des proletarischen Denkens hat eine sozialwissenschaftliche Theoriedynamik ausgelöst, die von den ersten Formulierungen der historisch-materialistischen Geschichtsauffassung bis zu den gegenwärtigen Rekonstruktionsversuchen des Historischen Materialismus reicht. . . .

Die Unterdrückung des proletarischen Denkens hat eine fortschreitende Entfremdung zwischen kritischer Sozialwissenschaft und sozialer Bewegung ausgelöst, die mit den ersten Kritiken des ungelehrten Denkens innerhalb der frühen Arbeiterbewegung beginnt und bis zur politisch-praktischen »Selbstmarginalisierung« (Dubiel) der Kritischen Theorie führt. . . .

Bemerkenswert an diesen Behauptungen und Gegenbehauptungen ist, daß es für die eine wie für die andere Linie der Argumentation gute Gründe gibt (die in den Marx- und Arbeiterbewegungs-Kontroversen hin- und hergeschoben werden), daß man sowohl die eine als auch die andere These vertreten kann. Denn es stimmt, daß Karl Marx und Friedrich Engels 1846/47 mit Vehemenz und Erfolg gegen die »Unwissenheit« der Arbeiterkommunisten eingeschritten sind. Das spricht für die Unterdrückung des proletarischen Denkens. Auch ist nicht zu bestreiten, daß wir dem theoretischen Werk der Klassiker des wissenschaftlichen Sozialismus mehr Anregungen verdanken (zumindest bislang) als den

Früchten der proletarischen Kopfarbeit. Das spricht für die Überwindung des proletarischen Denkens. Wir geben ferner zu, daß
wir die theoretische Fruchtbarkeit der Marxschen Theorietradition auf der Haben-Seite und die politisch-praktische Beziehung
kritischer Sozialwissenschaft zu den sozialen Bewegungen der
Gegenwart auf der Soll-Seite unseres Kontos notieren.
Dennoch werden wir in diesem Beitrag eine Kritik des wissenschaftlichen Sozialismus vortragen, die einseitig Partei für das
proletarische Denken ergreift. Wir werden die Unterdrückung
der proletarischen Kopfarbeit als den kleinen Fehler am Anfang
monieren, der sich am Ende als das große Debet auf der linken
Seite unseres Kontos niedergeschlagen hat. Wir kritisieren nicht
die gelehrte Entwicklung und Weiterentwicklung der Marxschen
Theorie, sondern die Unempfänglichkeit des gelehrten Denkens
für die Wissensform des ungelehrten Denkens. Wir werden versuchen, die unwissenschaftliche Wissensform der ungelehrten
Denker zu rekonstruieren.
(Unsere Rekonstruktion des proletarischen Denkens stützt sich
vornehmlich auf die Primärliteratur des »Bundes der Gerechten«,
da die Sekundärliteratur zur frühen Arbeiterbewegung wenig für
die Frage nach der Wissensform des ungelehrten Denkens her-
gibt. Die Arbeit von Alexander Brandenburg über *Theoriebildungs-
prozesse in der deutschen Arbeiterbewegung, 1835-1850,* Hannover 1977,
kommt zwar einigen Aspekten des proletarischen Denkens nahe,
dringt aber nicht bis zur konsequenten Unterscheidung der Wissensformen vor).

2. Zur Entdifferenzierung von Kopf- und Handarbeit

Die Entdifferenzierung von Kopf- und Handarbeit ist ein Grund-
gedanke des frühen Sozialismus und Kommunismus. Das Novum
dieser Konzeption ist, daß es eine strategische Konzeption ist und
kein unbewußter Transformationsprozeß, an dem die historischen Akteure zwar aktiv teilhaben, aber nicht reflexiv teilneh-
men. Es wäre kurzsichtig, diese Konzeption als »utopisch« zu
klassifizieren; denn gerade das Utopische im sogenannten Frühso-
zialismus kennzeichnet seine Modernität. Der Strukturwandel,
der sich als Tiefenströmung Bahn bricht, wie zum Beispiel im
Falle der Entdifferenzierung von Universitätsgelehrten, humani-

stischen Literaten und Künstler-Handwerkern zwischen 1300 und 1600[1], ist nicht neu. Der subversive Strukturwandel ist ein Phänomen aller bisherigen Geschichte, die geplante Strukturveränderung hingegen ein Kennzeichen der Moderne. Allein die Moderne aktualisiert ihre möglichen Entwicklungspfade im Horizont der Zukunft, und insofern ist der prospektiv-retrospektive Handlungsentwurf einer aufgehobenen Trennung von Kopf- und Handarbeit genuin modern. Wir greifen diesen Handlungsentwurf auf, weil wir an einer spezifischen Trennung von Kopf- und Handarbeit in der Arbeiterbewegung selbst Anstoß nehmen. Zunächst drei Beispiele dieses Handlungsentwurfs.

Der kollektive Autor[2] des proletarischen »Bundes der Gerechten«, Wilhelm Weitling, erhielt 1838 von der Zentralbehörde des Bundes den Auftrag, »die Möglichkeit der Gütergemeinschaft« zu veranschaulichen. Er erfüllte diesen Auftrag in der Schrift *Die Menschheit, wie sie ist und wie sie sein sollte,* die um die Jahreswende 1838/39 in Paris veröffentlicht wurde. Im Schlußkapitel wird die Entdifferenzierung von Kopf- und Handarbeit antizipiert:

»Wenn diese Ideen in Ausführung kommen, wird man überall nur den Bruder und die Schwester finden, und nirgends den Feind. Die dritte Generation der in Gütergemeinschaft lebenden Menschheit wird *eine* Sprache sprechen und gleich in Sitten und wissenschaftlicher Bildung sein.
Der Handwerker und der Bauer werden zugleich Gelehrte, und der Gelehrte Handwerker und Bauer sein«.[3]

Eine Variante dieser Zukunftsperspektive wurde im Kontext des »philosophischen Communismus« (Engels) entwickelt.[4] Die »gelehrten Kommunisten« sahen sich vor das Problem gestellt, den »wirklich existirenden Communismus« (Marx) der proletarischen Arbeiterbewegung philosophisch einzuholen. Karl Marx löste das Problem in der Einleitung *Zur Kritik der Hegelschen Rechtsphilosophie* (1844), indem er die Heermacht des Proletariats kurzerhand der Philosophie unterstellte:

»Wie die Philosophie im Proletariat ihre *materiellen,* so findet das Proletariat in der Philosophie seine *geistigen* Waffen, und sobald der Blitz des Gedankens gründlich in diesen naiven Volksboden eingeschlagen ist, wird sich die Emancipation der *Deutschen* zu *Menschen* vollziehn. [. . .] Die *Emancipation des Deutschen* ist die *Emancipation des Menschen.* Der *Kopf* dieser Emancipation ist die *Philosophie,* ihr *Herz* das *Proletariat.* Die Philosophie kann sich nicht verwirklichen ohne die Aufhebung des Proletariats, das Proletariat kann sich nicht aufheben ohne die Verwirklichung der Philosophie«.[5]

Als Variante der Variante bietet sich eine Aussage von Ferdinand Lassalle an. Lassalle hatte am 12. April 1862 im Handwerkerverein der Oranienburger Vorstadt einen Vortrag *Ueber den besondern Zusammenhang der gegenwärtigen Geschichtsperiode mit der Idee des Arbeiterstandes* gehalten und die historische Berufung der Arbeiterklasse zur »Herrschaft [. . .] über den Staat« entwickelt.[6] Der preußische Staatsanwalt und spätere Justizminister von Schelling (ein Sohn des Philosophen) griff diesen Gedanken auf und klagte Lassalle an,

»durch diese *Darstellungen* und durch die mehrfach wiederkehrenden *Hinweisungen* auf eine demnächst bevorstehende soziale Revolution [. . .] die Arbeiter zum *Hasse* und zur *Verachtung* gegen die Bourgeoisie, d. h. die besitzlosen Klassen gegen die besitzenden aufgereizt und hierdurch den öffentlichen Frieden gefährdet«[7]

zu haben. Die Verhandlung fand am 16. Januar 1863 vor dem Königlichen Stadtgericht zu Berlin statt. Lassalle sprach über *Die Wissenschaft und die Arbeiter*. Er versuchte, die Kriminalisierung der Konzeption eines evolutionären Bündnisses von Kopf- und Handarbeit zu verhindern und vertrat den Standpunkt:

»*Zwei* Dinge allein sind groß geblieben in dem allgemeinen Verfall, der für den tiefern Kenner der Geschichte alle Zustände des europäischen Lebens ergriffen hat, *zwei* Dinge allein sind frisch geblieben und fortzeugend mitten in der schleichenden Auszehrung der Selbstsucht, welche alle Adern des europäischen Lebens durchdrungen hat: die *Wissenschaft* und das *Volk*, die *Wissenschaft* und die *Arbeiter*!
Die Vereinigung beider allein kann den Schooß europäischer Zustände mit neuem Leben befruchten.
Die Alliance der *Wissenschaft* und der *Arbeiter*, dieser beiden entgegengesetzten Pole der Gesellschaft, die, *wenn* sie sich umarmen, alle Kulturhindernisse in ihren ehernen Armen erdrücken werden – das ist das Ziel, dem ich, so lange ich athme, mein Leben zu weihen beschlossen habe!«[8]

Die Entdifferenzierung der Handwerker, der Bauern und der Gelehrten (Weitling), die Verwirklichung der Philosophie und die Aufhebung des Proletariats (Marx) sowie die Vereinigung der Wissenschaft und der Arbeiter (Lassalle) deuten an, daß Weitling, Marx und Lassalle im Prinzip konvergierende Zielvorstellungen hatten. An die Verbindung von Intelligenz und Arbeiterklasse haben alle Sozialisten und Kommunisten kulturrevolutionäre Hoffnungen geknüpft, zumindest wurde die Wendung gegen die Trennung von Kopf- und Handarbeit nicht nur von den ungelehrten, sondern auch von den gelehrten Denkern der Arbeiterbewegung vollzogen. Dies festzuhalten ist wichtig, um dem Einwand zu begegnen, daß die Spaltung der kommunistischen Partei von 1846 in Weitlingianer und Marxisten aufgrund prinzipieller Unvereinbarkeiten der Theorieziele zustande gekommen sei. Doch bevor wir auf den Konflikt zwischen Weitling und Marx zu sprechen kommen, wollen wir kurz an die Marxsche Entdeckung der proletarischen Kopfarbeit erinnern.

3. Zur Entdeckung proletarischer Kopfarbeit

Karl Marx hatte »die ausgezeichneten Anlagen des deutschen Proletariats für den Sozialismus«[9] um die Jahreswende 1843/44 entdeckt. Die Entdeckung »dieses Phänomens« (ebd.), die in der Einleitung zur Kritik der Hegelschen Rechtsphilosophie mitgeteilt wurde, gibt zwar keinen Aufschluß über das Denken und Handeln des Proletariats, läßt aber die ausgezeichneten Anlagen des jungen Marx für den Sozialismus – genauer gesagt: für eine bestimmte Philosophie des Sozialismus – erkennen. Marx stilisierte das Proletariat

– als die einzige Klasse der bürgerlichen Gesellschaft, »welche keine Klasse der bürgerlichen Gesellschaft ist«,
– als den einzigen Stand, »welcher die Auflösung aller Stände ist«,
– als die einzige Sphäre, »welche einen universellen Charakter durch ihre universellen Leiden besitzt«, welche »kein *besondres Recht* in Anspruch nimmt, weil kein *besondres Unrecht,* sondern das *Unrecht schlechthin* an ihr verübt wird«, »welche nicht mehr auf einen *historischen,* sondern nur noch auf den *menschlichen* Titel provociren kann«,
»welche sich nicht emancipiren kann, ohne sich von allen übrigen Sphären der Gesellschaft und damit alle übrigen Sphären der Gesellschaft zu emancipiren«,
»welche mit einem Wort der *völlige Verlust* des Menschen ist, also nur durch die *völlige Wiedergewinnung des Menschen* sich selbst gewinnen kann«.[10]

Die Schubkraft dieser Thesen reichte aus, um Marx aus dem Lager der liberalen Demokraten zu katapultieren; sie reichte nicht aus, um das Lager der Arbeiterkommunisten zu erreichen. Ein

Graben tat sich auf zwischen dem philosophisch abgeleiteten Proletariat, dem die »*Auflösung der bisherigen Weltordnung*« (ebd.) zugedacht war, und der sozialen Bewegung der Arbeiter. Dennoch hat Marx signifikante Dinge bemerkt: die Unfähigkeit der Politik zur positiven »*Vernichtung* des Proletariats und des Pauperismus«[11] durch administrative Maßnahmen und das Novum der proletarischen Theoriebildung.[12] Die Polemik »gegen die alberne Hoffnung [. . .], wonach der ›*politische Verstand die Wurzel der geselligen Not* für Deutschland zu entdecken‹ berufen«[13] sei, fällt zwar konkreter aus als die Marxsche Hymne auf den »Theoretiker des europäischen Proletariats«, aber nichtsdestoweniger verdient gerade dieser Hinweis unsere Beachtung. Das folgende Zitat zeigt den historischen Marx in der Position des Johannes, der den liberalen Philosophen und Schriftgelehrten den eigentlichen Theoretiker des Proletariats vorstellt – die Arbeiter selbst:

»Was den Bildungsstand oder die Bildungsfähigkeit der deutschen Arbeiter im allgemeinen betrifft, so erinnere ich an *Weitlings* geniale Schriften, die in theoretischer Hinsicht oft selbst über *Proudhon* hinausgehn, sosehr sie in der Ausführung nachstehen. Wo hätte die Bourgeoisie – ihre Philosophen und Schriftgelehrten eingerechnet – ein ähnliches Werk wie Weitlings ›*Garantien der Harmonie und Freiheit*‹ in bezug auf die Emanzipation der Bourgeoisie – die *politische* Emanzipation – aufzuweisen? Vergleicht man die nüchterne, kleinlaute Mittelmäßigkeit der deutschen politischen Literatur mit diesem *maßlosen* und brillanten literarischen Debut der deutschen Arbeiter; vergleicht man diese riesenhaften *Kinderschuhe* des Proletariats mit der Zwerghaftigkeit der ausgetretenen politischen Schuhe der deutschen Bourgeoisie, so muß man dem *deutschen Aschenbrödel* eine *Athletengestalt* prophezeien. Man muß gestehen, daß das deutsche Proletariat der *Theoretiker* des europäischen Proletariats, wie das englische Proletariat sein *Nationalökonom* und das französische Proletariat sein *Politiker* ist«.[14]

Inzwischen hat der Johannes des Proletariats wirkungsgeschichtlich Karriere gemacht. Nicht die brillanten deutschen Arbeiter, Marx wurde zur »Athletengestalt«. Man muß also gestehen, daß der alles überragende Theoretiker des Proletariats heute nicht mehr die Klasse selbst, sondern ein großer Klassiker ist, obwohl der Klassiker nach eigenem Bekunden nicht der »Theoretiker des europäischen Proletariats«, sondern nur sein Zeitgenosse war.

4. Zur Unterdrückung proletarischer Kopfarbeit

Die Unterdrückung der proletarischen Kopfarbeit mit der Wirkungsgeschichte des Marxschen Werks zu begründen, wäre allerdings verfehlt. Der eindrucksvolle Aufstieg des philosophischen Entdeckers der Arbeiterbewegung zum »Meisterdenker« des Proletariats erschwert zwar die Wiederentdeckung der genuin proletarischen Theoriebildung, aber ihre ursprüngliche Verdrängung hatte andere Gründe. Nicht weniger verfehlt wäre es, den Konflikt zwischen der philosophischen und der proletarischen »Partei« des deutschen Kommunismus als eine persönliche Rivalität zwischen Marx und Weitling darzustellen; denn zumindest der Sprecher des proletarischen Kommunismus war kooperationsbereit:

> »Solange eine Partei noch klein ist, muß sie alle möglichen Mittel gebrauchen, sich zu verstärken. Wir brauchen die Revolutionäre so gut wie die Aufklärer, und es erfordert deshalb schon die Politik, gegen keine dieser Schattierungen unserer Partei zu räsonieren.«[15]

Als Konfliktgrund scheidet schließlich auch ein Streit über die hochgesteckten revolutionären Ziele der Arbeiterbewegung aus; denn darüber gab es keinen Streit – der utopische Horizont der ersten Kommunisten war konfliktfrei. Die wirklichen Gründe des historischen Konflikts, der zur Unterdrückung der proletarischen Kopfarbeit führte, waren: der Führungsanspruch der Philosophen qua Wissenschaftler in Sachen Theoriebildung sowie in Fragen der politischen Strategie, ferner die Unvereinbarkeit der philosophischen und der proletarischen Wissensform. Wir beginnen die Diskussion der wirklichen »Scheidungsgründe« mit einer Analyse der drei Theorieausschnitte zur Entdifferenzierung von Kopf- und Handarbeit.

Wenn man die Perspektive der proletarischen Theoriebildung – »der Handwerker und der Bauer werden zugleich Gelehrte, und der Gelehrte Handwerker und Bauer sein« – mit den beiden Varianten des philosophischen Kommunismus vergleicht:

– »die Philosophie kann sich nicht verwirklichen ohne die Aufhebung des Proletariats, das Proletariat kann sich nicht aufheben ohne die Verwirklichung der Philosophie«,

– »die Allianz der Wissenschaft und der Arbeiter, dieser beiden entgegengesetzten Pole der Gesellschaft, die, wenn sie sich umarmen, alle Kulturhindernisse in ihren ehernen Armen erdrücken werden – das ist das Ziel«, dann wird folgender Unterschied deutlich: Der kollektive Autor des »Bundes der Gerechten« entwirft im »Zugleich« von Kopf- und Handarbeit die Gestalt des neuen kommunistischen Menschen der »dritten Generation«. Dieser neue Mensch, der nurmehr »eine Sprache« spricht und »gleich in Sitten und wissenschaftlicher Bildung« ist, hat die Marxsche »Verwirklichung der Philosophie« und »Aufhebung des Proletariats« bzw. die Lassallesche Beseitigung »aller Kulturhindernisse« durch die »Allianz der Wissenschaft und der Arbeiter« als Vorgeschichte hinter sich. Der kollektive Autor nimmt einen Standpunkt in der Zukunft sein, und wenn er von dort auf seine Gegenwart zurückblickt, dann ermöglicht die »aus Handlungsperspektiven vorausentworfene Retrospektive«[16] eine radikale Kritik der bestehenden Trennung von Kopf- und Handarbeit. Marx und Lassalle[17] dagegen bleiben ihrem realen Standort treu. Für sie stehen nach wie vor »die Philosophie« bzw. »die Wissenschaft« auf der Seite der Kopfarbeit und »das Proletariat« auf der Seite der Handarbeit – nicht das proletarische »Zugleich« von Kopf- und Handarbeit wird gedacht, sondern die »Allianz« der »entgegengesetzten Pole«. Die »rücksichtslose Kritik alles Bestehenden«[18] macht Halt vor der eigenen Position.

Die Dominanz der Philosophie im Marxschen Sprachspiel illustriert, wie rücksichtsvoll die »Kritik alles Bestehenden« war. Warum zum Beispiel findet die Philosophie im Proletariat nur »materielle« Waffen? Der »Blitz des Gedankens« kommt aus der Philosophie – warum? Warum stellt die Philosophie den »Kopf« des emanzipierten Menschen? Wenn die Antwort lautet: Das Proletariat ist kopf- und geistlos, nichts weiter als physische Kraft, lebendig zwar, also mit »Herz«, aber doch nicht mehr als der »naive Volksboden«, den es intellektuell zu befruchten gilt, dann wird die Vermittlung von Philosophie und Proletariat als Entdifferenzierung von Kopf- und Handarbeit fragwürdig. Die Philosophie, die sich durch die Aufhebung des Proletariats verwirklichen, und das Proletariat, das sich durch die Verwirklichung der Philosophie aufheben soll, werden als weltgeschichtlich ausgezeichnete Bündnispartner begriffen und nicht als Elemente einer qualitativ neuen sozialen Verbindung. Im Gegensatz zur radikalen Perspektive des kollektiven Autors hat Marx *weder die Kopfarbeit des Proletariats* (Verwirklichung der Philosophie) *noch die Handarbeit der Philosophen* (Aufhebung des Proletariats) ins Auge gefaßt.

Der Anspruch der Philosophen, allein über eine »streng wissenschaftliche Idee« und »positive Lehre« der kommunistischen Bewegung zu verfügen, stellte jedoch nicht nur die Entdifferenzierung von Kopf- und Handarbeit, sondern auch die politische Aktionsgemeinschaft von Philosophie und Proletariat in Frage. Das war unnötig; denn die Utopie von der sanften »Herrschaft des Wissens«[19] können wir als eine gemeinsame Denkfigur der philosophischen Tradition und der proletarischen Theoriebildung bezeichnen.[20] Die Theorie, daß »die *Philosophie* das Ruder der gesellschaftlichen Ordnung leiten«[21] müsse, hat das angestrebte Bündnis von proletarischem und philosophischem Kommunismus nicht belastet. Die Diktatur der Philosophen war undiskutabel.

Marx und Engels haben die fatale Ansicht, allein im Besitz der wahren Philosophie zu sein, um die Mitte der vierziger Jahre an zwei Fronten vertreten: einerseits dem »naiven Volksboden« gegenüber und andererseits im Streit mit den Repräsentanten der »neuesten deutschen Philosophie«: Ludwig Feuerbach, Bruno Bauer, Max Stirner und Karl Grün. Da aber das literarische Dokument dieser »grenzenlos frechen«[22] Auseinandersetzung – das Werk über »Die deutsche Ideologie« – damals nicht veröffentlicht wurde, blieb die damit erreichte geschichtsphilosophische »Selbstverständigung« ein Geheimnis der beiden Autoren. Dennoch fiel die »neugewonnene Anschauungsweise«, die Engels 1885 als eine »die Geschichtswissenschaft umwälzende Entdeckung«[23] bezeichnet hat, nicht einfach »der nagenden Kritik der Mäuse« zum Opfer. Sie bewirkte, daß Marx und Engels die kommunistische Partei des deutschen Proletariats vor dem (unbekannten) Hintergrund der materialistischen Geschichtstheorie zu »sichten« begannen. Die historisch-materialistische Evaluation des Arbeiterkommunismus fand statt in den Sitzungen und Zirkularen des Brüsseler »Kommunistischen Korrespondenz-Komittees«.[24]

Am 30. März 1846 stand Weitling, der Sprecher des kollektiven Autors, Rede und Antwort in Brüssel. Die von Marx formulierte Frage lautete:

»Sagen Sie uns doch, Weitling, der Sie mit Ihren kommunistischen Predigten in Deutschland so viel Lärm gemacht und der Sie so viele Arbeiter gewonnen haben, [...] mit welchen Gründen rechtfertigen Sie Ihre revolutionäre und soziale Tätigkeit, und worauf denken Sie dieselbe in Zukunft zu gründen?«[25]

Als der Sprecher des kollektiven Autors erklärte, daß es nicht sein Ziel sei, »neue ökonomische Theorien« zu produzieren, sondern die Arbeiter in radikalen »demokratischen und kommunistischen Gemeinschaften« zu organisieren, erwiderte Marx,

»daß es einfach ein Betrug sei, die Bevölkerung aufzuwiegeln, ohne ihr irgendwelche festen, durchdachten Grundlagen für ihre Tätigkeit zu geben. [. . .] Zumal in Deutschland sich an die Arbeiter ohne eine streng wissenschaftliche Idee und ohne positive Lehre zu wenden, komme einem [. . .] Spiel mit Predigten gleich, das einerseits einen inspirierten Propheten voraussetzt und bei dem andererseits nur Esel zugelassen werden, die ihm mit aufgesperrtem Maule zuhören. ›Hier‹, fügte er hinzu [. . .], ›hier ist unter uns ein Russe. In seinem Lande, Weitling, könnte Ihre Rolle am Platze sein: nur dort können tatsächlich Vereinigungen zwischen konfusen Propheten und konfusen Anhängern erfolgreich zustande kommen und fortbestehen‹.«[26]

Als der »Prophet« des »Handwerkerkommunismus« daraufhin die »Kabinettsanalysen« der »Geistesmonopolisten« aus seiner Sicht, das heißt aufgrund der proletarischen Organisations- und Klassenkampferfahrungen, zu »sichten« begann und zum Beispiel die Annahme der Gelehrten kritisierte: »Von der Verwirklichung des Kommunismus kann zunächst nicht die Rede sein, die Bourgeoisie muß erst ans Ruder kommen«,[27] schlug Marx »mit der Faust so heftig auf den Tisch, daß die Lampe darauf klirrte und ins Schwanken geriet, und aufspringend rief er: ›Niemals noch hat die Unwissenheit jemandem genützt!‹.«[28]
Nach diesem Abstieg in die affektiven Niederungen der Klassiker stellt sich die Frage, wie man wieder auf die Höhe des Gedankens kommt, der von der Herrschaft der Philosophie qua »Verwirklichung« handelt, so als ob es keine ambitionierten Philosophen gäbe, die ihre »streng wissenschaftlichen Ideen« und »positiven Lehren« zu verwirklichen trachten. Weitling zumindest hat diesen Aufschwung nicht mehr geschafft. »Ihr habt ihn ganz toll gemacht«, schreibt Moses Hess am 20. Mai nach Brüssel, »und wundert Euch nun darüber, daß er es ist.«[29]
Wenn man bedenkt, daß Marx nicht nur zehn Jahre jünger war als Weitling, sondern daß der Sprecher des kollektiven Autors 1846 zehn Arbeiterbewegungs-Jahre älter war als Marx – das heißt: er war sehr klassenbewußt, sehr erfahren in der Praxis der geheimen und der öffentlichen Propaganda, der geheimen und der öffentlichen Parteiorganisation, er war ideologisch versiert und

als Mitglied des kollektiven Autors theoretisch gebildet –, dann kann man wohl verstehen, daß der Vorwurf der »Unwissenheit« in Verbindung mit dem Führungsanspruch der Philosophen eine Spaltung der kommunistischen Partei in »Weitlingianer« einerseits und »Marxisten« andererseits zur Folge hatte.[30] Und dennoch: Warum kam das emanzipative Bündnis von Philosophie und Proletariat nicht zustande? Der kompromißlose Führungsanspruch des philosophischen Kommunismus bzw. der kommunistischen Philosophen erklärt zwar die Spaltung der Partei, aber nicht sich selbst. Warum also vertraten die Protagonisten des philosophischen Kommunismus das, was sie vertraten, so kompromißlos und so desintegrativ?

Die Historiker der deutschen Arbeiterbewegung haben sich diese Frage nicht gestellt. Sie haben entweder *für Weitling* und folglich gegen Marx[31] oder *für Marx* und folglich gegen Weitling[32] Partei ergriffen. Dagegen ist wenig einzuwenden; die historiographische Legitimation einseitiger Standpunkte ist üblich. Bedenklich ist nur, daß die Rechtfertigung der Rechtfertigung von Rechtfertigungen im Laufe der Zeit uninteressant wird. Im konkreten Fall zeigt das Dilemma »Marx oder Weitling« alle Anzeichen einer unfruchtbaren Legitimationsspirale, die nurmehr zur Demonstration fossiler Ansichten führt.[33] Wir schlagen daher vor, von der bekannten Höhe der Gedanken über den Fortschritt des philosophischen Kommunismus bzw. des wissenschaftlichen Sozialismus gegenüber dem proletarischen Kommunismus, über das Für und Wider einer Verwirklichung des Kommunismus vor oder nach der bürgerlichen Revolution etc., etc., abzusteigen und zu fragen: Welche Wissenform hat den proletarischen, welche den philosophischen Kommunismus ausgebildet? Wir erwarten von der Beantwortung dieser Frage eine Erklärung der gelehrten Ignoranz, die zur totalen Kritik und anschließenden Unterdrückung der proletarischen Kopfarbeit führte.

Im übrigen nehmen wir die Hoffnung der klassischen Sprachspiele ernst[34] und halten fest:

1. Das Denken der Arbeiterkommunisten wurde vom Denken der gelehrten Arbeiterführer unterdrückt.

2. Nicht alle Kulturhindernisse, die ein evolutionäres Bündnis von Kopf- und Handarbeit überwinden muß, sind der Arbeiterbewegung äußerlich.

3. Der Graben, der in der Arbeiterbewegung Philosophen und

Arbeiter trennt, ist weder durch Marxsche Herrschaft noch durch Lassallesche Organisation zu überbrücken.

4. Die informelle Diktatur der Philosophen im »Bund der Kommunisten« und die formelle im Lassalleschen ADAV (Allgemeiner Deutscher Arbeiterverein) haben die Trennung von Kopf- und Handarbeit in die Arbeiterbewegung getragen.

5. Die Allianz zur Beseitigung der Kulturhindernisse von oben muß scheitern, weil die wirkliche, die radikale Allianz der Gelehrten, der Philosophen, der Wissenschaftler, der Handwerker, der Bauern und der Arbeiter an eben den Kulturhindernissen scheitert, die das Bündnis »erdrücken« soll.

6. Die Aufhebung der Trennung von Kopf- und Handarbeit kann nicht Wirkung, sondern muß Ursache der Kulturrevolution sein.

7. Die Kulturrevolution von unten beginnt mit der Ausgrabung der proletarischen Kopfarbeit.

5. Zur Archäologie proletarischer Kopfarbeit

Warum Archäologie der proletarischen Kopfarbeit? – Als Lassalle die unterdrückte deutsche Arbeiterbewegung gegen Ende der »Neuen Ära« (1858-62) zu reorganisieren begann, warf ihm das in der liberalen »Fortschrittspartei« versammelte Bürgertum vor, er trete »in den umgewandten Hosen des Schneiders Weitling«[35] auf, das heißt, er vertrete die alte, abgelegte Sache der proletarischen Arbeiterbewegung des Vormärz. Dieser Vorwurf sollte Lassalles Agitation diskreditieren. Das ist nicht gelungen. Die Erinnerung an die ursprüngliche Arbeiterbewegung der Arbeiter, die der deutsche Michel mit »Schneider Weitling« assoziierte, gab mehr der Bourgeoisie als den Arbeitern zu denken. Aber etwas anderes ist gelungen: der Unterschied zwischen der philosophischen und der proletarischen Arbeiterbewegung, der 1846 noch sichtbar war, wurde endgültig zugedeckt. Die Archäologie der proletarischen Kopfarbeit wird diesen Unterschied wieder aufdecken und zeigen, daß 1862/63 keine Brücke von der Arbeiterbewegung der *Arbeiter* zur philosophischen *Bewegung* der Arbeiter geschlagen, sondern der Graben befestigt wurde, der beide Arbeiterbewegungen trennt.

Auf der proletarischen Seite der Arbeiterbewegung waren sowohl die Hände als auch die Köpfe der Arbeiter »in Bewegung«, aber auf der philosophischen Seite sind es nurmehr die Hände. Demzufolge heißt es dort: »Mann der Arbeit, aufgewacht! und erkenne deine Macht! Alle Räder stehen still, wenn dein starker Arm es will.«[36] Der theoretische Kopf des deutschen Proletariats, den der junge Marx entdeckt hatte, ist abgeschlagen. Die philosophische *Bewegung* der Arbeiter ist ausschließlich am »starken Arm« des Proletariats interessiert. Den Kopf der Arbeiterbewegung stellt »die Wissenschaft«, und die Wissenschaft ist nicht die Angelegenheit »der Arbeiter«, sondern der gelehrten Arbeiterführer.

Der Graben, der philosophische und proletarische Arbeiterbewegung trennt, ist fast unüberwindbar; denn die Welt auf der jeweils anderen Seite ist nahezu unbekannt. Dieser Graben stellt kein Hindernis in einer gut bekannten Gegend dar, sondern eine *kulturelle Grenze*. Dahinter liegt die fremde, fabelhafte Welt der Arbeiter. Und da wir nicht in der Lage sind, die Kultur der Arbeiter als unsere eigene zu bezeichnen, kommt es darauf an, unseren Mangel an Kenntnis und Verständnis zu vermindern.[37]

Die gelehrten Arbeiterführer haben die unfreien, ungleichen und unbrüderlichen Verhältnisse der bürgerlichen Welt durchaus angemessen, also »rücksichtslos«, kritisiert, das eigene Verhältnis zur Welt der Arbeiter jedoch nicht hinterfragt. Der Philosoph, der aus dem »*völligen Verlust* des Menschen« *im* Proletariat die »*völlige Wiedergewinnung des Menschen*«[38] *durch* das Proletariat machte, kam gar nicht auf den Gedanken, daß er dem wirklich vorhandenen Proletariat zu Unrecht jegliche Kultur absprach. Deshalb muß der Aufruf des Philosophen, »*alle Verhältnisse umzuwerfen,* in denen der Mensch ein erniedrigtes, ein geknechtetes, ein verlassenes, ein verächtliches Wesen ist«,[39] heute dahingehend interpretiert werden, daß auch das erniedrigende und verächtliche Verhältnis der gelehrten Arbeiterführer zur proletarischen Kultur und insbesondere zur proletarischen Kopfarbeit »umzuwerfen« ist.

Diese Aufgabe nehmen wir allerdings mit einiger Verspätung in Angriff. Wenn wir uns also nicht mit der musealen Rekonstruktion einer untergegangenen Kultur bzw. mit der moralischen Kritik eines verblichenen »Meisterdenkers« abfinden wollen, dann darf sich die Archäologie der proletarischen Kopfarbeit nicht darauf beschränken, die Gedanken der Arbeiterkommunisten auszugraben, sondern sie muß versuchen, die Form zu rekonstruieren, die diese Gedanken geprägt und dieses Denken ermöglicht hat. Aus den historischen Dokumenten proletarischer Theoriebildung muß sie die Merkmale des proletarischen Denkens und aus den Merkmalen des proletarischen Denkens die Wissensform der proletarischen Denker erschließen. Für die Gebildeten unter den Verächtern wissenschaftlicher Unbildung – für uns selbst – ist das vermutlich der einzige Weg, um ein kritisches Verhältnis zu jener Art des Denkens zu gewinnen – unserer eigenen Denkart –, die das »proletarische«, das »feministische«, das »unterentwickelte« Denken als ein primitives Denken immer wieder erniedrigt und verächtlich macht.

6. Zur alternativen Struktur des proletarischen Denkens

Um die Struktur proletarischer Kopfarbeit zu skizzieren, werden in diesem Abschnitt sechs Merkmale des proletarischen Denkens angeführt. Die Theoriebildung der Arbeiterkommunisten des »Bundes der Gerechten« wird hinsichtlich (1) des Klassenstandpunkts, (2) der Produktions-, (3) der Ausdrucks- (4) und der Argumentationsweise, (5) des Erkenntniszwecks und (6) des Wissenschaftsbegriffs als eine Alternative zur wissenschaftlichen Theoriebildung bestimmt. Längere Zitate sind zur Dokumentation wie zur Analyse der Kopfarbeit des kollektiven Autors unvermeidlich.

6.1 Der kollektive Autor denkt »von unten für unten«

Wir wollen den Klassenstandpunkt der Theoriebildung des kollektiven Autors am Beispiel des »reichen Philosophen« erläutern. »Ein reicher Philosoph« lautet die Überschrift eines Artikels in der *Jungen Generation*.[40] Die Diskussion der Malthusianischen Bevölkerungstheorie wird dort mit folgenden Worten eingeleitet:

> »Nicht allein uns, sondern auch den Reichen und Mächtigen wird das zunehmende Elend der arbeitenden Klassen ein Stein des Anstoßes und zwar aus leicht begreiflichen Gründen. Es ist darum hier ganz am Platz, auch ihre Meinung darüber zu hören. Natürlich untersuchen auch sie, bevor sie Mittel zur Abhülfe vorschlagen, die Ursachen des Elends und finden solche gewöhnlich auf einem ganz andern Grund und Boden als wir. Nach ihnen liegt das nicht an dem herrschenden System der Vereinzelung und *Ungleichheit,* sondern an ganz andern natürlichen Umständen.

Meistens schiebt man eine sogenannte Übervölkerung vor, und sucht daher Mittel dieser zu steuern. Der englische *Philosoph?* Malthus ist dieser Ansicht.«[41]

Das Fragezeichen hinter »Philosoph« ist kein Druckfehler, sondern ein Ausdruck der Skepsis des kollektiven Autors gegenüber »einem reichen Philosophen«, der als »Reicher und Mächtiger« *von oben* denkt und zugleich Mittel gegen »das zunehmende Elend der arbeitenden Klassen« ersinnt, die *für oben* gedacht, also dem »herrschenden System der Vereinzelung und Ungleichheit« verpflichtet sind:

»Hören wir mit welchem Sophismus er seine gräuliche Philosophie zu rechtfertigen sucht: ›Ein Mensch, welcher auf einer schon besetzten Erde geboren wird, wo seine Familie nicht die Mittel hat, ihn zu nähren, und die Gesellschaft seiner Arbeit nicht nöthig hat, dieser Mensch hat nicht das mindeste Recht, auch nur den geringsten Theil Nahrung zu begehren. Er ist wirklich zu viel auf der Erde. Für ihn ist auf der großen Tafel der Natur nicht gedeckt. Die Natur befiehlt ihm, sich zu entfernen, und sie zögert nicht lange, diesen Befehl selbst zu vollziehen.‹ Nun ist aber die Frage, ob die Väter und Mütter solcher Menschen es immer leiden werden, daß ihre Kinder auf diese Weise von der Welt geschafft werden. Es könnte ihnen ja auch einfallen, sich den nöthigen Teil mit Gewalt zu nehmen; denn der Hunger ist auch eine Stimme der Natur, und zwar eine viel lautere als die der Habsucht und der sinnlichen Begierden, die der Philosoph Malthus meint [. . .] Ein Anderer[42] schlug öffentlich vor, man solle die arbeitenden Klassen zur Mäßigung in der Befriedigung des Geschlechtstriebes ermahnen. Diese Ermahnung sollten die Geistlichen übernehmen, als schroffen Gegensatz zu dem ›seyd fruchtbar und mehret euch‹, womit die Heirathssporteln eingestrichen werden.

Noch ein Anderer war so vernünftig, einzusehen, daß dies nichts helfen würde und schlug einen geregelten Kindermord vor. Nach demselben sollen in keiner Ehe mehr als drei Kinder gezeugt, und die nachfolgenden erwürgt und auf einen eigends dazu errichteten geschmackvollen Kirchhof begraben werden, damit die Mütter an den schöngeschmückten Gräbern der Gemordeten einen Ersatz für den erlittenen Verlust fänden. Noch ein Anderer schlug vor, man solle die Arbeiter kastriren. Dann wäre freilich den Reichen und Mächtigen das Privilegium der Befriedigung des Geschlechtstriebes vollkommen gesichert.«[43]

Die Kritik des kollektiven Autors an der Übervölkerungsthese der »gelehrten Reichen«[44] wird in der Dezember-Ausgabe der »Jungen Generation« unter dem Titel: »Verarmung ist es, nicht Übervölkerung!« fortgesetzt:

»Ja es ist wahr, die Nahrungsmittel fangen schon an hier und da für die Bevölkerung unzureichend zu werden: das beweist aber nicht, daß der Menschen zu viele sind, sondern daß die Gesellschaft sich nicht darum kümmert, was jeder Einzelne braucht. Keine einzige Regierung sieht darauf, ob die Produktion im richtigen Verhältnisse mit der Bevölkerung steht, ob der nöthige Boden bebaut wird, ob die nöthigen Früchte und das nöthige Vieh gezogen werden oder nicht. Jeder lebt in den blinden Zufall darauf los; die Listigsten und Mächtigsten machen den Herrn, die anderen die Sklaven, so daß eigentlich die ganze Welt nur für die Herrn da ist; und wenn dann die Müßiggänger groß und breit die schönsten Plätze wegnehmen, und die Arbeiter den übrigen gedrängten Raum, dann heißt's der Menschen sind zu viele! Und doch ist noch kaum die Hälfte des Bodens in Europa angebaut, und in den andern großen Weltteilen gar noch ein unbedeutender Theil. So lange aber die Gemeinschaft nicht eingeführt ist, ist das Geschrei der Übervölkerung ein Irrthum. Man will uns glauben machen, unser Elend rühre daher weil wir unserer zu viele sind! Wir zu viel auf dieser Erde? Wir, die wir uns abschinden für Andere und kaum die Hälfte, kaum den dritten Theil von dem genießen, was uns zukommt? Wenn irgend jemals Einige zu viel sind auf der Erde, dann sind es *die die nicht* arbeiten; denn die da sollten eigentlich auch nicht *essen*.«[45]

Der kollektive Autor spricht sich hier *von unten,* als einer der Elenden auf dieser Erde, gegen die reichen »Müßiggänger« aus, und im Interesse der Elenden, *für unten,* schlägt er die »Einführung der Gemeinschaft« als die einzig profunde Lösung der sozialen Frage vor:

»Es ist gar kein anderer Rath, gar kein anderes Mittel, ihr Herren Reiche und Mächtige, die Gemeinschaft *muß* eingeführt werden, und das bald, recht bald: denn da hat es nicht so viele Zeit mehr zu verlieren. Jedes in der alten Unordnung verlebte Jahrzehend häuft einen Fluch mehr über eure Häupter. Gott, die Religion, die Gesetze der Natur, die Wissenschaften, die Bedürfnisse der Zeit. Alles beweist die Nothwendigkeit der Gemeinschaft. Nur die Dummheit, das Vorurtheil, der Eigennutz, das persönliche Interesse schütteln noch ungläubig den Kopf, bis ihnen die eiserne Nothwendigkeit den Staar zur guten Letzt auch noch sticht.«[46]

Die notwendige »Einführung der Gemeinschaft«, das ist: die prinzipielle Notwendigkeit des Kommunismus zur Aufhebung der »alten Unordnung«, liefert im übrigen den Ansatz zu einer alternativen Bevölkerungslehre »von unten für unten«. Der Begriff der »Übervölkerung« wird nicht länger im Kontext des »Systems der Ungleichheit«[47] definiert, sondern vom prospektivretrospektiven Standpunkt »der entferntesten Geschlechter im Zustande der Gemeinschaft« abgeleitet:

»Wenn es nun aber künftig wirklich einmal erwiesen wäre, daß dem Wohle der Gesellschaft durch Übervölkerung Gefahr drohe, so müssen natürlich dagegen Mittel ergriffen werden. Doch diese Frage gehört schwerlich in unser Jahrtausend. *Wir* haben keine Übervölkerung zu fürchten; denn was in der heutigen Ordnung den gelehrten Statistikern Übervölkerung scheint, ist es nicht, wenn unser Prinzip sich verwirklicht. Und wenn wirklich je der Übervölkerung vorgebeugt werden müßte, so könnte dies gar nicht wirksam vor der Verwirklichung unseres Prinzips geschehen.

Ein Land, in welchem die Gesellschaft nach dem Prinzip der Gleichheit und Association organisirt ist, kann wenigstens fünfmal mehr Einwohner ernähren, als ein nach der heut'gen Ordnung regiertes. [. . .] und wenn sämmtliche Glieder der entferntesten Geschlechter im Zustande der Gemeinschaft sich alle Tage so schinden wollten wie heute das Volk, und so genau einrichten, dann kann sich die Menschheit noch um das hundertfache vermehren bevor sie ausstirbt.«[48]

Die bewußte und ausdrückliche Orientierung der Theoriebildung an der realen Klassenlage des kollektiven Autors ist ein erstes Merkmal proletarischer Kopfarbeit. Der kollektive Autor hat die soziale Konstitution des proletarischen Denkens begriffen und zum Argument gemacht; er hat den ideologischen Wahrheitsanspruch der »reichen Philosophen« durchschaut und das Klasseninteresse der Theoriebildung »von oben für oben« enthüllt.[49]

6.2 Das Denken von unten ist ein »kollektives Denken«

Der revolutionäre Schub, der um 1838 wandernde deutsche Handwerksburschen in selbstbewußte kommunistische Arbeiter verwandelte, kam nicht zustande, weil eine Theorie die Massen ergriffen hat, sondern weil sich einige Handwerker das Denken von unten für unten erobert haben. Ein erstes Resultat dieser Errungenschaft war die Verwandlung der Handwerksgesellen in »Arbeiter«.

Für das zünftige Bewußtsein der Handwerker war die Gemeinschaft der Arbeiter undenkbar gewesen:

»Der Ladendiener trug die Nase höher als der Goldarbeiter, der sie höher als der Barbier, dieser dünkte sich mehr als der Tischler, dieser sich mehr als der Schneider und Schuster; den Taglöhner verachteten oder mieden sie alle; ein Bedienter aber war oft stolz in seinem roten Kragen und wurde in seinen Berührungen mit den Arbeitern nicht selten seines Standes wegen übermütig.«[50]

Der »Arbeiter« sprengte die Grenzen der wohlabgestuften Handwerkerwelten, durchbrach das bornierte Tischler-, Schneider-, Schusterbewußtsein und erkannte in der Vielzahl der »arbeitenden Klassen« die Einzahl der Arbeiterklasse. Die Tischler, Schneider, Schuster, die sich als »Arbeiter« begriffen und im »Bund der Gerechten« als »Gemeinschafter« organisierten, haben das Gemeinschafts-Denken der Arbeiter ermöglicht und den Gedanken der Arbeitergemeinschaft praktiziert.

»Gleichheit und Assoziation« war für die ersten Arbeiter keine Utopie, sondern eine konkrete Erfahrung ihrer politischen Kultur. Das *Erlebnis der Gemeinschaft* in der sozialen Bewegung der englischen, französischen und deutschen Arbeiterkommunisten hat das *Prinzip der Gemeinschaft* überzeugend gemacht. Wäre das proletarische »Prinzip« nur ein kontrafaktischer Widerspruch gegen das »herrschende System der Vereinzelung und Ungleichheit« gewesen, dann hätten die »kommunistischen Predigten« niemals »so viele Arbeiter« für die Arbeiterbewegung gewonnen. Der junge Marx hat 1844 nicht ohne Grund sowohl den *theoretischen* Kommunismus der »deutschen Arbeiter« als auch den *praktischen* Kommunismus der »französischen ouvriers« bewundert:

»Wenn die kommunistischen *Handwerker* sich vereinen, so gilt ihnen zunächst die Lehre, Propaganda etc. als Zweck. Aber zugleich eignen sie sich dadurch ein neues Bedürfnis, das Bedürfnis der Gesellschaft an, und was als Mittel erscheint, ist zum Zweck geworden. Diese praktische Bewegung kann man in ihren glänzendsten Resultaten anschauen, wenn man sozialistische französische ouvriers vereinigt sieht. Rauchen, Trinken, Essen etc. sind nicht mehr da als Mittel der Verbindung oder als verbindende Mittel. Die Gesellschaft, der Verein, *die Unterhaltung, die wieder die Gesellschaft zum Zweck hat* (Hervorhebung W. Sch.), reicht ihnen hin, die Brüderlichkeit der Menschen ist keine Phrase, sondern Wahrheit bei ihnen, und der Adel der Menschheit leuchtet uns aus den von der Arbeit verhärteten Gestalten entgegen.«[51]

Die »Unterhaltungen« der Arbeiter, die »die Gesellschaft zum Zweck« hatten, waren keine gelehrten Argumentationen, sondern politische *Diskussionen* über das Prinzip und die Möglichkeit der »Gütergemeinschaft«, später des »Kommunismus«:

»Nachdem die deutsche republikanische Partei in Paris vom Jahre 1837 an aus ihrer Mitte durch *mündliche und autographische Propaganda* (Hervorhebung W. Sch.) für das Prinzip der Gütergemeinschaft bearbeitet und teilweise dafür gewonnen worden war[52], wurde an eine Kommission derselben von mehreren Seiten das Verlangen gestellt, man möge etwas drucken lassen, das die Möglichkeit der Gütergemeinschaft beweise. Die Benennung ›Kommunismus‹ war damals unter dem Volke noch nicht bekannt [. . .]. Aus obigem Verlangen der Freunde und Gegner des Prinzips der Gemeinschaft ging eine von der Kommission geprüfte [. . .] kleine Broschüre hervor: ›*Die Menschheit, wie sie ist und sein sollte.*‹ Sie erschien zu Ende des Jahres 1838 in Paris und wurde in 2000 Exemplaren verbreitet. Für die Druckkosten brachte die damals sehr kleine Zahl Gleichgesinnter manche rührende Opfer. Einige liehen dazu ihr Zimmer, andere arbeiteten nachts als Setzer, Drucker oder Buchbinder, noch andere gaben Geld, ja sogar in Ermangelung des Geldes ihre Uhren ins Leihhaus.«[53]

Das kommunistische Programm der *Menschheit, wie sie ist und wie sie sein sollte* hat die Vorstellungen der deutschen Arbeiter über den »damals noch ungetauften und noch im Embryo liegenden Kommunismus«[54] gegenüber anderen Formulierungsversuchen[55] offenbar am besten zusammengefaßt; es wurde

– durch »mündliche und autographische Propaganda« in den »Pariser Kaffeehausgesellschaften«[56] zur Diskussion gestellt,
– durch »eine Kommission« bzw. »die Mitglieder der Zentralbehörde« des »Bundes der Gerechten« als politisches Manifest der proletarischen Arbeiterpartei anerkannt,
– durch die »rührenden Opfer« einer »kleinen Zahl Gleichgesinnter« als »Broschüre« gedruckt[57] und
– durch »die Wanderungen der Arbeiter«[58] über die Grenzen geschmuggelt und heimlich in Deutschland verbreitet.

Um die umfassende Beteiligung der Arbeiter an der Produktion der »Menschheit« und anderer theoretischer Schriften des »Bundes der Gerechten« hervorzuheben, haben wir den Verfasser dieser Texte – Wilhelm Weitling – als »kollektiven Autor« bezeichnet. Wir wissen zwar um Weitlings Individualität und sehen sein schriftstellerisches Talent, aber wir sehen auch, und zwar mit ihm, daß er auf den Schultern seiner »zahlreichen Kameraden« steht und »ohne den Beistand der anderen . . . nichts zustande gebracht« hätte:

»Der Fortschritt ist ein Gesetz der Natur, sein Stillstand ist die allmählige Auflösung der Gesellschaft. Diese zu verhindern, jenen zu befördern ist unser aller Sache und nicht die einer privilegierten Kaste. Drum habe auch ich mich an dieses Werk gemacht; meine zahlreichen Kameraden sprachen mir Mut dazu ein. ›Du‹, sagten sie, ›teilst unsere Meinungen, kennst unser Verlangen und unsere Wünsche, wir geben dir die Gelegenheit, also auf, mache dich rüstig an die Arbeit, solange du noch dazu die Kraft in dir fühlst.‹ Das war der Aufmunterung genug! Was brauchte es da mehr? Sie arbeiteten für mich, ich arbeitete für sie; hätte ich es nicht getan, hundert andere hätten sich statt meiner dafür gefunden; aber ich hatte die Gelegenheit, mithin war es meine Pflicht, sie zu benutzen.

Vorliegendes Werk ist also nicht mein Werk, sondern unser Werk; denn ohne den Beistand der andern hätte ich nichts zustande gebracht. Die gesammelten materiellen und geistigen Kräfte meiner Brüder habe ich in diesem Werke vereinigt.«[59]

Gegen die Erkenntnis, daß die »gesammelten materiellen und geistigen Kräfte« der ersten deutschen Arbeiterkommunisten im Werk des kollektiven Autors »vereinigt« wurden, hat sich das gewöhnliche Denken von oben von Anfang an gesträubt. Karl Gutzkow hob den namentlich hervortretenden Weitling von seinen, wie Gutzkow meinte, weniger begabten »Brüdern« ab und forderte ihn 1842 auf, er solle sich nicht länger mit falscher Bescheidenheit »Schneider« nennen, sondern endlich stolz als »Journalist« bekennen. Friedrich Engels interpretierte 1846 die »allgemeine« Ansicht der Arbeiter, daß Weitling seine Schriften »nicht allein«[60] verfaßt habe, als Plagiatsvorwurf und nicht als Hinweis auf den kollektiven Autor. Das heißt: Einmal wird Weitling der Untertreibung (Gutzkow), ein anderes Mal der Anmaßung (Engels) bezichtigt, und jedesmal wird die Kollektivität der proletarischen Theoriebildung übersehen.

Die »Geistesmonopolisten« haben den Anspruch der Arbeiterklasse, selbst zu denken und zu schreiben[61], durch die Individualisierung des kollektiven Autors abgewehrt. Wir müssen jedoch feststellen, daß die Theoriebildung des »Bundes der Gerechten« zwischen 1837 und 1847 keine individuelle und vereinzelte, sondern eine *gemeinschaftliche,* mündlich und brieflich permanent besprochene und mitgeteilte war. Die Elenden, die »moralisch und physisch für die Zwecke ihrer Bedrücker abgerichtet [...] sich selbst allein nicht mehr helfen«[62] konnten, also aufeinander angewiesen waren, haben zusammengeholfen und das kommunistische Werk des kollektiven Autors entwickelt. Die Produktion dieses Werks ist nicht zu vergleichen mit der einsamen Denktätigkeit eines Gelehrten oder der selbständigen Arbeitsweise eines politi-

schen Journalisten, auch nicht mit der zweckmäßigen Arbeitsauf-
teilung eines Autorenkollektivs; denn im Unterschied zu den
Formen individueller oder arbeitsteiliger Theoriebildung wurde
beim Denken von unten kollektiv gedacht.

6.3 Das kollektive Denken von unten spricht sich als »wildes Denken« aus

Die Ausdrucksweise des kollektiven Autors unterscheidet sich
von der, die die »Geistesmonopolisten« als wissenschaftlich anerkennen, vor allem in zwei Punkten: Der kollektive Autor spricht
eine *assoziative* und *emotionale* Sprache; die Sprache der Wissenschaftler hingegen ist begrifflich und affektiv-neutral. Am Standard der elaborierten Wissenschaftssprache gemessen erscheint
das assoziative und emotionale Vorgehen des kollektiven Autors
als »unwissenschaftliche Gefühlsduselei«.[63] Für das kollektive
Denken von unten erbringt der wissenschaftliche Diskurs »nichts
als Unsinn, vorgetragen in gelehrten Redensarten künstlich aus
metaphysischem Hokus Pokus zusammengesetzt.«[64]

Um die Sprachen der gelehrten und der ungelehrten Denker auf
nicht-diskriminierende Weise zu unterscheiden, machen wir uns
die strukturale Konzeption des »wilden« und des »domestizierten
Denkens«[65] zu eigen. Wir nehmen an, daß die ungelehrten Aus-
drucksformen »der Sphäre der Wahrnehmung und der Einbildungskraft angepaßt« und die gelehrten »von ihr losgelöst« sind.
Der assoziative und emotionale Stil des kollektiven Autors wird
nicht als defizienter Modus des wissenschaftlichen Diskurses ab-
gewertet, sondern als Alternative zur Strategie des domestizierten
Denkens aufgefaßt.

Wir bringen zunächst ein Beispiel für die *assoziative* Ausdrucksweise des kollektiven Denkens von unten. Der proletarische Ehrentitel »Kommunist« wurde 1841 in einem Artikel des *Hülferufs*
unter der Überschrift »Die Kommunion und die Kommunisten«
eingeführt und von dem »Fantom« und »schwarzen Teufel, den
unsere deutschen Zeitungsschreiber uns unter dem Namen Kommunist hinmalten«[66], abgesetzt:

»Ihr wißt recht gut was Kommunion und Kommunist ist, die Erklärung,
die wir davon geben, ist darum auch *nicht für euch,* sondern nur für's *Volk.*
Höre also, o Volk!
Ihr seid Christen! Nicht wahr? Also kennt ihr doch wenigstens die Worte
Kommunion und Kommunisten dem Namen nach, denn jeder von euch

ist zur Kommunion gegangen, jeder von euch hat kommunizirt, war also einmal wenigstens Kommunist. So denke nun einmal ein Jeder darüber nach *warum* er Kommunist war und welche Bedeutung dieses Wort für ihn hatte. Oder laßt uns das mitsammen untersuchen; wir wollen die heilige Schrift zur Hülfe nehmen. Ja, werden Einige denken, was hat denn die heilige Schrift mit den französischen Kommunisten, was hatten wir, als wir kommunizirten, mit ihnen gemein. Nur Geduld, liebe Brüder, wir werden es gleich finden.

Christus setzte sich am Abend vor seinem Tode mit seinen Jüngern zu Tische. Sie aßen und tranken gemeinschaftlich. Er sagte: ›Nehmet hin und esset. Trinket *alle* daraus, und thut solches zu meinem Gedächtniß.‹ Dieses gemeinschaftliche Essen nannte man die Kommunion, oder die Gemeinschaft, und den Theilnehmer Kommunist oder Gemeinschafter.«[67]

Um den Sprung von der »Kommunion« zu den »Kommunisten« nachzuvollziehen, müssen wir uns über die Einwände des domestizierten Denkens, das »recht gut« zu unterscheiden weiß, »was Kommunion und Kommunist ist«, hinwegsetzen und dem Hinweis Beachtung schenken, daß die »Erklärung« des kollektiven Autors nicht für die »Zeitungsschreiber«, sondern »für's Volk« gedacht war. Wenn die publizistischen »Kommunistenfresser«[68] die »Gemeinschafter« verteufeln, dann kann der kollektive Autor nicht an das veröffentlichte Wissen über die »Kommunisten« anknüpfen. Er knüpft folglich, um sein »Prinzip« allgemein ansprechend und annehmbar bzw. volksnah zu machen, an einen volkstümlichen bzw. allseits geübten und allgemein anerkannten Brauch an – die christliche Kommunion. Der assoziative Kurzschluß, daß jeder, der einmal zur Kommunion gegangen ist, wenigstens einmal Kommunist war, sollte nicht die Kommunisten bekehren – denn die Bibel, »die da vor uns auf dem Tische liegt, die können wir im Nothfalle auf die Seite legen«[69] –, sondern die Christen belehren, »daß das Prinzip, welches man das kommunistische nennt, ein uraltes und rein christliches ist«.[70] Der propagandistische Einfall des kollektiven Autors appellierte an die *Einbildungskraft* der ungelehrten Denker und nicht an das domestizierte Denken der »Gelehrtenaristokratie, die da meint, das Menschheits-Beglücken wäre nicht Jedermanns Sache«.[71]

Die Kritik der »Gelehrtenaristokratie« am wilden Denken der »ungeübten Denker« wurde unter anderem in einem »Freimüthigen Bedenken über den Aufsatz ›Die Kommunion und die Kommunisten‹«[72] formuliert:

»Für den ungeübten Denker, der schriftstellert, ist nichts schädlicher, und für den, der liest, nichts gefährlicher, als die Vermischung der Worte und die Verwechslung der Gegenstände. Je mehr uns der obengenannte Aufsatz ansprach, desto unangenehmer fiel uns dieser durchgängige Fehler auf. [. . .]

Wenn der Verfasser weiß, was die *christliche Kommunion* ist, und was die Handlung der *Kommunikanten,* die sich zum Christentum bekennen, bedeutet, so vexirt er die Leser mit seiner Erklärung. Weiß er es aber nicht, so begeht er damit einen unverzeihlichen Irrthum und wagt ein Urtheil über eine Lehre die er nicht kennt.

Die christliche Kommunion ist die Gemeinschaft der Heiligen, Heiliggesinnten, für's Heilige. Unter kommuniziren wird die freiwillige und freithätige Verbindung des Menschen durch Christus mit Gott als seinem Vater und mit seinen Brüdern als Kindern Gottes verstanden. Die Kommunikanten erklären sich als Glieder einer göttlichen, das Göttliche gemeinsam erstrebenden Genossenschaft. Sie theilen nicht leibliche, sondern Seelenschätze, nicht irdische und zeitliche, sondern himmlische und ewige Güter miteinander. Die christliche Kommunion ist daher von der zeitlich gesellschaftlichen Kommunion der Kommunisten, die sich in Frankreich gebildet hat, und die Kommunikanten sind von den Kommunisten, so sehr als der Tag von der Nacht, so weit als der Himmel von der Erde verschieden.

Schon dem Namen, dem Wortlaut nach muß der Kommunikant vom Kommunisten unterschieden werden. Kommunikanten, nicht Kommunisten, nennen sich die Abendmahlsgenossen.«[73]

»Es ist [. . .] dokumentlich unrichtig, daß die Einsetzung des Heiligen Abendmahls, oder das letzte Abendessen Jesu mit seinen Jüngern, ein blos ›gemeinschaftliches Essen‹ von Kommunisten oder Gemeinschaftern war.«[74]

Schließlich bemerken wir noch, daß aus der Bibel sich nicht alles machen läßt was man will, sondern gewissenhaft nur das, was wirklich darin steht.«[75]

Der kollektive Autor hat die schriftgelehrten Einwände der »gewissenhaften« Exegeten in einer »Kritik über Kritik«[76] beantwortet und den Versuch der proletarischen Theoriebildung verteidigt, aus der Bibel »kein Reich in den blauen kalten Lüften über uns, sondern ein Reich der Gemeinschaft und Bruderliebe hier auf Erden« herauszulesen.[77] Eine Passage aus dieser Antikritik wollen wir nun zitieren, um daraus einen Anhaltspunkt für die *emotionale* Ausdrucksweise des kollektiven Denkens von unten zu gewinnen.

»Wir wissen recht gut, daß das Prinzip was wir lehren nicht so leicht faßlich ist, daher kommen die groben Fehler, in die selbst einige Gelehrte verfallen, wenn sie die Bekämpfung unserer Prinzipien versuchen. Wir haben das von dem Verfasser des ›Freimüthigen Bedenkens‹, aus der Predigt des Herrn Pfarrer Wendt, aus den Schriften einiger Gelehrten von Hambach, ja selbst aus den Schriften Lamennais ersehen. Was diese Männer gegen unser Prinzip schrieben, haben sie sicherlich aus voller inniger Überzeugung gethan, und nicht aus falschem beleidigten Ehrgeiz und andern dergleichen Leidenschaften. Dies ist wenigstens unsere Meinung. Wenn sie also unser Prinzip, *trotz ihrer höhern geistigen Ausbildung,* nicht verstehen, so kommt das daher, weil die Auffassung unsers Prinzipes *ein praktisches Studium der Leiden des Volks erfordert.* Man muß Gelegenheit haben in alle Adern des Volkslebens einzudringen. [. . .] *Man muß nicht nothwendig haben mit den Produkten seines Geistes die Bedürfnisse seines Körpers zu befriedigen,* weil man sonst Gefahr läuft um zu leben, gegen seine Überzeugung schreiben und lehren zu müssen.«[78]

Wenn das Prinzip der Kommunisten nur für denjenigen »faßlich« ist, der »ein praktisches Studium der Leiden des Volks« in der Schule des Lebens absolviert hat, dann wird klar, warum der kollektive Autor mit dem Verständnis der ungelehrten Arbeiter und dem Unverständnis der gelehrten Nicht-Arbeiter gerechnet hat.[79] Das gelehrte Unverständnis und die gelehrte Ablehnung des kommunistischen Prinzips resultieren aus der sozialen Distanz zu den »Leiden des Volks«; es fehlt »in den höheren Regionen der Gesellschaft« nicht an der »höheren geistigen Ausbildung«, sondern an »praktischer Erfahrung«:

»Wie kann Jemand, der unser Wohl und Wehe nicht theilt, sich einen Begriff davon machen; und ohne diesen Begriff, diese praktische Erfahrung, wie ist er im Stande Verbesserungen in unserm physischen und moralischen Zustande vorzuschlagen und einzuführen? Selbst wenn er es aufrichtig wollte, könnte er es nicht, denn nur Erfahrung macht klug und weise.

Wer die Lage des Arbeiters richtig beurtheilen will, muß selber Arbeiter sein, sonst kann er keinen Begriff haben von den Mühen die damit verbunden sind.

In den höhern Regionen der Gesellschaft, wo doch nur allein die Gesetze gemacht werden die uns so berauschend glücklich machen sollen, kennt man die Lage des Volkes kaum in der Theorie; selbst die Vollstrecker dieser Gesetze kennen sie nicht anders. Die Praktik des Volkslebens ist aus dieser höher gestellten Klasse ganz verbannt. Dieselbe kennt dasselbe nur in Bezug auf den Verbrauch der Lebensgüter; aber das hervorbringende Volksleben, welches fast die ganze Lebenszeit dauert, ist dieser Klasse ganz unbekannt.«[80]

Der kollektive Autor spricht nicht das gelehrte Unwissen der »höher gestellten Klasse«, sondern die *konkreten Erfahrungen, Empfindungen und Bedürfnisse* derer an, die »selber Arbeiter« sind. Nur sie können »die Lage des Arbeiters richtig beurteilen«; denn nur sie haben einen auf Selbsterfahrung beruhenden »Begriff« von der Mühsal des »hervorbringenden Volkslebens«. Für den Arbeiter ist der Kommunismus »faßlich«; denn er hat das »Wohl und Wehe« seiner Klasse am eigenen Leibe studiert. Für seine Begriffe ist »der Kommunismus eine Sache des Herzens, eine Überzeugung die das Gefühl anregt«.[81] Und um die proletarische »Herzenssache des Kommunismus«[82] zum revolutionären Auflodern zu bringen, spricht der kollektive Autor eine Sprache, die im affektiv-neutralen wissenschaftlichen Diskurs unterdrückt wird: die anschauliche, bildhafte, mitreißende Sprache der Gefühle. Diese »Sprache ist deutsch, nicht geschnörkelt, sie kommt vom Herzen und geht wieder zum Herzen«.[83] Sie ist sehr genau, »ohne von lateinischen, griechischen und kunstgemäßen Ausdrücken aufgeschwollen zu sein«.[84] Es ist eine emotionale Sprache, die von Betroffenen kommt und Betroffene betrifft; es ist die Sprache einer sozialen Bewegung. Der kollektive Autor will agitieren und »durch Gefühl« erreichen, »was durch den Verstand bei vielen Menschen unmöglich (zu erreichen) ist«[85] – die revolutionäre Bewegung der Massen:

> »In der Revolution werden die Herzen von einem Mitgefühl gegen ihre Mitbrüder, ihre Leidensbrüder ergriffen, von dessen Macht sie früher keine Ahnung hatten. Da vergißt der Dieb das Stehlen, die Hure das Huren, der Schneider seinen feinen Rock. Alles macht da Brüderschaft, alles ist da ein Herz und eine Seele. Da bleibt dem Verstand nur eine armselige Rolle; er kann nichts ohne das Gefühl; da ist alles Gefühl, und die größten Taten geschehen durch die Macht des Gefühls, die die Massen bewegt. Man kämpft gegen das Materielle an, aber ohne materiellen Grund ist alle Vernunft ein Unding.«[86]

Die Annahme des domestizierten Denkens, daß eine Theorie »zur materiellen Gewalt« werden kann, »sobald sie die Massen ergreift«[87], lag dem wilden Denken des kollektiven Autors fern. Der kollektive Autor argumentierte mit der »Macht des Gefühls, die die Massen bewegt«. Denn für das kollektive Denken von unten stand außer Frage, »daß in den edlen Gefühlen des Herzens die Kraft liegt, die das Wesen des Kommunismus bewegt, und daß *der Verstand* diese Gefühle am nützlichsten leitet, der es sich zur

Aufgabe macht, sie zu pflegen und zu verstärken«.[88] Die wilde Ausdrucksweise des kollektiven Autors ist rational; denn sie entspricht der Erkenntnis seines »Verstandes«, der die kommunistischen »Gefühle des Herzens [. . .] zu pflegen und zu verstärken« gebot.

6.4 Das wilde, kollektive Denken von unten ist »interessenbezogen«

»[. . .] das erste deutsche Arbeiterjournal welchem bald andere folgen werden, bis sich alle Individuen gleichzeitig den geistigen und körperlichen Arbeiten, der Handarbeit und den Wissenschaften widmen, und sich der Unterschied des Gelehrten-, Handwerker- und Bauernstandes immer mehr verwischt«[89], wurde mit einem »Aufruf an Alle welche der deutschen Sprache angehören« eröffnet. In diesem »Aufruf« erhebt der kollektive Autor seine »noch nie« vernommene »Stimme«, um der »öffentlichen Meinung« kundzutun, daß »die zahlreichsten, nützlichsten und kräftigsten Menschen auf Gottes weiter Erde« von nun an ihre »Interessen« selbst vertreten werden:

»Auch wir wollen eine Stimme haben in den öffentlichen Berathungen über das Wohl und Wehe der Menschheit; denn wir, das Volk in Blusen, Jacken, Kitteln und Kappen, wir sind die zahlreichsten, nützlichsten und kräftigsten Menschen auf Gottes weiter Erde.
Auch wir wollen eine Stimme erheben für unser und der Menschheit Wohl: damit man sich überzeuge, daß wir recht gut Kenntniß von unseren Interessen haben, und, ohne von lateinischen, griechischen und kunstgemäßen Ausdrücken aufgeschwollen zu sein, recht gut, und zwar auf gut deutsch zu sagen wissen, wo uns der Schuh drückt, und wo Bartel Most holt.
Auch wir wollen eine Stimme haben, denn wir sind im neunzehnten Jahrhundert, und wir haben noch nie eine gehabt.
Auch wir wollen eine Stimme haben in der öffentlichen Meinung, damit man uns kennen lerne, denn man hat uns bis jetzt wahrhaftig immer verkannt. [. . .]
Seit Menschengedenken verfochten immer Andere unsere, oder vielmehr ihre Interessen, darum ist es doch wahrlich bald Zeit, daß wir einmal mündig und dieser gehässigen langweiligen Vormundschaft los werden.«[90]

Die »Stimme« des kollektiven Autors, die sich hier zu Wort meldet, um an den »öffentlichen Beratungen über das Wohl und Wehe der Menschheit« teilzunehmen, machte von Anfang an kein

Hehl daraus, daß es »im neunzehnten Jahrhundert« an der Zeit ist, »im Interesse der allerelendesten und bedrücktesten Klassen«[91] zu sprechen. »Das erste deutsche Arbeiterjournal« meldete das Klasseninteresse des Proletariats an; aber nicht, um partikulare Interessen zu befriedigen, sondern »für unser und der Menschheit Wohl«. Die Frage: »Alles das, was wir wollen, wollen wir es nicht für alle ohne Unterschied, für die Armen wie für die Reichen, für die Freunde wie für die Feinde?«[92] war keine Frage; denn das universalistische Prinzip der proletarischen Theoriebildung – »Gegen das Interesse Einzelner, insofern es dem Interesse Aller schadet, und für das Interesse Aller, ohne einen Einzigen auszuschließen«[93] – gab eine eindeutige Antwort. Das proletarische Interesse stellte sich als verallgemeinerungsfähig dar.

Der kollektive Autor propagierte die selbständige Interessenvertretung des Proletariats, denn er hatte begriffen:

– daß die »reichen Vorrechtler«[94] ihre »persönlichen Interessen« hinter einer universalistischen Rhetorik verbergen,
– daß die »reichen Vorrechtler« in Wirklichkeit nicht daran interessiert sind, »ein kräftiges Unternehmen für die allgemeinen Interessen zu wagen«,[95]
– daß allein das arme »Volk in Blusen, Jacken, Kitteln und Kappen« ein natürliches Interesse daran hat, das allgemeine Prinzip des Kommunismus konsequent zu vertreten.

Diese drei Punkte haben die interessenbezogene Argumentationsweise des proletarischen Denkens begründet. Der kollektive Autor hatte aus dem »Buch der Weltgeschichte« gelernt, daß »alle Unterhandlungen mit den Feinden der Freiheit, jedes teilweise Bestehenlassen der persönlichen Interessen derselben die Ursachen des darauffolgenden Rückschrittes waren«.[96] Insbesondere die Geschichte der französischen Revolution hatte ihn belehrt, daß die scheinbar interessenenthobene Argumentationsweise der »reichen Vorrechtler« nicht dazu dient, das »System des Elends« abzuschaffen, sondern das Volk in den »Kämpfen des persönlichen Interesses mit dem allgemeinen«[97] für die »persönlichen Interessen« ins Feld zu schicken und auszubeuten:

»Die Morde und Beraubungen des Adels verhinderten das Elend nicht, denn das System des Elends war nicht abgeschafft worden. Man hatte nur gesagt: Wir wollen eine Republik, eine Volksherrschaft, Freiheit und Gleichheit; aber nicht bestimmt, wie man sie wollte. Von dem Verkauf der Güter der Auswanderer, von der Verminderung der Abgaben profitierten nur die, welche nächst den verfolgten Reichen das meiste Geld hatten. Diese haben jetzt das Geschick von 33 Millionen auf ihre Banknoten gestempelt und in ihre Geldkasten gesperrt [. . .] Diese da regieren jetzt mit ihren Wagen, Ellen, Gewichten, Börsen, Staatspapieren und Geldsäcken. Für sie hat das Volk sich in zwei Revolutionen geschlagen; sie haben sich in den Raub des in der Revolution gemordeten Adels geteilt und die Regierung durch die Macht des Geldes usurpiert.

Seien wir darum nicht taub und blind gegen alle Vernunft und hoffen wir weder vom bloßen Namen Republik noch von der sogenannten Volksherrschaft und Wahlfreiheit eine Änderung unserer Lage. Im Geldsystem, da liegt der Knoten, da steckt die Wurzel des Übels, da der Saft, von welchem diese sich nährt, und sonst nirgends so tief. Dieses ist's, was mit allen möglichen Waffen bekämpft werden muß, das ist die Ader, durch welche das Gift im Verborgenen schleicht, in welcher es sich dem Auge des Unwissenden unsichtbar macht.«[98]

Da die »reichen Vorrechtler« tief im »Geldsystem« verwurzelt sind, keinen »wahren Begriff« vom Elend der Massen haben und ein »kräftiges Unternehmen« für die Verwirklichung der »allgemeinen Interessen« von ihnen nicht zu erwarten ist, weil sie »reich sind und bleiben wollen«[99], forderte der kollektive Autor die Arbeiter auf, »keinen Versprechungen [. . .] mehr Glauben zu schenken und ihre Hoffnung nur auf sich selbst zu setzen«[100], nichts mehr auf die »bloßen Namen« Republik, Volksherrschaft, Freiheit, Gleichheit etc. zu geben, sondern die parteilichen Interessen des Reichtums mit den parteilichen Interessen der Armut zu konfrontieren.

»Denn wir sind Parteien, das unterliegt gar keinem Zweifel; denn ihr verbraucht! und wir bringen hervor, ihr habt Ämter und Titel! und wir nichts als unsern ehrlichen Namen; ihr habt das Geld! und wir hätten es gerne; ihr habt das Recht! und wir immer Unrecht; und zwar am meisten, wenn wir euch Recht lassen.«[101]

Der kollektive Autor beschwor die »Unzufriedenen«, nurmehr »Opfer . . . für das zu bringen, was uns und der Gesellschaft das Notwendigste ist«, und »das Interesse keiner Partei von dem Interesse aller« zu trennen:

»Einige Philister-Politiker meinen, man müsse vorher einen Zustand der Ungleichheit erringen, den sie Republik nennen, man müsse eine politische Revolution machen, d. h. die Personen in der Regierung wechseln, zum Vorteil der Gelehrten- und Geldaristokratie die Fürsten und den Adel stürzen. Hierauf entgegne ich: Wenn wir einmal Opfer bringen müssen, so ist es am ratsamsten, sie für das zu bringen, was uns und der Gesellschaft das Notwendigste ist. Wir, das Volk, müssen ja ohnehin immer das Bad ausgießen; wozu denn also einigen andern in die Hände arbeiten? Wenn diese einmal haben, was sie wollen, dann weisen sie uns über dem Raube ebenso die Zähne wie die heutigen Raubtiere. Trennen wir das Interesse keiner Partei von dem Interesse aller; wer aber dies nicht will, wer das, was er will, nicht für *alle* will, der soll nicht von uns unterstützt werden. Jetzt sind auch die Geldmänner und Gelehrten mit der bestehenden Ordnung unzufrieden; hüten wir uns darum, sie zufriedenzustellen, solange wir Ursache haben, unzufrieden zu sein. Je größer und je einflußreicher die Zahl der Unzufriedenen ist, um so sicherer ist der Erfolg einer aus solchem Zustande hervorgehenden Bewegung.«[102]

Das wilde, kollektive Denken von unten appellierte an »das Interesse der zahlreichsten und ärmsten Klassen«[103], um die aus der Unzufriedenheit »hervorgehende Bewegung« zu einem »letzten Sturm«[104] auf die »persönlichen Interessen« zu entfesseln:

»Also kein Wortkram! sondern es aufrichtig ausgesprochen: Eine Revolution tut uns not. Ob diese nun durch die reine geistige Gewalt allein ausgekämpft werden wird oder ob sich die rohe physische dazu gesellen wird, das müssen wir erwarten und jedenfalls auf beide Fälle uns vorbereiten.

Wenn ich nicht vor allem hauptsächlich die natürliche Gleichheit *aller* wollte, so sagte ich mit so vielen andern: Unser Prinzip wird sich ganz allein auf dem progressiven Wege der Aufklärung verwirklichen. Ja! alles Gute kann sich auf diesem Wege verwirklichen, nur nicht die Beseitigung der persönlichen Interessen aller derer, welche die Gewalt und das Geld haben.«[105]

Der kollektive Autor hat das revolutionäre Interesse seiner Klasse am »Umsturz des Bestehenden«[106] unmißverständlich artikuliert; denn er wußte: »Mit dem Interesse allein können wir die Volksmassen gewinnen«.[107] Er hat die »ganze Mahlzeit« verlangt; denn er sah klar:

»Haben wir einmal diese, dann wird uns auch das Salz; haben wir einmal die allgemeinen Freiheiten, dann brauchen wir auch die verschiedenen, vom System der Täuschung ersonnenen *besondern* Freiheiten nicht zu verlangen. Besondere Freiheiten aber gibt es nur im Systeme der Ungleichheit, worin der am freesten ist, der das meiste Geld hat.«[108]

Die Erkenntnis: »Nicht unser Prinzip ist es, welches die Unordnung hervorruft und begünstigt, sondern das Bestehende«[109] sowie das Bewußtsein von der Verallgemeinerungsfähigkeit der proletarischen und *nur* der proletarischen Interessen im Rahmen des kommunistischen Prinzips und in *keinem* andern haben die Argumentationsweise des kollektiven Autors als entschieden interessenbezogene Parteinahme für das Allgemeine universal und radikal zugleich gemacht.

6.5 Das interessenbezogene, wilde, kollektive Denken von unten ist »praxisorientiert«

Im Gegensatz zu einigen Behauptungen der bisherigen Argumentation ist nicht anzunehmen, daß die Thesen zum Erkenntniszweck und zum Wissenschaftsbegriff des proletarischen Denkens auf großen Widerspruch stoßen werden. Wir kürzen deshalb die Darstellung der Schlußpunkte ab.

Der Erkenntniszweck kollektiver Theoriebildung von unten ist im Unterschied zum klassisch-wissenschaftlichen Erkenntniszweck nicht auf die Erzeugung von rein theoretischem Wissen ausgerichtet. Die Orientierung der proletarischen Wissensproduktion am »Wohle der Gesellschaft« und an den Bedürfnissen und Interessen der Arbeiter hat vielmehr ein praxisorientiertes Wissen hervorgebracht. Kritik an der reinen Theorieorientierung der Wissenschaftler übte der Sprecher des kollektiven Autors, als er in der Auseinandersetzung mit den »gelehrten Kommunisten«[110] den Wert »neuer ökonomischer Theorien« für die revolutionäre Assoziation der Arbeiter bezweifelte. Ein aufschlußreiches Beispiel für die praktische Erkenntnisorientierung des proletarischen Denkens ist die Ansicht des kollektiven Autors von der »Vervollkommnung« der menschlichen Arbeit durch den evolutionären Prozeß ihrer Verwissenschaftlichung:

»Jede Arbeit wird im Zustande der Gemeinschaft auf ihrem höchsten Punkte der Vollkommenheit eine Wissenschaft. Wenn wir also im Zustande der Gemeinschaft von Wissenschaft, Weisheit und Studium sprechen, so verstehen wir auch darunter den Höhepunkt der Vervollkommnung eines jeden Geschäfts, wo dasselbe dem Denken einen Wirkungskreis gewährt; mithin ist jede Vervollkommnung einer Arbeit, wenn sie der vorhergehenden Idee nothwendig hatte, eine Wissenschaft. So wie der Maurer sich in die Wissenschaft des Architekten versteigen kann, und der Färber in die des Chemikers, eben so kann dies auf eine ähnliche Weise in jedem Geschäftszweige der Fall seyn, und darum wird jeder Arbeitszweig eine Wissenschaft, wenn sich die Ideen ihm beigesellen.«[111]

Die Vorstellung, daß »jeder Arbeitszweig« zur Wissenschaft werden kann, wenn er »dem Denken einen Wirkungskreis gewährt«, anerkennt die Bedeutung von »Wissenschaft, Weisheit und Studium« allein im Hinblick auf die »Vervollkommnung eines jeden Geschäfts«. Die »Ideen«, konkret: das wissenschaftliche Wissen des Chemikers, werden nicht vom praktischen Wissen, etwa des Färbers, isoliert, sondern zur »Vervollkommnung« dieses Wissens herangezogen. Der theoretische Fortschritt wissenschaftlicher Kopfarbeit lenkt demnach nicht von der praktischen Zweckorientierung der Handarbeit ab, sondern führt zum höheren Färberwissen des Chemikers. Und das höhere Wissen hat die Verwissenschaftlichung der menschlichen Arbeit »im Zustande der Gemeinschaft« zum höchsten Ziel.[112]

Daß die Arbeit nur »im Zustande der Gemeinschaft«, das heißt in einer kommunistischen Gesellschaft, zum »höchsten Punkte der Vollkommenheit« gelangen kann, bedeutet, daß der kollektive Autor die wissenschaftliche »Vervollkommnung« der Arbeit in Abhängigkeit vom wissenschaftlich-technischen *und* vom sozialen Fortschritt sieht. Denn es genügt nicht,

daß »eine Erfindung die andere« jagt, so daß »beinahe [. . .] die Elemente von selbst arbeiten« – »die ganze Gesellschaft muß von den Wohlthaten der Maschinen Genuß haben und nicht nur einzelne Familien zum Nachtheile von hunderten Anderer.

Wenn das immer so fortgeht, daß in jeder Erfindung die Geld- und Aktienmänner ungestört ihre Nester bauen können, um links und rechts und überall in der Runde die Früchte des Fleißes der Arbeiter darin zusammenzukratzen und aufzuhäufen [. . .] zu was wären denn alsdann die Maschinen gut? Um Tausende zum Nichtsthun zu erziehen? Da hole hernach der Teufel lieber die Maschinen sammt den Geldmännern.«[113]

Der kollektive Autor hat weder die technische Relevanz der Wissenschaften noch die praktischen »Wohltaten der Maschinen« mißachtet, sondern die Entfaltung der Produktivkräfte zum Vorteil der »Geld- und Aktienmänner« als sozial verwerflich kritisiert. Auf diese normative Wendung des praktischen Denkens gehen wir abschließend ein.

6.6 Das praxis- und interessenbezogene, wilde, kollektive Denken von unten ist »normativ«

Das Denken der ersten Arbeiterkommunisten war nicht wertneu-

tral und auf die empirische Soziologie der »Menschheit, wie sie ist«
beschränkt, sondern darüber hinaus als Theoriebildung über eine
»Menschheit, wie sie sein sollte« normativ konstituiert. Der normative Aspekt des proletarischen Denkens kommt unter anderem
in der Gegenüberstellung »notwendiger«, »nützlicher«, »angenehmer« Wissenschaften auf der einen und »unnützer« Wissenschaften auf der anderen Seite zum Ausdruck:

»Unter den vielen Wissenschaften, die betrieben werden, gibt es manche,
welche der Gesellschaft oft mehr schädlich als nützlich sind. [. . .] Manche
derselben hat während der Herrschaft der sinnlichen Begierden in der
Gesellschaft Wurzel gefaßt und in der schlechten Organisation derselben
Nahrung gefunden.
  Schon sind das Sterndeuten, Traumauslegen, Wahrsagen und Goldma-
chen von dem Throne der Wissenschaften gestürzt worden, auf welchen
sie sich mittelst Hilfe der sinnlichen Begierden einen Platz erschlichen
hatten. Noch gibt's der trügerischen Usurpatoren die Menge, welche die
geistige Tätigkeit der Wißbegierigen vom nützlichen Wissen abzulenken
und auf sich zu ziehn suchen.
  Seht dort das Bild der kalten, gefühllosen Göttin mit Schwert und
Waage! Seht, wie die wißbegierige Jugend scharenweise unter ihren fal-
schen Kultus gedrängt wird! – Solange sie sich solchem Dienste weihen,
solange sie sich über verstaubten Gesetzbüchern den Kopf zerbrechen und
nach den Bedürfnissen und Fähigkeiten der Gesellschaft vor 100 und vor
1000 Jahren die unsrigen abwägen wollen, solange wird die Gelehrsamkeit
der Menschheit mehr schaden als nützen. [. . .]
  Notwendige Wissenschaften sind solche, ohne welche ein Stillstand im
Fortschritt eintreten und mithin die Auflösung der Gesellschaft erfolgen
würde. Nützliche Wissenschaften sind alle solche, deren Ideen sich zum
Wohle der Gesellschaft verwirklichen lassen. Angenehme Wissenschaften
sind alle solche, welche sowohl durch ihre Ideen als durch die Verwirklichung derselben der Gesellschaft Bequemlichkeit, Vergnügen und Unterhaltung gewähren.
  Alle übrigen Geistesprodukte sind unnütze Wissenschaften oder Künste.«[114]

Die Differenz der Wissenschaften, die der Wissenschaftsbegriff
des kollektiven Autors impliziert, durchbricht die klassischen
Unterscheidungen, etwa zwischen Natur- und Geisteswissenschaften, um alles Wissen in normativer Absicht auf den »Fortschritt« und das »Wohl« der Gesellschaft zu beziehen. Die traditio-
nalistische Gelehrsamkeit der Rechtswissenschaft zum Beispiel ist
»unnütz«, weil sie nicht mit der Zeit geht, sondern die Gegenwart

an den überholten »Bedürfnissen und Fähigkeiten der Gesellschaft vor 100 und vor 1000 Jahren« mißt. Der kollektive Autor konzentriert »alles nützliche Wissen der heutigen Philosophen, Rechtsgelehrten, Theologen und Mediziner [. . .] in den Brennpunkt der philosophischen Heilkunde«, deren Studium »die ganze physische und geistige Natur des Menschen, seine körperlichen und geistigen Schwächen und Krankheiten und die Kenntnis der Vertilgung und Ausrottung derselben«[115] umfaßt; er bemerkt (ebd.) zur »Physik«: »Darunter verstehen wir die Kenntnis der Kräfte der Natur sowie das Studium ihrer Anwendung zum Wohle der Menschheit«[116], und zur »Mechanik«: »Diese Wissenschaft begreift die vollkommene Kenntnis der Theorie und Praxis jeder der verschiedenen Hand- und Maschinenarbeiten. Die in dieser Wissenschaft gemachten neuen Erfindungen bilden den Zentralpunkt dieser Wissenschaft, von welchem aus die neuen Theorien in die Praxis geleitet werden«.[117]

Der normative Wissenschaftsbegriff des kollektiven Denkens von unten orientiert das praktische Denken am allgemeinen »Wohl der Menschheit« und nicht am technologisch Machbaren:

»Arme, traurige Generation! Welch' ein Durcheinander! welche Unordnung! und trotz dem, welch' bedeutender Fortschritt in Erfindungen, Künsten und Wissenschaften; aber die Anwendung derselben Zum Wohle *Aller,* die Verwaltung des gesellschaftlichen Lebens, davon verstehen sie nichts, und wollen nichts verstehen.«[118]

Der kollektive Autor hat die soziale »Unordnung« des wissenschaftlich-technischen Fortschritts, das »Durcheinander« notwendiger und überflüssiger, nützlicher und unnützer, angenehmer und schädlicher »Erfindungen, Künste und Wissenschaften« leidenschaftlich beklagt und die Überwindung der Anarchie des produktiven »gesellschaftlichen Lebens« gefordert. Er wollte »den morschen Bau der alten gesellschaftlichen Ordnung zertrümmern [. . .] und die Erde in ein Paradies verwandeln«.[119] Er hat dieses Paradies auch bis ins Detail ausgemalt. Vor allem aber hat er die »Universalwissenschaft« des »Kommunismus« entwickelt, um »Theorie und Praxis aller Wissenschaften zum Wohle der Gesellschaft in Harmonie zu bringen«:

»Der Kommunismus ist kein Glaube, sondern eine Wissenschaft; die Universalwissenschaft, deren Möglichkeit die Philosophen vorhersagten. Der Kommunismus ist die Wissenschaft, Theorie und Praxis aller Wissenschaften zum Wohle der Gesellschaft in Harmonie zu bringen, alle Wissenschaften im Interesse der Gesellschaft zu leiten, also nicht wie heute im Interesse einiger Individuen. Der Kommunismus wird uns zeigen, warum es jetzt so viele Arme, Brotlose, Unglückliche und Verbrecher gibt. Der Kommunismus wird uns lehren, wie es möglich ist, Einer des Andern Last zu tragen und welche Vorteile uns ein solcher Zustand bringt. Der Kommunismus wird uns lehren, wie wir es machen müssen, um neben unserer täglichen Arbeitszeit auch Zeit für unsere Bildung und Erholung zu gewinnen. Er wird uns lehren, auf welche Weise wir der Nahrungssorgen, des Brotneides und aller daraus entstehenden Uebel loswerden. Es wird in der nächsten Zukunft niemand ein öffentliches Amt bekleiden, kein Schüler aus der Schule entlassen werden, der nicht einige Zeit Kommunismus studiert hat.

Dies in Betracht gezogen, sollte die Lehre des Kommunismus schon jetzt eher befördert als unterdrückt werden. Wundern wir uns indeß nicht, wenn dem nicht so ist, denn sie hat mit alten Privilegien und Mißbräuchen zu kämpfen, an welche sich das persönliche Interesse der Reichsten und Mächtigsten geklammert hat.«[120]

7. Zur Rekonstruktion Kritischer Wissenschaft

»Der Mann des Wissens und der produktive Arbeiter sind weit voneinander getrennt, und die Wissenschaft, statt in der Hand des Arbeiters seine eignen Produktivkräfte für ihn selbst zu vermehren, hat sich fast überall ihm gegenübergestellt.«[121]

Es ist unbekannt, was alles den »Mann des Wissens« vom »produktiven Arbeiter« trennt. Wir glauben jedoch mit einiger Bestimmtheit sagen zu können, daß sich der gelehrte Denker im *theoretischen Denken von oben* ausbildet, das nicht selten sowohl individuell und domestiziert als auch wertneutral und interessenenthoben zu sein scheint, wohingegen dem ungelehrten Denker das *kollektive Denken von unten* entspricht, das sowohl praxis- und interessenbezogen als auch wild und normativ ist.

Die Unverträglichkeit der gelehrten und der ungelehrten Wissensform war ein Problem der Arbeiterbewegung. Der Untergang der Arbeiterbewegung als einer *Bewegung der Arbeiter* hat dieses Problem nicht aus der Welt geschafft, sondern auf andere Emanzipationsbewegungen verlagert. Heute reüssiert die gelehrte Ignoranz gegenüber den Merkmalen der ungelehrten Wissensform vor allem innerhalb und außerhalb ökologischer, feministischer und antikolonialistischer bzw. -imperialistischer Bewegungen.

Daß der Konflikt der Wissensformen ohne eine fundamentale Rekonstruktion des Historischen Materialismus – allgemeiner: eine Rekonstruktion Kritischer Sozialwissenschaft – nicht auflösbar ist, werden wir in einer Arbeit zu zeigen versuchen, die das kollektive Denken von unten zum Grundansatz Kritischer Sozialwissenschaft macht. Denn auch die »Betroffenenwissenschaft« (Dubiel) wird nur an emanzipatorische Bewußtseinsprozesse anknüpfen können, die sie versteht.

Anmerkungen

1 Vgl. Zilsel 1976, S. 49-65.
2 Den Begriff des »kollektiven Autors« haben wir in einer Vorlage vom 7. 2. 1975 zum Projekt *Theoriebildung als Gruppenprozeß* von Jürgen Frese (Bielefeld) eingeführt, um die Entwicklung des »Prinzips der Gütergemeinschaft« im »Bund der Gerechten« von der Fixierung auf die Persönlichkeit Weitlings abzulösen; zur näheren Bestimmung des »kollektiven Autors« vgl. Abschnitt 6.2 weiter oben.
3 Weitling 1971, S. 173.
4 Friedrich Engels hat im November 1843 zwischen einer proletarisch-volkstümlichen und einer bürgerlich-philosophischen »Partei« des deutschen Kommunismus unterschieden (vgl. *MEW 1*, S. 480-496). Engels vertrat die Ansicht, daß »der Fortschritt der deutschen Philosophie von Kant bis Hegel« und darüber hinaus in den »philosophischen Communismus« eine »*notwendige* Konsequenz der neuhegelianischen Philosophie« (*MEW 1*, S. 492 und S. 494) darstelle. Man ersieht daraus: Der philosophische Kommunismus verstand sich im Rahmen einer Theorietradition.
5 Marx 1967, S. 85.
6 Vgl. Lassalle 1893, S. 44. – Die unmittelbare Wirkung des Vortrags *Ueber den besondern Zusammenhang* ... (Lassalle 1893, S. 3–50) war zwar gering – die Zuhörer, Arbeiter der Borsigwerke und anderer großer Berliner Maschinenfabriken, standen der preußischen Fortschrittspartei nahe –, aber die mittelbare Wirkung war erheblich: Die erste, sofort konfiszierte Auflage dieser Rede löste einerseits Lassalles Strafverfolgung aus und regte andererseits die Mitglieder des Leipziger Arbeiterkomitees zur Berufung eines Allgemeinen Deutschen Arbeitertages an, mit Lassalle Kontakt aufzunehmen.
7 Lassalle 1893, S. 122.
8 Lassalle 1893, S. 83.
9 *MEW 1*, S. 405.
10 Marx 1967, S. 84.
11 *MEW 1*, S. 400.

12 Die eine wie die andere Erkenntnis kommt in den *Kritischen Randglossen* vom Juli 1844 gegen Arnold Ruge zum Ausdruck; vgl. *MEW 1*, S. 392-409.

13 *MEW 1*, S. 402.

14 *MEW 1*, S. 404 f.

15 *BdK* 1970, S. 227. – Weitling gab dieses Statement am 6. 7. 1845 im Kommunistischen Arbeiterbildungsverein in London ab.

16 Habermas 1976, S. 356 f.

17 Daß die Führungsrolle der Wissenschaft in der von Lassalle propagierten »Allianz der Wissenschaft und der Arbeiter« ebensowenig hinterfragt wurde wie die Führungsrolle der Marxschen Philosophie im Bündnis von Philosophie und Proletariat, ist eine Tatsache, die wir aus Gründen der Ökonomie jetzt nur behaupten wollen, obwohl sie leicht belegbar wäre; vgl. Na'aman 1975.

18 Diese Wendung ist einem aufschlußreichen Brief von Marx an Ruge vom September 1843 entnommen; dort heißt es bezeichnenderweise: »Ist die Construction der Zukunft und das fertig werden für alle Zeiten nicht unsere Sache; so ist desto gewisser, was wir gegenwärtig zu vollbringen haben, ich meine *die rücksichtslose Kritik alles Bestehenden,* rücksichtslos sowohl in dem Sinne, daß die Kritik sich nicht vor ihren Resultaten fürchtet und eben so wenig vor dem Conflikte mit den vorhandenen Mächten.« Vgl. Ruge/Marx (Hrsg.) 1967, S. 37.

19 Weitling 1955, S. 215.

20 Vgl. die Ausführungen des kollektiven Autors über die Wissenschaften und über »Die philosophische Heilkunde« in den *Garantien der Harmonie und Freiheit* von 1842; Weitling 1955, S. 140-143 und S. 204-219.

21 Weitling 1955, S. 142.

22 Vgl. Engels an Bernstein, 13. Juni 1883: »Glauben Sie, daß es an der Zeit, eine *grenzenlos* freche Arbeit von Marx und mir von 1847 (sic), worin die jetzt auch im Reichstag sitzenden ›wahren Sozialisten‹ verarbeitet worden, im Feuilleton des ›Sozialdemokrat‹ zu drucken? Das frechste, was je in deutscher Sprache geschrieben« (zit. nach Andréas/Mönke 1968, S. 119). Es war offenbar 1883 noch nicht an der Zeit – das Manuskript der *Deutschen Ideologie,* das aus den Jahren 1845/46 datiert, wurde erst 1932 veröffentlicht. Zum besseren Verständnis der »kritischen Phase« von Marx und Engels erscheint es angebracht, eine zweite Bemerkung von Engels zu zitieren; denn man muß die furiose Stimmung der beiden Freunde berücksichtigen, wenn man die nicht immer ganz fair und wohlbedacht erscheinenden Auseinandersetzungen der Jahre vor 1848 richtig beurteilen will. Nach dem Wiederauffinden der *Deutschen Ideologie* schreibt Engels am 2. Juni 1883 an Laura Lafargue: »Among Mohr's (i. e. Karl Marx – W. Sch.) papers I have found a whole lot of Ms, our common work, of before 1848. Some of these I shall soon publish. There is one I shall read when you are here, you will crack your sides with laughing. When I read it to Nim (i. e. Helene Demuth – W. Sch.) and Tussy (i. e. Eleanor Marx – W. Sch.), Nim said: jetzt weiß ich auch, warum Sie Zwei damals in Brüssel des Nachts so laut gelacht haben, daß kein Mensch im Hause davor schlafen konnte. We were bold devils then, Heine's poetry is childlike innocence compared with our prose« (zit. nach Andréas/Mönke 1968, S. 118).

23 Vgl. *BdK* 1970, S. 68.

24 Die Einrichtung und Politik des »Kommunistischen Korrespondenz-Komitees« in Brüssel wird gemeinhin als eine in die Zukunft weisende, organisatorisch-ideologische Errungenschaft von Marx und Engels gefeiert (vgl. z. B. Förder 1960, S. 41 ff. und MEW 27, S. 624 Anm. 34). Schraepler (1972, S. 151)

hat jedoch mit Recht auf das Vorbild des »Bundes der Gerechten« hingewiesen, der seit Ende der 1830er Jahre ein dichtes Kommunikationsnetz aufgebaut hatte, um die schweizerischen, französischen und englischen Sektionen des Bundes untereinander zu verbinden. Neu an dem Brüsseler Komitee sind daher nur die »verdammte Gelehrten-Arroganz« (BdK 1970, S. 380) und die soziale Distanz zur Arbeiterklasse – also außerordentlich zweifelhafte Errungenschaften.

25 *BdK* 1970, S. 303.
26 *BdK* 1970, S. 304.
27 *BdK* 1970, S. 307.
28 *BdK* 1970, S. 305.
29 Die Textstelle lautet im Zusammenhang: »Lieber Marx! Gleichzeitig mit Deinem Briefe erhalte ich einen von W(ilhelm) W(eitling). Er beginnt mit der *bestimmten* Erklärung, daß er ›morgen‹ (also *heute*) abreisen‹ werde – wohin? sagt er nicht – sodann verlangt er von mir Reisegeld – folglich reist er doch nicht ›morgen‹ ab, oder auch ja, ich weiß nicht, was er will. Er ist in Verzweiflung und kann zu keinem Entschluß kommen. Er spricht davon, an der Eisenbahn arbeiten zu wollen(!). Sein *Mißtrauen* gegen Euch hat den höchsten Gipfel erreicht. Ihr habt ihn ganz toll gemacht und wundert Euch nun darüber, daß er es ist. Ich mag nichts mehr mit der ganzen Geschichte zu tun haben; es ist zum Kotzen. Scheiße nach allen Dimensionen« (Hess 1959, S. 155).

Der Sprecher des kollektiven Autors hatte Hess sofort über den Verlauf der Sitzung vom 30. März unterrichtet (vgl. Hess 1959, S. 150-152), und Hess nahm diese Auseinandersetzung zum Anlaß, Marx ob seines »auflösenden« Naturells zu kritisieren und mit der Marxschen »Partei« zu brechen: »Wenn Du übrigens auch recht hast, daß die Privatmisere mit den Parteistreitigkeiten nicht zusammenhängt, so sind doch beide zusammen hinreichend, mir das gemeinschaftliche Wirken in dieser Partei zu verleiden: und so wenig Du auch für erstere verantwortlich gemacht werden kannst [. . .], so sehr könntest Du doch dazu beitragen, die letzten, nämlich die Parteistreitigkeiten, zu verhindern. Indessen Du bist einmal ein ›auflösendes‹, ich vielleicht zu sehr ›versöhnendes Naturell‹ [. . .] Gehab Dich wohl! Mit Dir persönlich möchte ich noch recht viel verkehren; mit Deiner Partei will ich nichts mehr zu tun haben« (Hess 1959, S. 157; Hess an Marx, 29. Mai 1846).

Zur Frage nach dem »Wohin?« Weitlings: Weitling ging Ende 1846 nach Amerika (um 1848 noch einmal voller Hoffnung ins revolutionäre Europa zurückzukehren, und um es Ende 1849 endgültig zu verlassen).

30 Die Parteispaltung wurde von Marx/Engels systematisch betrieben. Engels begab sich Mitte August 1846 nach Paris, um einen Teil der »Esel«, »Straubinger« und »Knoten« auf die Seite der philosophischen Kommunisten zu ziehen (vgl. *MEW 27*, S. 32 ff.; Esel, Straubinger, Knoten – das sind die Marx-Engelsschen »Ehrentitel« für die ersten Arbeiterkommunisten der proletarischen Bewegung). Besonders befriedigend verlief diese Mission allerdings nur im Hinblick auf die Grisetten von Paris: »Hätt’ ich 5000 fr. Renten, ich tät’ nichts als arbeiten und mich mit den Weibern amüsieren, bis ich kaputt wär’. Wenn die Französinnen nicht wären, wär’ das Leben überhaupt nicht der Mühe wert. Mais tant qu’il y a des grisettes, va! Cela n’empêche pas, daß man nicht gern einmal über einen ordentlichen Gegenstand spricht oder das Leben etwas mit Raffinement genießt [. . .]« (*MEW 27*, S. 80; Engels an Marx, 9. März 1847). Der Umgang mit den Arbeitern hingegen ist Engels wohl eher mißlungen: »Die

Weitlingerei und Proudhonisterei sind wirklich der komplettste Ausdruck der Lebensverhältnisse dieser Esel, und daher ist nichts zu machen. Die einen sind echte Straubinger, alternde Knoten, die andern angehende Kleinbürger. Eine Klasse, die davon lebt, daß sie wie Irländer den Franzosen den Lohn drückt, ist total unbrauchbar. Ich mache jetzt noch einen letzten Versuch, si cela ne réussit pas, je me retire de cette espèce de propagande« (*MEW 27*, S. 111; Engels an Marx, 14. Januar 1848).

31 Zum Beispiel Wittke 1950.

32 Zum Beispiel Bravo 1963.

33 Vgl. Schäfer 1971.

34 *Wenn* sich die »entgegengesetzten Pole der Gesellschaft« – die Wissenschaftler und die Arbeiter – umarmen würden, *dann* könnten sie »alle Kulturhindernisse in ihren ehernen Armen erdrücken«.

35 Das Zitat ist treffend, aber leider obskur. Es stammt aus der Einleitung einer wertlosen, älteren Weitling-Ausgabe und ist dort nicht nachgewiesen; vgl. P. Oestreich (Hrsg.) W. Weitling, *Die Menschheit* . . ., München, Wien und Zürich 1919; Vorwort: Weitlings »Geist lebte in den Arbeitern, die Lassalle um ein Arbeiterprogramm baten, wie denn das Bürgertum auch diesem vorwarf, er ›trete in den umgewandelten Hosen des Schneiders Lassalle (sic! muß heißen: Weitling – W. Sch.) auf«.

36 Georg Herwegh schrieb diese Verse 1863 auf Drängen Lassalles, der sich ein »begeistertes und begeisterndes Gedicht auf das Auftreten des Arbeiterstandes« gewünscht hatte. Daß das Gedicht »niemals recht populär in deutschen Arbeiterkreisen« (Mehring 1960, S. 83) wurde, fassen wir als eine Bestätigung unseres ›Vorurteils‹ auf, daß »der Mann der Arbeit« so kopflos nicht ist.

37 Daß die Unkenntnis der Arbeiterkultur mit den sozialen Interessen bürgerlicher Wissenschaftler korreliert und deshalb in gewisser Hinsicht »wohlverstanden« ist, dürfen wir annehmen. Denkende Arbeiter könnten die privilegierte Stellung der Wissenschaftler delegitimieren.

38 Marx 1967, S. 84.

39 Marx 1967, S. 79.

40 Die *Junge Generation* sowie der *Hülferuf* sind zwei in der Schweiz publizierte Monatsschriften des »Bundes der Gerechten«: *Der Hülferuf der deutschen Jugend*, hrsg. und redigiert »von einigen deutschen Arbeitern«, Genf und Bern, Sept. 1841-Dez. 1841; *Die junge Generation*, Bern, Vivis und Langenthal, Jan. 1842-Mai 1843. Wir zitieren nach dem Münchner Exemplar der Bayerischen Staatsbibliothek. (Ein Reprint beider Zeitschriften wurde vom Verlag Detlev Auvermann vorgelegt; Glashütten im Taunus 1973.)

41 *Junge Generation*, Nr. 11, Nov. 1842, S. 182.

42 Dieser Vorschlag stammt ebenfalls von Malthus, der »misery and vice« als die Folgen des Auseinanderlaufens von Bevölkerungswachstum und Nahrungsmittelproduktion ausgegeben und »moral restraint« als »preventive check to population« empfohlen hatte.

43 *Junge Generation*, Nr. 11, Nov. 1842, S. 183 f.

44 *Junge Generation*, Nr. 12, Dez. 1842, S. 199.

45 *Junge Generation*, Nr. 12, Dez. 1842, S. 200 f.

46 *Junge Generation*, Nr. 12, Dez. 1842, S. 201.

47 *Junge Generation*, Nr. 12, Dez. 1842, S. 202.

48 *Junge Generation*, Nr. 12, Dez. 1842, S. 202 f.

49 Die theoriepolitischen Positionen, die das Denken »von unten für unten«

sichtbar gemacht hat, lassen sich durch ein Vier-Felder-Schema veranschaulichen.

Theoriebildung

	von oben	von unten	
für oben	1	2	Diskurse der »Ungleichheit«
für unten	3	4	Diskurse der »Gemeinschaft«

Legende: Das parteiliche Denken des kollektiven Autors definiert
– *die falsche Philosophie* des herrschenden »Systems der Vereinzelung und Ungleichheit« (Position 1) sowie
– *die wahre Philosophie* des »Prinzips der Gleichheit und Assoziation« (Position 4),
– *das falsche Bewußtsein* der Armen und Ohnmächtigen von der Richtigkeit des
herrschenden »Systems der Vereinzelung und Ungleichheit« (Position 2) sowie
– *das wahre Bewußtsein* der Reichen und Mächtigen von der Richtigkeit des
»Prinzips der Gleichheit und Assoziation« (Position 3).

50 Weitling 1955, S. 289.
51 *BdK* 1970, S. 190 f.
52 Der proletarische »Bund der Gerechten« ging im Jahre 1837 aus dem sozial-
demokratischen »Bund der Geächteten« (gegründet 1834) in Paris hervor. In
seiner »Mitte« vollzog sich »die Trennung der proletarischen von der bürgerlichen Demokratie«, die Gustav Mayer (1912) für die Jahre 1863-70 angesetzt hat,
zum ersten Male; vgl. Kowalski 1962 und Schieder 1963.
53 Weitling 1955, S. 292 f.
54 Weitling 1955, S. 291.
55 Vgl. *BdK* 1970, S. 107 f.: »Ich hatte einen Mitbewerber, aber die Mitglieder der
Zentralbehörde entschieden sich einstimmig für meine Schrift [. . .], natürlich
wurde mir für das Manuskript nichts bezahlt. Ich verfaßte diese Schrift zu einer
Zeit, in welcher ich jeden Abend bis 10 und 11 Uhr und jeden Sonntag bis 12
Uhr nachmittags als Schneidergeselle arbeiten mußte.« Der »Mitbewerber« war
vermutlich Karl Schapper; sein Manuskript über die »Gütergemeinschaft«
wurde erstmals von Wolfgang Schieder veröffentlicht (vgl. Schieder 1963, S.
319-327).
56 Das Kaffeehaus war für den kollektiven Autor im übrigen nicht nur ein Ort der
Propaganda, sondern auch eine Quelle der Inspiration, etwa im Hinblick auf die
Idee von der »notwendigen Abschaffung des heutigen Geldsystems«: »Unter
den Deutschen, welche sich in den Jahren 1838 und 1839 in den Pariser
Kaffeehausgesellschaften durch ihren politischen Radikalismus am bemerkbar-
sten machten, war ein Schneider namens *Bernhardt,* der seiner revolutionären
Gleichheitsreden wegen von seinen Kameraden Jesus Christus genannt wurde.
Ein Urteil dieses Mannes über die zur Verwirklichung der Gleichheit notwendige Abschaffung des heutigen Geldsystems bezeichnet treffend, bis zu welcher
Entwickelung die sozialen Ideen in Paris [. . .] damals unter den Deutschen
gediehen waren.« (Weitling 1955, S. 291 f.)
57 »Kein kläglicherer Anblick als dieses von Druckfehlern wimmelnde Schriftchen«, schreibt 1847 der »rote Becker« – der hessische Theologe August Becker,
Schüler des Pfarrers Weidig und Freund Georg Büchners – über eine Original-
ausgabe der »Menschheit«, »manche Stellen sind mit Papierstreifen überklebt,

auf denen ein verbesserter Text zu lesen ist; kurz, dieses Schriftchen bietet so recht eigentlich das Bild des proletarischen Elends, aus dem sich der deutsche Kommunismus zu seiner jetzigen Macht erhoben hat.« Für die beteiligten Arbeiter war »dieses von Druckfehlern wimmelnde Schriftchen« freilich kein »Bild des proletarischen Elends«, sondern »recht eigentlich« ein Dokument der gemeinschaftlichen Überwindung dieses Elends.

58 Vgl. Weitling 1955, S. 293: »Von Paris aus nahm der Flug der deutschen kommunistischen Bewegung durch die Wanderungen der Arbeiter schon 1839 seine Richtung nach Deutschland. Bei einer im Jahre 1840 in Frankfurt a. M. entdeckten politischen Verschwörung wurden kommunistische Tendenzen . . . gefunden, wenigstens schloß man dies aus dem Umstande, daß bei mehreren der Angeklagten die erwähnte kommunistische Broschüre gefunden wurde.«

59 Weitling 1955, S. 4.

60 Vgl. *MEW 27*, S. 39.

61 Vgl. *Junge Generation*, Nr. 2, Febr. 1842, S. 18 (Auszug aus einem Briefe von London, 16. Dez. 1841): »Gott sei Dank! die Zeiten sind vorüber, wo die arbeitende Klasse blos las, ohne zu denken und zu prüfen; wo sie alles Gedruckte nur darum für Wahrheit aufnahm, eben weil es gedruckt war, und wo jeder Unverstand und jede Lüge einen Glanz der Wahrheit sich erschleichen konnte, wenn sie sich auf dem Papier verkörperte. Heut zu Tage sind wir so weit gekommen, daß wir auch zu unterscheiden suchen was gut und schlecht ist, ja wir gehen noch weiter, wenn wir nämlich sehen, *daß man uns nichts Gutes auftischt, so helfen wir uns selber, schreiben selbst*. Dies ist nun freilich in den Augen der Geistesmonopolisten ein Verbrechen.«

62 Weitling 1971, S. 87.

63 Marx warf dem Sprecher des kollektiven Autors seinerzeit nicht nur »Unwissenheit« bzw. Unwissenschaftlichkeit, sondern auch »Gefühlsduselei« vor: »[. . .] das Gefühl muß verhöhnt werden, das ist bloss so ein Dusel [. . .]« (Hess 1959, S. 151; Weitling an Hess, 31. März 1846).

64 Weitling 1971, S. 137. – Die Auseinandersetzung von 1846 hat den Sprecher des kollektiven Autors, der dennoch die gesellschaftliche Führungsrolle der Philosophie im Auge behielt, zum Gegner der deutschen »Nebelphilosophen« gemacht: »Manche, die sich auch Kommunisten nennen, beeifern sich den Leuten weiß zu machen, die deutsche Philosophie habe den Kommunismus ausgebildet: dazu gehört ein wenig viel Unverschämtheit. Die deutsche Philosophie hat nichts ausgebildet, als deutsche Begriffsverwirrung. Die deutsche Philosophie ist gerade die Quintessenz des deutschen Unsinns. . . . Ich habe anderswo gesagt: die Philosophie muß regieren (vgl. Weitling 1955, S. 142 – W. Sch.), und habe erklärt was ich darunter verstehe. Damit meine ich also nicht die Nebler, die uns über Religion, Atheismus, Geist, Gott, Verstand, Seele usw. schöne Bücher geschrieben. [. . .] Der gefeierte Hegel ist für mich eben so ein Nebler. Ich darf ihn so nennen, obgleich ich nichts von ihm gelesen habe. Warum? Weil niemand mir sagen konnte, was er wollte, obgleich die ganze deutsche Nebelphilosophie von ihm ein großes Geschrei macht. [. . .] Ich meine also alle die Philosophen die im Reiche des Übersinnlichen nach Abstraktionen fischen, deren Begriffe Niemand fassen kann, und alle Diejenigen, welche viel gelehrte Worte machen um etwas zwar sehr schön, aber doch dabei weder etwas Neues noch Nothwendiges zu sagen. Allen diesen Neblern hat die Menschheit wenig mehr zu danken als Begriffsverwirrung. Ganz anders haben die Arbeiter und Taglöhner reformirt. In den letzten 30 Jahren haben sie Maschinen erfunden,

die allein in England die Arbeiten von 600 Millionen Menschen verrichten. Und meistens *ungebildete* Arbeiter machten diese Erfindungen, welche in ihren Folgen auch die Gesellschaft reformiren werden, ohne daß die Nebelphilosophie eine Hand anzulegen braucht.« (Weitling 1971, S. 136-138)

65 Vgl. Lévi-Strauss 1973. – Lévi-Strauss hat das wilde und das domestizierte Denken in »La Pensée Sauvage« (1962) als »zwei verschiedene Arten wissenschaftlichen Denkens« definiert, »die beide Funktion nicht etwa ungleicher Stadien der Entwicklung des menschlichen Geistes, sondern zweier strategischer Ebenen sind, auf denen die Natur mittels wissenschaftlicher Erkenntnis angegangen werden kann, wobei die eine, grob gesagt, der Sphäre der Wahrnehmung und der Einbildungskraft angepaßt, die andere von ihr losgelöst« ist (Lévi-Strauss 1973, S. 27). Das wilde Denken ist nach Lévi-Strauss keine Form geistiger Aktivität, die dem kultivierten oder domestizierten Denken vorausgeht. »Beide Formen (können) nebeneinander existieren und einander durchdringen« (Lévi-Strauss 1973, S. 253). Wir fügen hinzu, daß wildes und domestiziertes Denken in Konflikt miteinander geraten, wenn sie ihre Reservate, zum Beispiel die Kunst und die Wissenschaft, verlassen und im gleichen Handlungsfeld auftreten.

66 *Hülferuf*, Nr. 3, Nov. 1841, S. 34. – »Seit dem Sommer 1840 berichten die Korrespondenten der ›Allgemeinen Zeitung‹ aus Paris ziemlich regelmäßig über das Treiben der ›Communisten‹. Mit dieser Bezeichnung meinen sie die Anhänger ›ganz barbarischer Sekten‹, deren Lehren nicht ›mild, human (und) friedfertig‹ sind wie die der Saint-Simonisten und Fourieristen, sondern ›alles Eigenthum durchaus allgemein machen‹ wollen und letztlich auf ›Umsturz des Bestehenden, Verwirrung und Anarchie‹ hinauslaufen.« (Müller 1967, S. 167 mit zahlreichen Belegen)

67 *Hülferuf*, Nr. 3, Nov. 1841, S. 34.

68 *Hülferuf*, Nr. 3, Nov. 1841, S. 36.

69 *Junge Generation*, Nr. 1, Jan. 1842, S. 2.

70 *Hülferuf*, Nr. 3, Nov. 1841, S. 37.

71 *Hülferuf*, Nr. 3, Nov. 1841, S. 36.

72 Diese Flugschrift »eines Freundes des deutschen Handwerkervereins« erschien Mitte November 1841 und wurde als Anhang zur *Jungen Generation*, Nr. 3, März 1842, S. 1-7, abgedruckt.

73 *Junge Generation*, Nr. 3, März 1842, Anhang S. 1 f.

74 *Junge Generation*, Nr. 3, März 1842, Anhang S. 3.

75 *Junge Generation*, Nr. 3, März 1842, Anhang S. 7.

76 Vgl. *Hülferuf*, Nr. 4, Dez. 1841, S. 53-62.

77 *Hülferuf*, Nr. 3, Nov. 1841, S. 35. – Auf eine inhaltliche Darstellung dieser Lesart müssen wir verzichten, weil wir hier nicht die Argumente, sondern die Ausdrucksweise des proletarischen Denkens verfolgen.

78 *Hülferuf*, Nr. 4, Dez. 1841, S. 60.

79 Gegen Ende des Artikels über »Die Kommunion und die Kommunisten« heißt es (*Hülferuf*, Nr. 3, Nov. 1841, S. 39): »Für jeden deutschen Handwerker wird diese hier gegebene Erklärung genügen; was die Apostel des [. . .] Kommunistenhasses anbetrifft, die werden uns nie verstehen«.

80 *Hülferuf*, Nr. 1, Sept. 1841, S. 3 f.

81 Weitling 1971, S. 135.

82 Weitling 1971, S. 136.

83 *Hülferuf*, Nr. 1, Sept. 1841, S. 4.

84 *Hülferuf,* Nr. 1, Sept. 1841, S. 3.

85 *BdK* 1970, S. 216: »Wir sollen alles benutzen; durch Gefühl ist möglich, was durch den Verstand bei vielen Menschen unmöglich ist.« (Weitling, Mai 1845, in den Diskussionen im Kommunistischen Arbeiterbildungsverein in London gegen Schapper, der die Auffassung der Gelehrten vertrat, »nur durch die Wissenschaft« werde der Kommunismus zur Verwirklichung kommen.)

86 *BdK* 1970, S. 224 (Weitling, Juni 1845, in den Londoner Diskussionen).

87 Marx 1967, S. 79.

88 Weitling 1971, S. 138.

89 *Hülferuf,* Nr. 1, Sept. 1841, S. 6.

90 *Hülferuf,* Nr. 1, Sept. 1841, S. 3.

91 Weitling 1955, S. 276.

92 Weitling 1955, S. 275.

93 Motto des *Hülferufs* und der *Jungen Generation.*

94 Weitling 1955, S. 284.

95 Weitling 1955, S. 74.

96 Weitling 1955, S. 277 f.

97 Weitling 1955, S. 247.

98 Weitling 1955, S. 243.

99 Vgl. Weitling 1955, S. 73 f.: »Was kann jemand der im Wohlstande lebt, von unserem Elend urteilen? Er kann unmöglich einen wahren Begriff davon haben. Stellt mir, wenn ich euch so die Bilder des Elends male, gute Speisen und Weine auf den Tisch, gebt mir überhaupt viel Geld und eine liebenswürdige Frau; ob ich da wohl imstande wäre, die Bilder des Elends und der Bedrückung der Wahrheit getreu aufzufassen? Ich glaube es nicht! Denn die Gegenstände, die uns umgeben, die Lebenslage, in der wir uns befinden, üben einen bedeutenden Einfluß auf uns, und der Mensch, der sich mit seinen persönlichen Interessen beschäftigt, ist nicht imstande, ein kräftiges Unternehmen für die allgemeinen Interessen zu wagen. Merken wir uns das genau. Es wird in Ewigkeit nicht besser, solange das Volk die Leitung seiner Interessen Leuten anvertraut, die reich sind und bleiben wollen oder die gutbezahlte Ämter haben und nach noch höheren streben.«

100 *BDK* 1970, S. 304.

101 Weitling 1955, S. 70.

102 Weitling 1955, S. 272 f.

103 Weitling 1955, S. 258.

104 Weitling 1955, S. 271.

105 Weitling 1955, S. 247.

106 Weitling 1955, S. 274.

107 Weitling 1955, S. 273.

108 Weitling 1955, S. 234.

109 Weitling 1955, S. 274.

110 *MEW 1,* S. 498.

111 *Junge Generation,* Nr. 6, Juni 1842, S. 92; vgl. Weitling 1955, S. 141: »*Jeder Zweig der Arbeit wird auf dem Höhepunkt seiner Vervollkommnung, wo er den Ideen einen Wirkungskreis gewährt, zur Wissenschaft.*«

112 Wir vertreten zwar eine differenziertere (phasenspezifische) Lesart der Wissenschaftsentwicklung, argumentieren jedoch durchaus im Sinne dieser Perspektive; vgl. Schäfer 1978, S. 403: Die soziale Zweckorientierung bzw. »Finalisierung der Wissenschaft beendet den autonomen Fortschritt der Wissenschaft, um

den Fortschritt der menschlichen Gesellschaft mit den Mitteln der Wissenschaft zu betreiben.«

113 *Junge Generation,* Nr. 7, Juli 1842, S. 115.
114 Weitling 1955, S. 140 f.
115 Weitling 1955, S. 142.
116 »Unter der Leitung dieser Wissenschaft stehen die Arbeiten des Ackerbaues, der Bergwerke, Glashütten, Tongruben, der Wasch- und Färbeanstalten, der Heizungen und Beleuchtungen der Gebäude, der Kochanstalten, der Bereitung der Getränke sowie die Aufsicht über die Aufbewahrung der in den Magazinen und Kellern aufgespeicherten rohen Produkte usw.« (Weitling 1955, S. 142 f.)
117 Weitling 1955, S. 143.
118 *Junge Generation,* Nr. 3, März 1842, S. 36.
119 Weitling 1955, S. 281.
120 Weitling 1977, S. 134 f.
121 W. Thompson, *An Inquiry into the Principles of the Distribution of Wealth,* London 1824, S. 274; zit. nach *MEW 23,* S. 382 f., Anm. 67.

Literatur

Andréas, B. und W. Mönke, 1968: Neue Daten zur »Deutschen Ideologie«. Mit einem unbekannten Brief von Karl Marx und anderen Dokumenten, in: *Archiv für Sozialgeschichte,* 8 (1968) 5-159.

BdK 1970: *Der Bund der Kommunisten. Dokumente und Materialien,* Band 1 (1836-1848), Berlin.

Bravo, G. M., 1963: *Wilhelm Weitling e il communismo tedesco prima del Quarantotto,* Turin: Publicazioni dell' Istituto di Szienze Politiche dell' Università di Torino, Bd. 10.

Förder, H., 1960: *Marx und Engels am Vorabend der Revolution. Die Ausarbeitung der politischen Richtlinien für die deutschen Kommunisten (1846-1848),* Berlin.

Habermas, J., 1976: Zum Thema: Geschichte und Evolution, in: *Geschichte und Gesellschaft. Zeitschrift für Historische Sozialwissenschaft,* 2, 310-357.

Hess, M., 1959: *Briefwechsel,* hrsg. von E. Silberner, 'S-Gravenhage.

Kowalski, W., 1962: *Vorgeschichte und Entstehung des Bundes der Gerechten,* Berlin.

Lassalle, F., 1893: *Reden und Schriften,* hrsg. von E. Bernstein, 2. Bd., Berlin.

Lévi-Strauss, C., 1973: *Das wilde Denken,* Frankfurt.

Marx, K., 1967: Zur Kritik der Hegelschen Rechtsphilosophie. Einleitung, in: *Deutsch-Französische Jahrbücher,* hrsg. von A. Ruge und K. Marx, Paris 1844; reprografischer Nachdruck Darmstadt.

Mehring, F., 1960: *Geschichte der deutschen Sozialdemokratie,* 2. Band, Berlin.

MEW 1: Karl Marx, Kritische Randglossen zu dem Artikel »Der König von Preußen und die Sozialreform. Von einem Preußen«, in: *Marx/Engels, Werke, Bd. 1,* Berlin, 392-409.

MEW 1: Friedrich Engels, »Fortschritte der Sozialreform auf dem Kontinent« und »Bewegungen auf dem Kontinent«, in: *Marx/Engels, Werke, Bd. 1,* Berlin, 480-496 und 497 f.

MEW 23: Karl Marx, Das Kapital. Kritik der politischen Ökonomie, 1. Band, in: *Marx/Engels, Werke, Bd. 23,* Berlin.

MEW 27: Briefwechsel zwischen Marx und Engels (Okt. 1844-Dez. 1851), in: *Marx/Engels, Werke, Bd. 27,* Berlin.

Müller, H., 1967: *Ursprung und Geschichte des Wortes Sozialismus und seiner Verwandten,* Hannover.

Na'aman, S., 1975: *Die Konstituierung der deutschen Arbeiterbewegung 1862/63. Darstellung und Dokumentation,* Assen.

Ruge, A. und K. Marx (Hrsg.), 1967: *Deutsch-Französische Jahrbücher,* Paris 1844, reprografischer Nachdruck, Darmstadt.

Schäfer, W., 1971: Wilhelm Weitling im Spiegel der wissenschaftlichen Auseinandersetzung, Nachwort in: W. Weitling, *Das Evangelium des armen Sünders. Die Menschheit, wie sie ist und wie sie sein sollte,* hrsg. von W. Schäfer, Reinbek bei Hamburg.

Schäfer, W., 1978: Normative Finalisierung. Eine Perspektive, in: *Die gesellschaftliche Orientierung des wissenschaftlichen Fortschritts. Starnberger Studien 1,* Frankfurt.

Schraepler, E., 1972: *Handwerkerbünde und Arbeitervereine 1830-1853. Die politische Tätigkeit deutscher Sozialisten von W. Weitling bis K. Marx,* Berlin und New York.

Schieder, W., 1963: *Anfänge der deutschen Arbeiterbewegung. Die Auslandsvereine im Jahrzehnt nach der Julirevolution von 1830,* Stuttgart.

Weitling, W., 1955: *Garantien der Harmonie und Freiheit,* hrsg. von B. Kaufhold, Berlin.

Weitling, W., 1971: *Das Evangelium des armen Sünders. Die Menschheit, wie sie ist und wie sie sein sollte,* hrsg. von W. Schäfer, Reinbek bei Hamburg.

Weitling, W., 1977: *Gerechtigkeit. Ein Studium in 500 Tagen. Bilder der Wirklichkeit und Betrachtungen des Gefangenen,* mit einem Nachwort von A. Meyer, Berlin.

Wittke, C., 1950: *The Utopian Communist. A Biography of W. Weitling Nineteenth-Century Reformer,* Baton Rouge.

Zilsel, E., 1976: *Die sozialen Ursprünge der neuzeitlichen Wissenschaft,* hrsg. von W. Krohn, Frankfurt.

Helmut Dubiel
Proletarisches Wissen und Kritische Wissenschaft
(II)

I

Die Reflexion ihres Verhältnisses zur Politik ist Gegenstand der Sozialwissenschaften seit den Anfängen ihrer kognitiven und institutionellen Selbständigkeit. Diese sozialwissenschaftlichen Selbstreflexionen sind jedoch sehr in die Kontingenz sozial- oder theoriegeschichtlicher Anlässe eingebunden. Sie fügen sich nicht zu einem kontinuierlichen rationalen Diskurs der Sozialwissenschaften über sich selber. Der Werturteilsstreit, die Diskussionen über das Projekt ›Camelote‹ und der Positivismusstreit – um nur einige zu nennen – sind nur schwer auf den Vergleichsrahmen identischer Parameter zu ziehen.

Der gegenwärtige Anlaß, der dieses alte Thema wieder akut zu machen verspricht, ist die empirisch allmählich unübersehbare Tatsache der zunehmenden politischen Anwendungsbezogenheit sozialwissenschaftlicher Forschung. In der Bundesrepublik ist etwa seit Ende der 6oer Jahre eine drastisch gestiegene Nachfrage nach sozialwissenschaftlicher Politikberatung zu beobachten. Die tieferen Ursachen dieses Nachfrageschubs sind hier nicht Thema. Aus einer flüchtigen Hinsicht läßt er sich doch relativ deutlich der reformerischen Umorientierung durch eine sozialdemokratisch geführte Bundesregierung zuordnen. Spätestens seit der spektakulären Tagung des Wissenschaftszentrums Berlin, die zusammen mit der OECD über Probleme der Interaktion von Wissenschaft und Politik anhand bundesdeutscher Beratungsfälle veranstaltet wurde, sowie nach Bernhard Baduras Reader über *Angewandte Sozialforschung* (Frankfurt 1976, Stw 193) und den ersten Dokumenten des Wiederanfangs einer wissenschaftlichen Sozialpolitik (Sonderheft 19 der *KZfSS*) läßt sich sagen, daß jenes Phänomen zunehmender politischer Anwendungsbezogenheit sozialwissenschaftlicher Forschung selbst ›reflexiver‹ Gegenstand der Sozialwissenschaften geworden ist.

Bei nüchterner Betrachtung läßt sich indes nicht erkennen, daß jener offensichtliche quantitative Zuwachs an sozialwissenschaft-

licher Politikberatung schon zu einer qualitativen Strukturveränderung politischen Handelns geführt hätte. In denjenigen sozialwissenschaftlichen Forschungsfeldern, die Problemlösungspoten-
tiale bereithalten für die Akteure von Politik und Verwaltung, hat
sich jedoch das politische Verhältnis des Sozialwissenschaftlers zu
seiner eigenen Tätigkeit geändert. Die breite Zone von Indiffe-
renz zwischen dem Wissenschaftssystem und dem politisch-
administrativen Anwendungssystem in den 5oer und 6oer Jahren
hatte es noch erlaubt, diese Problematik mit dem ideologischen
Bezug auf Max Webers Wertfreiheitspostulat zuzudecken. Heute
nötigt die reale Entwicklung mancher sozialwissenschaftlicher
Forschungsbereiche dazu, als *wissenschaftspolitisches* Problem zu
sehen, was sich bislang nur in Kategorien individuell-moralischer
Verantwortung dargestellt hatte: der Wissenschaftler dürfe von
der Verantwortung für die politischen Folgen seiner Arbeit nicht
dispensiert werden.

II

Das meist nur kulturkritisch artikulierte Unbehagen über eine
selbstläufig gewordene wissenschaftliche Entwicklung macht sich
in der Regel an den Pionieren der Nukleartechnologie fest. Die
Therapievorschläge dieser kulturkritischen Zeitdiagnostik beschränken sich auf moralische Postulate; sie rekurrieren auf die
dem individuellen Wissenschaftler selbst zugerechnete moralische
Verantwortlichkeit. Im ideologisch blinden Fleck einer solchen
moralisierenden Wissenschaftskritik liegen die konkrete gesellschaftliche Form dieser supponierten Verantwortlichkeit, die
Adressaten dieser Verantwortung und vor allem die Verantwortung der politischen Anwender dieses wissenschaftlichen Wissens. Die moralisierende Wissenschaftskritik hat es einfach: dem
moralisch zurechenbaren Forscher steht die anonyme Menschheit
gegenüber. Dieses simple Deutungsschema löst sich auf, wenn
man diesen Handlungszusammenhang nicht mehr nur als moralischen, sondern als wissenschafts*politischen* betrachtet. Dann muß
man analytisch unterscheiden:

(1) *Die politischen Akteure,* die für die Durchführung einer »Politik« sozialwissenschaftliches Wissen in Anspruch nehmen. Die
Formulierung ›Akteure‹ läßt zunächst bewußt offen, ob es sich

dabei um Regierungs-, Parlamentsvertreter oder um Vertreter der Verwaltung handelt oder auch um Exponenten sozialer und politischer Bewegungen, Parteiführer, Sprecher von Interessengruppen etc.

(2) Die *Wissenschaftler,* die kompetent, bereit und interessiert daran sind, sozialwissenschaftliche Informationen, Theorien, Daten und deskriptive Informationen zur politischen Disposition zur Verfügung zu stellen.

(3) Die Gruppe der von einer sozialwissenschaftlich informierten Politik *Betroffenen.* Das kann im Fall einer städtebaulichen Sanierung eine sehr kleine Gruppe sein, im Fall einer Reform von Umweltschutzmaßnahmen oder einer Reform des Gesundheitswesens eine sehr große und diffuse.

Die Interaktion dieser drei ›Agenten‹ im politischen Prozeß wird im Rahmen der verschiedenen wissenschaftspolitischen Deutungsmuster jeweils verschieden dargestellt, interpretiert und normativ stilisiert. Eine wissenssoziologisch neutrale Typisierung dieser verschiedenen Deutungsmuster maßen wir uns nicht an. Habermas' bekannte Trias des technokratischen, dezisionistischen und pragmatischen Modells bietet eine immer noch brauch- und ausbaubare Unterscheidung.

Wir ziehen es demgegenüber vor, eines dieser Deutungsmuster ausführlich zu entwickeln, in seinen historischen und theoretischen Hintergründen darzustellen und dann von ihm her die Strukturen des Problemfelds aufzurollen. Das im folgenden entwickelte Deutungsmuster ist für unser Vorhaben so gut geeignet, weil es – und das zeigt der vorstehende Beitrag von Wolf Schäfer recht schön – für viele Sozialwissenschaftler die undurchschaute normative Folie abgibt, auf deren Hintergrund sie ihre wissenschaftspolitische Selbstreflexion betreiben.

Bei diesem Modell handelt es sich um eine fast mythische Denkfigur in der intellektuellen Tradition der Arbeiterbewegung. »Mythisch« ist hier nicht pejorativ gemeint, etwa im Sinne von »illusionär«. Das Attribut »mythisch« soll nur signalisieren, daß das im folgenden beschriebene Deutungsmuster ein Modell von Intellektuellen gewesen ist, mit dem sie den politischen Stellenwert ihrer theoretisch-wissenschaftlichen Arbeit grundlegend bestimmt haben.

In jenem Selbstverständigungsmodell sozialistischer Intelligenz in der Arbeiterbewegung waren all jene Elemente im wissenschaftspolitischen Problemfeld, deren Integration uns heute selbst in der Reflexion nicht mehr gelingen will, als eine parteiorganisatorisch vermittelte Einheit gedacht.

Als vermittelte Einheit wurden gedacht, die

(a) in einer historisch exponierten, d. h. krisenhaft zugespitzten gesellschaftlichen Situation

(b) von Intellektuellen formulierte Theorie, die

(c) konstituiert war im verallgemeinerten Betroffenenbewußtsein des Proletariats, welches

(d) als unmittelbar in der Produktion tätige soziale Gruppe zugleich die primäre Betroffenengruppe der gesellschaftlichen Konfliktstruktur repräsentierte und

(e) als Industrieproletariat zugleich jene Funktionselite war, die allein über das politische Kampfpotential verfügte, um die gegebene Gesellschaft revolutionär zu verändern.

Diese spezifische Einheit von politischer und wissenschaftlicher Legitimierbarkeit sozialistischer Politik ist am konsequentesten von Georg Lukács gedacht worden. Seine Stilisierung des Marxschen Selbstverständnisses war indes nicht frei von metaphysischen Überspitzungen, die selbst jene abstieß, deren politisches Selbstverständnis von dieser Denkfigur getroffen war. Lukács vertrat bekanntlich die These, daß schon die klassischen bürgerlichen Ökonomen imstande gewesen waren, die durch Warentausch als Totalitätszusammenhang konstituierte bürgerliche Gesellschaft theoretisch zu begreifen. Erst aber für die proletarische Klasse fallen die theoretisch erkennbaren bzw. erkannten Bedingungen der Aufhebung des Kapitalismus mit den Bedingungen seiner politischen Emanzipation zusammen. Diese von Lukács unterstellte Koinzidenz des parteiförmig organisierten politischen Emanzipationsinteresses des Proletariats mit der Marxschen Gesellschaftstheorie begründet für ihn die Einheit von sozialistischer Theorie und sozialistischer Praxis.

In unsere eingangs entwickelte Terminologie übersetzt heißt dies: die politischen Akteure, die wissensproduzierende Intelligenz und die von dieser wissenschaftlich informierten Politik Betroffenen sind eine – zwar gruppenmäßig differenzierte, aber über die Organisationen der Arbeiterbewegung sozial vermittelte – Einheit. Das Theoriewissen sozialistischer Intellektueller war zwar mit dem proletarischen Klassenbewußtsein nicht unmittelbar identisch, aber über identifizierbare Zwischenglieder vermit-

telt, – und zwar über ein Kontinuum, das sich in Schulung und
Agitation kurzschließen läßt in Gestalt der Abstraktifizierung
exemplarischer Alltagserfahrungen des Arbeiters. In dieser all-
tagsweltlich gegebenen Betroffenenerfahrung hatte sozialistische
Theorie – gemäß ihrem eigenen Anspruch – ihren empirischen
Problembezug, ihren politisch-praktischen Handlungsbezug und
schließlich ihre fraglose demokratische Legitimität.

III

Es ist eben dieser Mythos der organisatorisch vermittelten Einheit
von theoretischer und politischer Allgemeinheit, der die Tag-
träume sozialwissenschaftlicher Intelligenz bis heute – in verschiedenen Graden von Bewußtheit – normativ bestimmt.

Greifbar wurde dieser Mythos erst in seinem Zerfall. Das in der
Theoriegeschichte und in der politischen Ideengeschichte in die-
ser Bedeutung oft übersehene Dokument dieses Zerfalls ist die
Entwicklung der kritischen Theorie in den 30er und 40er Jahren.

In den frühen 30er Jahren ist das politische Selbstverständnis des
Frankfurter Kreises durch die Grundauffassung gekennzeichnet,
daß das Klassenbewußtsein des Proletariats und die theoretische
Arbeit revolutionärer Intelligenz nicht mehr miteinander zu vermitteln sind. Der Intellektuelle könne sich dem Proletarier nicht
mehr existenziell zugehörig fühlen, sondern nur noch kraft seiner
eigenen moralischen Entscheidung. Das Proletariat bleibt zwar
Adressat der Theorie und die ihm von den Intellektuellen unter-
stellten ›objektiven‹ Interessen bilden deren theoretische Rele-
vanzvorlagen.

In den späten 30er Jahren wird die Tendenz des Frankfurter
Kreises zur Marginalisierung gegenüber dem Proletariat radikali-
siert. Horkheimer kritisiert in seinem klassischen Aufsatz *Traditionelle und kritische Theorie* scharf die Prinzipien »luxemburgistischer«
Intelligenz: die Weiterentwicklung der auf die aktuelle Lage des
Proletariats zugeschnittenen materialistischen Theorie müsse not-
falls auch gegen dessen empirisches Bewußtsein vorgenommen
werden. Das Proletariat sei im Spätkapitalismus nicht mehr das
empirische Subjekt der seiner eigenen historischen Lage adäquaten theoretischen Orientierung. An die Stelle der (von Lukács so

beschriebenen) Selbsterkenntnis des Proletariats tritt die »kritische« Intelligenz. Diese ist nach Horkheimer charakterisiert durch ihre marginale Position nicht nur gegenüber den autoritären Gesellschaften, sondern auch gegenüber den proletarischen Massenorganisationen.

In den Schriften der 40er Jahre, besonders in der *Dialektik der Aufklärung* wird als evident unterstellt, daß die spätkapitalistische Kulturindustrie und der faschistische Propagandaapparat die Chancen einer politisch folgenreichen Ausbildung von Klassenbewußtsein völlig unmöglich gemacht haben. Das Proletariat könne in keiner noch so vermittelten Weise Subjekt theoretisch-kritischer Orientierung sein. Aber auch die marginalen Intellektuellengruppen als die unter den aktuellen Bedingungen autoritärer Staaten authentischen Produzenten revolutionärer Theorie werden nicht mehr genannt. Jetzt seien nur noch politisch völlig isolierte, unorganisierte, »einsame« Individuen fähig, Kollektivinteressen zu vertreten.

Aus wissenssoziologischer Sicht ist der Theoriebildungsprozeß des Frankfurter Kreises gekennzeichnet durch eine ständig radikalisierte Selbstmarginalisierung der Theorie gegenüber potentiellen politisch-praktischen Agenten. Bestand am Anfang der 30er Jahre noch die Trägerschaft der Theorie in der kritischen Rezeptivität der Theorie gegenüber einer objektivistisch stilisierten proletarischen Erfahrung, so war kennzeichnendes Merkmal der »kritischen Theorie« von 1937 die kleingruppenhafte Marginalität der Intellektuellen gegenüber dem Proletariat. In den 40er Jahren dann war designierter Träger der Theorie nur noch das »einsame« Individuum.

Fachwissenschaftliche Arbeit ist nicht mehr das theoretische Medium der Erkenntnis des im Faschismus historisch real gewordenen universalen Zwangszusammenhangs. Die Träger der »kritischen Theorie« haben sich somit in ihrem Selbstreflexionsprozeß nicht mehr nur gegenüber der autoritären Gesellschaft marginalisiert, sondern auch noch gegenüber dem institutionalisierten und politisch lizensierten Wissenschaftsbetrieb. Zum Medium der Erkenntnis einer im Faschismus historisch realen »negativen Totalität« wird nun ausschließlich die Philosophie – jedoch nicht im Sinne akademischer Fachphilosophie. Philosophie wird vielmehr emphatisch stilisiert zu einem – nur noch »einsamen« Intellektuellen möglichen – rhetorisch-moralischen Vermögen. Eine solche

Philosophie wird selbst zu einer Art moralisch-politischer »Praxis«.

IV

Die mythische Unterstellung einer Einheit von Gesellschaftstheorie und richtigem Bewußtsein der zugleich betroffenen *und* revolutionär handlungsfähigen gesellschaftlichen Gruppe zerfällt in der frühen kritischen Theorie unter dem apokalyptischen Eindruck der Niederlage der deutschen Arbeiterbewegung gegen den Faschismus. Ihre Vertreter (insbesondere Horkheimer und Adorno) bezweifeln, daß unter den zeitgenössischen Techniken der Massenbeherrschung sich überhaupt noch ein folgenreiches Klassen- oder Massenbewußtsein ausbilden kann, an das der revolutionäre Theoretiker anknüpfen könne. In ihren Ansätzen zu einer Theorie des Spätkapitalismus verweisen sie immer wieder darauf, daß im Spätkapitalismus die von Marx noch behauptete Identität von struktureller gesellschaftlicher Problembetroffenheit und revolutionärer Handlungsfähigkeit zerbrochen ist. Zerbrochen ist aber vor allem die Einheit von theoretischer und politischer Allgemeinheit: das proletarische Wissen und die sozialwissenschaftliche Interpretation der gesellschaftlichen Wirklichkeit sind nicht mehr zu vermitteln.

In der kritischen Theorie *zerfällt* der Mythos im buchstäblichen Sinn. Die klassischen Aufsätze Horkheimers und die *Dialektik der Aufklärung* sind keine historisch detaillierte Mythenkritik, sondern eher die kulturkritische Bilanzierung einer traumatischen politischen Erfahrung.

Es ist nicht die Dekadenz der Attitüde, die das Studium jener Texte so faszinierend macht. Die Konsequenzen, die Horkheimer und Adorno für sich aus diesen Einschätzungen gezogen haben (Ignoranz analytischer Wissenschaft, idiosynkratischer Individualismus und Esoterik der Erfahrung, Ignoranz gegenüber potentiellen politischen Adressaten), wird man schwerlich folgen können. Aber – und das ist unsere These: in jenem in der kritischen Theorie dokumentierten Zerfall des Einheitsmythos werden die Dimensionen greifbar, in denen die politische Selbstreflexion einer sozialwissenschaftlichen Intelligenz sich abzuspielen hätte, die sich der normativen Implikate jenes Mythos auch heute noch verpflichtet weiß.

Gegenüber der Romantik einer normativen Beschwörung der Einheit von theoretischen und politischen Diskursen bedürfte es heute einer Theorie des Spätkapitalismus, die die Immanenz politisch-ökonomischer Analyse sprengt; die Aussagen darüber erlaubt, welche gesellschaftlichen Gruppen die Opfer, d. h. diejenigen sind, die primär von der dominanten Form der Durchsetzung gesellschaftlicher Strukturen betroffen sind; und die es erlaubt, jene Funktionsgruppen in der Gesellschaft zu identifizieren, deren Kooperationsentzug tendenziell systemtranszendierende Folgen haben könnte. Die Existenz und eindeutige Identifizierbarkeit solcher Funktions- und Betroffenengruppen stehen dem Sozialwissenschaftler selbst nicht unmittelbar zur Disposition. Sie sind abhängig von den Bewußtseins- und Erfahrungsprozessen dieser Gruppen. Unter diesen Bedingungen könnte Politisierung von Sozialwissenschaft zunächst nur heißen, daß sich Sozialwissenschaftler stärker in dem Lebens- und Handlungszusammenhang solcher Gruppen ansiedeln und ihre kognitiven Relevanzmuster sensibel machen für die spezifischen Formen der politisch exemplarischen sozialen Problemerfahrungen. Das große Interesse, das Forschungsrichtungen wie Aktionsforschung und Ethnomethodologie erregt haben, sind Indikatoren für eine solche Sensibilität. Nach Maßgabe dieses Postulats käme es für den Sozialwissenschaftler darauf an, auf den verschiedenen kognitiven Ebenen sozialwissenschaftlicher Disziplinen diejenigen »Ventile« auszumachen, mit deren Hilfe die Rezeptivität gegenüber der spezifischen Problemerfahrung von Betroffenen gesteigert werden könnte. Dem Programm einer solchen Betroffenenwissenschaft läge die Einsicht zugrunde, daß der Sinn sozialwissenschaftlicher Arbeit nicht allein in theoretischer Immanenz ausgemacht werden kann, sondern in ihrer Fähigkeit liegt, an die Bewußtwerdungsprozesse sozialer Bewegungen anzuknüpfen.

Rainer-W. Hoffmann
Die Verwissenschaftlichung der Produktion und das Wissen der Arbeiter

Das Wissen, das in der Industriearbeit entwickelter kapitalistischer Länder angewendet wird, scheint sich zunehmend in zwei unterschiedliche Stränge zu zergliedern, die sich mehr und mehr gegeneinander verfestigen. Diese Konstellation sei zunächst durch einige Stichworte charakterisiert.

In den Arbeitsmitteln, den Arbeitsmaterialien und den Produkten sind in wachsendem Ausmaß wissenschaftliche Kenntnisse vergegenständlicht, die eine technologische Transformation erfahren haben. Die Arbeitsorganisation, die das ideelle Netz zwischen diesen materiellen Bestandteilen des Produktionsprozesses und der lebendigen Arbeit knüpft, tritt ebenfalls seit Jahrzehnten mit dem Anspruch einer wissenschaftlichen Grundlegung auf. Die Verfügungsmacht des Kapitals über die Produktionsmittel und Produkte schließt die Verfügungsmacht über das darin enthaltene wissenschaftlich-technische Wissen ein. Darüber hinaus hat das Kapital Zugriff auf weitere Wissensbestände, die jeweils gegenwärtig nicht wirtschaftlich genutzt werden können und deshalb brachliegen.

Den Arbeitern steht demgegenüber ein rezeptartiges Wissen darüber zur Verfügung, »wie man die Dinge macht, nicht, wie man sie erklärt.«[1] Sie haben eine von wissenschaftlicher Fundierung freie Qualifikation, in der Komponenten von Alltagswissen, von speziellen Arbeitserfahrungen und von technischen Kenntnissen meist begrenzter Reichweite miteinander verschmolzen sind.

Der betrieblichen Entscheidungshierarchie und der Gesellschaftsstruktur im ganzen scheint so eine Hierarchie von Wissenstypen zu entsprechen, wobei das unterlegene Wissen der Arbeiter und das überlegene Wissen der Unternehmensleitung mit zunehmender Verwissenschaftlichung der Produktion noch verstärkt zu Ohnmacht bzw. Macht, zu Handlungsinkompetenz bzw. Handlungskompetenz tendierte. In diesem Sinne könnte auch die bekannte Äußerung von Marx über die große Industrie interpretiert werden:

»Das Detailgeschick des individuellen, entleerten Maschinenarbeiters verschwindet als ein winzig Nebending vor der Wissenschaft, den ungeheuren Naturkräften und der gesellschaftlichen Massenarbeit, die im Maschinensystem verkörpert sind . . .«[2]

Einige wesentliche Momente der These von der Korrespondenz zwischen Entscheidungshierarchie und Wissenshierarchie mit ihren schwerwiegenden Implikationen sollen im folgenden untersucht und zum Teil hinterfragt werden.

1 Was bedeutet und welche Reichweite besitzt die »Verwissenschaftlichung« der Produktion durch das Kapital?

Es kann keinem ernsthaften Zweifel unterliegen, daß die Tiefenstruktur der industriellen Produktion in dem Sinne einer zunehmenden Verwissenschaftlichung unterliegt, daß Arbeitsmittel, Arbeitsmaterialien und Produkte stärker als je zuvor auf Resultaten der naturwissenschaftlich-technischen Forschung und Entwicklung fußen. Dies wird im folgenden vorausgesetzt. Der Schwerpunkt des Beitrags liegt auf dem Versuch, einige typische Konstellationen zu entwickeln und zu diskutieren, die die Verwissenschaftlichung der Produktion spezifisch begrenzen und es verhindern, daß sie ihren Gegenstand in voller Breite und/oder Tiefe erfaßt und bruchlos auf den konkreten Arbeitsprozeß durchschlägt. Für die Produktionsmittel und die Produkte auf der einen und die Arbeitsorganisation auf der anderen Seite gelten je spezifische Probleme, die sich allerdings zum Teil überschneiden.

1.1 Produktionsmittel und Produkte

Die Verwissenschaftlichung der Arbeitsmittel, Arbeitsmaterialien[3] und Produkte stößt auf sachbezogene Grenzen, die durch spezifisch kapitalistische Restriktionen verschärft werden. Diese werden im folgenden analytisch getrennt; bei konkreten betrieblichen Problemen treten jeweils mehrere der zu behandelnden Momente in engem Verbund miteinander auf.

Zunächst einmal ist die Frage zu stellen und ansatzweise zu beantworten, ob Forschungsprozesse über Arbeitsmittel und Arbeitsvorgänge nicht in einem prinzipiell äußerlichen Verhältnis zur wirklichen Arbeit bleiben müssen. Im naturwissenschaftlich inspirierten Forschungsprozeß über Probleme der Arbeit muß der komplexe, ganzheitliche Arbeitsprozeß in seine wesentlichen Variablen aufgelöst werden, die unter Beachtung der Experimentierregeln isoliert untersucht werden. Bei der Erforschung der spanabhebenden Metallbearbeitung, worüber ausnahmsweise eine halbwegs ausführliche Beschreibung überliefert ist, wurden z. B. zwölf zentrale Variable ermittelt und in ihrer Bedeutung ausführlich untersucht.[4] Der ungeheure Zeitbedarf für diese Untersuchung, mehr als zwanzig Jahre, wurde wesentlich mit der Schwierigkeit begründet, »elf Variable konstant zu halten, während der Einfluß der zwölften Variablen untersucht wurde. Die Konstanthaltung der elf Variablen war bei weitem schwieriger als die Untersuchung des zwölften Elements.«[5] Im konkreten Arbeitsprozeß kommen nun, im Unterschied zum Experiment, keine reinen und isolierten Variablen vor, sondern nur ganzheitliche und oft wechselhafte Situationen, die unter Zeitdruck bewältigt werden müssen. Die Unreinheit der verschiedenen Momente zeigt sich etwa daran, daß eine absolute Gleichartigkeit von Arbeitsmaterialien, ein ungestörtes Gleichmaß der Kraftübertragung, ein konstant optimaler Zustand der Werkzeuge in der Arbeitsrealität nicht gegeben sind und auch nicht herbeigeführt werden können. Diese unreine Ganzheitlichkeit läßt sich gut an einem Fall demonstrieren, den G. Friedmann dargestellt hat.

»Die Beobachtung der Arbeit eines Schweißers zeigt beispielsweise, daß der Schweißer mit physikalischen Erscheinungen zu tun hat, die sich während der ganzen Dauer eines Arbeitsganges verändern – damit auch mit Schwierigkeiten, die sofort gelöst werden müssen, wenn nicht die Qualität des ganzen geschweißten Komplexes gefährdet werden soll: Der Physiker würde diese Erscheinungen mit Wärmeleitfähigkeit, Ausdehnung unter Wärmeeinfluß, Kapillarität, Oberflächenspannung, Oxydation, innere Strukturveränderungen, Innenspannung usw. bezeichnen. Der Schweißer ›muß sie kennen, vorsehen, bekämpfen, mit einem Wort: sie beherrschen.‹ Intellektuelle Qualitäten sind für diese Arbeiten so notwendig, daß sie nur mit großen Kosten und bei Großserienfertigung . . . mechanisierbar sind. Die Maschine kann nur schwer die von Aufmerksamkeit, Erfahrung und beständiger Situationsbeurteilung geleitete Hand des Facharbeiters ablösen. Es ist sehr schwierig, die sehr feinen und komplizierten Vorgänge im menschlichen Gehirn in künstliche Verrichtungen zu übersetzen, wenn dieses mit seiner vollen Potenz bei einem Arbeitsakt eingesetzt ist.«[6]

Diese Problematik bleibt nicht auf das Arbeiterwissen beschränkt, sondern gilt auch für die verschiedenen Theorieebenen innerhalb des naturwissenschaftlich-technischen Wissens selbst.

»Viele der in der Praxis auftretenden Probleme lassen sich nur auf einer unteren Ebene durch Theorien in Zusammenhang bringen. Eine Zusammenfassung auf der Ebene höherer technischer Theorien gelingt nicht, weil die praktischen Probleme zu komplex sind und ihre Theoretisierung soviel Vereinfachung notwendig machen würde, daß schließlich theoretische Aussagen keinerlei Relevanz für die praktischen Probleme mehr besitzen. Solche Probleme können nur durch Erfahrungsgesetze in einen einfachen und groben Zusammenhang gebracht werden.«[7]

Diese Konstellation in der wissenschaftlich-technischen Forschung verbindet sich mit der schon aufgewiesenen im Betrieb. Der konkrete Arbeitsprozeß ist deshalb geradezu als mehrdimensionale Abweichung von Experimentierbedingungen zu kennzeichnen, wobei die Einzelabweichungen sich potenzieren können und der Zeitdruck ein übriges tut. Damit aber verlieren die wissenschaftlichen Kenntnisse über die Arbeit einen Teil ihrer Relevanz für die Arbeit.

Die Äußerlichkeit der Verwissenschaftlichung der Arbeitsmittel gegenüber der Arbeit hat noch einen weiteren wichtigen Aspekt. Jede Vergegenständlichung von Wissen zu Arbeitsmitteln schafft einen ruhenden Punkt, an dem – bildlich gesprochen – drei Ströme von Praxis vorbeilaufen, die ihn überholen, abschleifen und seine wissenschaftliche Basis zersetzen. Diese drei Ströme sind: die Weiterentwicklung des Wissens über den jeweiligen Gegenstand im Bereich der wissenschaftlich-technischen Forschung; die Entwicklung der praktischen Erfahrungen mit dem Gegenstand; der natürliche Verschleiß des Arbeitsmittels.

Die angeführten Momente der Begrenzung einer Verwissenschaftlichung der Produktion mögen durch diese selbst zum Teil relativiert worden sein und weiter werden – zu eliminieren sind sie nicht. Es ist kein Zufall, daß z. B. Forschungsergebnisse über Fehler bei der Arbeit an modernen, numerisch gesteuerten Werkzeugmaschinen[8] ebenso auf die dargestellten Konstellationen zurückweisen wie zahlreiche Gespräche mit erfahrenen Drehern.[9] Ähnlich bedeutsam ist ein aktueller Befund aus der automatisierten Produktion: bis zur Einführung von Prozeßrechnern besaß die Bedienungsmannschaft einer bestimmten Anlage wesentliche Kenntnisse über deren praktischen Betrieb, die der Leitung unzugänglich waren. Ein Experte aus dem betreffenden Werk umriß die Art und Bedeutung dieser Kenntnisse mit dem folgenden Kommentar: »»Das waren zwar nur noch etwa 5% der Informationen. Diese 5% sind aber die entscheidenden, die wichtigsten, weil sie die Tricks, die Erfahrungen beim Fahren der Anlage beinhalten, die erst den optimalen Verlauf gewährleisten.««[10]

Die Verwissenschaftlichung der Produktion zeigt an der Schwelle zur wirklichen Arbeit erste Brüche, die aus jener Äußerlichkeit resultieren und der Arbeiterintelligenz einen wesentlichen Rangplatz erhalten.

1.1.2 Die Spanne

Die Forschung und Entwicklung der Unternehmen legitimiert sich nicht durch fachliche, sondern durch ökonomische Kriterien. Die Verwissenschaftlichung der Produktion wird also nicht notwendig bis zum umfassenden fachlichen Verständnis des jeweiligen Problems vorangetrieben. Die Problemlösung gilt vielmehr schon dann als brauchbar, wenn sie zu einer nach pragmatischen Kriterien hinreichend sicheren Beherrschung des Produktionsprozesses befähigt. Wie vielfältig und komplex die so entstehende Spanne zwischen Praktikabilität und Verständnis in der Realität erscheint, wird aus den überraschenden Forschungsergebnissen von Piore ersichtlich, die zum großen Teil in Betrieben mit hochgradig verwissenschaftlicher Produktion gewonnen wurden. Wesentliche Momente sind in der folgenden Skizze zusammengefaßt.

»A good part of the technology in all of the plants visited existed only as a process operating on the plant floor; it was not formally described and its scientific rationale was imperfectly understood. Often this had been true from its very inception. Manufacturing technologies are frequently developed experimentally, through trial and error. As one builder of atomic power plants explained: ›If we waited until the designs were completed, we would *never* start building.‹ Apparently some design problems are in advance of theoretical understanding; others are either too specialized or too trivial to command theoretical interest, or can be solved more expediently through trial and error. Even equipment initially built to formal specifications is subject to a variety of modifications once in operation, many of which are thought too minor to be formally recorded. Over time the minor changes accumulate and the equipment moves a considerable distance from the recorded design. Because so much of the existing technology is not formally described, attempts to improve it typically begin with a study of the process in operation on the plant floor. This appeared to be true of both chemical and mechanical processes. One chemical engineer commented: ›I spent two weeks in the plant trying to separate the essentials of the process from the witchcraft. I know I didn't completely succeed, but I was afraid to go further. And they told me that process was automated!‹ In another plant a proposal to move a complex piece of mechanical packaging equipment two feet across the plant floor was rejected for fear that, once disrupted, it could not be got to operate again at maximum speed.«[11]

Ähnlich betont auch Janossy, daß sich, im Vergleich zu den bedeutenden Entwicklungssprüngen,

»die kleinen Verbesserungen weniger oder gar nicht vom Produktionsprozeß trennen lassen. So entspringen z. B. die Verbesserungsvorschläge der hochqualifizierten Arbeiter, die den praktischen Erfahrungen am nächsten stehen, unmittelbar dem Arbeitsprozeß. Die industrielle Forschung saugt bei weitem nicht alle der Produktivitätssteigerung dienende Arbeit auf, ja sie könnte sogar nicht wirken, wenn die Industrie die Fähigkeit zur ›Kleinarbeit‹ für den Fortschritt einbüßen würde.«[12]

Für unser Problem haben sich weitere Erklärungsansätze ergeben, die zum Teil eng mit den schon behandelten Problemen der Äußerlichkeit verwoben sind: Vorlauf der praktischen Problemlösungskapazität vor der Theorie; fachliche Trivialität der Produktionsprobleme; kostenmäßige Überlegenheit unwissenschaftlicher Verfahren; Akkumulation von Praxismomenten zu einer wissenschaftlich undurchdringlichen Komplexitätsstufe.

Bezüglich der Reichweite der Verwissenschaftlichung der Produktion bleibt festzuhalten, daß die selbst nur zum Teil verwissenschaftlichte Tiefenstruktur überdies gleichsam überwuchert wird durch Veränderungen, die der praktischen Erfahrung, der prozeßbezogenen Kreativität, kurzum: unwissenschaftlichem Wissen entspringen. Dieses Verständnisdefizit bei gleichwohl praktikablen Problemlösungen impliziert, daß auch ein großer Teil der anfallenden Pannen und Störungen nicht durch umfassende wissenschaftliche Einsichten behoben wird, sondern ebenfalls auf der Grundlage besagten unwissenschaftlichen Wissens.

Die als Spanne zwischen Praktikabilität und Verständnis skizzierte Problematik ist durch den Primat einzelwirtschaftlicher Rentabilitätskriterien nur unzulänglich erklärt, solange dessen Verhältnis zum gesellschaftlichen System der Forschung und Entwicklung nicht berücksichtigt ist. Dieses kann hier nur sehr komprimiert umrissen werden. Die innovativen Aktivitäten des Kapitals sind in ein Spannungsfeld gezwängt, dessen Pole sich folgendermaßen kennzeichnen lassen: die oft ungewisse Chance auf Extraprofite und die Konkurrenzzwänge bilden den vorwärtstreibenden, anziehenden Pol; das sichere Auftreten von unproduktiven Aufwendungen und deren verwertungslogische Grenze bilden den bremsenden, abstoßenden Pol. Aufgrund des damit gesetzten Erzeugungslimits bei der Wissensproduktion muß ein Großteil der produktionsrelevanten Aktivitäten der Forschung und Entwicklung in vornehmlich staatlichen Einrichtungen stattfinden, die institutionell von der Produktion abgetrennt sind.

Die institutionelle Trennung zwischen den Problemen und den Problemlösungskapazitäten trägt dazu bei, daß beide nicht zwangsläufig aufeinander bezogen sind, daß gleichsam ein Vakuum an Erkenntnisinteresse und Problemkenntnis bei jenen besteht, die aufgrund der allgemeinen Scheidung von Kopfarbeit und Handarbeit für die Entdeckung und Lösung von Problemen zuständig sind. Das führt zugleich dazu, daß die Sphäre der Arbeit mit all ihren Problemen zum Teil Domäne der Arbeitenden ist und auch bleibt. Gerade die Trennung von Wissensproduktion und materieller Produktion, von geistiger und körperlicher Arbeit führt also dazu, daß die institutionell unzuständigen Lohnabhängigen in der materiellen Produktion faktische Zuständigkeiten für deren Probleme erhalten. Die Wahrnehmung dieser Kompetenz ist ein anderes Problem, das im folgenden noch aufgegriffen wird. Mit der institutionellen Kluft zwischen Wissenschaft und Produktion schieben sich jedenfalls die bisher aufgewiesenen Grenzen einer Verwissenschaftlichung der Produktion weiter vor.

1.1.4 Die Lücken

Unbeschadet der Probleme, die unter den Stichworten »Äußerlichkeit«, »Spanne« und »Kluft« umrissen worden sind, ist der gesellschaftliche Wissensbestand umfassender als die aus ihm gezogenen Nutzanwendungen – für Arbeitsprozesse und für Arbeitsprodukte gleichermaßen.

Bezüglich der Arbeitsmittel führt der Primat einzelwirtschaftlicher Rentabilitätskriterien sehr oft dazu, daß die objektiven Möglichkeiten, die der gesellschaftliche Wissensbestand für eine Verwissenschaftlichung der Produktion enthält, nicht oder nur unvollständig ausgenutzt werden. Dieser Abbruch der Verwissenschaftlichung der Produktion vor ihrer sachlich-stofflichen Grenze ist in der jüngsten empirischen Studie in automatisierten Wirtschaftsbereichen durch den Aufweis zahlreicher *Mechanisierungslücken* eindrucksvoll dokumentiert worden.[13] Das Gewicht des nicht-wissenschaftlichen Wissens der unmittelbaren Produzenten wird hierdurch verstärkt. Ein weiteres Moment, die Restriktivität der Produktinnovation, wirkt in dieselbe Richtung.

Im Kapitalismus werden nur Produkte hergestellt, vor denen ein kaufkräftiger Bedarf steht – sei das dahinterliegende Bedürfnis auch noch so dürftig, manipuliert, parasitär. Nicht hergestellt werden Produkte, nach denen nur ein Bedürfnis besteht – sei dieses auch noch so dringlich, originär und legitim. Diese *Lücke in der Produktpalette* zeigt an, daß die vielfältige Verwendbarkeit von Kenntnissen über die Eigenschaften der Natur nach Kapitalinteressen reduziert und kanalisiert wird. Dieses Problem ist in unserem Zusammenhang vornehmlich unter einem Aspekt bedeutsam, auf den unten zurückzukommen sein wird: daß die herrschende Reduktion der Anwendung von Kenntnissen nicht zugleich eine Reduktion der Anwendbarkeit von Kenntnissen bedeutet. Aufgrund der objektiv vielfältigen Nutzungsmöglichkeiten des vergegenständlichten wissenschaftlich-technischen Wissens ist das nicht-wissenschaftliche Wissen der Produzenten vielmehr eine oft ausreichende Grundlage dafür, die Lücken in der Produktpalette aus eigener Kraft zu schließen.[14]

1.1.5. Die Diffusionsbarrieren

Indem die gesammtgesellschaftliche Arbeit in der Form privater Warenproduktion organisiert bzw. desorganisiert ist, hat jeder einzelne Privatproduzent ein objektives Interesse daran, die in seinem Bereich realisierten wissenschaftlich-technischen Neuerungen exklusiv zu halten, das Wissen in ein Wissensmonopol umzuwandeln. In beiden Varianten dieser Monopolisierung, nämlich der exklusiven Anwendung und der Nichtanwendung, wird das Spezifikum von Wissen in seiner Entfaltung gebremst, das es vor allen anderen Agentien des gesellschaftlichen Produktions- und Reproduktionsprozesses auszeichnet: »es muß nur ein einziges Mal gewonnen werden, um im Zeitablauf unbegrenzt lange und in der Gegenwart unbegrenzt häufig angeeignet und benutzt werden zu können.«[15] Zu den Mechanisierungslücken und den Lücken in der Produktpalette treten also *Diffusionsbarrieren,* die ebenfalls dazu beitragen, die Verwissenschaftlichung der Produktion im gesamtgesellschaftlichen Maßstab unterhalb der historischen Möglichkeiten aufzuhalten.

1.2 Arbeitsorganisation

Die Tendenz zur Verwissenschaftlichung der Arbeitsorganisation setzt nicht nur zeitlich später ein als bei den Arbeitsmitteln und Produkten, sondern hat auch von Anfang an einen gänzlich anderen Inhalt. Bei Arbeitsmitteln und Arbeitsprodukten geht es letztlich immer um das Ablaufenlassen von Wirkungszusammenhängen zwischen Eigenschaften der materiellen Natur außerhalb des Menschen durch den Menschen. Bei der Arbeitsorganisation hingegen geht es letztlich immer um das Wirken der lebendigen Arbeitskraft in ihrer historisch gewordenen Vielseitigkeit und Individualität, um das Nutzen von menschlichen Naturkräften durch den Menschen selbst. Aus diesem Grunde decken Erkenntnisse über die menschliche Arbeit und ihre Rahmenbedingungen niemals Naturgesetze im üblichen Wortsinn auf: sie gelten zwar in einer diffusen Weise für die Gattung Mensch, aber sie besagen nichts über den einzelnen Arbeiter mit seiner je spezifischen Kombination aus Alter, Gesundheitszustand, Qualifikation, Geschick, Stand der Einarbeitung etc. Sie besagen ebenfalls nichts über die einzelne Arbeitssituation mit ihrer je spezifischen Kombination aus mehr oder weniger intakten Arbeitsmitteln, mehr oder weniger belastenden Umweltbedingungen, mehr oder weniger funktionsfähiger betrieblicher Infrastruktur etc. Und sie besagen schließlich nichts über das Verhältnis von Arbeit und Kapital.

Eines der hieraus resultierenden Grundsatzprobleme hat ein amerikanischer Arbeiter am Beispiel der Zeitstudie, einem wesentlichen Bestandteil des »scientific management«, sehr gut klargemacht. In einem Diskussionsbeitrag auf einer gewerkschaftlichen Veranstaltung führte N. P. Alifas aus:

»Many people walk to work in the morning, if it isn't too far. If somebody should discover they could run to work in one third of the time, they might have no objection to have that fact ascertained, but if the man who ascertained it had the power to make them run, they might object to having him find it out.«[16]

Wichtige Aspekte dieser Grundsatzprobleme sind durch Hoxie allgemeiner gefaßt worden:

»There ist no objective scientific method of determining what man's speed and accomplishment when recorded will accurately represent the possible or just capacity of a heterogeneous group of workers.«[17]

Die bisherigen Überlegungen machen klar, daß eine »Verwissenschaftlichung« der Arbeitsorganisation lediglich Fassade vor der Auseinandersetzung zwischen Kapital und Arbeit ist. Es ist pure Ideologie, wenn über Meßergebnisse an menschlicher Arbeit gesagt wurde, sie seien genau so unstrittig wie die Zeit und der Ort des Sonnenaufgangs.[18] In einer hier notwendig knappen Gegenüberstellung ist jedenfalls weit eher der polemischen Kennzeichnung von Gorz zuzustimmen: »Die ›wissenschaftliche‹ Organisation der Arbeit bedeutet in erster Linie die wissenschaftliche Zerstörung jeder Möglichkeit von Arbeiterkontrolle.«[19]

Diese Funktion tritt schon – oder gerade – bei den frühen Vertretern des »scientific management« deutlich hervor. Die nach überkommenen Prinzipien geregelte Organisation der Arbeit hat einer dieser frühen Apologeten so beschrieben:

»Das Konstruktionsbureau war fast ausschließlich die Stelle in den Fabriken, wo dauernd ein neuer Fortschritt zu verzeichnen war. Die Werkstatt wurde aber nur sehr stiefmütterlich behandelt; die Tätigkeit der Maschine wurde sorgfältig vorher bedacht, die Frage, wie die Arbeiter ihre Aufgaben lösen würden, aber ihnen selbst zur Beantwortung überlassen.«[20]

Entsprechend war die Situation dadurch gekennzeichnet, daß »dem Leitenden unbekannt war, wie lange der Arbeiter ›wirklich‹ zu seiner Arbeit brauche.«[21] Die traditionellen hierarchischen Strukturen vermochten die spezifische Domäne der Arbeiterintelligenz nicht zu überwinden.

»Natürlich hat die Leitung Werkmeister und Vorarbeiter zu ihrer Verfügung, die meistens selbst erstklassige Arbeiter in ihrem Handwerk waren.

Und doch wissen diese Werkmeister und Vorarbeiter besser als irgend jemand anders, daß ihre Kenntnisse und persönliche Geschicklichkeit kaum in die Waagschale fallen im Vergleich mit der Summe der Kenntnisse und der Geschicklichkeit der Arbeiter zusammen genommen.«[22]

Das Ziel, diese faktische Überlegenheit des Wissens der Arbeiter zu beseitigen, war und ist eine der wesentlichen Triebkräfte für die »Verwissenschaftlichung« von Arbeitsorganisation. Schon F. W. Taylor, einer der wichtigsten Pioniere auf diesem Gebiet, gibt der Umverteilung des Produktionswissens programmatisch einen zentralen Platz in seiner Konzeption:

»Den Leitern fällt es z. B. zu, all die überlieferten Kenntnisse zusammenzutragen, die früher Alleinbesitz der einzelnen Arbeiter waren . . .«[23] »Alle Kopfarbeit unter dem alten System wurde von dem Arbeiter mitgeleistet und war ein Resultat seiner persönlichen Erfahrung. Unter dem neuen System muß sie notwendigerweise von der Leitung getan werden in Übereinstimmung mit wissenschaftlichen Gesetzen.«[24]

Die prinzipielle Grenze einer Verwissenschaftlichung der Arbeitsorganisation besteht nach dem Gesagten darin, daß eine Verwissenschaftlichung im gängigen Sinne des Wortes generell nicht möglich ist – unbeschadet des Forschungsstandes und der Praktiken im einzelnen. Erkenntnisse über die menschliche Arbeit, ihre Rahmenbedingungen und ihre Organisation haben nicht von sich aus Geltung, sondern müssen erst durch Macht oder Konsens in Geltung gesetzt werden. Die fehlende Determination der Erkenntnisanwendung durch den Erkenntnisinhalt gilt für einschlägiges Alltagswissen ebenso wie für Kenntnisse, die mit wissenschaftlichen Methoden erarbeitet worden sind.

Zusätzlich zu dieser prinzipiellen Grenze, die als solche die Anwendung derartigen Wissens durch das Kapital ja nicht berühren kann, besteht eine weitere Schranke der Verwissenschaftlichung, welche unmittelbar wirkt. Diese Schranke ergibt sich ihrerseits aus der bereits angeführten Spezifik von Kenntnissen über den arbeitenden Menschen. Die unproduktiven Aufwendungen des Kapitals für die Verwissenschaftlichung der Produktionsmittel und der Produkte (Forschung und Entwicklung) sind tendenziell einmalig und dem Produktionsprozeß vorgelagert. Aufwendungen für die »Verwissenschaftlichung« der Arbeitsorganisation fallen demgegenüber kontinuierlich an und sind vielfach parallel zum Produktionsprozeß gelagert. Ursache hierfür ist der oben aufgewiesene Charakter der Arbeitsorganisation selbst. Das ökonomische Gebot der Minimierung der »faux-frais« der Produktion führt dazu, daß die »Verwissenschaftlichung« der Arbeitsorganisation noch vor ihrer sachlich-inhaltlichen Schwelle endet. Dabei ist natürlich nicht zu leugnen, daß die feindliche Verfestigung des vom Kapital verwalteten Wissens über die Arbeit und die Arbeiter gegenüber dem Wissen der Arbeiter selbst im Maße der realen Durchsetzung einer »wissenschaftlichen« Arbeitsorganisation fortschreitet.

1.3 Zusammenfassung und Überleitung

Die Verwissenschaftlichung der Produktion stößt an mehrere strukturelle Grenzen: die *Äußerlichkeit* der Forschung über die Arbeit gegenüber der Arbeit selbst, die *Spanne* zwischen Praktikabilität und Verständnis der eingeschlossenen Prozesse, die *Kluft* zwischen materieller Produktion und Wissensproduktion, die systembedingten *Lücken* im Mechanisierungsgrad und der Produktpalette, die spezifischen *Diffusionsbarrieren* für vorhandenes und privat genutztes Wissen, die gegenstandstypischen und systemtypischen *Schranken der Verwissenschaftlichung der Arbeitsorganisation*. Diese Momente verleihen den abhängig Beschäftigten Macht. Ihr Zusammenwirken macht es verständlich und plausibel, daß die hochgradig verwissenschaftlichte Produktion im entwickelten Kapitalismus folgendermaßen gekennzeichnet werden konnte:

»Es gibt eine große Anzahl von Situationen, bei denen gerade die Tatsache, daß die Methoden der ›wissenschaftlichen‹ Unternehmensführung gar nicht so wissenschaftlich sind, zu Lücken führt, die es den Arbeitenden ermöglichen, ein beträchtliches Maß an Kontrolle über die eigene Arbeitssituation zurückzugewinnen.«[25]

Neben dieser realen und quasi normalen Komponente werden im Verlauf auch diejenigen Momente zu untersuchen sein, die momentan mehr als Potentialität aufscheinen.

2 Arbeiterwissen und Handlungskompetenz

Auch in der hochgradig verwissenschaftlichten Produktion mit ihrem ständigen technisch-organisatorischen Wandel hat die Arbeiterintelligenz einen wesentlichen Rangplatz. Dieser wurde bisher von der Seite der Grenzen einer umfassenden Verwissenschaftlichung bestimmt, gewissermaßen als notwendige Restgröße. Im folgenden ist zu zeigen, wie diese Kraft immer wieder neu entsteht, wie sie angewendet wird, welche ihrer Potenzen im betrieblichen Normalfall ruhen und nur im Arbeitskampf zum Tragen kommen.

2.1 Genese, Spezifik und Diffusion

Die wesentliche Triebkraft der Genese des Arbeiterwissens und seiner Anpassung an historisch wechselnde Gegenstände ist – auf dem Untergrund vorgelagerter schulischer und beruflicher Qualifikationsprozesse – die Arbeit selbst. Deren allgemeine Bestimmung durch Marx ist für unseren Zusammenhang wesentlich:

»Die Arbeit ist zunächst ein Prozeß zwischen Mensch und Natur, ein Prozeß, worin der Mensch seinen Stoffwechsel mit der Natur durch seine eigne Tat vermittelt, regelt und kontrolliert. Er tritt dem Naturstoff selbst als eine Naturmacht gegenüber. Die seiner Leiblichkeit angehörigen Naturkräfte, Arme und Beine, Kopf und Hand, setzt er in Bewegung, um sich den Naturstoff in einer für sein eignes Leben brauchbaren Form anzueignen. Indem er durch diese Bewegung auf die Natur außer ihm wirkt und sie verändert, verändert er zugleich seine eigne Natur. Er entwickelt die in ihr schlummernden Potenzen und unterwirft das Spiel ihrer Kräfte seiner eignen Botmäßigkeit.«[26]

Indem kontinuierliche Arbeit die Ansammlung von Erfahrungen über alle überhaupt vorkommenden Variationen an den Arbeitsmitteln, -materialien und -produkten einschließt, könnte man sie in gewissem Sinne als ein Dauerexperiment auffassen, in dessen Verlauf alle relevanten Variablen alle praktisch relevanten Veränderungen durchmachen. Dies geschieht natürlich nicht durch systematische Variation der Variablen, sondern durch eine faktisch sich ergebende Abfolge von ganzheitlichen Konstellationen, durch die eine entsprechend ganzheitliche Handlungskompetenz für je bestimmte Situationen entsteht. Aufgrund dieser ganzheitlichen Erfahrungen kann der Arbeiter in Problemsituationen vielfach »als Sachwalter auftreten und sagen: ›Das geht nicht‹ oder ›Das geht doch‹.«[27]

Indem kontinuierliche Arbeit die Möglichkeit oder – durch Störungen, Pannen etc. bedingt – auch die Notwendigkeit zum

Nachdenken, Tüfteln und Probieren einschließt, hat sie außerdem ganz von selbst eine konstruktiv-kreative Dimension, die die Arbeiterintelligenz über die Normalität der regulären Vollzüge hinausführt. Dieses Moment wird in der kapitalistischen Lohnarbeit einerseits geschwächt, indem die Arbeit selbst zerlegt, vereinseitigt, dequalifiziert wird. Es wird aber andererseits gerade durch die Lohnarbeit immer wieder erzeugt und gefestigt. Im Zwang zur Kompensation der Arbeitsintensität und zum Überbrücken von Schwierigkeiten aller Art ist stets die Komponente des Improvisierens, Nachdenkens, Erfindens etc. enthalten.

Exklusiv sind mit der Arbeit selbst oftmals sowohl das Entstehen einer zunehmend vollständigen Kenntnis über alle Varianten ihrer Normalität als auch das Übergreifen in die konstruktiv-kreative Dimension; denn beides fällt nur beim Arbeitenden selbst an und ist nicht durch Qualifikationen aus den höheren Ebenen der formellen Wissenshierarchie zu ersetzen.

Die Bedeutung des spezifischen Arbeiterwissens und die Triebkräfte seiner Genese sind auch im Bewußtsein der Arbeiter weithin bewahrt, wie die Reaktionen auf das folgende Statement zeigen, das Ende der sechziger Jahre im Rahmen einer empirischen Untersuchung vorgelegt wurde: »An modernen Arbeitsplätzen sind die Maschinen so kompliziert, daß sie nur noch von Ingenieuren verstanden werden können. Richtig verstehen tut der Arbeiter die Maschine, an der er arbeitet, genauso wenig wie irgendein Außenstehender.«[28] Trotz der äußerst anspruchsvollen, auf dem Hintergrund unserer obigen Überlegungen auch nicht ganz legitimen Wortwahl (»verstehen«, »richtig verstehen«) wird das Statement nur von einem knappen Viertel der Befragten vorbehaltlos akzeptiert, während sich gut die Hälfte klar dagegen ausspricht.[29] Die Erläuterungen dieser Mehrheit sind für unser Problem sehr wichtig, so daß relativ ausführliche Auszüge zitiert werden.

»»Das kann nicht nur der Ingenieur, das kann auch der, der an der Maschine arbeitet; der ist nachher mit der Maschine mehr vertraut als der Ingenieur, weil der ja da nur nach Plan arbeitet.‹ ›Der Ingenieur, der die Maschine konstruiert hat und die Pläne gemacht hat, der bleibt für mich immer ein Theoretiker. Der Arbeiter, der in der ersten Zeit daran arbeitet, der weiß doch mehr von der Maschine, wie sie arbeitet, der weiß dann auch mehr, wie noch Fehler behoben werden können, die es in der ersten Zeit gibt.‹ ›Das stimmt nicht, wir haben das hier schon gehabt, daß die Ingenieure dort standen und nichts machen konnten und die Leute haben es dann hingekriegt. Theoretisch sieht es ganz anders aus, die Praxis ist was anderes.‹ ›Stimmt nicht, denn mit einer gewissen Zeit wird er doch Anlernung davon haben. Den Bau der ganzen Maschine, den wird der Ingenieur besser wissen, aber wie es gemacht wird, das kann der Arbeiter besser. Das ist eben der Unterschied zwischen Theorie und Praxis.‹ ›Das stimmt nicht aus einem ganz einfachen Grund: Der Arbeiter, der da tagtäglich arbeitet, wird sich sein Wissen schon aneignen. Bin der Meinung, daß der dem Ingenieur noch was weismachen könnte. Das ist eine ganz normale Sache: der Ingenieur muß den Arbeiter fragen: Mensch, wie ist denn das?‹«[30]

In Verbindung mit den ganz analogen Ergebnissen der Frage nach der Relevanz von persönlichen Kniffen und Tricks[31] und Anhaltspunkten aus Gesprächen mit Arbeitern an neuesten Maschinen[32] lassen diese Ausführungen einige weiterführende Interpretationen zu.

Indem die Arbeiter auf die eigene Praxis reflektieren, bestimmen sie sehr genau die Dimensionen und Mechanismen, in die bzw. vermittels deren sich ihr spezifisches Wissen entwickelt: die in der Kontinuität von Arbeit entstehende Erfahrung; der im Erlebnis von Schwierigkeiten enthaltene Anstoß zum Nachdenken, Tüfteln und Probieren; die praktische Überlegenheit ihres ganzheitlichen, aus komplexen Situationen entstandenen Wissens über die abgehobenen Kenntnisse der wissenschaftlich-technischen Intelligenz.

Die Exklusivität gilt nun nicht nur für die Genese, sondern auch für die Diffusion des Arbeiterwissens. Es wird innerhalb der Arbeiterklasse selbst tradiert und nach außen, insbesondere gegenüber dem Kapital, meist streng abgeschirmt. Die Weitergabe dieser Kenntnisse an Berufsanfänger bzw. neu in den Betrieb eintretende Kollegen ähnelt teilweise einem regelrechten Initiationsritual.

Weiteren Aufschluß über Genese und Diffusion des Arbeiterwissens liefert die Analyse eines Betriebspraktikers und Forschers, der es als Machtbasis der Arbeiter und als wichtige Grundlage der Produktion selbst so weit wie möglich außer Kraft setzen wollte.

»Der Scharfsinn jeder Generation hat schnellere und bessere Methoden für jede Detailarbeit in den verschiedenen Gewerben ersonnen. So stellen denn die heutigen Methoden die geläuterte Endsumme der geeignetsten und besten Ideen dar, die seit Beginn eines jeden Gewerbes darauf verwendet wurden. Doch diejenigen, die selbst mit den einzelnen Gewerben innig vertraut sind, wissen, daß es trotzdem fast für keine noch so elementare Tätigkeit in irgend einem Gewerbe eine einheitliche Methode gibt. Statt einer einzigen, allgemein als mustergültig anerkannten Methode haben wir deren 50 oder gar 100 für jeden einzelnen Handgriff. Schon eine kurze Überlegung wird es klarmachen, daß dies nicht ausbleiben konnte, da unsere Methoden sich vom Vater durch mündliche Überlieferung auf den Sohn vererbt haben oder in der Mehrzahl der Fälle durch ›Sehen, wie es die anderen machen‹ fast unbewußt erlernt worden sind. Wohl in keinem einzigen Fall sind sie systematisch zusammengefaßt, planmäßig analysiert und nur ausnahmsweise beschrieben worden. Zweifelsohne haben Findigkeit und Erfahrung jeder einzelnen Generation, ja schon jedes Jahrzehnt dem kommenden Geschlecht immer wieder bessere Methoden überliefert. Diese wirre Masse von Faustregeln und ererbten Kenntnissen kann man füglich das größte Gut jedes Handwerkstreibenden nennen.«[33]

Natürlich ist der ausgeprägte Bezug auf handwerkliche Arbeit mit deren historischem Verfall weitgehend obsolet geworden. Die angesprochenen Momente verschwinden jedoch nicht, sondern erhalten mit dem technisch-organisatorischen Wandel und speziell der Verwissenschaftlichung der Produktion einen anderen Inhalt.

Die bisherigen Ausführungen erlauben es, eine vorläufig abschließende *Bestimmung des Arbeiterwissens* vorzunehmen. Das Arbeiterwissen hat in seiner alltäglich regulären wie in seiner konstruktiv-kreativen Komponente und in den Formen der Diffusion die folgenden Merkmale:

– Ganzheitlichkeit, Komplexität, Rezeptartigkeit;
– kumulative Entwicklung im Medium der Arbeit selbst;
– Pluralität im Sinne eines Nebeneinander von jeweils individuell oder gruppenweise – jedenfalls nicht wissenschaftlich universell – begründeten Optimalverfahren;
– Primat der mündlichen Anleitung, der Beobachtung und der nachvollziehenden Erprobung bei der Weitergabe und bei der Aneignung.

Im folgenden wird zu zeigen sein, daß das Wissen der Arbeiter im kapitalistischen Produktionsprozeß nur teilweise zum Tragen kommt; ein anderer Teil – wahrscheinlich der größere und gewichtigere – kann nur im Arbeitskampf[34] eingesetzt und entwickelt werden.

Im Hinblick auf technische Arbeitsmittel hat ein italienischer Arbeiter die Verhaltensmöglichkeiten des Arbeiters plastisch zusammengefaßt: er kann sie in ihrem Zustand belassen, sie verbessern oder sie zerstören[35]; entsprechendes gilt für die Arbeitsorganisation und die Produkte. Einige der damit gegebenen Problemkonstellationen sind nunmehr zu betrachten.

2.2.1 *Technisch-organisatorische Verbesserungen*

Die Bedeutung der Arbeiterintelligenz für Innovationen am technisch-organisatorischen System des Betriebes ist von verschiedener Seite betont und auch durch die Praxis selbst mannigfach bestätigt worden.[36] Doch dürfte ein erheblicher, möglicherweise sogar der größere Teil der innovativen Potenzen der Arbeiterintelligenz zurückgehalten werden.

Es besteht ein objektives, langfristiges Klasseninteresse der Arbeiter daran, ihre technische Kreativität in der Latenz zu halten oder gar abzutöten. »Sklaven, Leibeigene und Proletarier haben objektiv kein Interesse an der Ökonomisierung und Vervollkommnung der Produktionsmittel, da die hierdurch zustandekommende Effektivierung der Produktion zugleich die Effektivierung ihrer Ausbeutung ist.«[37] Eine Neuerung, die die Arbeiter ersinnen und zur Linderung der Arbeitsintensität bzw. Steigerung der Arbeitsproduktivität einsetzen, wird alsbald vom Kapital übernommen und, unter Heraufsetzung der Arbeitsintensität auf mindestens das frühere Maß, zur Erzielung von Extraprofiten eingesetzt werden. Da sich die Kreativität der unmittelbaren Produzenten in aller Regel auf ihr persönliches Arbeitsumfeld konzentriert, kommt ein weiteres Moment hinzu: die arbeitssparende Neuerung wird zur Existenzgefährdung für ihren Urheber und/ oder seine Kollegen. Bei gleichbleibendem Arbeitsvolumen erzwingt die arbeitssparende Neuerung die Einsparung von Arbeitskraft. Indem der Arbeiter unter kapitalistischen Bedingungen über Neuerungen nachdenkt, denkt er zugleich über die Vernichtung seines eigenen Arbeitsplatzes bzw. der Arbeitsplätze seiner Kollegen nach. Je bedeutsamer eine der Arbeiterkreativität entspringende Neuerung ist, desto gefährlicher ist ihre Preisgabe. Sowohl die drohende Steigerung der Arbeitsintensität als auch die mögliche Gefahr für Arbeitsplätze zwingen die kreativen Potenzen der Arbeiter in die Latenz. Ausgenommen von diesem Mechanismus sind nur die produktivitätsneutralen Verbesserungen, die sich auf die Sicherheit, die Bequemlichkeit, die intensivere Ausnutzung von Rohstoffen etc. beziehen.

Die Realisierung des Klasseninteresses an der Zurückhaltung von produktivitätssteigernden Neuerungen wird natürlich immer wieder unterbrochen. Die mächtigen Anreize für innovative Aktivitäten (Linderung der Arbeitsintensität, Lohnsteigerung, Prämien etc.) veranlassen einzelne Arbeiter dazu, ihr individuelles, kurzfristiges Interesse über ihr kollektives, langfristiges Interesse zu stellen. Gerade dieser Sieg des einen objektiven Interesses über das andere ist es jedoch, der die oben beschriebenen Mechanismen auslöst, die ihrerseits den kollektiven Nachteil dieses Verhaltens beweisen. Die historische Wiederkehr dieser immergleichen Erfahrung[38] bewirkt jedenfalls, daß die Zurückhaltung von Neuerungen, im Extremfall sogar ein selbst auferlegtes Denkverbot bezüglich möglicher Neuerungen, zu einer der klassentypischen Verhaltensweisen wird.

Die in der Interessenlage der Arbeiter wurzelnde Restriktion bezüglich der Verbesserung des technisch-organisatorischen Betriebssystems wird in ihrer Wirkung dadurch verstärkt, daß die Kapitalseite den Rückgriff auf das ihr zugängliche Arbeiterwissen vielfach bewußt zu meiden scheint, obwohl dessen ökonomische Potenz als erwiesen gelten kann. So ergab eine Befragung des Instituts für Empirische Sozialforschung an der Wirtschaftshochschule Mannheim, daß die Mehrheit der Direktoren in der Bundesrepublik »im einfallsreichen Untergebenen den Anarchisten« sieht, Verbesserungsvorschläge nicht schätzt und den Leiter einer Abteilung für unqualifiziert hält, aus der viele Verbesserungsvorschläge kommen.[39] Aus derartigen indirekten Pressionen auf das untere und mittlere Management könnte ein weiterer Mechanismus der Blockierung der innovativen Arbeiterintelligenz entspringen. Dem Verfasser ist ein Fall bekannt, daß einem innovativen Arbeiter die Prämie für einen wichtigen Verbesserungsvorschlag unter Berufung auf die Aussage eines Vorgesetzten verweigert wurde, er sei erst durch eben diesen Vorgesetzten auf die entsprechende Idee gebracht worden. Die Scheu vor der Nutzung des Arbeiterwissens wird noch an einem anderen Fall deutlich: in einem Automobilwerk kam es zu einer kostspieligen Fehlinvestition, weil der Sachverstand der unmittelbaren Produzenten nicht in den Entscheidungsprozeß einbezogen wurde. Im Rahmen dieses Beitrags ist kein Raum für nähere Reflexionen auf die Ursachen solcher Barrieren gegenüber den spezifischen Leistungen und latenten Potenzen der Arbeiterintelligenz. Es wäre jedenfalls einer genauen Analyse wert, zu eruieren, warum eine von Kapitalseite für das Kapital formulierte Lehre aus den Erfahrungen des Zweiten Weltkriegs offenbar längst nicht umfassend gezogen worden ist: »It is the lesson that such thinking must be induced, encouraged, implemented with the necessary knowledge, and permitted to express itself in the working environment.«[40]

Die im Normalverlauf gefesselte Kreativität der Arbeiterklasse und die ruhenden Potentiale der Arbeiterintelligenz werden in bestimmten Arbeitskämpfen freigesetzt, wo sie allerdings meist in der destruktiven Variante ihrer Möglichkeiten sichtbar werden.

2.2.2 Beeinträchtigung der Arbeitsmittel

Der industrielle Konflikt wird nicht nur mit dem auffälligen und bekannten Kampfmittel des Streiks ausgetragen, sondern mit einer Vielzahl von anderen Waffen, unter denen auch die technische Manipulation an den Arbeitsmitteln eine besondere Rolle spielt. Diese Problematik interessiert im vorliegenden Zusammenhang nur insoweit, als sie Erkenntnisse über das Verhältnis von Arbeiterwissen, Handlungskompetenz und Verwissenschaftlichung der Produktion enthält. Das Material, anhand dessen das Problem erhellt werden kann, ist naturgemäß spärlich, weil diese Form des Arbeitskampfes mit scharfen Sanktionen belegt ist. Desungeachtet werden die drei im folgenden präsentierten Fälle ausreichen, um zu einigen vorläufigen Aussagen zu gelangen.

Der erste und historisch früheste Beleg stammt aus einem Arbeitskampf, den das Pariser Telegraphenpersonal im Jahre 1881 führte. Da die aufgestellte Lohnforderung nicht per Streik durchzusetzen war, legte das Personal durch eine niemals bekanntgewordene technische Manipulation den gesamten Betrieb lahm und zwang die Betriebsleitung auf diese Weise zum Nachgeben. Die für unseren Zusammenhang entscheidende Stelle aus dem einschlägigen Bericht lautet folgendermaßen:

»Un beau matin, Paris s'éveilla dépourvu de communications télégraphiques (le téléphone n'était pas encore installé). Pendant quatre ou cinq jours il en fut ainsi. Le haut personnel de l'administration, les ingénieurs avec de nombreuses équipes de surveillants et d'ouvriers vinrent au bureau central, mirent à découvert tous les câbles des lignes, les suivirent de l'entrée des égoûts aux appareils. Ils ne purent rien découvrir.«[41] Unmittelbar nach dem Zugeständnis der Lohnerhöhung »toutes les lignes étaient rétablies comme par enchantement.«[42]

Die wesentlichen Lehren aus diesem Bericht bestehen darin, daß die Arbeiterintelligenz zur subtilen Störung komplexer Prozesse befähigt und daß dies nicht durch die Zufuhr von Qualifikationen aus höheren Ebenen der Wissenshierarchie kompensiert werden kann. Diese Interpretation wird durch einen anderen Fall gestützt. Auf dem Höhepunkt einer langwierigen Auseinandersetzung um einen unzumutbaren Akkordsatz hielten Arbeiter einen nur ihnen bekannten Produktionskniff zurück und produzierten daraufhin nur Ausschuß. Auch hier war eine Substitution der vorenthaltenen Arbeiterintelligenz durch hierarchisch übergeordnetes Wissen nicht möglich, so daß die Produktion des umstrittenen Artikels eingestellt werden mußte.[43]

Der zweite Fall stammt aus einem Walzwerk auf mittlerem technischem Niveau; er läßt sich folgendermaßen charakterisieren. Normalerweise entschieden die Walzer aufgrund der Farbe des glühend anrollenden Walzgutes, ob der Walzvorgang möglich sei oder nicht. Bei unzureichend erhitztem Walzgut ließen sie es unbearbeitet durch die Walzen laufen und wendeten so Schäden an der Maschinerie ab. Während eines Arbeitskampfes unterließen sie diese Anwendung ihrer typischen Arbeitererfahrungen und setzten das Unternehmen durch die eintretenden kostspieligen Maschinenschäden massiv unter Druck.[44]

Der dritte Fall stammt aus einer der modernsten Automobilfabriken der Welt mit einem hochgradig verwissenschaftlichten Produktionsablauf. Im Verlauf eines Arbeitskampfes traten unter anderem die folgenden Ereignisse ein: Lackierungsautomaten »vergaßen«, welcher Art der gerade durchlaufende Wagen war und spritzten z. B. eine Limousine nach dem Programm für Coupés; im computergesteuerten Ablauf wurde in einen Wagen mit automatischem Getriebe ein Handschaltmechanismus eingebaut.[45]

Obwohl die Einzelheiten der skizzierten technischen Manipulation nur in den Köpfen der Akteure gespeichert und der wissenschaftlichen wie auch der allgemeinen Öffentlichkeit unzugänglich bleiben dürften, läßt der bloße Sachverhalt zumindest einige Vermutungen zu, die als bewußt vorläufige Thesen formuliert seien: auch bei einer weitgehenden Verwissenschaftlichung der Tiefenstruktur der Produktion bleibt der konkrete Arbeitsvollzug in so starkem Maße auf das Rezeptwissen der Arbeiter angewiesen, daß dessen Vorenthaltung zum Zusammenbruch des Prozesses führt; das Rezeptwissen der Arbeiter reicht aus, um im verwissenschaftlichten Produktionsprozeß neuralgische Punkte auszumachen und ihn zu beeinträchtigen oder gar zu verunmöglichen; das wissenschaftlich-technische Wissen der hierarchisch höheren Instanzen reicht nicht aus, um diese Manipulationen zu identifizieren und die Beeinträchtigungen bzw. Schäden zu beheben. Möglicherweise gerade aufgrund der verschärften Trennung von Kopfarbeit und Handarbeit verfügt das Kapital zunehmend über das gesamte Wissen bezüglich der Arbeit, aber nicht über das Arbeitswissen.

2.2.3 Umfunktionierung der Arbeitsorganisation

Vornehmlich die großen Arbeitskämpfe, die Ende der sechziger Jahre in Italien stattgefunden haben, lassen die Schlußfolgerung zu, daß das Wissen der Arbeiter nicht nur der soeben behandelten destruktiven Kreativität dienen kann, sondern sich auch konstruktiv und schnell von der Bindung an den Arbeitsplatz emanzipieren und zur Grundlage der Organisation der betrieblichen Gesamtarbeit werden kann. Bei Pirelli wurde

»die originellste und schwierigste Kampfform entwickelt und praktiziert, die jemals in einem großen modernen Unternehmen angewendet worden ist. ... Sie bestand darin, das Arbeitstempo in allen Abteilungen und Sektoren der riesigen Fabrik einheitlich zu reduzieren, ohne daß sie aufhörte, mit der Regelmäßigkeit eines Uhrwerks zu funktionieren. ... Die einheitliche Verlangsamung der Tätigkeit eines großen und komplexen Unternehmens erfordert ... eine vollkommene Selbstorganisation und eine besondere technische Leistung. So wie die verschiedenen Räder eines Uhrwerks sich nicht mit der gleichen Geschwindigkeit drehen, so sind auch Rhythmus und Tempo in den verschiedenen Abteilungen eines Großbetriebs verschieden. Damit dieser regelmäßig produzieren kann, ohne Schwierigkeiten und Stockung, sind alle Operationen genau, manchmal auf die Sekunde berechnet, mit Hilfe einer umfangreichen technischen Hierarchie, die ... darüber wachen soll, daß die ganze Arbeit in der vorher festgelegten Zeit durchgeführt wird. Und gerade diese als notwendig erachtete Hierarchie wurde in Settimo beseitigt. Die Arbeiter haben dort die Organisation der Produktion selbst in die Hände genommen. Erfindungsgabe und Selbstdisziplin ersetzten die Befehle und die von oben erzwungene Disziplin.«[46]

Was hier in einer hochgradig perfektionierten Variante beschrieben wird, hat im Prinzip bei allen Betriebsbesetzungen mit Fortführung der Produktion stattgefunden.

Die Beschränkung des Kampfes auf die Arbeitsorganisation und die Ausklammerung der technischen Arbeitsmittel haben ihren objektiven Grund in der Kampfsituation selbst. Weil jeder Arbeitskampf zeitlich begrenzt ist, muß die Arbeiterkontrolle sich zunächst auf die arbeitsorganisatorischen Probleme beziehen und diese Dimension einer Verwissenschaftlichung der Produktion einer praktischen Kritik unterziehen. Die weiter oben angeführten Belege über die Tragfähigkeit des typischen Wissens der Arbeiter für Veränderungen und Verbesserungen der Arbeitsmittel lassen allerdings schwerlich einen Zweifel darüber zu, daß die Potentiale an technischer Kreativität im konstruktiven Sinne ebenfalls vorhanden sind, aber noch im Arbeitskampf in der Latenz bleiben müssen.

2.2.4 Produktinnovationen

Naheliegenderweise hat sich die kreative Arbeiterintelligenz bislang nur ausnahmsweise auf Produkte bezogen. Diese Dimension ist seit Beginn des Kapitalismus zentrale Kapitalfunktion, in der das Gespür für den Markt, die erfinderische Idee des Unternehmers, der Kampf um Marktanteile originär angesiedelt sind. Arbeiterintelligenz kann hier in der Regel nur Lückenbüßer in jenen Randbereichen sein, die dem gesellschaftlichen und betrieblichen Innovationssystem entgehen. Noch in diesem engen Rahmen, der durch den Lohnarbeiterstatus selbst als private Hobbyaktivität bestimmt ist, gelingen mitunter bedeutsame und folgenreiche Neuerungen. Ein eindrucksvoller Fall aus der jüngsten Zeit kann dies illustrieren: in der Schweiz haben ein Bäcker und ein Bauarbeiter eine elektronische Erfindung gemacht, die die traditionelle Steckdose weltweit ersetzen könnte und zudem deren Nachteile und Risiken vermeidet; diesen »Laientechnikern« sind mindestens fünf Millionen Dollar für das Patent geboten worden.[47] Ein weiterer Beleg für die Tragfähigkeit des nichtwissenschaftlichen Wissens bei der Erzeugung von Neuerungen mit allergrößter Tragweite ist die Entwicklung einer »Frischwasser- und Energie-Sparanlage« durch einen Handwerksmeister.[48] Angestoßen durch den wiederkehrenden Ärger über die Verschwendung von Wasser (Trinkwasser für Toilettenspülung, Waschmaschine, Rasensprengung etc.) und Energie (Ablassen von warmem Brauchwasser) leistete dieser Amateurerfinder durch Basteln, Tüfteln und Erproben letzlich einen wesentlichen Beitrag zur Lösung eines zentralen gesellschaftlichen Problems. Die nunmehr ohne Fehler und Komplikationen laufende Analge, die zudem technisch einfach und entsprechend kostenkünstig ist, erlaubt Einsparungen von ca. zwei Dritteln des Wasserverbrauchs und Energieeinsparungen. Interessanterweise ist diese Amateurerfindung vom gesellschaftlichen System der Innovationserzeugung aufgegriffen worden: sie wurde von einem Universitätsinstitut bestellt und soll dort in einem Langzeitverbrauch getestet werden.

Das volle Ausmaß der intellektuellen Potenzen der abhängig Beschäftigten bei der Produktinnovation wird ebenfalls nur im Arbeitskampf deutlich, wovon insbesondere die Konflikte bei Lucas Aerospace zeugen.[49] Im vorbeugenden Kampf gegen drohende Entlassungen erdachte die Belegschaft ihr Konzept der Entwicklung von gesellschaftlich nützlichen Produkten. Der anfängliche Versuch, die Phantasie und Kreativität progressiver Angehöriger der wissenschaftlich-technischen Intelligenz aus verschiedenen Disziplinen und Institutionen auf diese Aufgabe zu lenken, führte zu überaus dürftigen Ergebnissen. Der dann folgende Versuch, alle Potenzen des betrieblichen Gesamtarbeiters, vom angelernten Arbeiter bis zum Techniker und Wissenschaftler, für die Entwicklung gesellschaftlich nützlicher Produkte zu mobilisieren, erbrachte demgegenüber eine eindrucksvolle Fülle von Ideen, die zum Teil bis zur Herstellung von Prototypen verfolgt und in jedem Fall ausführlich dokumentiert wurden. Den wesentlichen Mechanismus zur Freisetzung dieser Potentiale hat einer der Beteiligten sehr klar herausgearbeitet. Cooley sieht den Kernpunkt am gemeinsamen Ausschuß (»combined committee«) darin:

»it links together the highest level technologists and the semi-skilled workers on the shop floor. There is therefore a creative cross-fertilization between the analytical power of the scientist and the technologist on the one hand and, perhaps what is much more important, the direct class sense and understanding of those on the shop floor.«[50]

Doch nicht nur der Mechanismus der Erzeugung von Innovationen unterscheidet sich grundlegend von dem üblichen, sondern auch die stoffliche Gestalt der Innovationen: eine preiswerte künstliche Niere, ein spezielles Wägelchen für gelähmte Kinder, ein zugleich geräuscharmer und energiesparender Automotor, ein auf die Situation in unterentwickelten Ländern zugeschnittenes Vielzweckaggregat für unterschiedliche Treibstoffarten, Arbeitsmittel zur Erledigung von gefährlichen und unangenehmen Aufgaben. Bei diesen neuartigen Arbeitsmitteln (»telechirische Maschinen«) wird das zugrundeliegende Bündel von Leitkriterien als den kapitalistischen diametral entgegengesetztes besonders deutlich: sie erhalten nicht nur den Arbeitsplatz, sondern auch den qualifizierten Arbeiter und beseitigen vorrangig die Belastungen und Unfallrisiken, die sich etwa im Bergbau bei der unmittelbaren Arbeit vor Ort ergeben. Diese Arbeitsmittel, aber auch die übrigen angeführten Produkte, sind genau in jenen Lücken angesiedelt, die oben an der kapitalistischen Verwissenschaftlichung der Produktion identifiziert wurden.

Indem die vereinigten Produzenten ihre kreativen Potenzen und auch ihren eigenen Innovationsbedarf direkt am Arbeitsprodukt festmachen, beginnen sie bei dem, was notwendig und natürlich am Beginn jedes Arbeitsprozesses steht. Sie übernehmen die vom Kapital usurpierte Funktion der Bestimmung des Arbeitsprodukts zunächst intellektuell, dann partiell praktisch und gewinnen hierdurch die Ganzheitlichkeit der zusammengehörigen Momente der Arbeit zurück, die die Arbeitsteilung im Kapitalismus auseinandergerissen hat. Die oben zitierten Bestimmungen des Arbeitsprozesses setzen sich ja mit gutem Grund folgendermaßen fort:

»Am Ende des Arbeitsprozesses kommt ein Resultat heraus, das beim Beginn desselben schon in der Vorstellung des Arbeiters, also schon ideell vorhanden war. Nicht daß er nur eine Formveränderung des Natürlichen bewirkt; er verwirklicht im Natürlichen zugleich seinen Zweck, den er weiß, der die Art und Weise seines Tuns als Gesetz bestimmt und dem er seinen Willen unterordnen muß.«[51]

Interessanterweise bleibt nun die kombinierte Intelligenz des betrieblichen Gesamtarbeiters bei Lucas nicht bei der Bestimmung neuer Produkte stehen, sondern ergreift von dort aus den gesamten Arbeitsprozeß. Die vereinigten Ausschüsse fordern nämlich auch hierfür radikale Strukturveränderungen, stülpen im gedanklichen Entwurf die Arbeit ähnlich grundlegend um wie die Produktpalette: Arbeitsformen, die die Geschicklichkeit, die Erfahrung, den gesunden Menschenverstand der Arbeiter in ähnlicher Weise mit den spezifischen Qualifikationen der wissenschaftlich-technischen Intelligenz verschmelzen wie es bei der Produktinnovation bereits gelungen ist.

3. Abschließendes

Die Grenzen einer Verwissenschaftlichung der Produktion durch das Kapital werden in den dargestellten Formen des Einsatzes von Arbeiterwissen entweder irrelevant oder aber ansatzweise überwunden; dies gilt entsprechend für das restriktive Verhältnis von gesellschaftlichem Wissensbestand und individueller Kenntnis, das Janossy aufgewiesen hat.

»Die Diskrepanz zwischen den Kenntnissen des einzelnen und denen der Gesellschaft als Totalität ist heute in den wirtschaftlich hochentwickelten Ländern ungeheuer groß, weit größer als sie zu Beginn der Industrialisierung war; sie ist vor allem eine Folge der Arbeitsteilung und wächst mit dieser. Die Auswirkung der Arbeitsteilung auf die Entfaltung der Kenntnisse ist zwiefach. Einerseits können nämlich, infolge der Arbeitsteilung, die Gesamtkenntnisse der Gesellschaft weit schneller wachsen als die Kenntnisse des einzelnen wachsen, da sich die Summe der Kenntnisse aus einer immerzu wachsenden Anzahl verschiedenartiger Einzelkenntnisse zusammensetzt; andererseits schafft eben die Arbeitsteilung den gewaltigen Unterschied zwischen qualifizierter und unqualifizierter Arbeit. . . . Es ist also prinzipiell möglich, daß mit dem Fortschritt die vereinten, vor allem die in den Produktionsmitteln vergegenständlichten Kenntnisse in jedem einzelnen Arbeitsprozeß wachsen, obwohl sich . . . die individuellen Kenntnisse jedes einzelnen Arbeiters . . . verringern.«[52]

Die praktische Kritik an diesem restriktiven Verhältnis heißt natürlich nicht, daß das Wissen der Arbeiter das der Verwissenschaftlichung der Produktion zugrundeliegende Wissen ersetzen könnte. Sie zeigt aber, daß Arbeiterwissen auch in verwissenschaftlichten Prozessen tragfähig ist, daß es dem wissenschaftlich-technischen Wissen der Intelligenz die Anwendungsrichtung vorzeichnen kann, daß die Kombination beider Wissenstypen eine neue Kraftpotenz begründet, die jeder Typ für sich allein nicht erreichen kann. Doch bleibt diese neue Kraftpotenz ihrerseits restringiert, die praktische Kritik zum Teil theoretisch. Gerade die höchstentwickelten Formen der Anwendung von Arbeiterwissen demonstrieren ja, daß die Eigentümlichkeit kapitalistischer Produktionsweise auch im Zusammenwirken von Kopf und Hand zunächst nur mit dem Kopf problematisiert wird.

»Es ist ja eben das Eigentümliche der kapitalistischen Produktionsweise, die verschiedenen Arbeiten, also auch die Kopf- und Handarbeiten . . . zu trennen und an verschiedene Personen zu verteilen, was jedoch nicht hindert, daß das materielle Produkt das *gemeinsame Produkt* dieser Personen ist oder ihr gemeinsames Produkt in materiellem Reichtum vergegenständlicht; was andrerseits ebensowenig hindert oder gar nichts daran ändert, daß das Verhältnis jeder einzelnen dieser Personen das des Lohnarbeiters zum Kapital . . . ist.«[53]

Indem die vereinigten Produzenten ihr gemeinsames Produkt und die Formen seiner Herstellung planen, tun sie ideell für sich, was sonst das Kapital mit ihnen tut. Dabei bleiben sie aber Lohnarbeiter und bleiben auch für die praktische Realisierung frei von den Produktionsmitteln, unfrei. So lassen die dargestellten Fälle insgesamt die Potenzen eines nicht-entfremdeten Verhältnisses von Kopf und Hand lediglich aufscheinen – in einem zweifachen Sinne: einmal im Hinblick auf die objektiven Möglichkeiten im gesellschaftlichen Maßstab und für das Individuum; zum anderen im Hinblick auf die faßbare Attraktivität von Veränderungen, welche die Restriktionen für die Entfaltung besagter neuer Kraftpotenz aufheben.

Anmerkungen

Das Manuskript wurde im Sommer 1978 abgeschlossen.
1 A. Sohn-Rethel, *Geistige und körperliche Arbeit,* 2. Auflage, Frankfurt 1972, S. 160.
2 K. Marx, *Das Kapital,* Erster Band, MEW Bd. 23, Berlin 1968, S. 446.
3 Das Problem der Verwissenschaftlichung der Arbeitsmaterialien bleibt im folgenden außer Betracht, obwohl sich auch von dort aus wesentliche Überlegungen zu unserem Problem anstellen ließen.
4 F. W. Taylor, *Die Grundsätze wissenschaftlicher Betriebsführung,* München und Berlin 1917, S. 114 ff.
5 Ebenda, S. 116.

6 G. Friedmann, *Der Mensch in der mechanisierten Produktion,* Köln 1952, S. 218 f.

7 R. Morsch/W. Neef/H. Schoembs/C.-H. Wagemann, *Ingenieure. Studium und Berufssituation,* Frankfurt 1974, S. 53.

8 H. Oberhoff, *Beanspruchung der Arbeitspersonen an hochtechnisierten Arbeitsplätzen dargestellt am Beispiel »numerisch gesteuerter Werkzeugmaschinen«,* Bern–Frankfurt–München 1976, S. 133.

9 Im Rahmen eines Kooperationsprojekts Gewerkschaft/Hochschule wird an einer »Arbeitsbiographie des Drehers« gearbeitet, die die technische Entwicklung der Drehbank seit den Anfängen bis heute mit den Arbeitserfahrungen ganzer Berufsleben verbinden soll. Methodisch ist dieser Versuch angeregt worden durch H. Wendelmuth, Arbeitsleben und technischer Wandel, in: *Technologie und Politik,* Nr. 3 (1975), S. 206-223; die laufenden Bemühungen sind jedoch erheblich umfassender und systematischer angelegt.

10 O. Mickler/E. Dittrich/U. Neumann, *Technik, Arbeitsorganisation und Arbeit. Eine empirische Untersuchung in der automatisierten Produktion,* Frankfurt 1976, S. 220.

11 M. J. Piore, The Impact of the Labor Market upon the Design and Selection of Productive Techniques within the Manufacturing Plant, in: *The Quarterly Journal of Economics,* Vol. 82 (1968), S. 605.

12 F. Janossy, *Die Grenzen der Wirtschaftswunder,* Frankfurt o. J., S. 114 f.

13 Vgl. Mickler/Dittrich/Neumann, *Technik, . . .,* a.a.O., S. 222 ff.

14 Vgl. das eindrucksvolle Material bei M. Cooley, Design, technology and production for social needs. An initiative by Lucas aerospace workers, in: *New Universities Quarterly,* Winter 1977, S. 37-49. Zwischenzeitlich konnte die Anregung des Verfassers verwirklicht werden, den Beitrag in deutscher Sprache zu veröffentlichen. M. Cooley, Entwurf, Technologie und Produktion für gesellschaftliche Bedürfnisse, in: *Wechselwirkung. Technik, Naturwissenschaft, Gesellschaft,* Nr. 0, Januar 1979, S. 21–27.

15 M. v. Engelhardt/R.-W. Hoffmann, *Wissenschaftlich-technische Intelligenz im Forschungsgroßbetrieb,* Frankfurt 1974, S. 5.

16 Zit. bei M. J. Nadworny, *Scientific Management and the Unions 1900-1932. A Historical Analysis,* Cambridge/Mass. 1955, S. 70 f.

17 R. F. Hoxie, *Scientific Management and Labor,* New York–London 1916, S. 49.

18 F. W. Taylor, zit. bei R. F. Hoxie, *Scientific . . .,* a.a.O., S. 40.

19 A. Gorz, Technologie, Techniker und Klassenkampf, in: Ders. (Hrsg.), *Schule und Fabrik,* Berlin 1972, S. 31.

20 R. Roesler, Das Taylor-System – eine Budgetierung der menschlichen Kraft, Vorwort zu F. W. Taylor, *Die Grundsätze . . .,* a.a.O., S. XI.

21 Ebenda, S. XIV.

22 F. W. Taylor, *Die Grundsätze . . .,* a.a.O., S. 33 f.

23 Ebenda, S. 38.

24 Ebenda, S. 40.

25 L. Klein, *Die Entwicklung neuer Formen der Arbeitsorganisation,* Göttingen 1975, S. 18.

26 K. Marx, *Das Kapital,* Erster Band, a.a.O., S. 192.

27 K. Thomas, *Die betriebliche Situation der Arbeiter,* Stuttgart 1964, S. 10.

28 H. Kern/M. Schumann, *Industriearbeit und Arbeiterbewußtsein,* Bd. II, Frankfurt 1970, S. 178.

29 Vgl. ebenda.

30 H. Kern/M. Schumann, *Industriearbeit und Arbeiterbewußtsein,* Bd. I, Frankfurt 1970, S. 230 f.

31 Vgl. H. Kern/M. Schumann, *Industriearbeit* . . ., Bd. II, a.a.O., S. 178, Bd. I, a.a.O., S. 231.

32 Vgl. Anm. 9.

33 F. W. Taylor, *Die Grundsätze* . . ., a.a.O., S. 32 f.

34 Diese Partien im vorliegenden Beitrag fußen wesentlich auf einem weitgehend abgeschlossenen Manuskript, das ich demnächst zu veröffentlichen hoffe: Der permanente Arbeitskampf, eine Studie zum verdeckten industriellen Konflikt und seinen Perspektiven.

35 F. Platanie, in: A. Gorz (Hrsg.), *Schule* . . ., a.a.O., S. 11.

36 Vgl. außer den bereits angeführten Stellen W. F. Whyte (Hrsg.), *Lohn und Leistung. Eine soziologische Analyse industrieller Akkord- und Prämienlöhne,* Köln und Opladen 1958, S. 27.
Ferner sei ein interessanter Beleg angeführt: »Bei der Opel AG ist die Höchstprämie für das betriebliche Vorschlagswesen seit 1950 1000 DM auf 30 000 DM gestiegen. Insgesamt ist in den letzten 25 Jahren bei Opel für über 73 000 Verbesserungsvorschläge eine Prämie von fast 16,3 Millionen DM gezahlt worden. Von den über 250 000 eingegangenen Vorschlägen war also fast ein Drittel verwertbar.« *(Frankfurter Rundschau* vom 6. Mai 1975).

37 K. Hanstein, *Hand- und Kopfarbeit in der materiellen Produktion,* Köln 1974, S. 45.

38 Vgl. etwa H. Wiedemann, *Die Rationalisierung aus der Sicht des Arbeiters,* Köln und Opladen 1964, S. 37.

39 Vgl. *Der Spiegel,* Nr. 22/1966, S. 49.

40 A. R. Heron, *Why Men Work,* Standford/Calif., London 1948, S. 61.

41 E. Pouget, *Le Sabotage,* Paris o. J. (1913), S. 9.

42 ebenda, S. 10.

43 Vgl. D. F. Roy, Einführung zur 2. Aufl. von St. B. Mathewson, *Restriction of Output Among Unorganized Workers,* Carbondale and Edwardsville 1969, S. XXIV f.

44 Vgl. J. E. T. Eldridge, *Industrial Disputes,* London 1968, S. 253.

45 Vgl. Lordstown, in: *Schwarze Protokolle,* Nr. 8, April 1974, S. 19 ff.

46 zit. in Marx-Arbeitsgruppe Historiker, *Zur Kritik der Politischen Ökonomie,* Frankfurt 1972, S. 162.

47 Vgl. *Frankfurter Rundschau* vom 6. März 1978.

48 Vgl. *Stern,* Nr. 51/1978, hinter S. 118.

49 Vgl. M. Cooley, *Design,* . . ., a. a. O.

50 ebenda, S. 39.

51 K. Marx, *Das Kapital,* Erster Band, a. a. O., S. 193.

52 F. Janossy, *Die Grenzen* . . ., a. a. O., S. 207 f.

53 K. Marx, *Theorien über den Mehrwert,* Erster Teil, MEW Bd. 26.1, S. 387.

Michael v. Engelhardt / Rainer-W. Hoffmann
Entfremdete Wissenschaftler?

Das Verhältnis der naturwissenschaftlich-technischen Intelligenz zu anderen Gruppen von Lohnabhängigen

Skizze der Probleme

Vermittlungsprobleme zwischen Wissenschaft und Lebenswelt sind nur unzulänglich auf der Ebene kognitiver und funktionaler Unterschiede zwischen verschiedenen Wissensarten erfaßt. Sie müssen eingebunden werden in die gesellschaftlichen und institutionellen Bedingungen, unter denen Forschung und Entwicklung betrieben werden und unter denen die Ergebnisse der Wissenschaft Eingang finden in die verschiedenen Praxis- und Lebensfelder. Die Frage nach der Entfremdung der Wissenschaft enthält die Frage nach dem Verhältnis, in dem sich die in der Forschung und Entwicklung tätige naturwissenschaftlich-technische Intelligenz[1] zur sie umgebenden Gesellschaft befindet. In diesem Verhältnis drückt sich die gegenwärtig herrschende widersprüchliche Beziehung zwischen Wissenschaft und Lebenspraxis aus. Die wissenschaftlich-technische Intelligenz ist der intellektuelle Urheber jener Kenntnisse, die für die Arbeits- und Lebenssituation aller Gesellschaftsmitglieder bedeutsam sind und der breiten Mehrheit der Betroffenen in steigendem Maße als fremd, unverständlich, bedrohlich gegenübertreten.

  Nimmt man diese widersprüchliche Beziehung zwischen Wissenschaft und Gesellschaft nicht als eine unausweichliche Notwendigkeit hin und ist man an Lösungsperspektiven interessiert, dann gewinnt die in der Forschung tätige wissenschaftlich-technische Intelligenz eine entscheidende Bedeutung. Denn jede alternative Nutzung und Erzeugung von Wissen bleibt auf den Sachverstand der wissenschaftlich-technischen Intelligenz angewiesen. Wenn das Problem einer alternativen Nutzung und Erzeugung von Wissen ernsthaft und im Sinne einer praktischen Lösungsbedürftigkeit aufgeworfen wird, so muß aus der gegenwärtigen Situation abgeleitet werden, ob und inwiefern innerhalb der naturwissenschaftlich-technischen Intelligenz ein Interesse daran besteht, andere und neue Beziehungen zur Lebenspraxis der übrigen Gesellschaftsmitglieder herzustellen. So erweitert sich die Frage nach der Entfremdung der Wissenschaft von der Lebenswelt des Menschen zur Frage nach der Entfremdung der wissenschaftlich-technischen Intelligenz. Je unmittelbarer der wissenschaftlich-technischen Intelligenz die Entfremdung der Forschung erfahrbar und vor allem auch bewußt wird, desto eher kann sie eine Entfremdung von der allgemeinen Gruppe der Lohnabhängigen überwinden.

In diesem Beitrag[2] soll das Verhältnis der in Forschung und Entwicklung tätigen naturwissenschaftlich-technischen Intelligenz zu anderen Lohnabhängigen untersucht werden. Dieses Verhältnis ist in der sozialwissenschaftlichen Diskussion der letzten Jahre in sehr unterschiedlicher Weise gefaßt werden. Dabei lassen sich vier Bestimmungen der sozio-ökonomischen Lage unterscheiden, mit denen der naturwissenschaftlich-technischen Intelligenz eine jeweils spezifische Position innerhalb der Sozialstruktur kapitalistischer Gesellschaften zugewiesen wird und die mit einem unterschiedlichen Verhältnis zu den Lohnarbeitern verbunden sind. Damit sind dann auch unterschiedliche Prognosen für das Interesse der in Forschung und Entwicklung tätigen Wissenschaftler und Ingenieure verbunden, die soziale Distanz gegenüber anderen Gruppen von Lohnarbeitern zu überwinden. Diese Bestimmungen sollen zunächst knapp wiedergegeben werden.

Nach der ersten Bestimmung[3] besteht nicht nur eine Isolation oder Kluft zwischen der naturwissenschaftlich-technischen Intelligenz und der Mehrzahl der Bevölkerung, die als Lohnabhängige ihre Arbeit verrichtet. Durch die gesellschaftliche Funktion der Forschungs- und Entwicklungstätigkeit und durch die mit ihr verbundenen Privilegien bestehe vielmehr ein objektiver Interessengegensatz. Die naturwissenschaftlich-technische Intelligenz – so wird argumentiert – profitiere ausschließlich von der Arbeitsteilung zwischen Kopf- und Handarbeit und sei deshalb kaum an einer Überwindung dieser Arbeitsteilung interessiert. Vor allem aber werden die Resultate der wissenschaftlich-technischen Forschungstätigkeit als technische und organisatorische Mittel angewendet, um die im Interesse des Kapitals notwendigen Rationalisierungsmaßnahmen vorzunehmen. Aus dieser Funktionalisierung der Forschungs- und Entwicklungstätigkeit wird die enge

Verflechtung der Wissenschaftler mit den Interessen der Kapital-eigentümer abgeleitet. Damit wird bei den Wissenschaftlern ein Interesse an der Überwindung des entfremdeten Verhältnisses zwischen der Wissenschaft auf der einen Seite und den Arbeits- und Lebensinteressen der von den Forschungsresultaten betroffe-nen Gesellschaftsmitglieder auf der anderen Seite ausgeschlossen. Das bedeutet, daß sich die wissenschaftlich-technische Intelligenz auf Dauer mit der vorherrschenden gesellschaftlichen Integration der Wissenschaft arrangiert, die den Interessen der Finanziers und Anwender von Forschung und Entwicklung entspricht.

In dem zweiten Versuch der sozio-ökonomischen Lagebestim-mung wird die genaue Gegenposition vertreten.[4] Durch eine zunehmende Proletarisierung gleicht sich hiernach die Lage der Wissenschaftler zunehmend der Situation von Arbeitern an, wor-aus sich eine prinzipielle Interessenidentität ergibt. Aus dieser Position läßt sich dann auch ein besonderes Interesse der Wissen-schaftler ableiten, die Entfremdung zwischen Wissenschaft und Lebenspraxis in dem Sinne aufzuheben, daß die Forschung an die Erfahrungszusammenhänge und die Bedürfnisse der von ihr be-troffenen Mehrheit der Gesellschaftsmitglieder angebunden wird. Diese gesellschaftliche Einordnung, mit der die Wissenschaftler und Techniker in die Nähe zu den Lohnarbeitern gerückt werden, wird in einer dritten sozio-ökonomischen Lagebestimmung da-hingehend modifiziert, daß der wissenschaftlich-technischen In-telligenz wegen ihrer besonderen Qualifikation sogar eine Avant-gardefunktion bei der Artikulation, Organisation und Durchset-zung von Arbeitnehmerinteressen zukomme.[5]

Mit dem vierten Versuch einer Lagebestimmung wird der natur-wissenschaftlich-technischen Intelligenz eine Mittel- bzw. Zwi-schenstellung zugewiesen. Wissenschaftler und Ingenieure wer-den als Teil einer neuen Mittelklasse[6] gefaßt, deren Lage ebenso ambivalent sei wie die der alten Mittelklassen (kleine Warenpro-duzenten und Handeltreibende). Dabei wird vor allem die Beson-derheit der Forschungsarbeit und der sozialen und ökonomischen Interessen hervorgehoben. Aus dieser Position läßt sich kein ausgeprägtes Interesse an einer Überwindung der sozialen Distanz zu anderen Gruppen von Lohnabhängigen ableiten. Die naturwis-senschaftlich-technische Intelligenz ist hier allenfalls ein ungewis-ser Bündnispartner der Arbeiterbewegung. Vorherrschend bleibt das Interesse an der autonomen Wissenschaft und eine relative

Gleichgültigkeit gegenüber ihrer Anwendung, solange diese nicht zentrale moralische Prinzipien verletzt.

Diese verschiedenen Versuche, das Verhältnis zwischen naturwissenschaftlich-technischer Intelligenz und den Lohnabhängigen auf den Begriff zu bringen, greifen jeweils einzelne Aspekte der gesellschaftlichen Lage von Wissenschaftlern und Ingenieuren auf und lassen andere unberücksichtigt. Gemeinsam ist ihnen die Konzentration auf den Bereich der Industrieforschung und das weitgehende Ausblenden konkreter Erfahrungsebenen, auf denen die gesellschaftliche Lage zu unmittelbar erlebbaren Elementen der Arbeits- und Berufssituation werden kann, die ihrerseits den Ausgangspunkt für unterschiedliche Interessenperspektiven und eine allmähliche Änderung des Bewußtseins bilden können. Die mit den genannten Positionen verbundenen Einseitigkeiten sollen in diesem Beitrag dadurch abgemildert werden, daß auf der Grundlage einer allgemeinen ökonomischen Lagebestimmung die verschiedenen Institutionen der Wissenschaft und die konkreten Bedingungen der Arbeits- und Berufswirklichkeit der naturwissenschaftlich-technischen Intelligenz etwas genauer beleuchtet werden.

In einem ersten Abschnitt erfolgt zunächst eine grundsätzliche Auseinandersetzung mit der Frage, wieweit es sich bei der Beziehung zwischen der naturwissenschaftlich-technischen Intelligenz und anderen Gruppen von Lohnabhängigen nur um eine soziale Distanz oder tatsächlich um einen Gegensatz handelt. Die damit aufgegriffene Diskussion um die Entfremdung zwischen Kopf- und Handarbeit führt zu dem vorläufigen Ergebnis, daß sich die Notwendigkeit abzeichnet, die in der Forschung und Entwicklung tätigen Wissenschaftler und Ingenieure in die Arbeiterbewegung einzubeziehen, um auf diese Weise neue Formen der Kooperation zwischen Wissenschaft und Lebenswelt zu entwickeln. Dieses vorläufige Ergebnis macht es notwendig, auf seiten der naturwissenschaftlich-technischen Intelligenz die objektiven und subjektiven Bedingungen zu untersuchen, die für eine stärkere Annäherung an die übrigen Lohnarbeiter sprechen oder ihr entgegenstehen. Diese Bedingungen sind primär in den Auswirkungen der fortschreitenden Vergesellschaftung der Forschung und Entwicklung zu suchen.

Im zweiten und dritten Teil wird dargelegt, auf welche Weise die naturwissenschaftlich-technische Intelligenz in die gesellschaftliche Realität integriert ist. Die zunehmende Vergesellschaftung von Forschung und Entwicklung konkretisiert sich auf vier Erfahrungsebenen, die die Arbeits- und Lebenssituation der naturwissenschaftlich-technischen Intelligenz prägen. Sie drückt sich in der Ausrichtung der wissenschaftlichen Tätigkeit, in den Bedingungen des Verkaufs der Arbeitskraft, in den Arbeitsbedingungen und in der Verwendung der Ergebnisse von Forschung und Entwicklung aus. Die Auseinandersetzungsformen des Bewußtseins mit dieser gesellschaftlichen Integration bilden die Grundlage für die Interessenperspektive, die auf eine Verbindung mit anderen Gruppen von Lohnabhängigen oder auf eine Absonderung abzielen kann. Die Vergesellschaftung der Forschung nimmt innerhalb der verschiedenen Institutionen[7] der Wissenschaft – Hochschule, Institute der hochschulfreien Forschung und Forschungsabteilungen der Industrie – eine unterschiedliche Gestalt an. Deshalb werden institutionsspezifische Unterschiede zwischen den jeweils typischen Erfahrungen herausgearbeitet, was zugleich zu einer Konkretisierung der objektiven Lage und des Bewußtseins der naturwissenschaftlich-technischen Intelligenz führt. Damit sind die Voraussetzungen geschaffen für die Auseinandersetzung mit der sozio-ökonomischen Lagebestimmung und den Interessenperspektiven dieser gesellschaftlichen Teilgruppe.

Im vierten und abschließenden Teil wird die hier zu untersuchende Fragestellung auf eine grundsätzliche und perspektivische Ebene gehoben. Dabei wird zurückgegriffen auf die vier angeführten Ausgangsbestimmungen der sozio-ökonomischen Lage der naturwissenschaftlich-technischen Intelligenz.

1. Distanz oder Gegensatz?

Obwohl die Mehrzahl der in der Forschung und Entwicklung tätigen naturwissenschaftlich-technischen Intelligenz ihre Arbeitskraft verkaufen muß, um den Lebensunterhalt verdienen zu können, besteht zwischen ihr und der Masse der übrigen Lohnabhängigen eine soziale Distanz, durch die die Gemeinsamkeit des Lohnarbeiterstatus oft in den Hintergrund tritt. Diese Distanz, die auf das entfremdete Verhältnis zwischen Kopf- und Handarbeit zurückgeht, hat eine objektive gesellschaftliche Grundlage.

Durch eine spezifische Wahrnehmung und Interpretation kann die Distanz zu einem unüberbrückbaren Gegensatz werden, der sich allerdings bei näherer Betrachtung als Schein erweist. Gleichzeitig läßt sich sowohl auf seiten der Wissenschaftler und Ingenieure als auch auf seiten der übrigen Lohnarbeiter eine wechselseitige Angewiesenheit erkennen, aus der sich die Notwendigkeit für die Überwindung der sozialen Distanz ableiten läßt.

Die naturwissenschaftlich-technische Intelligenz scheint vor allem durch zwei Momente in einen Gegensatz zu anderen Gruppen von Lohnarbeitern zu geraten: durch ihre besonderen Privilegien in Arbeit und Beruf und durch die gesellschaftliche Funktion ihrer Tätigkeit. Die naturwissenschaftlich-technische Intelligenz repräsentiert einen hohen Entwicklungsstand der Kopfarbeit, bei der sich die vorwärtstreibenden geistigen Potenzen menschlicher Arbeit konzentrieren. Während sie vor allem die positiven Folgen der Entfremdung zwischen Kopf- und Handarbeit erlebt, ist die Mehrheit der Lohnabhängigen stärker von den negativen Auswirkungen betroffen.[8] Das schlägt sich in allen wichtigen Aspekten der Arbeitssituation nieder. Außerdem kann die naturwissenschaftlich-technische Intelligenz wegen des Qualifikationsniveaus ihrer Arbeitskraft einen relativ hohen Lohn erzielen. So setzt sich die naturwissenschaftlich-technische Intelligenz dadurch von der Mehrheit der übrigen Lohnabhängigen ab, daß sie innerhalb der gesellschaftlichen Hierarchie von Arbeits- und Lebenssituationen einen relativ hohen Rangplatz einnehmen kann.

Die auf diese Weise begründete soziale Distanz der Wissenschaftler und Ingenieure gegenüber der Mehrheit der Gesellschaftsmitglieder wird dadurch verschärft, daß diese Gruppe der geistige Urheber des technischen Wandels ist, der dem Lohnarbeiter in der Arbeit und außerhalb der Arbeit als eine fremde, ihn beherrschende und oft sogar bedrohende Macht gegenübertritt. Die Ergebnisse der Forschungs- und Entwicklungstätigkeit sind der ökonomischen und kognitiven Verfügungsgewalt der Mehrheit der Gesellschaftsmitglieder entzogen und haben für sie entweder keine Bedeutung oder schlagen sich in Arbeits- und Lebensbedingungen nieder, die sich – gemessen an den positiven Möglichkeiten von Naturwissenschaft und Technik – immer deutlicher als Restriktionen erweisen. Das konkretisiert sich in Technisierungsprozessen am Arbeitsplatz, in der Qualität von Konsumgütern und in der Gefährdung und Zerstörung von Lebensräumen. Die Resultate der wissenschaftlich-technischen Forschungstätigkeit dienen der Verbesserung der Bedingungen der Kapitalverwertung und nicht der Humanisierung der Arbeit. Das gleiche gilt für die Ergebnisse der wissenschaftlich-technischen Forschungsarbeit, die sich im Bereich der Konsumgüter niederschlagen. Auch hier ist das leitende Prinzip der Verwissenschaftlichung nicht die verbesserte Lebensqualität und Bedürfnisbefriedigung, sondern die verbesserte Absatzchance. Darüber hinaus führt die Anwendung der Naturwissenschaft und Technik zur Einschränkung natürlicher Lebensräume und zur erhöhten Gefährdung der menschlichen Existenz.[9]

Zwischen der Mehrheit der Lohnarbeiter und der naturwissenschaftlich-technischen Intelligenz bestehen zwar auf allen Dimensionen der sozialen Lage und in der gesellschaftlichen Funktion der Tätigkeit wichtige Unterschiede. Aus diesen Unterschieden, in denen die allgemeine Differenzierung innerhalb der Gruppe der Lohnabhängigen besonders deutlich zum Ausdruck kommt, ergibt sich aber nicht, daß die Überwindung der historischen Kluft zwischen Kopf- und Handarbeit an den Interessen der naturwissenschaftlich-technischen Intelligenz scheitern muß. Wird aus diesen Unterschieden ein unüberbrückbarer Gegensatz abgeleitet und gleichzeitig die prinzipielle Möglichkeit einer Gemeinsamkeit ausgeschlossen, so wird damit der ideologische Schein reproduziert, daß es vom wissenschaftlich-technischen Fortschritt an sich[10] und nicht von den herrschenden Prinzipien der Kapitalverwertung abhängt, wie sich die Anwendung von Wissenschaft und Technik in der Arbeits- und Lebenssituation der Mehrheit der Gesellschaftsmitglieder niederschlägt. Außerdem bleiben die spezifischen Ursachen unberücksichtigt, durch die die naturwissenschaftlich-technische Intelligenz in ihrer sozio-ökonomischen Lage privilegiert ist. Das soll im folgenden etwas näher ausgeführt werden.

Die allgemeine Arbeitsteilung zwischen Kopf- und Handarbeit, die im Verhältnis von Naturwissenschaft und Technik auf der einen Seite und den Arbeits- und Lebensbedingungen auf der anderen Seite zum Ausdruck kommt, ist zwar eine Bedingung dafür, daß die geistigen Potenzen der menschlichen Arbeit auch gegen die Arbeitenden gekehrt werden können. Darin drückt sich aber nur der allgemeine Sachverhalt aus, daß die Lohnarbeiter sehr begrenzte Einflußmöglichkeiten auf die Organisation der

Arbeit haben, um diese den eigenen Bedürfnissen und Interessen anpassen zu können. In den vorherrschenden Formen der Anwendung der Ergebnisse der Forschungs- und Entwicklungsarbeit kommt zum Ausdruck, daß sich der Doppelcharakter der kapitalistischen Produktion auch in der Arbeit der naturwissenschaftlich-technischen Intelligenz niederschlägt. Dieser Doppelcharakter bedeutet, daß die Produkte der Arbeit zugleich konkrete Gebrauchswerte und Bedingungen der Verwertung des Kapitals sind. Forschungsergebnisse, die Eingang in die industrielle Produktion finden, dienen zur Herstellung von neuen Maschinen und Konsumgütern. Damit sind sie zunächst Mittel zur Veränderung von Arbeitsprozessen und zur Befriedigung von Bedürfnissen des Konsums. Indem die mit den technischen Neuerungen veränderten Produktionsprozesse zugleich Verwertungsprozesse des Kapitals sind, werden die wissenschaftlichen Innovationen zu Mitteln der Erzeugung von Mehrwert und der Realisierung von Profit. Dadurch, daß die naturwissenschaftlich-technische Intelligenz mit ihrer Arbeit gleichzeitig die Möglichkeiten zur Nutzung und Beherrschung der Natur ausweitet und die Bedingungen zur Profitsteigerung und restriktiven Gestaltung von Arbeits- und Lebenssituationen schafft, steht sie aber nicht in einem Interessengegensatz zu den übrigen Lohnabhängigen. Denn diese doppelte Bestimmung trifft nicht nur auf die Arbeit der Wissenschaftler und Ingenieure zu. Für alle unter das Kapital subsumierten Lohnabhängigen gilt, daß sie mit ihrer Arbeit nicht nur konkrete Gebrauchswerte für die Produktion und für den Konsum schaffen, sondern auch die Mittel der Verwertung des Kapitals, die ihnen in Gestalt der Produktionsmittel als Bedingungen gegenübertreten, auf die sie wenig Einfluß haben. Ebensowenig ist es eine Besonderheit der naturwissenschaftlich-technischen Arbeit, daß sich mit ihr das wissenschaftliche Fundament für Produkte legen läßt, deren Nutzen für den Menschen höchst zweifelhaft ist. Im Prinzip besteht kein Unterschied zwischen dem Angehörigen der wissenschaftlich-technischen Intelligenz, der das wissenschaftliche Rezept für unsinnige oder gar gefährliche Produkte entwickelt und dem Lohnarbeiter, der diese Produkte herstellt.

Trotz verschiedener Funktionen und Qualifikationen ist großen Teilen der naturwissenschaftlich-technischen Intelligenz mit den übrigen Lohnabhängigen gemeinsam, daß sie mit ihrer Tätigkeit Arbeits- und Lebensbedingungen schaffen, die durch das Lohnarbeit-Kapital-Verhältnis geprägt werden. Nun scheint sich aber die naturwissenschaftlich-technische Intelligenz dadurch von anderen Lohnabhängigen abzusetzen, daß sie diese Bedingungen vor allem für andere Personen und nicht für sich selbst produziert und sich dabei in einer relativ privilegierten Arbeits- und Lebenssituation befindet. Dem ist entgegenzuhalten, daß Wissenschaftler und Ingenieure außerhalb der Arbeit – ähnlich wie andere Lohnabhängige – mit den Folgen der eigenen Tätigkeit konfrontiert sind, auch wenn sie diese besser kompensieren können. Vor allem aber trägt auch die naturwissenschaftlich-technische Intelligenz durch ihre eigene Arbeit zur Vergesellschaftung der eigenen Arbeit in Forschung und Entwicklung bei. Damit unterhöhlt sie selbst die Bedingungen, die den »freien Wissenschaftler« mit großer Selbständigkeit in der Auswahl und Lösung der Probleme ermöglichten und zum Teil noch ermöglichen.

Auch die oft recht privilegierte Arbeits- und Einkommenssituation der wissenschaftlich-technischen Intelligenz begründet keinen Interessengegensatz zwischen ihr und den übrigen Lohnarbeitern. Die Besserstellung in der Arbeit entspringt im wesentlichen aus den Besonderheiten eben dieser Art von Arbeit[11] selbst. Das höhere Einkommen gründet sich auf Tauschregeln und Bewertungsprinzipien, die den Arbeitsmarkt generell beherrschen; es erklärt sich nicht aus einer Teilhabe am erwirtschafteten Profit des Kapitals. Die naturwissenschaftlich-technische Intelligenz in der Forschung und Entwicklung übt weder selbst Herrschaft über andere Lohnabhängige aus, noch profitiert sie von der Herrschaft des Kapitals über die Lohnabhängigen.[12] Dadurch unterscheidet sie sich wesentlich von anderen Teilen der Intelligenz, die z. B. in höheren Managementpositionen tätig sind.

Im Bewußtsein freilich kann die aufgewiesene soziale Distanz bei allen Beteiligten als Gegensatz erscheinen. Die historische Trennung beider Gruppen schlägt sich unter anderem in Sprachbarrieren, unterschiedlichen Lebensweisen, ungleich verteilten Chancen in zahllosen Alltagssituationen nieder. Gleichzeitig fehlt es an Situationen, die die trennenden Momente durch den Zwang zu gemeinsamen Problemlösungen in den Hintergrund treten lassen. Durch das Zusammenwirken derartiger Momente können sich die Wissensproduzenten und die übrigen Lohnabhängigen wechselseitig als Vertreter von extremen Polen in einer insgesamt hierarchisch gegliederten Gesellschaft begreifen. Dieser durch tägliche

Praxis zunächst fast unausweichliche Schein hat für die beteiligten Gruppen jeweils unterschiedliche Inhalte.

Für die Mehrheit der Lohnabhängigen können die Wissensproduzenten leicht als Herrschaftsagenten erscheinen, die durch bestimmte Formen einer Verwissenschaftlichung negativ in die eigenen Arbeits- und Lebensbedingungen eingreifen. Dies ist insbesondere dann möglich, wenn bei einem durchaus verbreiteten Bewußtseinsstand die Herrschaft des Kapitals hinter einer angeblichen Herrschaft von technischen Sachzwängen, wissenschaftlichen Eigengesetzlichkeiten, wirtschaftlichen Erfordernissen etc. zurücktritt. Genau im hier gemeinten Sinne hat Cooley eine wachsende Feindseligkeit der Gesellschaft gegenüber den momentan üblichen Anwendungen von Wissenschaft und Technik beobachtet und als Angehöriger der wissenschaftlich-technischen Intelligenz auch selbst erfahren. Er kennzeichnet die Kritik und damit auch das Bewußtsein seiner Kritiker folgendermaßen:

»Sie scheinen wirklich zu glauben, daß man selbst dafür verantwortlich ist, daß Autokarosserien vor der Lackierung mit Rost eingesprüht werden, daß alle Waren in nicht wiederverwendbare Behälter verpackt werden, und daß jede große Fabrik, die man entwirft, speziell mit dem Zweck hergestellt wird, die Luft und die Flüsse zu vergiften. Es scheint nicht verstanden zu werden, wie die Wissenschaftler und Ingenieure als bloße Laufburschen der multinationalen Firmen benutzt werden, die sich allein um die Profitmaximierung kümmern.«[13]

Eine derartige Wahrnehmung der Wissensproduzenten durch die übrigen Lohnabhängigen wird noch dadurch verstärkt, daß sich die erwähnten Privilegien dieser Gruppe optisch kaum von den Privilegien unterscheiden, die die tatsächlich herrschenden Schichten haben. Diese Faktoren können es verhindern,

»daß die Arbeiterklasse in dieser Intelligenz – die ja das eigene, wenn auch bewußtlos kollektive Produkt in entäußerter und . . . verselbständigter Form darstellt – ihren eigenen Charakter als gesellschaftlichen zu erkennen vermag. Das Proletariat tritt zu seiner eigenen Intelligenz, die der kapitalistische Produktionsprozeß als selbständige Form erzeugt hat, in einen äußeren Gegensatz.«[14]

Für die naturwissenschaftlich-technische Intelligenz kann sich das Verhältnis zu den übrigen Lohnarbeitern in analoger Weise verkehren. Sie nimmt an den Ergebnissen ihrer Forschungs- und Entwicklungstätigkeit und an ihrer Qualifikation leicht nur den allgemeinen Gebrauchswert und nicht deren gesellschaftsspezifische Ausprägung wahr.[15] Das schlägt sich z. B. in Vorstellungen von der gesellschaftlichen Neutralität des wissenschaftlich-technischen Fortschritts, in der Annahme einer rein fachimmanent bedingten Entwicklung der Wissenschaften und in Konzepten nieder, nach denen Wirtschaft und Politik durch Wissenschaft und Technik determiniert werden. In diesen Vorstellungen kommt auf der Ebene des Bewußtseins die Entfremdung der wissenschaftlich-technischen Kopfarbeiter von der gesellschaftlichen Integration der eigenen Existenz zum Ausdruck.

Nun lassen sich im Verhältnis zwischen naturwissenschaftlich-technischer Intelligenz und den anderen Gruppen von Lohnarbeitern nicht nur Tendenzen erkennen, die die soziale Distanz und den bewußtseinsmäßigen Gegensatz vergrößern. Gleichzeitig sind objektive und subjektive Triebkräfte wirksam, die Trennung von Kopf- und Handarbeit durch eine verstärkte Kooperation zwischen der naturwissenschaftlich-technischen Intelligenz und den Lohnarbeitern zu überwinden, um gemeinsam eine Naturbeherrschung zu entwerfen und zu organisieren, die sich sowohl an den Interessen und Bedürfnissen des Menschen als auch an den Möglichkeiten der Natur orientiert. Diese Notwendigkeit ergibt sich zunächst daraus, daß mit der wachsenden Bedeutung von Naturwissenschaft und Technik für die gesellschaftliche Produktion und Reproduktion die Lohnabhängigen über das wissenschaftliche Wissen verfügen müssen, um sich offensiv mit den eigenen Arbeits- und Lebensbedingungen auseinandersetzen zu können und um den Anspruch einer Einflußnahme auf die Gestaltung der Produktion wirkungsvoll vertreten zu können.

Das Ziel einer gemeinsamen und kollektiven Verfügung über das in der Gesellschaft angehäufte naturwissenschaftlich-technische Wissen macht die Überwindung der gesellschaftlich etablierten Formen der Aufbereitung und Verbreitung dieser Kenntnisse notwendig, was ohne die aktive Beteiligung der Produzenten dieses Wissens nicht möglich ist. Die Notwendigkeit einer Zusammenarbeit verschärft sich, wenn es nicht nur um die Verbreitung schon vorhandenen wissenschaftlichen Wissens, sondern um eine Forschungs- und Entwicklungtätigkeit gehen soll, deren außerwissenschaftliche Legitimationsbasis in einer Verbesserung der Arbeits- und Lebensbedingungen des Menschen besteht. Um diesen Bezug herstellen zu können, ist die naturwissenschaftlich-technische Intelligenz auf die Kenntnis der unmittelbaren Erfahrungen und Probleme der Lohnarbeiter angewiesen. Darüber hinaus ist sie in dem Maße auch auf die Macht der Arbeiterbewegung angewiesen, wie die eigene Lohnabhängigkeit schwerwiegende Probleme aufwirft, die sie allein nicht bewältigen kann; dies geschieht im Zuge einer zunehmenden Vergesellschaftung der Forschung und Entwicklung.

An der traditionsreichen Formulierung »Wissen ist Macht« läßt sich das Problem vielleicht noch deutlicher machen. Es ist nämlich auch Wahres an einem Dichterwort aus einem anderen gesellschaftlichen Zusammenhang und einer anderen Zeit: »Sie sagen zu mir wohl: ›Du bist in der Welt durch dein Wissen gleichwie die mondhelle Nacht.‹ Ich sag: ›Laßt mich mit euren Reden in Ruh; das Wissen bedeutet noch nichts ohne Macht!‹«[16] Das Wissen der wissenschaftlich-technischen Intelligenz kann nur in Verbindung mit der Macht der Arbeiterbewegung zu einer Anwendung gebracht werden, die der breiten Bevölkerungsmehrheit nützt.

Die naturwissenschaftlich-technische Intelligenz kann auf der Grundlage historischer Traditionen und wegen der Besonderheit innovatorischer Arbeitsprozesse relativ weit gesteckte Interessen formulieren, in denen zum Teil die Vorstellung von einem unentfremdeten Verhältnis zwischen Arbeit und arbeitender Person enthalten ist. Wird diese Vorstellung mit dem wissenschaftlichen Wissen über technische und organisatorische Alternativen zur verbreiteten Arbeitswirklichkeit der Lohnabhängigen verbunden, so kann sich daraus eine Erweiterung des allgemeinen Interessenbewußtseins ergeben. Umgekehrt ist nun aber auch die naturwissenschaftlich-technische Intelligenz auf die bei der Mehrheit der Lohnabhängigen vorhandene Erfahrung angewiesen, um die eigene Entfremdung wahrnehmen und deren Ursachen erkennen zu können. Denn bei den Wissenschaftlern und Ingenieuren droht sich die Entfremdung in das individuelle Erleben einer fachlichen Frustration und in Verstöße gegen subjektiv verbindliche Normen zu verflüchtigen. Außerdem wird die Wahrnehmung der Instrumentalisierung der eigenen Arbeitskraft für fremdgesetzte Zwecke, die den eigenen Interessen entgegenstehen, dadurch erschwert, daß für das Gelingen vieler Arbeitsprozesse in der Forschung und Entwicklung eine starke Identifikation des Arbeitenden mit seiner Tätigkeit erforderlich ist. Der Kontakt zwischen der Intelligenz und anderen Gruppen von

Lohnarbeitern, welche die Lohnarbeit und die Entfremdung klarer erleben, kann zu einer wichtigen Voraussetzung dafür werden, daß die Wissensproduzenten Kenntnis der lösungsbedürftigen Probleme erlangen und ein adäquates Interessenbewußtsein entwickeln.

Die aufgewiesene Notwendigkeit einer verstärkten Einbeziehung der naturwissenschaftlich-technischen Intelligenz aus der Forschung und Entwicklung in die Arbeiterbewegung bleibt solange abstrakt, wie sie sich nicht auf eine konkret erfahrbare Interessenidentität beziehen läßt. Deshalb ergibt sich für die naturwissenschaftlich-technische Intelligenz die Frage nach den objektiven und subjektiven Bedingungen für eine Überwindung der historisch entstandenen sozialen Distanz zu den anderen Gruppen von Lohnarbeitern. Diese Bedingungen sind in der zunehmenden Vergesellschaftung der Forschung und Entwicklung zu suchen, die sich auf die Arbeits- und Berufssituation und auf die gesellschaftlichen Orientierungen und das Interessenbewußtsein der naturwissenschaftlich-technischen Intelligenz auswirken.

2. Vergesellschaftung der Forschung und Entwicklung

Unter einem historischen und systematischen Gesichtspunkt ist die Ausgrenzung der Wissenschaft aus der gesellschaftlichen Praxis als eine notwendige Bedingung der Möglichkeit von Wissenschaft zu betrachten. Neben dem historischen Prozeß der Ausdifferenzierung des Systems Wissenschaft verläuft der historische Prozeß der Vergesellschaftung der Wissenschaft. Ebenso wie in einem allgemeinen Sinne Arbeitsteilung eine notwendige Voraussetzung für Kooperation bildet, ist die Ausdifferenzierung der naturwissenschaftlich-technischen Forschung und Entwicklung zu einer spezifischen Tätigkeit die Voraussetzung ihrer Vergesellschaftung.

Mit der Vergesellschaftung der Forschungs- und Entwicklungstätigkeit ist ein historischer Entwicklungsprozeß bezeichnet, der zwei zusammenhängende Aspekte einschließt. Erstens bedeutet Vergesellschaftung die zunehmende Integration der Forschung in die gesellschaftliche Reproduktion, was sich einerseits in einer wachsenden Angewiesenheit der gesellschaftlichen Praxis auf wissenschaftliche Ergebnisse und andererseits in einer wachsenden

Angewiesenheit der Forschung und Entwicklung auf Sachmittel und Personal, also auf große Teile des jeweils geschaffenen gesellschaftlichen Reichtums, ausdrückt. Zweitens bedeutet Vergesellschaftung der Forschung und Entwicklung eine grundlegende Veränderung der Arbeitsvollzüge in diesem Bereich. Durch beide Aspekte der Vergesellschaftung muß sich die wissenschaftlich-technische Intelligenz mit Problemen auseinandersetzen, die in der Geschichte ihrer Berufsgruppe relativ jung oder auch ganz neu sind. Je deutlicher diese Probleme in der je persönlichen Situation sichtbar werden, desto stärker ist der Zwang zur Auseinandersetzung damit und desto geringer ist die Möglichkeit, sich als »freischwebende Intelligenz« zu begreifen und zu verhalten.

Die Vergesellschaftung der Forschung und Entwicklung erfaßt die historisch überkommenen Privilegien der wissenschaftlich-technischen Intelligenz vornehmlich auf den schon angedeuteten vier Erfahrungsebenen: Ausrichtung der Arbeit; Verkauf der Arbeitskraft; Arbeitsbedingungen; Ergebnisverwendung. Die typischerweise anfallenden Erfahrungen mit der Vergesellschaftung sind die wesentlichen Anstöße für eine Auseinandersetzung der wissenschaftlich-technischen Intelligenz mit ihrer Situation. Ihre Kenntnis ist deshalb eine entscheidende Grundlage für die Verfolgung der Frage nach den Möglichkeiten und Grenzen einer veränderten Beziehung zwischen Wissenschaft und Gesellschaft.

Innerhalb der verschiedenen gesellschaftlichen Institutionen der Wissenschaft nimmt die Vergesellschaftung der Forschung eine jeweils spezifische Gestalt an, was zu unterschiedlichen Situationen für die dort beschäftigte naturwissenschaftlich-technische Intelligenz führt. Hochschulinstitute, hochschulfreie Forschungseinrichtungen und Industrielaboratorien repräsentieren als die wichtigsten Institutionen der Wissenschaft jeweils unterschiedliche Formen der gesellschaftlichen Integration und Organisation von Forschung und Entwicklung. Genauere Aussagen über die Situation der naturwissenschaftlich-technischen Intelligenz lassen sich nur auf dem Hintergrund der Besonderheiten der verschiedenen Institutionen der Wissenschaft machen. Deshalb wird den Ausführungen zu den vier Erfahrungsebenen der Vergesellschaftung eine knappe Charakterisierung der genannten Institutionen der Wissenschaft vorangestellt.

Die *Hochschulinstitute*[17] haben in der Regel nicht die Aufgabe, Forschungs- und Entwicklungsvorhaben zu betreiben, die durch gesellschaftliche Gruppeninteressen auf eng begrenzte Nutzungszusammenhänge beschränkt sind. Ihre spezifische Aufgabenbestimmung besteht vielmehr in der allgemeinen Weiterentwicklung der Wissenschaft, durch die eine breite Basis für die längerfristige Sicherung verbesserter wissenschaftlich-technischer Problemlösungen und Qualifikationen gelegt werden soll. Deshalb ist die Forschungsarbeit der Institute auf Wissenschaftsdisziplinen bzw. auf Schwerpunkte innerhalb von Disziplinen bezogen. Dieser allgemeine Rahmen legt die Arbeit des Instituts noch nicht eindeutig fest, sondern erlaubt und erfordert eine Auswahl unter einer Vielzahl von Forschungsalternativen. Durch die Ausbildungsfunktion der Hochschulinstitute wird es überdies notwendig, die Forschungsaktivitäten auf die Erfordernisse der Ausbildung einzustellen und für die akademischen Qualifikationsarbeiten ständig eine Vielzahl von Themen zu entwickeln, die voneinander isoliert und zeitlich überschaubar sind. Innerhalb dieser allgemeinen Bedingungen können die Forschungsentscheidungen abhängig sein von den persönlichen Interessen und Qualifikationen der Institutsmitglieder, von der apparativen Ausstattung, von wissenschaftlichen Trends und von der fachlichen Konkurrenz innerhalb der wissenschaftlichen Öffentlichkeit. Vor allem aber sind diese Entscheidungen abhängig von der Chance zur Finanzierung der Forschungsvorhaben durch Ministerien, Unternehmen, Förderungseinrichtungen etc. Dadurch gewinnen gesellschaftliche Gruppeninteressen Einfluß auf die Forschungsarbeit der Hochschule, was zu einer Überlagerung der allgemeinen Aufgabenstellung der Weiterentwicklung der Wissenschaften durch die Ausrichtung an spezifische Interessen führen kann.

Die Aufteilung in Einzelaktivitäten und die in der Regel üblichen Betriebsgrößen[18] können die Durchführung längerfristiger und umfangreicher Forschungsprogramme behindern. Die interessenmäßig uneindeutige gesellschaftliche Integration – die eine Seite der Vergesellschaftung der Forschung und Entwicklung – hat ihre Entsprechung in einer relativ wenig entwickelten Vergesellschaftung auf der Ebene der konkreten Arbeitsprozesse. Denn Arbeitsteilung und Kooperation haben sich im Vergleich zu den anderen Institutionen der Wissenschaft nur relativ schwach entwickeln können. Die Entscheidungsstruktur ist durch die traditionelle Institutshierarchie geprägt.

Die *hochschulfreien Forschungsinstitute* (z. B. Institute der Max-

Planck-Gesellschaft)[19] dienen zum großen Teil ebenfalls der allgemeinen Weiterentwicklung der wissenschaftlich-technischen Basis. Ihre besondere Situation ergibt sich daraus, daß an sie keine Lehrfunktionen geknüpft sind, und daß sie meist über größere Betriebe und umfangreichere und kontinuierlich gesicherte Geldmittel verfügen. Das begründet die Möglichkeit für größere und längerfristig ausgelegte Forschungsprogramme, die oft mehr an Problemkreisen als an Fachdisziplinen orientiert sind. Gesellschaftliche Gruppeninteressen gewinnen vor allem über die Vertretung in den zentralen Entscheidungsgremien Einfluß auf die Forschungspolitik[20], was zu einer Bevorzugung derjenigen Probleme und Disziplinen führen kann, deren Ergebnisse für die Kapitalverwertung von besonderer Bedeutung sind. Natürlich haben auch in diesen Institutionen gesellschaftliche Partikularinteressen durch die Finanzierung einzelner Vorhaben bisweilen einen direkten Einfluß auf die Forschung. Im allgemeinen wird aber über die einzelnen Vorhaben und über die Organisation und Durchführung der Forschungsprozesse in den Instituten selbst entschieden. So ist die spezifische gesellschaftliche Integration dieser Institutionen der Wissenschaft dadurch charakterisiert, daß dem starken Einfluß des Kapitals auf die Gründung und globale Forschungspolitik eine weitgehende Einflußlosigkeit auf die interne Forschungspolitik und die Gestaltung der Arbeitsvollzüge gegenübersteht. Damit wird gleichzeitig der Vorlauf der wissenschaftlichen Entwicklung gegenüber kurzfristigen und engen Nutzungsinteressen der Industrie und eine allgemeine Ausrichtung dieses Vorlaufs an den Verwertungsinteressen des Kapitals sichergestellt.

Im Hinblick auf die Vergesellschaftung der Forschungsarbeit besteht in den Instituten der hochschulfreien Forschung ein breites Spektrum, das von Ähnlichkeiten mit Instituten an den Hochschulen bis zu den Großforschungseinrichtungen reicht. Die Großforschungszentren[21] (z. B. Kernforschungsanlage Jülich, Deutsches Elektronen Synchrotron Hamburg), die als ein neuer Typ der hochschulfreien Forschung zu verstehen sind, werden zur Bearbeitung von wissenschaftlich-technischen Projekten und Programmen gegründet, die nicht mehr innerhalb der historisch überlieferten Institutionen der Wissenschaft zu bewältigen sind. Die mit diesen Forschungs- und Entwicklungsaufgaben verbundenen Risiken, Wissens- und Technologielücken können in erfolgversprechender Weise nur durch besonders große und komplex zusammengesetzte Arbeitskollektive angegangen werden, denen über lange, nicht genau abschätzbare Zeiträume hinweg umfangreiche finanzielle Mittel zur Verfügung stehen.

Die Einrichtungen der Großforschung zeichnen sich nicht nur im Hinblick auf die politische und ökonomische Integration, sondern vor allem auch im Hinblick auf die innerbetriebliche Organisation der Forschungs- und Entwicklungstätigkeit durch eine besondere Qualität der Vergesellschaftung aus. Die Auflösung individuell-ganzheitlicher Forschungsvollzüge und die Übertragung der für die Forschungs- und Entwicklungsvorhaben notwendigen Funktionen auf ein wissenschaftlich-technisches Arbeitskollektiv ist in diesen Einrichtungen besonders weit fortgeschritten. Der Umfang des wissenschaftlich-technischen Personals, das Ausmaß der Forschungstechnik und der Entwicklungsstand der Arbeitsteilung und Kooperation legen den Vergleich mit industriellen Arbeitsprozessen nahe. Damit haben sich die schon zu Beginn des 20. Jahrhunderts konstatierten Tendenzen zur großbetrieblichen Organisation der Forschung[22] voll realisiert. Für die in Großforschungszentren arbeitende naturwissenschaftlich-technische Intelligenz ergeben sich im Vergleich zu den herkömmlichen Institutionen der Wissenschaft auf allen wichtigen Dimensionen der Arbeits- und Berufssituation entscheidende Veränderungen, mit denen sich das Bewußtsein und die Interessenorientierung auseinandersetzen muß.

Der öffentliche Bereich der Wissenschaft, dem die Hochschulinstitute und viele Institute der hochschulfreien Forschung zuzurechnen sind, wird in jüngster Zeit immer stärker durch das Zusammenwirken von zwei Momenten bestimmt. Auf der einen Seite besteht eine ökonomische Begrenzung der staatlich verfügbaren Mittel und die Abhängigkeit der Ausgabenpolitik von der wirtschaftlichen Gesamtsituation. Auf der anderen Seite besteht eine zunehmende Notwendigkeit, durch staatlich vermittelte Aktivitäten diejenigen materiellen und immateriellen Voraussetzungen zu schaffen, die für die Aufrechterhaltung der gesellschaftlichen Produktion und Reproduktion und für die Abwendung ihrer Gefährdung notwendig sind, gleichzeitig aber vom industriellen Einzelkapital nicht hergestellt werden können. Diese doppelte Bindung an die Möglichkeiten und Notwendigkeiten der Kapitalverwertung schlägt sich in Tendenzen nieder, den Forschungs-

und Entwicklungsbereich so zu organisieren, daß mit einem Minimum an Aufwendungen möglichst viele wirtschaftlich verwendbare Ergebnisse erzielt werden können. Aus der Nutzungsperspektive der Unternehmen wäre eine Organisation der naturwissenschaftlich-technischen Forschungsarbeit dann rational, wenn sich eine Übereinstimmung zwischen den Erfordernissen der Kapitalverwertung und der Art der Forschungsergebnisse sowie dem Zeitpunkt ihrer Fertigstellung herstellen ließe. Außerdem müßte sichergestellt sein, daß die Forschungs- und Entwicklungsarbeiten dann aus dem öffentlichen und allgemein zugänglichen Bereich herausgenommen und in den Bereich der privaten Verfügung überführt werden, wenn sich in der möglichen Anwendung der Forschungsergebnisse für das Einzelkapital Chancen auf besondere Profite abzeichnen. Diese spezifischen Interessen des Kapitals an der Forschung und Entwicklung lassen sich freilich nur zum Teil im öffentlichen Bereich der Institutionen der Wissenschaft realisieren.

Das privatwirtschaftliche Interesse an wissenschaftlich fundierten Innovationen für die Sicherung und Erweiterung der Kapitalverwertung ist darüber hinaus auf eine gezielte Ausrichtung der Forschung und Entwicklung an den Bedingungen der einzelnen Unternehmung und auf die Sicherung der exklusiven Verfügung über die Forschungsresultate angewiesen. Das macht die Einrichtung von Industrielaboratorien notwendig.[23] In den *Industrielaboratorien* vollzieht sich die gesellschaftliche Integration der Forschungs- und Entwicklungsarbeit und ihre betriebliche Organisationsform als ständiger Versuch, die Besonderheiten dieser innovatorischen Tätigkeit mit der Rationalität der privatwirtschaftlichen Ökonomie zu vermitteln. Dabei besteht das spezifische Dilemma für das einzelne Unternehmen darin, daß mehrere unbestimmte Momente miteinander verbunden und auf die kurz- und längerfristigen Verwertungsperspektiven des Kapitals bezogen werden müssen.

Forschungsaufwendungen bedeuten für das industrielle Einzelkapital unproduktive Kosten, weil mit ihnen der für den Produktionsprozeß vorzuschießende Teil des Kapitals wächst, der sich nicht unmittelbar in der Kapitalverwertung reproduziert. Bezogen auf die Gesamtinvestitionen sinken mit dem Anwachsen der Forschungsaufwendungen zunächst die Gewinne oder genauer: es sinkt die Profitrate. In dieser Auswirkung auf die Profitrate liegt die für das einzelne Unternehmen spezifische Grenze von Ausgaben für Forschung und Entwicklung. Indem die spätere Anwendung der erzielten Ergebnisse zur Steigerung der Produktivkraft der Arbeit und zu neuen Warenangeboten führen kann, kann die Forschung und Entwicklung zu einer entscheidenden Verbesserung der Kapitalverwertung beitragen. In dieser positiven Auswirkung auf die Erzielung von Gewinnen liegt die besondere Attraktivität, die die naturwissenschaftliche Forschung und Entwicklung für das Kapital besitzt. Aufwendungen für Forschungs- und Entwicklungsarbeiten bedeuten also einen Entzug von Kapitalteilen aus der direkten Produktion, der sich durch die ungewisse Antizipation von Gewinnchancen legitimieren lassen muß.

Zur Einschränkung dieses ökonomischen Dilemmas werden Strategien entwickelt, um die Produktivität der Forschungs- und Entwicklungsarbeit zu steigern und um die Forschung an den kurz- und längerfristigen Erfordernissen der Produktion auszurichten. Die Forschungsresultate müssen dazu geeignet sein, in Mittel zur Produktion von Gebrauchswerten, vor allem aber in Mittel zur Produktion und Realisierung von Mehrwert umgesetzt werden zu können. Sie müssen möglichst einen solchen Grad an Exklusivität besitzen, daß sie dem einzelnen Unternehmen ein Monopol auf die ausschließliche Verfügung über die mit ihnen neu erschlossenen Naturkräfte ermöglichen. Die Versuche der Ökonomisierung und inhaltlichen Ausrichtung der wissenschaftlich-technischen Tätigkeit sind darauf gerichtet, die Ungewißheiten der Forschung im Hinblick auf Vollzug und Ergebnis durch Planung und Kontrolle möglichst weitgehend beherrschbar zu machen, ohne diese Ungewißheiten allerdings vollständig beseitigen zu können. Das wird in dem Maße erschwert, wie sich die innovativen Tätigkeiten von einer unmittelbar anwendungsbezogenen Entwicklungsarbeit entfernen, die sich auf einen gesicherten Wissensbestand stützen kann.[24]

Da die Forschungs- und Entwicklungsarbeit in den Industrielaboratorien nicht auf die Weiterentwicklung wissenschaftlicher Disziplinen an sich, sondern auf die Herstellung neuer Produkte und Produktionsmittel ausgerichtet wird, ergibt sich ein breites Spektrum von Funktionen und Qualifikationen, das von der Erarbeitung neuen wissenschaftlichen Wissens bis zur Entwicklung des Prototyps einer produktionsreifen Neuerung reicht. Je nach der Komplexität der Forschungs- und Entwicklungsaufgaben ist zu deren Bearbeitung ein unterschiedlich großes wissenschaftlich-technisches Arbeitskollektiv mit einer unterschiedlichen Bandbreite an Qualifikationen notwendig. Der einzelne Wissenschaftler und Ingenieur ist durch die arbeitsteilig kooperative Arbeitsweise auf eine Vielzahl von anderen Personen bezogen und wird in übergeordnete Planungssysteme integriert. Der dadurch bedingte Verlust an individueller Autonomie wird durch den ständigen Rückbezug aller Forschungs- und Entwicklungsanstrengungen auf die ökonomische Zielsetzung verstärkt, was in Terminzwängen, in Modifikation und Abbrüchen von Projekten[25] etc. zum Ausdruck kommt.

Die allgemeine historische Tendenz einer zunehmenden Vergesellschaftung der Forschung und Entwicklung setzt sich mit unterschiedlicher Intensität und in unterschiedlichen Formen durch. Im öffentlichen Bereich ist eine einheitliche Gestalt durch die unterschiedlichen Funktionen, Traditionen, Rechts- und Finanzierungsformen der einzelnen Institutionen behindert. Im privaten Bereich der industriellen Forschungslaboratorien ist die ökonomische Integration in der Regel deutlicher und eindeutiger ausgebildet. Aber auch dort führen unterschiedliche Größenordnungen, unternehmensspezifische Organisationsformen, branchenspezifische Traditionen und inhaltliche Besonderheiten der Forschungs- und Entwicklungsvorhaben zu einer gewissen Variationsbreite. Im folgenden soll nun detaillierter herausgearbeitet werden, wie sich die Vergesellschaftung der Forschung und Entwicklung in typische, deshalb wiederkehrende und verbreitete, deshalb für das Bewußtsein der naturwissenschaftlich-technischen Intelligenz relevante Erfahrungen umsetzt.[26]

3. Konkretisierungen der Vergesellschaftung auf vier Erfahrungsebenen

3.1 Ausrichtung der Forschung und Entwicklung

Aus der zunehmenden Integration in die gesamtgesellschaftliche Reproduktion ergibt sich für die naturwissenschaftlich-technische Intelligenz die Erfahrungsebene der gesellschaftlichen Ausrichtung und Abhängigkeit ihrer Forschungs- und Entwicklungstätigkeit. Diese gesellschaftliche Abhängigkeit wird konkret in den Entscheidungen für oder gegen Forschungsvorhaben, in der guten oder schlechten finanziellen Ausstattung von Projekten und in Planungs- und Kontrollversuchen, mit denen die Forschungs- und Entwicklungsaktivitäten an die gesellschaftlichen Nutzungsinteressen angebunden werden sollen. Die Einbindung in die gesellschaftlichen Interessen- und Nutzungsbezüge kann sich allerdings nicht so direkt umsetzen, wie bei Aufgaben, deren Lösungswege und Ergebnisse bekannt sind. In dem Maße, wie das Ob, das Wie, das Was und das Wann einer Problemlösung unbekannt sind, schwindet die Möglichkeit einer am inhaltlichen und ökonomischen Kalkül orientierten gesellschaftlichen Integration der Forschung und Entwicklung.

Auf dieser ersten Erfahrungsebene tritt der naturwissenschaftlich-technischen Intelligenz die eigene Vergesellschaftung als Abhängigkeit von finanzkräftigen gesellschaftlichen Interessengruppen, von der ökonomischen Gesamtsituation der Gesellschaft, von der Forschungspolitik eines Unternehmens und von der Ausgabenpolitik des Staates entgegen. Damit werden die Einschränkungen einer »Autonomie der Wissenschaft« und die Einschränkungen in der individuellen Freiheit bei der Wahl der Forschungsaufgaben zu einem wichtigen Bestandteil der Arbeitserfahrungen. Die zu bearbeitenden Vorhaben lassen sich zwar stets auf die Entwicklung der jeweiligen Wissenschaft beziehen. Da sie aber immer eine Auswahl unter einer Vielzahl möglicher Projekte darstellen, sind sie zugleich auch als das Ergebnis von Entscheidungsprozessen zu verstehen, bei denen andere Faktoren als die fachimmanente Logik und das Erkenntnisinteresse des Wissenschaftlers wirksam werden. Die naturwissenschaftlich-technische Intelligenz muß ein fachlich immanentes Interesse mit dem Nutzungsinteresse derjenigen gesellschaftlichen Gruppen konfrontieren, die durch ein Verfügen über die entsprechenden ökonomischen und politischen Mittel die Forschung und Entwicklung zugleich ermöglichen und steuern. Durch diese Konfrontation werden die Wissenschaftler und Ingenieure gezwungen, die Vorstellung von der autonomen und gesellschaftlich exterritorialen Stellung der Wissenschaft aufzugeben und in Auseinandersetzungen einzutreten, bei denen es um unterschiedliche Interessen an der gesellschaftlichen Ausrichtung von Forschung und Entwicklung geht. Die Überwindung der Autonomievorstellung kann zum Arrangement mit den vorherrschenden Formen der Integration von Wissenschaft und Technik in die Arbeits- und Lebenswirklichkeit der Mehrzahl der Gesellschaftsmitglieder führen. Sie kann aber auch in eine andere Richtung verlaufen, wenn die naturwissenschaftlich-technische Intelligenz in ihre Nutzungsorientierung mit aufnimmt, wie wenig die Wissenschaft in ihrer heutigen Form für die Mehrheit der Gesellschaftsmitglieder zum verbesserten Begreifen und zur verbesserten Gestaltung der Arbeits- und Lebenssituation beiträgt.

Die Erfahrung der gesellschaftlichen Ausrichtung und Abhängigkeit der Forschung und Entwicklung trägt in den verschiedenen Institutionen des Wissenschaftssystems unterschiedliche Züge. Die wichtigsten Abweichungen bestehen zwischen dem öffentlichen und dem privatwirtschaftlichen Bereich.

Im *öffentlichen Bereich* (Hochschulen und hochschulfreie Institute) werden die Probleme wesentlich bei der Beschaffung von Drittmitteln für die Forschung deutlich. Schon bei der Planung, insbesondere aber bei der späteren Beantragung von Geldern für ein Projekt unterliegt der Wissenschaftler einem doppelten Rechtfertigungszwang: seine Idee muß sowohl vor der fachlichen Öffentlichkeit als auch vor den Interessen des jeweiligen Geldgebers standhalten. Wenn die Beschaffung von Drittmitteln die zentrale Voraussetzung für einen kontinuierlichen Forschungsbetrieb ist, wird es eine der notwendigen Qualifikationen des erfolgreichen Wissenschaftlers, seine fachlichen Interessen auf die tatsächlichen oder vermuteten Interessen des jeweiligen Finanziers zu beziehen. Über diesen Mechanismus, der oft sehr indirekt und vermittelt wirkt, reichen mächtige Interessen auch in die zunächst anwendungsfernen Institutionen der Forschung hinein. Die unmittelbare Erfahrung dieser Abhängigkeit in der eigenen Arbeit konzentriert sich bei den Inhabern höherer Positionen, die Projekte initiieren und die entsprechenden Verhandlungen führen. Bei den übrigen Wissenschaftlern ist der Umstand als solcher mehr oder minder genau bekannt. In der eigenen Arbeit kann er sich jedoch zu einem diffusen Gefühl der Abhängigkeit und Fremdbestimmung verflüchtigen.

Die Anstöße für das Bewußtsein, die von Erfahrungen mit der Ausrichtung der wissenschaftlichen Ziele durch außerwissenschaftliche Interessen ausgehen, können sich in zwei Richtungen entfalten. Sie können einerseits Fragen nach der Art dieser Interessen, nach der Bedeutung ihres Einflusses für die wissenschaftliche Entwicklung, nach den gesellschaftlichen Folgen dieser indirekten Steuerung anregen. Andererseits können sie aber auch ein besonderes Geschick darin begünstigen, die jeweils finanzträchtigen Probleme und Begründungen zu den eigenen zu machen. Die wachsende Unsicherheit der Berufsperspektive und die steigenden Arbeitsbelastungen jedenfalls im Hochschulbereich[27] könnten einer Tendenz Vorschub leisten, den erheblichen Arbeitsaufwand für einen vorlagereifen Projektantrag nur bei hoher Erfolgschance zu erbringen.

Für die wissenschaftlich-technische Intelligenz in den *Industrielaboratorien* wird die Abhängigkeit der Forschung und Entwicklung von mächtigen Interessen in der Regel deutlicher sein als im öffentlichen Bereich. Die Bindung der Arbeit an Neuerungen an das Produktionsprogramm des jeweiligen Unternehmens, an den Kampf um Marktanteile und an oft restriktive Absatzstrategien schlagen unmittelbar auf die Situation der wissenschaftlich-technischen Intelligenz durch. Obwohl zahlreiche Großunternehmen bedeutende Forschungsabteilungen unterhalten und dort auch die anwendungsferne Grundlagenforschung fördern, sind die Bindungen der Wissensproduktion an die Erfordernisse der Kapitalverwertung für die Intelligenz in der Industrieforschung unübersehbar. Die fremdbestimmte Vorgabe von eng umrissenen Problemen, die Kontrolle des tatsächlichen Verbleibens auf dem vorgeschriebenen Problemfeld, der Abbruch von fachlich interessanten und privatwirtschaftlich uninteressanten Vorhaben sind Vorgänge, die im Erfahrungsschatz der wissenschaftlich-technischen Intelligenz aus der Industrieforschung verankert sind. Darüber hinaus ist bei bestimmten Aufgaben unverkennbar, daß sie nicht nur fachlich irrelevant sind, sondern auch nach Kriterien einer gesellschaftlichen Nützlichkeit äußerst fragwürdig sind. Als Beispiel[28] hierfür sei ein mehrjähriges Forschungsprogramm beim größten Rasierklingenproduzenten der Welt angeführt, für das 12 Millionen Dollar ausgegeben wurden: in aufwendigen Versuchen wurde das Verhalten des Barthaares bei der Rasur erforscht; Ergebnis war ein Rasiergerät, das das Barthaar tiefer abschneidet als der traditionelle Apparat und so die glatte Rasur etwas verlängert. An anderen Stellen der industriellen Forschungspolitik wird umgekehrt deutlich, daß fachlich relevante und gesellschaftlich äußerst nützliche Arbeiten nicht nur nicht in Angriff genommen, sondern sogar behindert werden. Als Beispiel[29] hierfür sei die Behinderungspolitik der amerikanischen Elektrokonzerne gegenüber einem aussichtsreichen Projekt angeführt, eine Glühbirne mit etwa zehnjähriger Brenndauer und etwa einem Drittel Stromersparnis zu entwickeln. Beide Beispiele für die Förderung des Unwichtigen und die Erschwerung des Wichtigen sind sicherlich Extreme; aber sie sind Extreme einer Normalität, die im Kapitalismus als Typ umfassend vorkommt und entsprechend umfassend auf das Bewußtsein der wissenschaftlich-technischen Intelligenz einwirkt.

Die Entwicklungen, die durch diese Anstöße im Bewußtsein[30] angeregt werden, sind mindestens in zwei Richtungen zu überlegen. Einerseits laufen die gruppentypischen Erfahrungen sowohl dem fachlichen Sachverstand und Interesse als auch dem eigenen Interesse als Konsument so offensichtlich zuwider, daß die Bedingungen für das Aufkommen von Kritik günstig sind – Kritik an der Vergeudung der individuellen Arbeitskraft und an der Vergeudung gesellschaftlicher Produktivkraft. Auf der anderen Seite sind die Abhängigkeiten der wissenschaftlich-technischen Intelligenz besonders groß und die Techniken der Integration und Manipulation besonders weit entwickelt: das Bewußtsein wird gezielt zu verändern versucht[31], und außerdem werden Freiräume für die Arbeit nach eigenen Fachinteressen zugestanden.[32] Aufgrund der Abhängigkeiten und der speziellen Integrationstechniken ist die Möglichkeit vorhanden, daß sich die wissenschaftlich-technische Intelligenz entweder mit den kapitalistischen Formen der Ausrichtung der Forschung und Entwicklung positiv arrangiert oder sich zumindest resignativ mit ihnen abfindet. Zugleich ist aber im industriellen Bereich der Impuls besonders stark, sowohl die reine Fachorientierung (»professional orientation«) als auch die reine Firmenorientierung (»organizational orientation«)[33] im Sinne einer Bejahung eines gesellschaftlichen Einflusses auf die Ausrichtung der Forschung und Entwicklung an den wirklichen und dringlichen Bedürfnissen der Bevölkerungsmehrheit zu überwinden.

3.2 Bedingungen des Verkaufs der Arbeitskraft

Mit der Ausweitung des Wissenschaftsbereichs selbst ist auch die wissenschaftlich-technische Intelligenz zu einer wachsenden

Gruppe von Lohnabhängigen geworden. Dadurch dringen in steigendem Maße typische Lohnarbeitererfahrungen in den Erfahrungsbereich einer Gruppe ein, die über lange Zeiträume hinweg davon verschont geblieben ist und deshalb leicht das Bewußtsein einer Sonderstellung entwickeln konnte. Gerade in der gegenwärtigen wirtschaftlichen und politischen Situation muß sich die lohnabhängige Intelligenz verstärkt etwa mit folgenden Problemen auseinandersetzen: Arbeitslosigkeit als reale bzw. potentielle Gefahr, Mißverhältnisse zwischen der Qualifikation und der Nachfrage nach Arbeitskräften, Zwang zur Umschulung, Arbeiten unterhalb der Fähigkeiten und Kenntnisse, Abweichungen vom fachlichen Interesse, Abstriche an den Erwartungen für das Berufsleben ingesamt. Auf dieser zweiten wichtigen Erfahrungsebene treten große Teile der wissenschaftlich-technischen Intelligenz in einen Problemzusammenhang ein, der seit jeher die Arbeits- und Lebenswelt anderer lohnabhängiger Gruppen entscheidend prägt. Aus dem Bedeutungszuwachs der Probleme beim Verkauf der Arbeitskraft kann sich leichter als zuvor eine Beziehung ergeben, in der die sozialen, kulturellen und ideologischen Unterschiede zurücktreten und die daraus resultierenden Barrieren einer Beziehung zwischen der naturwissenschaftlich-technischen Intelligenz und anderen Gruppen von Lohnabhängigen abgeschwächt werden.

Der Lohnarbeiterstatus wird der naturwissenschaftlich-technischen Intelligenz zunächst als Notwendigkeit zum Verkauf der Arbeitskraft deutlich, wobei die Verkäuflichkeit schlechthin und die vertraglichen Bedingungen des Verkaufs zum Problem werden können. In der Verkäuflichkeit bzw. der Unverkäuflichkeit der Arbeitskraft wie auch in den vertraglichen Bedingungen drücken sich die gesamtgesellschaftliche und die institutionenspezifische Funktion von Forschung und Entwicklung aus. Darüber hinaus schlägt die jeweilige gesamtwirtschaftliche Situation ebenso auf die Arbeitsmarktbedingungen der wissenschaftlich-technischen Intelligenz durch wie das jeweilige Bündel von politischen Steuerungsmaßnahmen. Im folgenden kann nur versucht werden, das Grundmuster der Erfahrungen zu umreißen, denen die wissenschaftlich-technische Intelligenz auf dieser Ebene unterworfen ist.

Der *öffentliche Sektor* läßt sich grob durch das Zusammentreffen von zwei Charakteristika kennzeichnen. Die Verkäuflichkeit der

Arbeitskraft hängt direkt an politischen Entscheidungen über den Wissenschaftsbereich, die ihrerseits eng an die Zyklen der gesamtwirtschaftlichen Entwicklung angekoppelt werden können. Wegen der kurzfristigen Bedeutungslosigkeit anwendungsferner Forschungen für die Aufrechterhaltung des gesellschaftlichen Reproduktionsprozesses kann das Stellenangebot in Krisenzeiten drastisch reduziert werden, wobei die politischen Überprüfungen und Berufsverbote eine zusätzliche Barriere darstellen. Die zweite Seite der Problematik, die vertraglichen Verkaufsbedingungen, sind gegenwärtig schwieriger zu charakterisieren als noch vor wenigen Jahren. Neuerdings gewinnen befristete Arbeitsverhältnisse, Teilzeitverträge und die Beschäftigung unterhalb oder auch etwas außerhalb der Qualifikation zunehmende Bedeutung. Naheliegenderweise treten diese Probleme verstärkt in den Anfangsphasen des Berufslebens auf und verlieren mit der Zeit und dem eventuellen beruflichen Vorwärtskommen quantitativ an Bedeutung. Überdies verstärken sich die Tendenzen zur stärkeren hierarchischen Abstufung der vertraglichen Rechte und Pflichten, was die Entwicklung einer einheitlichen Lageerfahrung und Interessenperspektive erschwert. Gleichzeitig bleibt jedoch die Freizügigkeit der fachlichen Kommunikation, des Publizierens, des Teilnehmens an Tagungen etc. weitgehend erhalten. Diese vertraglich kaum eingeschränkten Möglichkeiten werden allerdings durch die wachsende Verschlechterung der Arbeitsbedingungen[34] faktisch stark begrenzt.

Die im *privatwirtschaftlichen Bereich* vorherrschenden Charakteristika ergeben ein anderes Muster als im öffentlichen Bereich. Die Verkäuflichkeit der Arbeitskraft von Wissensproduzenten scheint hier nicht zwingend mit den Zyklen von Aufschwung, Rezession und Krise verkoppelt zu sein. Es könnte sogar eine gegenläufige Tendenz bestehen, die exemplarisch für Krisenphasen skizziert werden soll. Für das einzelne Unternehmen kann gerade in der Krise der Versuch naheliegen oder sogar geboten sein, die Innovationstätigkeit zu verstärken und eine eventuelle Bedrohung auf diese Weise abzuwehren. Dies kann über die Entwicklung neuer Produkte, über Qualitätsverbesserungen, über verstärkte Rationalisierungsinvestitionen etc. geschehen. In jedem dieser Fälle wachsen im eigenen Unternehmen oder auch woanders die Anforderungen an die Forschung und Entwicklung. Somit kann, ohne daß hiermit eine zwingende Verbindung behauptet werden soll, die Verkäuflichkeit der naturwissenschaftlich-technischen Arbeitskraft von der Krise unberührt bleiben oder sogar besser werden.

Die eindeutigeren Probleme liegen bei den vertraglichen Bedingungen, zu denen die wissenschaftlich-technischen Lohnarbeiter im privatwirtschaftlichen Bereich der Forschung und Entwicklung ihre Arbeitskraft verkaufen. Für das Einzelkapital dient die Innovation vor allen Dingen dazu, Extraprofite zu erzielen; dieses zentrale Interesse muß es gegenüber der wissenschaftlich-technischen Intelligenz im Arbeitsvertrag durchsetzen. Aus dem Blickwinkel dieses Interesses muß der Arbeitsvertrag zweierlei sicherstellen. Er muß erstens dafür sorgen, daß der Wissensproduzent einen möglichst großen Teil seiner Fähigkeiten und Kenntnisse auf die Erzeugung von Ergebnissen verwendet, die Extraprofitchancen begründen oder zumindest begründen könnten. Er muß zweitens verhindern, daß der Wissenschaftler oder Ingenieur Extraprofite oder Extraprofitchancen zerstört, was er auf verschiedene Arten tun kann. Sowohl durch Vorträge, Publikationen und fachliche Gespräche außerhalb des Betriebes als auch durch Kündigung und anderweitigen Verkauf seiner Arbeitskraft kann er seine Kenntnisse verallgemeinern und allein dadurch das zentrale Kapitalinteresse an seiner Arbeitskraft zunichtemachen. Aus diesen Gründen enthalten die Arbeitsverträge[35] der wissenschaftlich-technischen Intelligenz in der privatwirtschaftlichen Forschung und Entwicklung eine Vielzahl von Beschränkungen, die es bei anderen Lohnabhängigen in dieser Form und in dieser Schärfe nicht gibt. Der alternative Verkauf der Arbeitskraft wird häufig durch ein sogenanntes Wettbewerbsverbot erschwert, das eine zeitliche, eine inhaltliche und eine räumliche Komponente hat. In zeitlicher Hinsicht muß sich der wissenschaftlich-technische Lohnarbeiter verpflichten, auf festgelegte Dauer – oft mehrere Jahre – keine Beschäftigung, Beratung oder Beteiligung bei einem Unternehmen zu übernehmen, das auf den Produktions- und Forschungsgebieten des momentanen Arbeitgebers tätig ist oder zu werden beabsichtigt. Inhaltlich gilt das Wettbewerbsverbot für alle Arbeitsgebiete, auf denen der Betreffende tätig war und über die er Kenntnisse erlangt hat. Räumlich ist das Wettbewerbsverbot unterschiedlich weit gefaßt, bis hin zu dem Extrem, daß es sich »auf alle Länder der Erde« erstreckt. Die Einhaltung dieser restriktiven Bestimmungen, die die Freiheit des freien

Lohnarbeiters radikal einschränken, wird durch Konventional-strafen in einer Höhe gesichert, die auch sehr gut verdienende Wissenschaftler kaum erbringen können. Zugespitzt kann man sagen, daß der freie Vertrag ein umfassendes Berufsverbot für gerade die Zeitspanne enthält, in der die Qualifikation intakt und hochentwickelt und die Verkäuflichkeit der Arbeitskraft entsprechend günstig ist. Die Gefährdung des Kapitalinteresses an der wissenschaftlich-technischen Arbeitskraft wird ferner dadurch verhindert, daß Publikationen, Vorträge, Beratungen etc. einer strikten Genehmigungspflicht unterliegen. Damit kann der für den einzelnen wichtigste Mechanismus des Erlangens von fachlichem Ansehen und günstigen Verkaufsbedingungen seiner Arbeitskraft in der Zukunft gestört werden.

Bezüglich der Impulse, die von den genannten Restriktionen beim Verkauf der Arbeitskraft auf das Bewußtsein ausgehen, lassen sich allenfalls vorsichtige Vermutungen anstellen.[36] Dabei sind auch die hemmenden und verschleiernden Momente zu betrachten, die die Bewußtwerdung einer grundlegenden Gemeinsamkeit mit anderen Gruppen von Lohnabhängigen beeinträchtigen könnten. Beim Vertragsabschluß treten sich Käufer und Verkäufer der Arbeitskraft als scheinbar Gleiche und Freie gegenüber, wodurch die ökonomische Ausbeutung für alle Lohnabhängigen auf einer sehr grundsätzlichen Ebene verschleiert wird. Es ist nicht auszuschließen, daß diese Mystifikation für die naturwissenschaftlich-technische Intelligenz noch schwerer zu durchschauen ist als für die Industriearbeiter. Diese grundsätzliche Problematik wird für den Bereich der Industrieforschung dadurch verstärkt, daß die oben aufgewiesenen Restriktionen für den einzelnen schwer wahrzunehmen sind: die vertraglich oft vereinbarte Schweigepflicht über den Vertragsinhalt erschwert den Erfahrungsaustausch innerhalb der lohnabhängigen Intelligenz; die verbreitete Eingruppierung als außertarifliche oder gar leitende Angestellte nährt die ohnehin zu vermutenden Tendenzen eines elitären Selbstverständnisses; die schwerwiegenden Folgen des vereinbarten Berufsverbots werden durch großzügige Abfindungszahlungen verdeckt; der Vertrag ist oft so persönlich abgefaßt, daß seine Gleichartigkeit mit anderen Verträgen und somit auch die gleichartigen Betroffenheiten innerhalb der Berufsgruppe leicht verborgen bleiben können. Hinzu kommt die oben angedeutete Möglichkeit einer Entkoppelung der persönlichen

Krisenerfahrungen von den Krisenerfahrungen der breiten Mehrheit der Lohnabhängigen. Und auch die Gefährdung der lohnabhängigen Intelligenz durch Arbeitslosigkeit ist im groben statistischen Durchschnitt geringer als die der weniger qualifizierten abhängig Beschäftigten. All diese Momente können dazu beitragen, daß sich die lohnabhängige Intelligenz trotz aller Risiken und Restriktionen anhaltend als eine besondere Gruppe begreift, die ihre negativen Erfahrungen eher in eine resignative oder in eine optimistische Haltung überführt als sie im Sinne einer Annäherung an die Arbeiterbewegung umzusetzen.

Die Bedingungen des Verkaufs der Arbeitskraft sind aber zugleich eine Erfahrungsebene, die den Lohnarbeiterstatus der abhängigen Intelligenz und ihre grundlegende Gemeinsamkeit mit anderen Lohnabhängigen besonders drastisch hervortreten läßt. Darüber hinaus sind weitere Impulse anzugeben, die zur Einsicht in die Interessengleichheit zwischen lohnabhängiger Intelligenz und Arbeiterbewegung drängen. Das objektive Interesse der Wissensproduzenten geht auf Erweiterung und Erhaltung ihrer Qualifikation, auf ungehinderte Verkäuflichkeit ihrer Arbeitskraft, auf Teilhabe an der fachlichen Kommunikation und auf Einsatz ihrer Qualifikation für gesellschaftlich nützliche Zwecke. Dem korrespondiert das objektive Interesse der Arbeiterbewegung an ungehindertem Zugriff auf das in der Gesellschaft angehäufte Wissen und an dessen Einsatz im Sinne der abhängig Beschäftigten. Was so auf der objektiven Ebene notwendig aufeinander verwiesen ist, verharrt im vorherrschenden Bewußtsein als Geschiedenes und ist in der Realität durch mächtige Interessen voneinander getrennt. Die sehr zwiespältige Situation, die thesenartig skizziert worden ist, wird u. E. zu einer eher ständisch isolierten und zu einer eher gewerkschaftlichen Strömung innerhalb der lohnabhängigen Intelligenz führen, über deren jeweilige Stärke kaum begründete Vermutungen möglich sind. Ein Aufgreifen der angedeuteten Probleme der Intelligenz beim Verkauf ihrer Arbeitskraft durch die Arbeiterbewegung hätte jedenfalls zahlreiche Anknüpfungspunkte, mit denen ein Abdriften in die berufsständische Isolation zumindest verringert werden könnte.

3.3 Bedingungen der Anwendung der Arbeitskraft

In der historischen Entwicklung erfaßt die Vergesellschaftung der

Wissenschaft erst relativ spät auch die Ebene des unmittelbaren Arbeitsvollzugs. Mit einer deutlichen Verzögerung etwa gegenüber der industriellen Produktion setzen sich Arbeitsteilung, Kooperation und Technisierung ebenso durch wie gezielte Versuche, die Produktivität und die Intensität der Arbeit noch auf andere Weise zu steigern. So erhält die Arbeit in der Forschung und Entwicklung einen zunehmend gesellschaftlichen Charakter, woraus sich die dritte wesentliche Erfahrungsebene für die wissenschaftlich-technische Intelligenz ergibt.

Die veränderten Arbeitsvollzüge und Organisationsformen ergeben sich zum einen aus den sich wandelnden Aufgaben und gesellschaftlichen sowie politischen Funktionen der Forschung und Entwicklung. Sie ergeben sich zum anderen aus Versuchen, die insgesamt steigenden Aufwendungen für die Forschung und Entwicklung zumindest relativ zu senken. Die Durchsetzung der Ökonomisierung ist allerdings durch den innovatorischen Charakter der Forschungs- und Entwicklungsprozesse begrenzt. Denn bei diesem Typ von Arbeit verschärft sich das allgemeine Problem, daß durch Maßnahmen der Rationalisierung und Ökonomisierung nicht nur der finanzielle Aufwand gesenkt und/oder die Produktivität der Arbeit gesteigert, sondern auch das Erreichen des angestrebten Ziels gefährdet werden kann. So können für viele Bereiche der Forschungs- und Entwicklungsarbeit Maßnahmen zur Ökonomisierung bereits dann die Grenze der Effektivität erreichen, wenn dadurch Arbeitssituationen entstehen, die das inhaltliche Interesse und Engagement der arbeitenden Person zerstören. Die Arbeitsidentifikation ist in diesen Arbeitsprozessen eine wesentliche Voraussetzung für die individuelle Arbeitsproduktivität und ihre Steigerung. Außerdem führt dieses Interesse zu der sehr verbreiteten Bereitschaft, den individuellen Arbeitstag über die gesellschaftlich durchschnittliche Zeit hinaus auszudehnen.

Trotz dieser Einschränkungen enthält die Arbeitssituation, in der auch die Ausrichtung der Forschung und Entwicklung Tag für Tag konkret wird, entscheidende Impulse für das Bewußtsein der naturwissenschaftlich-technischen Intelligenz. Das Ausmaß der innerbetrieblichen Vergesellschaftung unterstützt die Einsicht in den allgemeinen, überindividuellen Charakter der eigenen Lage und deren ökonomische Basis. So kann die naturwissenschaftlich-technische Intelligenz trotz der Besonderheit der For-

schungs- und Entwicklungsarbeit das Allgemeine des Lohnarbeiterstatus erfahren, worüber sie mit anderen Gruppen von Lohnabhängigen verbunden ist. Durch diese Erfahrung ist die Voraussetzung für eine Kommunikations- und Interessenebene geschaffen,
über die die naturwissenschaftlich-technische Intelligenz in eine
Beziehung zu den anderen Lohnabhängigen treten kann.

Der gesellschaftliche Charakter der eigenen Arbeit wird der
naturwissenschaftlich-technischen Intelligenz darin deutlich, daß
relevante Forschungsaufgaben nicht mehr in der traditionellen
Form der Einzelarbeit bewältigt werden können, und daß die
Einführung von Arbeitsteilung und Kooperation notwendig
wird. Damit ist die Einbindung in Terminzwänge und kollektive
Arbeitsvollzüge, die Abhängigkeit von einer Forschungstechnik,
von einem bürokratischen Verwaltungsapparat etc. verbunden.
Der gesellschaftliche Charakter der eigenen Arbeit drückt sich
aber auch in Anweisungs- und Autoritätsstrukturen aus, die sich
oft nicht mehr nur aus den inhaltlichen Notwendigkeiten der
Forschung ableiten lassen, sondern diesen zum Teil sogar entgegenstehen. Mit zunehmender Größe der Forschungs- und Ent-
wicklungseinrichtungen verweisen die daraus resultierenden Probleme nicht mehr nur auf einzelne Personen und deren Qualifikationen, sondern auf objektive Strukturen, die sich aus der jeweiligen Integration in außerwissenschaftliche Nutzungszusammenhänge ergeben. Ferner ist die wissenschaftliche Tätigkeit mit einer
Spezialisierung verbunden, die die zunächst ausgebildeten Interessen und Qualifikationen einschränkt und deren negative und
positive Auswirkungen für die weiteren Berufschancen nur
schwer abzuschätzen sind.[37]

Durch die auf diese Weise gegebene Erfahrung vom gesellschaftlichen Charakter der eigenen Tätigkeit nähert sich die Arbeits-
und Berufswirklichkeit derjenigen anderer Gesellschaftsmitglieder an. Das schlägt sich auch in den auf Arbeit und Beruf gerichteten Interessen nieder. Die verschiedenen Institutionen der Wissenschaft unterscheiden sich allerdings erheblich im Ausmaß und
in der Art der innerbetrieblichen Vergesellschaftung.

Die Situation der *Hochschulinstitute* ist dadurch gekennzeichnet,
daß die Inhaber der Spitzenpositionen gleichzeitig die wichtigsten
Verhandlungspartner bei Fragen der Forschungsfinanzierung, die
Sachwalter der Forschungsmittel und die Repräsentanten der
Ergebnisse der Forschungstätigkeit gegenüber der wissenschaft-

lichen Öffentlichkeit sind. Während diese hierarchische Arbeitsteilung relativ fest institutionalisiert ist, sind Arbeitsteilung und Kooperation auf der Ebene der unmittelbaren Forschungsarbeit nur schwach entwickelt. Die verschiedenen Vorhaben sind nicht mit Notwendigkeit voneinander abhängig oder auf ein gemeinsames Ziel bezogen. Deshalb ergeben sich nur Ansätze einer Kooperation, die über informelle Beziehungen zwischen einzelnen Wissenschaftlern und kleineren Gruppen von Wissenschaftlern nicht hinausgehen. Die gemeinsame Abhängigkeit erschöpft sich in vielen Fällen in der Angewiesenheit auf die wissenschaftlich-technischen Arbeitsmittel und die Verwaltung. Weil die Forschung an den Hochschulen vor allem fachorientiert und nicht auftragsorientiert[38] ist, besteht in den einzelnen Instituten eine relativ hohe fachliche Homogenität. Die Vertreter fachfremder Disziplinen sind mit der Entwicklung von Apparaturen, der Bedienung von Spezialgeräten und der Anwendung besonderer Methoden beschäftigt. Diese Sonderfunktionen sind aber oft nicht zu besonderen Tätigkeitsfeldern arbeitsteilig ausdifferenziert. Ebenso wie die Verwaltungsarbeiten und die Lehrtätigkeit sind sie Teile eines heterogenen Funktionsbündels in der überwiegend ganzheitlich betriebenen Forschungsarbeit des Wissenschaftlers. Ausgeprägter und deshalb wahrscheinlich auch bewußtseinsrelevanter sind die zunehmenden Tendenzen zur Arbeitsintensivierung und zur Aushöhlung der Forschungtätigkeit überhaupt, die sich durch die Verbindung einer restriktiven Stellenpolitik mit wachsenden Studentenzahlen ergeben.

In den Instituten der *hochschulfreien Forschung* sind deutliche Anklänge an die traditionelle Hierarchie von Hochschulinstituten zu erkennen, die allerdings durch kollegiale Strukturen und eine Vielfalt von formellen und informellen Beratungsgremien aufgelockert ist. Die damit gegebene Machtfülle der in die Leitung der Institute berufenen Wissenschaftler führt zu einer gewissen Variationsbreite in den Entscheidungsprozessen und Arbeitsweisen. Die Größe, die kontinuierliche Finanzierung und die ausschließliche Konzentration auf Forschungsaufgaben bilden gleichwohl eine einheitliche Voraussetzung für eine weiter fortgeschrittene Arbeitsteilung und Spezialisierung. In den Großforschungseinrichtungen ist dieser Prozeß der Vergesellschaftung am weitesten entwickelt, was zu besonderen Arbeitssituationen führt und sich in den Interessen und dem Bewußtsein der dort tätigen Wissenschaftler und Ingenieure niederschlägt. Dort hat sich eine feste Struktur der Arbeitsteilung zwischen den verschiedenen Funktionen herausgebildet, die in weniger vergesellschafteten Forschungs- und Entwicklungsprozessen neben- oder nacheinander von einer Person bzw. einer Gruppe ausgeführt werden. Die Integration des einzelnen Wissenschaftlers und Ingenieurs in das arbeitsteilig-kooperative Arbeitskollektiv führt dazu, daß nur noch sehr wenige Angehörige der wissenschaftlich-technischen Intelligenz unabhängig von einer fest institutionalisierten Zusammenarbeit tätig sind. Die Kollektivierung der Forschung und Entwicklung auf der Ebene des Arbeitsprozesses hat aber keine Entsprechung auf der Ebene der Entscheidungsstrukturen. Die daraus resultierende Erfahrung einer Diskrepanz zwischen wissenschaftlich-technischem Arbeitsprozeß und Entscheidungsprozeß hat einen wichtigen Einfluß auf das Interessenbewußtsein der naturwissenschaftlich-technischen Intelligenz.[39]

Auch in den großen *Industrielaboratorien* ist die Vergesellschaftung der naturwissenschaftlich-technischen Arbeit relativ weit fortgeschritten. Sie setzt sich allerdings in den verschiedenen Tätigkeitsbereichen mit unterschiedlicher Deutlichkeit durch. In den Forschungs- und Entwicklungsprozessen sind Arbeitsvollzüge enthalten, die einen unterschiedlichen Grad an Ergebnissicherheit und Routine besitzen und die sich deshalb in unterschiedlichem Maße rationalisieren und ökonomisieren lassen. Die Aufgaben reichen von Routinefunktionen, wie etwa der Wartung von instrumentellen Einrichtungen und der Durchführung von Serienversuchen, über die technische Anwendung von wissenschaftlichen Informationen bis zur Erarbeitung grundlegend neuer Forschungsergebnisse.[40] Wie weit sich das doppelte ökonomische Interesse an einer inhaltlichen Ausrichtung der Forschungs- und Entwicklungsarbeit und einer Minimierung der finanziellen Aufwendungen in eine gezielte Gestaltung der Arbeitsvollzüge umsetzen läßt, ist abhängig vom Innovationsgehalt der jeweiligen Tätigkeit. Bei routinesicheren Aufgaben läßt sich dieses Interesse relativ leicht in eine Form umsetzen, die durch rigide Arbeitsteilung, durch eine vereinseitigende und dequalifizierende Spezialisierung und durch eine genaue Zuweisung und Überprüfung von Arbeitsschritten gekennzeichnet ist. Je stärker aber der Innovationsgehalt der Aufgabe ausgeprägt ist, desto eher bleiben die Wissenschaftler und Ingenieure aufgrund ihrer Qualifikationen die kompetenten Experten für die Lösungswege der wissenschaftlichen Problemstellung. Versuche einer Anbindung an die übergeordnete ökonomische Rationalität müssen sich dann darauf richten, diese Anbindung zum inhaltlich akzeptierten Ziel der arbeitenden Personen zu machen.

Die subjektive Auseinandersetzung mit der Vergesellschaftung der wissenschaftlich-technischen Arbeitsprozesse, denen die naturwissenschaftlich-technische Intelligenz in den verschiedenen Institutionen der Wissenschaft ausgesetzt ist, kann in sehr unterschiedlicher Richtung verlaufen. In der Konfrontation der in der Berufsausbildung erworbenen Normen und Orientierungen mit der verbreiteten Arbeitswirklichkeit kann sich die wissenschaftlich-technische Intelligenz historisch rückwärts orientieren und sich auf das Bild vom autonomen Einzelforscher fixieren. Die daraus resultierende Distanz gegenüber der eigenen Arbeitswirklichkeit wendet sich dann defensiv gegen eine Vergesellschaftung schlechthin und nicht gegen die spezifischen Formen der Bedingungen der Veränderung der Forschungs- und Entwicklungstätigkeit. So kann gerade die relative Angleichung an die Situation anderer Lohnabhängiger, die sich auf der objektiven Ebene des Arbeitsprozesses ergibt, auf der Ebene subjektiver Orientierungen und Interessen zum verstärkten Versuch einer Abgrenzung führen.

In der Auseinandersetzung mit der Arbeitswirklichkeit in der Forschung und Entwicklung kann die naturwissenschaftlich-technische Intelligenz aber auch in ein positives Verhältnis zu den momentan bestehenden Vergesellschaftungstendenzen treten. Objektive Grundlage für die positive Verarbeitung dieser historischen Entwicklung sind die sich erweiternden Möglichkeiten in der Erarbeitung von Forschungs- und Entwicklungsaufgaben. Die mit der Vergesellschaftung gesteigerte Produktivkraft der wissenschaftlich-technischen Forschungsarbeit schlägt sich jedoch unterschiedlich in der individuellen Arbeitssituation und in den individuellen Berufschancen nieder. Sie kann für Inhaber höherer Positionen zur Disposition über ein umfangreicheres wissenschaftlich-technisches Personal, zu größeren Einflußchancen auf Forschungs- und Entwicklungsfragen, zur Teilhabe an grundsätzlicheren und umfangreicheren Forschungsergebnissen und zur gesteigerten Reputation in der wissenschaftlichen und politischen Öffentlichkeit führen. Auf diese Weise kann sich insbesondere bei leitenden Wissenschaftlern ein positives Verhältnis zu den Veränderungen in der Durchführung und Organisation wissenschaftlich-technischer Arbeitsprozesse ergeben, das sich aber nicht so sehr auf die Vergesellschaftung an sich bezieht, sondern auf eine spezifische Form, in der sich die gesteigerten Potenzen in individuellen Privilegien niederschlagen. Deshalb wird sich eine daraus resultierende Interessenperspektive kaum mit den Interessen der Mehrheit der Lohnabhängigen verbinden lassen.

Es besteht aber noch eine dritte Möglichkeit der Auseinandersetzung mit der Vergesellschaftung der wissenschaftlich-technischen Forschungsarbeit, in der sich das Bewußtsein von den positiven Möglichkeiten, die in der Überwindung des traditionellen Einzelforschers angelegt sind, verbindet mit der Kritik an bestimmten Formen der Arbeitsteilung und Kooperation, an problematischen Folgen der Spezialisierung und vor allem an dem Mißverhältnis zwischen der Kollektivierung der Arbeitsprozesse und der Hierarchisierung von Entscheidungsstrukturen. Wenn das fachlich motivierte Interesse an der Selbstverwirklichung der eigenen Person und an der Durchsetzung einer wissenschaftlichen Rationalität mit dem Interesse des Lohnarbeiters an adäquaten Bedingungen der Anwendung und des Verkaufs der eigenen Arbeitskraft zusammenkommt, kann die naturwissenschaftlich-technische Intelligenz aus der Kritik an ihrer Arbeitssituation ein Interessenbewußtsein entwickeln, das sich mit dem anderer Lohnabhängiger verbinden läßt. Und die Triebkraft für diese Entwicklung ist stark, weil die negativ berührten Interessen zentral sind. Die Restriktionen, die der Wissenschaftler oder Ingenieur in seiner Eigenschaft als engagierter Fachmann erfährt, betreffen ihn zugleich in seiner Lebensperspektive als Lohnabhängiger. Fachliche Einschränkungen, enge Spezialisierungen, vorwiegende Beschäftigung mit Routineaufgaben etc. in der Gegenwart entwerten auf die Dauer seine Arbeitskraft und mindern ihre Verkäuflichkeit in der Zukunft. Die Triebkraft, die aus dieser Verbindung von fachlichem Interesse und ökonomischem Interesse entspringt, wird durch weitere Momente abgesichert. Besonders wichtig ist hier der bereits erwähnte objektive Umstand, daß der Fortgang und Erfolg innovativer Arbeitsprozesse wesentlich von einer Identifikation des Arbeitenden mit seiner Tätigkeit abhängt. Dies dürfte einer der wesentlichen Gründe dafür sein, daß dieses Moment im kollektiven Bewußtsein der Gruppe fest verankert ist und auch in den Ausbildungs- und Sozialisationsprozessen an der Hochschule immer wieder neu erzeugt wird. Große Bedeutung kommt ferner dem objektiven und bewußtseinsrelevanten Umstand zu, daß in der Forschung und Entwicklung der Arbeitende in ganz besonderem Maße Experte seines Gebiets und Kenner der Materie sein muß, was ihm die Kritik von fremdbestimmten Fehlentscheidungen, hemmenden organisatorischen Rahmenbedingungen etc. erleichtert.

Alle Verstöße gegen die skizzierten Interessen als egangierter Fachmann und als Lohnabhängiger sind ersichtlich nicht in der historisch rückschrittlichen Orientierung und auch nicht im Arrangement mit den bestehenden Formen der Vergesellschaftung auf der Ebene des Arbeitsvollzugs zu beheben. Ihre Aufhebung ist nur in einer Interessenperspektive denkbar, in der die speziellen Belange der Intelligenz mit den allgemeinen Interessen aller Lohnabhängigen verbunden sind.

3.4 Ergebnisverwendung

Die vierte Ebene, auf der die naturwissenschaftlich-technische Intelligenz die Vergesellschaftung der Forschung und Entwicklung im Kapitalismus erfährt, ist die Verwendung der erzielten Ergebnisse: Probleme etwa der Tresorforschung, der verspäteten ebenso wie der verfrühten Anwendung, die Nichtverwirklichung von technisch optimalen Problemlösungen haben hier ihren Ort. Auf dieser Erfahrungsebene verlieren die bislang so wichtigen Unterschiede zwischen den Institutionen des Wissenschaftssystems einen großen Teil ihrer Bedeutung. Bevor ein Ergebnis der Forschung und Entwicklung in der Lebenspraxis wirksam werden kann, muß es gewissermaßen eine Prüfung bestehen, bei der die immergleiche Frage gestellt wird: liegt seine Anwendung im einzelkapitalistischen Interesse? Diese Filterung erfaßt die Forschungs- und Entwicklungsergebnisse aus allen Institutionen des Wissenschaftssystems. Bezüglich der je eigenen Arbeitsergebnisse wird die Filterung für die wissenschaftlich-technische Intelligenz in den anwendungsbezogenen Bereichen natürlich direkter spürbar als für die Wissensproduzenten in der Grundlagenforschung. Des ungeachtet sind aber die Erfahrungen mit dem, was das kapitalistische Wissensfilter durchläßt bzw. zurückhält, für alle

Angehörigen der wissenschaftlich-technischen Intelligenz ähnlich.[41] Deshalb sind die Erfahrungen der Gruppe als Ganzer auf dieser Ebene einheitlicher als auf den bisher behandelten. Darüber hinaus sind die Erfahrungen besonders eindeutig, weil der Widerspruch zwischen dem Kapitalinteresse an Neuerungen und dem Interesse der lohnabhängigen Intelligenz und den anderen Lohnabhängigen äußerst kraß ist; er ist oft nicht nur durch fachlichen Sachverstand erkennbar, sondern auch durch den »gesunden Menschenverstand«.

Die restriktive Verwendung der Forschungs- und Entwicklungsergebnisse betrifft die wissenschaftlich-technische Intelligenz zunächst in ihrer eigenen Lebenswirklichkeit. Diese Betroffenheit hat verschiedene Aspekte, die im Extremfall alle gleichzeitig wirksam werden können. Als erstes ist die wissenschaftlich-technische Intelligenz durch den künstlich beschleunigten Verschleiß lebenswichtiger Produkte, durch technisch unzulängliche Erzeugnisse, durch den Raubbau an unersetzlichen Rohstoffen, durch die Umweltverschmutzung, durch gefährliche Technologien im Energiesektor genauso betroffen wie andere Gruppen. Allerdings ist die Intensität der Betroffenheit geringer, weil das in der Regel bessere Einkommen es erlaubt, einige der Belastungen leichter zu ertragen und anderen auszuweichen.

Zu der allgemeinen Betroffenheit als Gesellschaftsmitglied tritt eine spezifische Betroffenheit als Lohnabhängiger, die sowohl in der Arbeit als auch auf dem Arbeitsmarkt deutlich werden kann. Jede Zurückhaltung von Forschungs- und Entwicklungsergebnissen schmälert das zugängliche Wissen und beeinträchtigt den Arbeitsprozeß der Wissensproduzenten. Verzögerungen durch die Wiederholung von anderswo längst überwundenen Fehlern, das abermalige Beschreiten von anderswo bereits erkannten Irrwegen, die subjektive Unlösbarkeit von objektiv schon gelösten Problemen sind einige der Formen, in denen die Zurückhaltung von Kenntnissen im Arbeitsvollzug zu Nachteilen führt. Darüber hinaus mindert die Zurückhaltung oder die auf ein Unternehmen begrenzte Anwendung neuer Kenntnisse insofern auch die Verkäuflichkeit der Arbeitskraft, als die objektiv mögliche Breite der Anwendung nicht ausgeschöpft und so die Bandbreite von Arbeitsplatzalternativen verringert wird.

Die handgreifliche Betroffenheit der wissenschaftlich-technischen Intelligenz durch kapitalistische Restriktionen in der

Ergebnisverwendung trifft mit spezifischen Bewußtseinsmomenten zusammen, die die Bedeutung dieser Erfahrungsebene verstärken. Wahrnehmungsfähigkeit für Probleme ist Voraussetzung der Möglichkeit zur Bewußtwerdung von Problemen. Bezüglich der hier behandelten Fragen scheint sich die wissenschaftlich-technische Intelligenz aufgrund ihres Fachwissens in einer besseren Situation zu befinden als die Masse der anderen Lohnabhängigen. Gegenüber technisch unzulänglichen Konsumgütern oder Maschinen kann die Masse der Lohnabhängigen oft nur eine diffuse Kritik äußern, die sich bezüglich der Behebbarkeit des Kritisierten auf Vermutungen stützen muß; daraus resultiert Hilflosigkeit gegenüber Argumenten, die sich auf angebliche Sachzwänge und Wissenslücken beziehen. Die wissenschaftlich-technische Intelligenz ist demgegenüber aufgrund ihres Fachwissens in der Lage, die Behebbarkeit von Mängeln zu beweisen und wird vielfach sogar den genauen Weg der Problemlösung angeben können.[42] Diese Tendenz wird noch dadurch begünstigt, daß es für Wissensproduzenten geradezu berufsnotwendig ist, die Gültigkeit des Vorhandenen in Frage zu stellen und Probleme zunächst einmal für lösbar zu halten. Aus den genannten Gründen hat der naturwissenschaftlich-technische Sachverstand gewissermaßen eine gesellschaftskritische Potenz, die erschlossen werden kann. Dies ist insbesondere gegenüber dem gängigen Vorwurf zu betonen, daß Naturwissenschaftler und Techniker aufgrund der Eigenart ihrer Kenntnisse zum Fachidiotentum und zu technokratischer Denkweise neigen. Zu betonen ist allerdings auch die Vermutung, daß die Anstöße zur Aktivierung dieser kritischen Potenz wesentlich von außen kommen müssen, weil die Ausbildung und die Berufspraxis die Phantasie und Kreativität der wissenschaftlich-technischen Intelligenz eher auf fachlich relevante Probleme lenken als auf Fragen, die für das Leben der Bevölkerungsmehrheit wesentlich sind.[43]

Die Einheitlichkeit und die Eindeutigkeit der Erfahrungen mit der Verwendung von Forschungsergebnissen im Kapitalismus, die allgemeine Betroffenheit als Gesellschaftsmitglied und die spezielle Betroffenheit als Lohnabhängiger sowie die gesellschaftskritische Potenz des fachlichen Sachverstandes bilden ein bewußtseinsrelevantes Gemisch von Faktoren, das für die wissenschaftlich-technische Intelligenz typisch ist. In diese Konstellation fließen weitere Momente ein, die von vornherein als Teil des kollektiven Bewußtseins aufzufassen und deshalb breit wirksam sind.

Das weiter oben umrissene persönlich-positive Verhältnis der Wissensproduzenten zu ihrem Arbeitsprozeß gilt in ganz ähnlicher Weise auch für das Produkt. Die Eigenart geistiger Arbeit in der Forschung und Entwicklung gestattet der wissenschaftlich-technischen Intelligenz ein eigentümlich gespaltenes Verhältnis zu ihren Arbeitsergebnissen: aufgrund der Lohnabhängigkeit wird ihr das Produkt in gleicher Weise entfremdet wie anderen Lohnabhängigen auch; gleichzeitig und unbeschadet der Lohnabhängigkeit kann sie ihr Produkt jedoch im Prinzip als geistiges Eigentum behalten. Diese Aufspaltung des Produkts in zwei Existenzweisen, in einen Ast fremder Verfügung und einen Ast eigener Verfügung, existiert für andere Lohnabhängige nicht oder ist nicht wesentlich. Für das Bewußtsein ist dieser Sachverhalt zwiespältig. Auf der einen Seite kann die Verfügung über das Produkt auf dem intellektuellen Ast dazu führen, daß die fremde Verfügungsmacht über die Praxisrelevanz im Bewußtsein als unwichtig erscheint und die Lohnabhängigkeit gewissermaßen übersehen wird. Auf der anderen Seite kollidieren die bereits aufgewiesenen Restriktionen so stark mit der Eigenart geistigen Eigentums und gruppentypischen Wertvorstellungen, daß wesentliche Anstöße für die progressive Entfaltung des Bewußtseins vorhanden sind.

Geistiges Eigentum unterscheidet sich von ökonomischem Eigentum wesentlich dadurch, daß es erst als öffentlich Bekanntes und allgemein Nutzbares wirklich individuell sein kann – es realisiert sich erst mit der Beseitigung der konstitutiven Bedingung anderen Eigentums: der privaten Verfügungsmacht darüber. Erst das veröffentlichte Forschungsergebnis macht seinen Urheber in der Fachwelt bekannt und schreibt ihm seine Leistung als geistiges Eigentum auf Dauer, über seinen Tod hinaus, zu. Auf diese Eigenart des geistigen Eigentums beziehen sich zahlreiche Wertvorstellungen, die die wissenschaftlich-technische Intelligenz während ihrer Hochschulausbildung verinnerlicht. Dazu gehören etwa die fest verankerten Normen über die Öffentlichkeitspflicht für Forschungsergebnisse, über die Gepflogenheiten beim Zitieren fremder Werke, das Verschenken von eigenen Beiträgen an verdiente Vertreter des Faches in Festschriften, die Verewigung von Entdeckern und Erfindern in der Benennung von naturwissenschaftlichen Gesetzen und technischen Produkten. Aufgrund des Charakters von geistigem Eigentum, der Möglichkeit seines Fortbestandes auch in der Lohnabhängigkeit und der Verbindlichkeit der Gruppennormen kann angenommen werden, daß die wissenschaftlich-technische Intelligenz sehr empfindlich auf Eingriffe in ihr geistiges Eigentum reagiert. Gerade solche Eingriffe sind aber, wie bereits an verschiedenen Stellen angeklungen ist, prägende Merkmale des Kapitalismus in seinem heutigen Entwicklungsstadium.

Über die schon genannten Momente hinaus enthält die Arbeit in der Wissensproduktion die Möglichkeit weiterer Impulse für die Entfaltung des Bewußtseins der wissenschaftlich-technischen Intelligenz. Diese Impulse gehen vom spezifischen gesellschaftlichen Charakter der eigenen Arbeit aus und können in dem Maße stärker werden, wie jener deutlicher hervortritt. Als erstes ist festzustellen, daß die materiellen Voraussetzungen für den Lebensunterhalt der Wissensproduzenten nicht von ihnen selbst geschaffen werden, sondern von den Arbeitern in der Produktion. Sofern die wissenschaftlich-technische Intelligenz diesen grundlegenden Sachverhalt begriffen hat, kann hieraus eine Neigung entstehen, den gegenwärtig Gebenden in der Zukunft selbst zu geben und die eigene Arbeit an den Bedürfnissen der breiten Mehrheit der Bevölkerung auszurichten. Das Entstehen dieser Disposition wird durch die gesamtgesellschaftlich herrschende Norm begünstigt, daß für Leistungen Gegenleistungen zu erbringen sind. Zweitens muß der wissenschaftlich-technischen Intelligenz deutlich sein, daß auch die intellektuellen Voraussetzungen ihrer Arbeit nicht von ihr selbst geschaffen worden sind, sondern von früheren Generationen von Kopfarbeitern. Dieser Sachverhalt ist im tagtäglichen Arbeitsvollzug von Wissenschaftlern stets gegenwärtig und kann eine Disposition begünstigen, auch die eigenen Arbeitsergebnisse ohne jede Einschränkung verfügbar zu machen. Von der Präsenz dieses Sachverhalts im Bewußtsein der Intelligenz zeugt unter anderem die gern gebrauchte Formulierung, daß man mit der eigenen Arbeit auf den Schultern von Riesen stehe (»standing on the shoulders of giants«). Als drittes muß der wissenschaftlich-technischen Intelligenz aus mannigfaltigen Erfahrungen in der Arbeit klar sein, daß jedes gültige Forschungsergebnis beliebig oft gleichzeitig und beliebig oft nacheinander benutzt werden kann, ohne sich zu verbrauchen. Als

Nutznießer dieses Umstandes können gerade die Wissensproduzenten eine ausgeprägte Abneigung gegen alle Tendenzen entwickeln, die Anwendungsbreite von Forschungsergebnissen einzuschränken. Als viertes ist hervorzuheben, daß der traditionelle Anspruch der Wissenschaft, zur Emanzipation des Menschen von fremdgesetzten Zwängen nicht nur religiöser Art beizutragen, im Bewußtsein der wissenschaftlich-technischen Intelligenz tradiert ist und als verbreitete humanitäre Grundhaltung zum Ausdruck kommt.[44]

Alle angeführten Momente, die die Lage und das Bewußtsein der wissenschaftlich-technischen Intelligenz prägen, sind nicht von sich aus progressiv und vorwärtstreibend. Die Verbindung dieser Momente stellt lediglich eine gruppentypische kollektive Disposition dar, die erschlossen werden kann. Für diese Erschließung sprechen einige Faktoren, die gewissermaßen jenseits der wissenschaftlich-technischen Intelligenz wirken. Zunächst einmal verstößt die kapitalistische Alltagsrealität zunehmend gegen die im Bewußtsein der Wissensproduzenten vorherrschenden Normen und gegen das unmittelbare Interesse als Arbeitende, als Konsumenten, als Umweltbenutzer. Ferner verlieren die Integrationsmechanismen, die das Gesellschaftssystem für die wissenschaftlich-technische Intelligenz einsetzen kann, mehr und mehr von ihrer Wirksamkeit. Aufgrund des rein quantitativ steigenden Umfangs dieser Gruppe verliert jegliche Politik an Wirkungschance, die auf Gewährung von Privilegien der verschiedensten Art abzielt. Weiter sind die Arbeitsmarktrisiken und die Belastungen oder auch Überbelastungen dieser früher relativ gesicherten Gruppe so groß geworden, daß sie kaum noch verschleiert werden können. Schließlich könnte es sein, daß ein von Cooley beobachteter Trend an Bedeutung gewinnt. Seiner Erfahrung zufolge mehren sich die Angriffe auf die wissenschaftlich-technische Intelligenz, die sie als Urheber von schädlichen Neuerungen und von bewußten Minderungen des Gebrauchswerts von Gütern kritisieren.[45] In zugleich ernsthafter und korrekter Weise kann die wissenschaftlich-technische Intelligenz diesen Angriffen nur dadurch begegnen, daß sie die fremdbestimmte Verwendung ihrer Arbeitsergebnisse und die Möglichkeit einer allseits nutzbringenden Anwendung betont. Die Gewinnung und Anwendung dieses Arguments setzt allerdings voraus, daß die wissenschaftlich-technische Intelligenz sich als Objekt desselben ent-

fremdeten Zusammenhangs erkennt, dem auch die anderen Lohnabhängigen unterworfen sind. In der Entfremdung produziert die
lohnabhängige Intelligenz ja in der Tat die intellektuellen Vorlei-
stungen dafür, daß die anderen Lohnabhängigen die angeführten
Erfahrungen machen müssen. Pointiert ausgedrückt kann sich die
lohnabhängige Intelligenz der Kritik der anderen Lohnabhängigen nur dadurch entziehen, daß sie den wirklichen Adressaten der
Kritik erkennt und sich ihr anschließt.

Die Verwendung der Ergebnisse der Forschungs- und Entwicklungsarbeit berührt die naturwissenschaftlich-technische Intelligenz mehr auf der Ebene der Normen als auf der der existenziellen
Gefährdung, während diese existenzielle Gefährdung für die anderen Lohnabhängigen in den Vordergrund tritt. Allerdings kann
die normative Betroffenheit nur dadurch aufgehoben werden, daß
die existenzielle Betroffenheit anderer in den Horizont der eigenen
Interessen aufgenommen wird. Erst mit der Aufhebung der existenziellen Bedrohung kann die normative Betroffenheit ihrerseits
aufgehoben werden. Dies kann freilich nur gelingen, wenn die
gleichartige Verursachung unterschiedlicher Probleme erkannt
und in die Bereitschaft überführt wird, im Eintreten für die
Interessen anderer zugleich die langfristigen eigenen Interessen zu
vertreten. Das Gelingen dieses subjektiv äußerst schwierigen Prozesses hängt wesentlich davon ab, ob und inwieweit die Arbeiterbewegung der lohnabhängigen Intelligenz eine umfassende Lö-
sungsperspektive anbieten kann, ohne in Widerspruch zu den
außerordentlich festen Normen dieser Gruppe zu geraten.

4. Interessenperspektive und Ansätze
zur Überwindung der Distanz

Die zu Beginn dieses Beitrags vorgestellten vier Positionen, mit
denen die naturwissenschaftlich-technische Intelligenz in ein jeweils spezifisches Verhältnis zu den Lohnabhängigen gesetzt
wird, sollen zum Abschluß wieder aufgegriffen werden. Auf der
Grundlage der vorausgegangenen Ausführungen können gegen
jede der vier Positionen Einwände vorgebracht werden. Ebenso
kann der relative Realitätsgehalt der jeweiligen Bestimmung angegeben werden.

Gegen die erste Position, nach der die naturwissenschaftlich-technische Intelligenz in einem Interessengegensatz zu den Lohn-abhängigen steht, lassen sich vor allem drei Argumente vorbrin-gen. Die relativen Privilegien, durch die die Wissenschaftler und Ingenieure von der Mehrheit der Lohnabhängigen abgesetzt sind, sind in der Regel keine Zugeständnisse des Finanziers von Wissenschaft. Sie ergeben sich vielmehr aus dem Qualifikationsniveau der wissenschaftlich-technischen Intelligenz und aus dem innovatorischen Charakter der Forschungs- und Entwicklungsarbeit, der Rationalisierungsmaßnahmen und industrielle Disziplin erschwert. Eine begrenzte gesellschaftliche Funktionalisierung der wissenschaftlichen Forschung erschöpft noch nicht ihren allgemeinen Gebrauchswert, der weit darüber hinausgehen kann. So kann aus den möglichen negativen Folgen von Wissenschaft nicht auf sie selbst und ihre Träger geschlossen werden. Und schließlich ist die Auswirkung der Wissenschaft auf die Arbeits- und Lebensbedingungen des Menschen von der ökonomischen und politischen Verfügungsgewalt über die Anwendung der Forschungs- und Entwicklungsergebnisse abhängig, von der die Mehrheit der Naturwissenschaftler und Ingenieure ebenso wie die übrigen Lohnabhängigen ausgeschlossen ist. Deshalb ist auf einer prinzipiellen Ebene dem Wissenschaftler die negative Anwendung seiner Forschungsresultate ebensowenig anzulasten wie dem Industriearbeiter die spezifische Verwendung seiner Arbeitsergebnisse. Mit dieser Argumentation soll allerdings nicht pauschal die gesellschaftliche Verantwortung der naturwissenschaftlich-technischen Intelligenz geleugnet werden.

Nach der zweiten Lagebestimmung wird die naturwissenschaftlich-technische Intelligenz über eine umfassende Tendenz zur Proletarisierung zu einem integralen Bestandteil der Arbeiterklasse. An dieser Bestimmung ist zu kritisieren, daß die wichtigen Veränderungsprozesse, die sich im Zuge der zunehmenden Vergesellschaftung der Forschung und Entwicklung ergeben, überinterpretiert werden. Auch wenn sich in bestimmten Teilbereichen Angleichungstendenzen ergeben haben, bleiben dennoch auf der konkreten Erfahrungsebene wichtige Unterschiede zwischen den Wissenschaftlern und z. B. den Industriearbeitern bestehen. Die daraus resultierenden Probleme der Vermittlung von zunächst unterschiedlichen Interessenperspektiven werden in der dritten Position unterschätzt, nach der der naturwissenschaftlich-technischen Intelligenz eine Avantgarde-Funktion zukommen soll. In dem vierten Versuch, mit dem der naturwissenschaftlich-technischen Intelligenz als Teil einer neuen Mittelklasse eine Zwischen- und Mittelstellung zugewiesen wird, bleiben dagegen die Prozesse der Vergesellschaftung unberücksichtigt.

Die vier Charakterisierungen der sozialen Lage und des Interesses der naturwissenschaftlich-technischen Intelligenz erhalten dadurch eine relative Gültigkeit, daß mit ihnen die wichtigsten Punkte eines Kontinuums bezeichnet sind, innerhalb dessen sich die objektive Arbeits- und Berufssituation und das Bewußtsein dieser sozialen Gruppe bewegt. Konkrete Situationen und Bewußtseinsformen werden immer aus einem Gemisch dieser vier Bestimmungen bestehen, in dem allerdings dem einen oder anderen Moment eine dominierende Rolle zukommt. Auf der objektiven Ebene sind dabei das Ausmaß der Vergesellschaftung, die durch die jeweilige Institution gegebene gesellschaftliche Integration und die individuelle Positionshöhe entscheidend. Die von den betroffenen Wissenschaftlern und Ingenieuren vorgenommene Verarbeitung dieser Situation ist allerdings von zusätzlichen subjektiven Momenten abhängig, die aus der objektiven Lage nicht mehr abgeleitet werden können.

Je weniger die Vergesellschaftung der Forschung und Entwicklung auf den vier Erfahrungsebenen fortgeschritten ist, desto eher kann sich im Bewußtsein eine Zwischenposition erhalten, bei der die Absonderung der Wissenschaft von den Erfahrungen und Interessen der Lohnabhängigen nicht zur Problematisierung der eigenen Tätigkeit führt. Es ist zu vermuten, daß diese Zwischenstellung für bestimmte Bereiche der Hochschule und der hochschulfreien Forschung typisch ist. Je weiter aber die Vergesellschaftung fortgeschritten ist, desto schwerer ist die autonome Zwischenposition aufrechtzuerhalten und desto eher wird die naturwissenschaftlich-technische Intelligenz in die eine oder die andere der beiden alternativen Richtungen gedrängt. Der daraus resultierende Konflikt ist für den Bereich der Industrieforschung am deutlichsten ausgeprägt, was zu einer Polarisierung innerhalb der naturwissenschaftlich-technischen Intelligenz, aber auch innerhalb des einzelnen Wissenschaftlers oder Ingenieurs führen kann. Auf der einen Seite besteht die Möglichkeit der Identifikation mit den praktizierten Formen der Ausrichtung und Anwendung von Wissenschaft und Forschung, womit diese auf bloße Mittel der Verwertung des Kapitals reduziert werden. Auf der anderen Seite steht die Möglichkeit des Engagements für alternative Formen der Vergesellschaftung von Wissenschaft und Technik, die auf die Arbeits- und Interessenperspektive der Lohnabhängigen ausgerichtet ist.

Wenn die Vergesellschaftung der Forschung nicht nur über die Abhängigkeit von finanzkräftigen Interessen und über die Anwendung der Forschungsergebnisse deutlich wird, sondern auch beim Verkauf der Arbeitskraft und im Arbeitsprozeß konkret erfahrbar wird, dann kann sich das Bewußtsein von einer gemeinsamen Interessenperspektive mit anderen Gruppen von Lohnabhängigen entwickeln. Der Versuch einer verstärkten Einbeziehung der naturwissenschaftlich-technischen Intelligenz in die Arbeiterbewegung macht es zum einen notwendig, daß an diejenigen Interessen angeknüpft wird, die diese Gruppe aus einer sozialen Lage heraus entwickeln kann, die sich in allen wichtigen Momenten positiv von der der übrigen Lohnarbeiter absetzt. Anderenfalls hat eine solche Integration keine solide Basis. Zum anderen setzt sie voraus, daß die naturwissenschaftlich-technische Intelligenz die eigenen gruppenspezifisch formulierten Interessen verallgemeinert und in die Probleme der Arbeits- und Lebenssituation anderer Lohnabhängiger überträgt. Für einige der Interessen der lohnabhängigen Wissensproduzenten ist die Gleichartigkeit offensichtlich, wie z. B. für das Finden und die Sicherheit eines der Qualifikation angemessenen Arbeitsplatzes. Für andere Interessen muß gewissermaßen ihre berufsgruppenspezifische Formulierung abgestreift werden, um die Gleichartigkeit mit den Interessen anderer Lohnabhängiger zu erkennen: so kann etwa im gruppenspezifischen Interesse an freier fachlicher Kommunikation auf Tagungen und Kongressen das grundlegende gemeinsame Interesse sichtbar gemacht werden, die beruflichen Kenntnisse auf den neuesten Stand zu bringen und so die Verkäuflichkeit der Arbeitskraft zu verbessern. Bei weiteren Interessen muß eine regelrechte Übersetzungsarbeit geleistet werden, um die prinzipielle Gleichartigkeit von sehr unterschiedlich formulierten Interessen zu verstehen. Dieser besonders wichtige Punkt muß etwas ausführlicher dargelegt werden.

Im Bereich der Großforschung konnte empirisch aufgewiesen werden[46], daß die Wissensproduzenten außerordentlich starke Interessen an der Beteiligung an Entscheidungen über neue Forschungsprojekte haben. Dieses Interesse bezieht sich auf den

Betriebszweck der Forschungseinrichtung; in dieser Formulierung klärt sich erst seine Gleichheit mit dem Interesse anderer Lohnabhängiger an Entscheidungsbefugnissen über das Produktionsprogramm der jeweiligen Unternehmung. Ganz entsprechend verhält es sich mit dem ähnlich starken und verbreiteten Interesse der wissenschaftlich-technischen Intelligenz in der Großforschung, an Entscheidungen über die Auswahl von Gruppenleitern und Institutsleitern mitzuwirken. Hierin ist bei genauerer Betrachtung das Interesse anderer Lohnabhängiger zu erkennen, an der Bestimmung von Vorarbeitern, Meistern, Betriebs- und Unternehmensleitern beteiligt zu sein. Weiter ist im Interesse der Wissensproduzenten an freier Publikations- und Vortragstätigkeit das Interesse aller Lohnabhängigen zu erkennen, die Entfremdung des Produkts zu beseitigen. Und schließlich ist das Interesse an Beteiligung an wissenschaftspolitischen Entscheidungen im gesamtstaatlichen Rahmen nichts anderes als eine spezielle Formulierung des Anspruchs, globale Entscheidungen über die gesellschaftliche Produktion und Reproduktion an den Bedürfnissen der Arbeitenden auszurichten.

In der exemplarisch dargestellten Entschlüsselung des allgemeinen Gehalts der Interessen lohnabhängiger Wissensproduzenten zeigt sich, daß im Bewußtsein dieser Gruppe die Erfahrung einer nichtentfremdeten Arbeit bewahrt werden konnte. Ferner wird deutlich, wie groß die Distanz zwischen den Interessenausdrücken der beteiligten Gruppen und wie schwierig die Vermittlungsproblematik ist. Die aufgewiesenen Interessen der lohnabhängigen Wissensproduzenten gehen ja weit über die formulierten Interessen anderer Lohnabhängiger, über die traditionellen Schwerpunkte der Gewerkschaftspolitik und selbst über die qualitativen Erweiterungen hinaus, die sich in den letzten Jahren abzeichnen. Eine weitere Komplizierung ergibt sich dadurch, daß die sehr weitgehenden Interessenausdrücke der wissenschaftlich-technischen Intelligenz leicht auf reine Fachfragen beschränkt bleiben können, worin ihre Sprengkraft verpuffen könnte. Die Interessenausdrücke müßten also sowohl von ihrer fachlichen Enge als auch von den zu vermutenden Gruppenegoismen befreit werden, um progressiv vermittelbar zu werden.

Fortschritte in dieser Richtung erscheinen nur dann als wahrscheinlich, wenn die artikulierten Interessen der lohnabhängigen Intelligenz durch die Gewerkschaftsbewegung so aufgegriffen und vertreten werden, wie sie momentan sind. Entsprechendes gilt für Bewußtseinsmomente, die sich nicht unmittelbar auf harte gesellschaftliche Interessen beziehen. Nach einem durch politische Erfahrung abgesicherten Wort des italienischen Widerstandsdichters Silone hat das Bewußtsein so viele Abstufungen wie das Licht. Die Bedeutung dieses Gedankens für die Einbeziehung der wissenschaftlich-technischen Intelligenz sei hier nur mit zwei Punkten exemplarisch angedeutet. Die starke Betonung von fachlicher Selbständigkeit und Mitbestimmung entspringt nicht aus einem besonders weit entwickelten politischen Bewußtsein, dem die Arbeiterbewegung nachzueilen hätte. Es handelt sich vielmehr um ein sozusagen altertümliches Bewußtseinsmoment, das sich an real längst überholten Zuständen festmacht. Die Überführung dieses altertümlichen Moments in einen aktuellen und progressiven Realitätsbezug ist ein schwieriges Problem. Der zweite Punkt sei mit den Stichworten Berufsstolz, Expertenbewußtsein und Wissenschaftsorientierung umrissen. Eine Verkennung dieser Bewußtseinsmomente in der praktischen Gewerkschaftspolitik würde die bestehende Distanz vergrößern, was mit einem keinesfalls anekdotenhaften Vorkommnis verdeutlicht werden soll. Als ein Gewerkschaftsvertreter eine Ansprache in einer Kernforschungsanlage mit der Formulierung begann, er habe schon häufiger vor Belegschaften von Kernkraftwerken gesprochen, und sei also mit den Problemen vertraut, war sein Beitrag »gestorben«, bevor er überhaupt zum Thema gekommen war.

Die objektiven Möglichkeiten einer intensiveren Verbindung von Arbeiterbewegung und lohnabhängiger Intelligenz werden durch die Erfahrungen, die die Wissenschaftler und Ingenieure mit der Vergesellschaftung der Forschung und Entwicklung machen müssen, verbessert. Die selbst erfahrene Entfremdung der Wissenschaftler kann verstärkt Überlegungen anregen und für Überlegungen empfänglich machen, die zur Einsicht in die letzten ökonomischen Ursachen der Entfremdung aller Lohnarbeiter führen. Dieser Prozeß wird durch Situationen intensiviert, in denen gemeinsame Betroffenheiten deutlich oder auch nur Erfahrungen ausgetauscht und diskutiert werden. In solchen Situationen scheint es von zentraler Bedeutung zu sein, daß die lohnabhängige Intelligenz möglichst hautnah die Probleme kennenlernt, denen die anderen Lohnabhängigen durch die kapitalistische Anwendung ihrer Arbeitsergebnisse ausgesetzt sind. Auf diese Weise kann die Bereitschaft und auch die Qualifikation der wissenschaftlich-technischen Intelligenz entwickelt werden, zur Überwindung des entfremdeten Verhältnisses von Wissenschaft und Lebenspraxis beizutragen. Solche Ansätze einer Kooperation enthalten im Keim schon ein nicht entfremdetes Verhältnis und eine Ahnung vom möglichen wechselseitigen Nutzen einer selbstbestimmten Zusammenfassung der gemeinsam verfügbaren Qualifikationen. Über Ansätze, Ahnungen, verändertes Problembewußtsein etc. kann ein solcher Zusammenschluß gerade aufgrund der gesellschaftlichen Verhältnisse, die ihn erforderlich machen, momentan nur in Ausnahmesituationen hinausgelangen. Die Praxis solcher Ausnahmesituationen beweist, wie groß der gesellschaftliche Nutzen und auch die persönliche Befriedigung aus der Arbeit sind, die aus der Vereinigung der lohnabhängigen Intelligenz mit den anderen Lohnabhängigen entspringen.[47]

Anmerkungen

1 Diese exakte Eingrenzung gilt für den gesamten Beitrag, auch wenn im folgenden sprachlich handhabbarere Kurzformen benutzt werden wie z. B. Wissensproduzenten, lohnabhängige Intelligenz, innovative Arbeit.

2 Das Manuskript des Aufsatzes wurde im Sommer 1978 abgeschlossen. Er greift Fragen auf, vertieft und erweitert Probleme, die uns bereits früher beschäftigt haben. Vgl. M. v. Engelhardt/R.-W. Hoffmann, *Wissenschaftlich-technische Intelligenz im Forschungsgroßbetrieb. Eine empirische Untersuchung zu Arbeit, Beruf und Bewußtsein*. Frankfurt–Köln 1974.

3 Vgl. etwa A. Sohn-Rethel, Technische Intelligenz zwischen Kapitalismus und Sozialismus, in: R. Vahrenkamp (Hrsg.), *Technologie und Kapital*, Frankfurt/M. 1973, S. 11-38.

4 Diese These wird z. B. besonders hart vertreten von L. Wolfstetter, Unmittelbare Kooperation, Fabrikdisziplin und proletarische Revolution sind die gemeinsame und spezifische Entwicklungsperspektive der Arbeiterklasse, der Angestellten und der technisch-wissenschaftlichen Intelligenz, in: *Heidelberger Blätter,* Nr. 14/16, 1970, S. 8-61.

5 Vgl. S. Mallet, *Die neue Arbeiterklasse,* Neuwied–Berlin 1972; zur Darstellung und Kritik dieser Position vgl. F. Deppe et al. (Hrsg.), *Die neue Arbeiterklasse,* Frankfurt/M. 1970; zur weiterführenden Überprüfung dieser These vgl. auch H. Lange, *Wissenschaftlich-technische Intelligenz. Neue Bourgeoisie oder neue Arbeiterklasse?*, Köln 1972.

6 Zur Auseinandersetzung mit dem Konzept der Mittelschichten vgl. N. Beckenbach et al., Zur Klassenlage der technisch und wissenschaftlich qualifizierten
  Lohnarbeiter, in: K. Meschkat, O. Negt (Hrsg.), *Gesellschaftsstrukturen*, Frank-
  furt/M. 1973; N. Beckenbach et al., *Klassenlage und Bewußtseinsformen technisch-
  wissenschaftlicher Lohnarbeiter*, Frankfurt/M. 1973. Die von dieser Autorengruppe
  vorgenommenen sozio-ökonomischen Lagebestimmungen, die sich vor allem
  auf die ökonomischen Kategorien »produktive Arbeit«, »vermittelt produktive
  Arbeit« und »unproduktive Arbeit« stützen, scheinen uns nicht sehr fruchtbar zu
  sein. Die notwendige Auseinandersetzung mit diesem Versuch kann hier nicht
  geleistet werden.

7 Diese Aufzählung ist durch die Staatsanstalten (z. B. Bundesanstalt für Bodenfor-
  schung) zu ergänzen. Um diesen Beitrag überschaubar zu halten, wird auf diesen
  besonderen Typ der Forschungseinrichtung nicht eingegangen; vgl. *Empfehlungen des Wissenschaftsrates zum Ausbau der wissenschaftlichen Einrichtungen*, Teil III, Bd.
  1, Tübingen 1965, S. 36 ff.; W. Cartellieri, *Die Großforschung und der Staat*, Teil I,
  München 1967, S. 19 ff.

8 Für H.-J. Krahl, *Konstitution und Klassenkampf*, Frankfurt/M. 1971, S. 326, vereinigt die wissenschaftliche Intelligenz auf sich ». . . die Privilegien entfremdeter
  Arbeit, nämlich den gesellschaftlichen Reichtum des historisch erreichten Standes der gattungsgeschichtlichen Kulturentwicklung, also geistige Arbeit.«

9 Vgl. in diesem Zusammenhang A. Gorz, *Ökologie und Politik. Beiträge zur Wachs-
  tumskrise*, Reinbek bei Hamburg 1977.

10 Vgl. J. Habermas, *Technik und Wissenschaft als Ideologie*, Frankfurt 1968.

11 Für eine ausführliche Analyse dieser Besonderheiten vgl. M. v. Engelhardt/R.-W.
   Hoffmann, *Wissenschaftlich-technische Intelligenz . . .*, a.a.O., S. 29 ff.; ferner R.
   Rilling, *Theorie und Soziologie der Wissenschaft*, Frankfurt 1975, S. 51 ff.

12 Zum Herrschaftsaspekt der Trennung von Kopf und Hand wird Wesentliches
   ausgeführt bei A. Sohn-Rethel, *Geistige und körperliche Arbeit*, Frankfurt 1970, S.
   95 f.

13 M. Cooley, Design, technology and production for social needs. An initiative by
   the Lucas aerospace workers, in: *New Universities Quarterly*, Winter 1977, S. 38
   (Übersetzung von den Verf.). Der Korrektheit halber sei hinzugefügt, daß sich
   Cooley auf Zusammenkünfte mit Künstlern, Journalisten und Schriftstellern
   bezieht.

14 H.-D. Bahr, Die Klassenstruktur der Maschinerie – Anmerkungen zur Wert-
   form, in: R. Vahrenkamp (Hrsg.), *Technologie . . .*, a.a.O., S. 48.

15 Vgl. A. Gorz, Technische Intelligenz und kapitalistische Arbeitsteilung, in: R.
   Vahrenkamp (Hrsg.), *Technologie . . .*, a.a.O., S. 99.

16 In den *Erzählungen aus den tausendundein Nächten* (Insel Taschenbuchausgabe, Bd.
   1, S. 214) verläßt der Kalif Harûn er-Raschîd seinen Palast mit folgender Absicht:
   »Ich möchte hinuntergehen in die Stadt und die Leute des Volks befragen über
   die, so mit ihrer Leitung betraut sind; und jeden, über den sie klagen, wollen wir
   seines Amtes entsetzen, und wen sie loben, den wollen wir befördern.« Zitiert
   wurde aus dem Klagelied eines armen Fischers, das der Kalif als erstes hört.

17 Für eine historische Darstellung der Entwicklung der Hochschulinstitute vgl. W.
   Nitsch et al., *Hochschule in der Demokratie*, Berlin–Neuwied 1965.

18 Zur Diskussion der angemessenen Betriebsgröße von Hochschulinstituten vgl.
   H. P. Bahrdt, Moderne Forschungsorganisation – moderne Universität, in: ders.,
   Wissenschaftssoziologie – ad hoc, Düsseldorf 1971.

19 Zur Geschichte der Institute der Max-Planck-Gesellschaft vgl. G. Wendel, *Zur*

    gesellschaftlichen Stellung und Funktion der Kaiser Wilhelm-Gesellschaft zur Förderung der Wissenschaften e. V., Dissertation, Leipzig 1965; W. Cartellieri, *Die Großforschung und der Staat*, Teil I, a.a.O., S. 24 ff.; V. Jentsch et al., Ideologie und Funktion der Max Planck-Gesellschaft, in: *Blätter für deutsche und internationale Politik*, 17. Jg., H. 5/1972, S. 476-503.

20 Zum Einfluß der Vertreter von Wirtschaftsunternehmen in wissenschaftspolitischen Lenkungsorganen vgl. J. Hirsch, *Wissenschaftlich-technischer Fortschritt und politisches System*, Frankfurt/M. 1970, S. 226 ff.

21 Vgl. M. v. Engelhardt/R.-W. Hoffmann, *Wissenschaftlich-technische Intelligenz . . .*, a.a.O.

22 Vgl. A. v. Harnack, Vom Großbetrieb der Wissenschaft (1905), in: ders., *Aus Wissenschaft und Leben*, Bd. 1, Gießen 1911, S. 10 ff.; M. Weber, Wissenschaft als Beruf (1919), in: ders., *Gesammelte Aufsätze zur Wissenschaftslehre*, Tübingen 1951², S. 566 ff.; K. A. Wittfogel, *Die Wissenschaft der bürgerlichen Gesellschaft*, Berlin 1922, S. 16 ff.

23 Vgl. W. Kornhauser, *Scientists in Industry: Conflict and Accomodation*, Berkeley–Los Angeles 1962; S. Marcson, *The Scientist in American Industry*, Princeton 1960; T. S. Mc Leod, *Management of Research, Development and Design in Industry*, London ²1969. Zur sozialen Lage und zum Bewußtsein der wissenschaftlich-technischen Intelligenz in der deutschen Industrie vgl. K. Barck et al., *Implikationen des technischen Wandels im Urteil von Topmanagern, Wissenschaftlern und kaufmännischen Angestellten in der Industrie*, Göttingen 1972; N. Beckenbach et al., *Ingenieure und Techniker in der Industrie. Eine empirische Untersuchung über Bewußtsein und Interessenorientierung*, Frankfurt/M.–Köln 1975; J. Kurucz (Hrsg.), *Das Selbstverständnis von Naturwissenschaftlern in der Industrie. Ergebnisse einer Befragung promovierter Industriechemiker*, Weinheim 1972; J. Kurucz, *Industriephysiker und Industrieherren. Ergebnisse einer Befragung promovierter Industriephysiker*, 2. verb. Aufl., Saarbrücken 1976.

24 Eine gute Darstellung für die unterschiedliche Möglichkeit einer Planung und Kontrolle der Arbeitsabläufe in den Abteilungen der Forschung, Entwicklung und Konstruktion findet sich bei T. S. Mc Leod, *Management of Research, Development and Design in Industry*, a.a.O.

25 Vgl. etwa W. Kornhauser, *Scientists in Industry: Conflict and Accomodation*, a.a.O., S. 67 f.; E. Mansfield, *The Economics of Technological Change*, New York 1968, S. 63 ff.

26 Unser folgender Versuch, die Unterschiede zwischen den Institutionen des Wissenschaftssystems noch weiter auf die Stufe konkreter Erfahrungsebenen herunterzuverfolgen, stößt auf Schwierigkeiten mit dem Material (quantitativ und qualitativ). Viele Probleme, zu denen vergleichende Untersuchungen erforderlich wären, müssen wir mit Plausibilitätserwägungen und Hypothesen angehen.

27 Vgl. R.-W. Hoffmann, Das Arrangement mit dem Qualitätsverlust. Die fortschreitende Verschlechterung der Arbeitsbedingungen an den Hochschulen gefährdet Forschung und Lehre, in: *Erziehung und Wissenschaft*, H. 9/1978, S. 18-20.

28 Vgl. *Der Spiegel*, Nr. 45/1971.

29 Vgl. *Der Spiegel*, Nr. 12/1976.

30 Zur ambivalenten Beurteilung der Bindung der Forschungs- und Entwicklungsaktivitäten an die Prinzipien der Ökonomie des Kapitals durch Naturwissenschaftler und Ingenieure in der Industrie vgl. K. Barck et al., *Implikationen . . .*, a.a.O., S. 17 ff., S. 113 ff.

31 Vgl. etwa W. Kornhauser, *Scientists . . .*, a.a.O., S. 65 ff.

32 Vgl. ebenda, S. 143 ff.; S. Marcson, *The Scientist . . .*, a.a.O., S. 38 ff.

33 Diese verschleiernde begriffliche Alternative beherrscht einen großen Teil der einschlägigen amerikanischen Forschungen, auch die in Anmerkung 31 und 32 angeführten Werke. Die »collective needs orientation«, die zur Überwindung dieser aufgezwungenen Alternative vorgeschlagen worden ist (vgl. v. Engelhardt/Hoffmann, *Wissenschaftlich-technische Intelligenz* . . ., a.a.O., S. 453), deckt sich weitgehend mit den Überlegungen von Cooley, *Design, technology and production for social needs,* a. a. O.

34 Vgl. R.-W. Hoffmann, *Das Arrangement* . . ., a.a.O.

35 Den Verf. liegen zahlreiche Arbeitsverträge mit meist namhaften Großunternehmen vor; sie werden zu gegebener Zeit genauer ausgewertet werden.

36 Vgl. etwa die schwer zu interpretierenden Einschätzungen zur Arbeitsplatzsicherheit bei N. Beckenbach et al., *Ingenieure* . . ., a.a.O., S. 185 ff. und bei K. Barck et al., *Implikationen* . . ., a.a.O., S. 24 ff.

37 Zu dieser Zwiespältigkeit vgl. etwa v. Engelhardt/Hoffmann, *Wissenschaftlich-technische Intelligenz* . . ., a.a.O., S. 201 ff. und speziell die Tabellen auf S. 211 f.

38 In Übertragung der Begriffe »discipline oriented« und »mission oriented« bei A. M. Weinberg, *Reflections on Big Science,* Cambridge/Mass.–London 1967, S. 123.

39 Zu einer ausführlichen Darstellung der Arbeitssituation und des Bewußtseins der naturwissenschaftlich-technischen Intelligenz in der Großforschung vgl. M. v. Engelhardt, R.-W. Hoffmann, *Wissenschaftlich-technische Intelligenz im Forschungsgroßbetrieb,* a.a.O.

40 Vgl. in diesem Zusammenhang W. Kornhauser, *Scientists in Industry: Conflict and Accomodation,* a.a.O., S. 35 ff.; N. Becker, Zur Organisation geistiger Arbeit im kapitalistischen Produktionsprozeß, in: *Politikon,* Nr. 36/37/1971, S. 10-21 u. S. 12-16.

41 Daß das einzelkapitalistische Interesse gleichsam das Nadelöhr für die Praxisrelevanz des gesamten neu geschaffenen Wissens bildet, wird an einem Beispiel deutlicher. Der Biologischen Bundesanstalt für Land- und Forstwirtschaft (BBA) ist in ihrem Institut für biologische Schädlingsbekämpfung die Entwicklung eines neuen, produktionsreifen Viruspräparats mit hoher Umweltfreundlichkeit gelungen, für das sich dem Institutsleiter zufolge kein industrieller Hersteller findet. Vgl. B.-I. Loff, Biologische »Waffen« statt Chemikalien, in: *Frankfurter Rundschau* vom 16. 9. 1978, S. 13.

42 Das wird sehr deutlich in dem interessanten Buch von J. Linser, *Unser Auto – eine geplante Fehlkonstruktion,* Frankfurt 1977.

43 Ohne eine Verallgemeinerbarkeit behaupten zu wollen, ist ein Vorgang aus den Arbeitskonflikten bei Lucas Aerospace hier von hohem Interesse. Auf der Suche nach gesellschaftlich nützlichen Produkten, die mit den vorhandenen Arbeitern und Arbeitsmitteln gefertigt werden können, wurden 180 Personen und Institutionen mit der Bitte angeschrieben, konkrete Vorschläge zu machen. Während aus diesem großen und einschlägig ausgewiesenen Kreis ganze vier Vorschläge eintrafen, gingen aus der innerbetrieblichen Kooperation von Kopf und Hand in kurzer Zeit große Mengen von wichtigen Ideen ein, die in sechs Bänden mit jeweils 200 Seiten niedergelegt wurden. Vgl. M. Cooley, *Design,* . . ., a.a.O., S. 39 ff.; ersatzweise die darauf gestützten Partien des Beitrags von R.-W. Hoffmann im vorliegenden Band.

44 Vgl. M. v. Engelhardt/R.-W. Hoffmann, *Wissenschaftlich-technische Intelligenz* . . ., a.a.O., insbesondere Kapitel 8.

45 Vgl. M. Cooley, *Design,* . . ., a.a.O., S. 38.

46 Vgl. auch zum folgenden M. v. Engelhardt/R.-W. Hoffmann, *Wissenschaftlich-technische Intelligenz* . . ., a.a.O., insbesondere Abschnitt 4.3 und Kapitel 7.

47 M. Cooley, *Design*, . . ., a.a.O., S. 42 teilt einen eindrucksvollen und bewegenden Fall mit. Nach dem erschütternden Erlebnis eines Zentrums für schwer gelähmte Kinder begannen Belegschaftsmitglieder mit der Entwicklung eines speziellen Wägelchens (»Hobcart«), mit dessen Hilfe die Kinder aus ihrer buchstäblich kriechenden Lebensweise herauskommen konnten. Cooley beschreibt sehr eindrucksvoll die Freude des Designers über die Freude der Kinder, die Befriedigung aus der Arbeit an einem sozialen Problem, aus dem Kontakt mit dem Nutznießer der Problemlösung und aus der fachübergreifenden Zusammenarbeit. ». . . es ist nicht wahr, daß Weltraumtechniker nur an schwierigen und esoterischen technischen Problemen interessiert sind. Es kann erheblich bereichernder für sie sein, wenn sie ihre Technologie auf wirkliche menschliche und soziale Probleme beziehen können.« (Ebenda, Übersetzung von den Verf.)

Hans Blumenberg
Die Genesis der kopernikanischen Welt

804 Seiten

Ein Jahrzehnt Astronautik hat eine ›vorkopernikanische‹ Überraschung gebracht: die Erde ist eine kosmische Ausnahme. Das Universum scheint voller Wüsten zu sein. Die photographische Fernaufklärung im Planetensystem hat nichts als narbige Kraterwelten, stickige Gluthöllen, alle Arten von ausgeklügelten Lebenswidrigkeiten enthüllt. Inmitten dieser enttäuschenden Himmelswelt ist die Erde nicht nur ›auch ein Stern‹, sondern der einzige, der diesen Namen zu verdienen scheint.

Es ist die irritierende Umkehrung von Erwartungen der Aufklärung. Sie glaubte sich in einem Universum bewohnbarer Welten und vernünftiger Wesen. Es entsprach der kopernikanischen Konsequenz, daß die irdischen Bedingungen der Vernunft keine bevorzugten, eher provinzielle sein konnten. Der Rückstand gegenüber dem kosmischen Standard sollte durch Fortschritt aufgehoben, die Mitgliedschaft in der sternenweiten Kommunität durch Würdigkeit erworben werden. Die Vernunft durfte nicht einsam, nicht den faktischen Bedingungen ihrer irdischen Geschichte ausgeliefert sein.

Es schien, als könne niemals eine Erfahrung diesen Mythos der kosmischen Intersubjektivität zerstören. Aber es ist ein adäquater Schritt des Kopernikanismus als des großen Überwinders menschheitlicher Selbsttäuschungen, seine eigenen frühen Illusionen mit den Mitteln zu überwinden, die er in eine Welt gebracht hat, deren Homogenität und Durchquerbarkeit in seiner Konsequenz lag. Auch nüchterne Köpfe, die von der Rückseite des Mondes nicht viel Neues erwartet hatten, empfanden noch die Enttäuschung alter Erwartungen, als die automatischen Kundschafter aus dem Weltall nicht einmal ein wenig Grün, keine Anzeichen von niedrigstem Leben auf den bewunderten Sternen der Kindheit zu vermuten übrigließen.

Immer wieder in den Jahrhunderten nach Kopernikus entdeckte man, nach der Formel des Astronomen Lambert, daß man ›noch lange nicht genug kopernikanisch‹ geworden sei. Die kopernikanische Welt ist eine unvollendete: immer wieder sieht es so aus, als könne die Stellung des Menschen im Universum nun nicht exzentrischer mehr gedacht werden. Immer wieder ist es ihre Illusion, bei der Zerstörung der letzten ihrer Illusionen angekommen zu sein. Immer noch wissen wir nicht bis zur Neige, was das Wort Goethes in seinem letzten Lebensjahr zum Kanzler Müller bedeutete, dieses sei »die größte, erhabenste, folgenreichste Entdeckung, die je der Mensch gemacht hat; in meinen Augen wichtiger als die ganze Bibel«.

Eine »Genesis der kopernikanischen Welt« kann kein isoliertes Stück Wissenschaftsgeschichte sein. Sie nimmt ein wissenschaftliches als ein anthropologisches Ereignis. Sie muß davon sprechen, wie ein peripheres Bewußtsein sich selbst auf die Spur dessen kommt, dies zu sein. Das ist die Zweideutigkeit des Himmels: er vernichtet unsere Wichtigkeit durch seine Größe, aber er zwingt uns auch durch seine Leere, nicht anderes wichtiger zu nehmen als uns selbst. Die Paradoxie einerseits jener Vernichtung, von der Kant gesprochen hat, und andererseits dieses Selbstbewußtseins, von dem er gleichfalls gesprochen hat, spannt die kopernikanische Welt zum Zerreißen an. Kann im Konvergenzpunkt ihrer Prozesse eine neue Eindeutigkeit stehen? Der bestürzende Verdacht, daß alles nur Wüste sei mit der einzigen Ausnahme dieser tellurischen Oase, könnte alle Intentionen auf die Erde verweisen als auf das Zentrum aller möglichen Vernunftinteressen, das selbst die Fluchtlinien der Astronautik zu sich zurückzwingt und sie zur Episode der Menschheitsgeschichte macht.

Der Betrachter des Himmels ist gepackt von der Unwahrscheinlichkeit seiner eigenen Daseinsbedingungen, ausgenommen zu sein von den Schrecknissen der kosmischen Strahlungen und Teilchenschauer.

In der Genesis der kopernikanischen Welt ist dem Menschen keine neue ›Stellung im Kosmos‹ definiert worden; aber sie wäre in ihm dringend, eine solche zu definieren.

Die »Frankfurter Rundschau« schrieb zu diesem Werk u. a.: »Die kopernikanische Welt scheint geplatzt. In der paradoxen, ptolemäischen Konsequenz der kopernikanischen Kosmologie, die die Erde zum Stern unter Sternen machte, bekommt die Erde eine neue Sonderstellung. ›Die kosmische Oase, auf der der Mensch lebt, dieses Wunder von Ausnahme, der blaue Eigenplanet inmitten der enttäuschenden Himmelswüste, ist nicht mehr ›auch ein Stern‹, sondern der einzige, der diesen Namen zu verdienen scheint‹ (S. 793). Das ist Blumenbergs Resultat aus Kopernikanismus und seiner letzten Folgeerscheinung, der Astronautik.

Das Buch von der Genesis der kopernikanischen Welt zeigt
auch ihr Ende an. Blumenbergs Kadenz der Frage nach
dem Verhältnis von Mensch und Kosmos scheint voltairisch:
›Il faut cultiver notre jardin.‹ Aber in einer solch brill-
lanten Weise auf die Sonderstellung des Menschen in der
Welt, die unter Verzicht auf seine alte, kosmologisch defi-
nierte Würde neu begründet werden muß, hingewiesen zu
haben, ist ein wissenschaftsgeschichtliches Ereignis.«

Hans Blumenberg
Die Legitimität der Neuzeit

Erweiterte Neuausgabe. Drei Bände in Kassette.
Band 1: Säkularisierung und Selbstbehauptung,
stw 79.
Band 2: Der Prozeß der theoretischen Neugierde,
stw 24.
Band 3: Aspekte der Epochenschwelle, stw 174

Die Bände dieser Kassette versammeln Blumenbergs Arbeiten zur Herkunft und Konstitution des Zeitalters, das
sich zur ›Neuzeit‹ erklärte. Die in den Jahren 1973–76
zunächst getrennt wieder vorgelegten Teile der 1966 er-
schienenen »Legitimität der Neuzeit« sind in dieser durch-
gehend erneuerten und erweiterten Ausgabe zusammengefaßt. Sie dokumentiert damit zugleich den Stand des in
einem Jahrzehnt unter Widerspruch und Zustimmung weiter vorangetriebenen Versuchs zu einer phänomenologischen
Historik, die erfassen will, in welchen Prozeßformen und
-intensitäten, in welchen Grundmustern von Rationalität
Geschichte sich formiert.
Unter der übergreifenden Fragestellung nach der ›Legitimität‹ analysieren die einzelnen Teile in sich geschlossene
Themenkomplexe zur Konstitution der Neuzeit anhand
einer Kritik des Grundbegriffs der ›Säkularisierung‹, mit
dem sich das Selbstverständnis der Moderne sowohl frei-
setzen als auch seiner rückwärtigen Bindungen versichern
wollte, wird nach den Bedingungen für die Herauslösung
einer Epoche aus ihren Vorgegebenheiten gefragt. Es ist,
für das Verhältnis von Mittelalter und Neuzeit, der Prozeß der humanen Selbstbehauptung gegen einen theolo-
gischen Absolutismus *(»Säkularisierung und Selbstbehaup-*
tung«). In diesen Vorgang gibt einen detaillierten Einblick

die Darstellung des Wertungswandels der theoretisch-wissenschaftlichen Neugierde. Der Rahmen ist dabei weit gespannt, von der Antike bis zur Psychoanalyse, von Sokrates bis zu Feuerbach und Freud (*»Der Prozeß der theoretischen Neugierde«*). Der letzte Teil verschärft noch einmal den Zugriff auf die Logik des Epochenwandels durch die Wahl des Doppelaspekts der Systeme von Welt- und Menschenansicht des Nikolaus von Cues und des Giordano Bruno: die Sorge um das Vergehende und der Triumph über das Anbrechende entfalten ihre elementare Differenz auf dem Boden der noch gemeinsamen metaphysischen Großfragen (*»Aspekte der Epochenschwelle«*). Das Ganze des Werks sucht die sich formierende Neuzeit aus den Antrieben zu erfassen, die aus dem Zusammenbruch des Mittelalters herkamen und zu einem seinen Erwartungen strikt entgegengesetzten Konzept führten. Das obligate Thema des Gesamtwerks ist das Verhältnis von Vernunft und Geschichte. Nachdem die europäische Aufklärung wiederholt überrascht und betroffen vor dem Scheitern ihrer vermeintlich letzten Anstrengungen gestanden hat, muß sie sich statt der Zuflucht in sanfte und unsanfte Romantizismen die Analyse ihrer offenen und heimlichen Voraussetzungen, also Aufklärung über die Aufklärung, verschaffen. Seit Kant wissen wir – um es immer wieder zu vergessen –, daß die Kritik der Vernunft nicht nur eine *durch* Vernunft, sondern auch eine *an* der Vernunft ist und bleiben wird.

Joseph Needham
Wissenschaftlicher Universalismus

*Über Bedeutung und Besonderheit der chinesischen
Wissenschaft*
Herausgegeben, eingeleitet und übersetzt
von Tilman Spengler
stw 264. 416 Seiten

Die in diesem Band vereinigten Arbeiten Joseph Needhams
stehen in enger thematischer Beziehung zu seinem Haupt-
werk *Science and Civilization in China,* der ersten maßgeblichen Gesamtdarstellung des chinesischen Beitrags zur
Universalgeschichte von Wissenschaft und Technik. Needham begreift das Zustandekommen der neuzeitlichen Wissenschaft als einen universalen Vorgang, zu dessen Entstehen Beiträge aus vielen Zivilisationen zusammenkommen
mußten, der aber erst durch die Entdeckungen und sozio-
kulturellen Neuausrichtungen im Europa der Renaissance
die für ihn bestimmende Dynamik erhielt. »Wissenschaftlicher Universalismus« als konkretes Forschungsprogramm
zielt demnach ebenso auf die Beschreibung einzelner Komponenten wie auf eine Kennzeichnung des Milieus, innerhalb dessen eine Kombination der Einzelteile das Unternehmen »moderne Wissenschaft« in Gang setzte.
Wenn der Durchbruch zur modernen Wissenschaft allein in
Europa gelang, in anderen Kulturen dazu aber die kognitiven Voraussetzungen genauso vorhanden waren, dann
müssen, folgert Needham, sozio-kulturelle Unterschiede die
entscheidenden Hemm- bzw. Beschleunigungsfaktoren bezeichnen.
Der Aufsatz »Wissenschaft und Gesellschaft in Ost und
West« geht auf einige dieser Unterschiede ein. »Die Einheit der Wissenschaft, Asiens unentbehrlicher Beitrag«, der
zweite Aufsatz der Auswahl, liefert eine faktische Erhär-
tung der These von der Universalität des Vorgangs, an
dessen Ende die neuzeitliche Wissenschaft stand. Daß es
sich bei diesen Beiträgen um mehr als nur die ständig zitierten Beispiele des Schießpulvers, der Druckkunst und
des magnetischen Kompasses handelt, wird dabei ebenso
deutlich wie die zentrale Rolle des arabischen Kultur-
raums für die Übermittlung der Erfindungen und Erkenntnisse. »Der chinesische Beitrag zu Wissenschaft und Technik« greift das Thema aus chinesischer Perspektive auf.

Needham beschränkt sich hier nicht auf die Aufzählung vieler Einzelfälle, er schildert auch die chinesische Einstellung zu Fragen der sozialen Verfügbarkeit von Wissenschaft und Technik.

Als Beispiele für Needhams Geschick, Problemzusammenhänge global und gleichzeitig detailgetreu in den Griff zu bekommen, dienen die Aufsätze »Der Zeitbegriff im Orient« und »Das fehlende Glied in der Entwicklung des Uhrenbaus: ein chinesischer Beitrag«.

Zunächst räumt Needham mit dem vulgär-philosophischen Klischee des »zeitlosen Orients« auf und zeigt sehr genau, wie konkret sich die Chinesen der Realität zeitlicher Abläufe in der Geschichte bewußt waren. Und zum Nachweis, daß sich derlei Gedanken nicht nur auf den mageren Weiden der Spekulation bewegten, zeigt Needham in seiner Geschichte des chinesischen Uhrenbaus gleichsam das handwerkliche Komplement: mehr noch, die Unruh, die zentrale Vorrichtung der mechanischen Zeitmessung, ist eine chinesische Erfindung.

Die traditionelle chinesische Medizin steht seit einigen Jahren im Brennpunkt nicht nur medizin-historischen Interesses. Das rührt zum einen aus sozio-politischen Begleitumständen ihrer Wiedergeburt im sozialistischen China her, zum anderen aus dem erklärten Unvermögen westlicher Mediziner, gewisse therapeutische Effekte dieser Medizin in den Begriffen ihrer eigenen Deutungssysteme nachzuvollziehen. In »Medizin und chinesische Kultur« klärt Needham zunächst die Entstehungs- und Entwicklungsbedingungen der traditionellen Medizin Chinas, die wie keine andere wissenschaftliche Disziplin von der sie umlagernden Kultur geprägt wurde, und schlägt dann einige Interpretationen zu ihrer Wirkungsweise vor.

Wolf Lepenies
Das Ende der Naturgeschichte

Wandel kultureller Selbstverständlichkeiten in den
Wissenschaften des 18. und 19. Jahrhunderts
stw 227. 288 Seiten

Thema des Buches von Wolf Lepenies ist der Übergang
vom naturhistorischen zum entwicklungsgeschichtlichen Denken: an der Wende zum 19. Jahrhundert gelangen die
Wissenschaften unter einen Erfahrungsdruck, der zur Aufgabe der alten, räumlich orientierten Klassifikationsver-
fahren führt und jene Phase der Verzeitlichung ankündigt,
die mit der Darwinschen Evolutionstheorie ihren Höhepunkt erreicht. Das entwicklungsgeschichtliche Denken setzt
sich dabei in den einzelnen Disziplinen in unterschiedlicher
Weise durch – doch zeigen sich genügend Ähnlichkeiten in
Botanik und Zoologie, Medizin, Chemie und Geologie,
Astronomie, Rechts- und Kunstgeschichte, um der Epoche
von 1775 bis 1825 ein unverwechselbares Gepräge zu
geben. Die »Emanzipation« von der Naturgeschichte gelingt aber nur unvollkommen, insbesondere in der Historie
selbst lassen sich von Michelet bis Jakob Burckhardt Spuren
naturgeschichtlichen Denkens ausmachen, die mehr sind als
bloß Überreste. Es gehört zu den Eigentümlichkeiten ihres
Nachruhms, daß die so geschmähte Naturgeschichte in der
Literatur überlebt. Der Entwicklungsgang der Naturgeschichte kehrt sich von Balzac bis Proust um: gegenüber
der Menagerie der *Comédie humaine* erscheint Prousts Ro-
manwerk als Herbarium. Kennzeichnend ist auch der Be-
deutungswechsel, den der Normalitätsbegriff vom 18. zum
19. Jahrhundert durchmacht, sowie die Veralltäglichung des
Außerordentlichen. Während im 18. Jahrhundert das Wun-
derbare und das Außerordentliche Bestandteil des Wissen-
schaftsprozesses selbst sind, ist die moderne Wissenschaft
durch sensationsfreies Alltagshandeln gekennzeichnet.

Edgar Zilsel
Die sozialen Ursprünge der neuzeitlichen
Wissenschaft

Herausgegeben und übersetzt von Wolfgang Krohn
Mit einer biobibliographischen Notiz
von Jörn Behrmann
stw 152. 288 Seiten

Edgar Zilsel (1891–1944) hat in Wien Mathematik, Physik und Philosophie studiert. Mit Otto Neurath gehörte er zum linken Flügel des Wiener Kreises. Einer Universitätskarriere zog er die Arbeit an der Wiener Volkshochschule vor. 1934 Haft. 1938 Ausreise nach England, 1939 in die USA. Dort dank eines Stipendiums Forschungsarbeiten; lehrte zunächst am Hunter College der City University of New York, dann am Mills College in Oakland.

Jörn Behrmann und Wolfgang Krohn sind Mitarbeiter des Max-Planck-Institutes zur Erforschung der Lebensbedingungen der wissenschaftlich-technischen Welt in Starnberg.

Edgar Zilsel hat im amerikanischen Exil eine zusammenhängende Studie über die Entstehung der Naturwissenschaften begonnen, deren Ergebnisse (wegen seines Todes im Jahre 1944) nur fragmentiert als Aufsatzveröffentlichungen vorliegen. Diese Aufsätze folgen aber einer inneren Systematik, die ihre gemeinsame Veröffentlichung nahelegt.

Die allgemeine These Zilsels: zwischen 1 300 und 600 existieren drei Schichten von Intellektuellen, die institutionell und ideologisch voneinander getrennt waren: die Gelehrten, die literarischen Humanisten und die Künstler-Ingenieure. Während die letzte Gruppe Experiment, Sektion und das wissenschaftlich-technische Instrumentarium entwickelt, bleiben die sozialen Vorurteile der Gelehrten und Humanisten gegen Handarbeit und experimentelle Verfahren in der Wissenschaft bis ins 16. Jahrhundert stabil. Erst mit der Generation Bacon, Galilei, Gilbert wird das kausale Denken der plebejischen Künstler-Ingenieure mit dem theoretischen Denken der Naturphilosophie verknüpft.

Das Vorwort des Herausgebers rekonstruiert den theoretischen Zusammenhang der Aufsätze und geht auf die empirischen und begrifflichen Probleme ein, die sich einer Soziologie der Wissenschaftsgeschichte in der heutigen Forschung stellen.

Adorno, Ästhetische Theorie 2
– Drei Studien zu Hegel 110
– Einleitung in die Musiksoziologie 142
– Kierkegaard 7
– Negative Dialektik 113
– Philosophie der neuen Musik 239
– Philosophische Terminologie Bd. 1 23
– Philosophische Terminologie Bd. 2 50
– Prismen 178
Apel, Der Denkweg von Charles S. Peirce 141
– Transformation der Philosophie, Bd. 1 164
– Transformation der Philosophie, Bd. 2 165
Arnaszus, Spieltheorie und Nutzenbegriff 51
Ashby, Einführung in die Kybernetik 34
Avineri, Hegels Theorie des modernen Staates 146
Bachofen, Das Mutterrecht 135
Materialien zu Bachofens ›Das Mutterrecht‹ 136
Barth, Wahrheit und Ideologie 68
Becker, Grundlagen der Mathematik 114
Benjamin, Charles Baudelaire 47
– Der Begriff der Kunstkritik 4
– Trauerspiel 225
Materialien zu Benjamins Thesen ›Über den Begriff der Geschichte‹ 121
Bernfeld, Sisyphos 37
Bilz, Studien über Angst und Schmerz 44
– Wie frei ist der Mensch? 17
Bloch, Das Prinzip Hoffnung 3
– Geist der Utopie 35
– Naturrecht 250
– Philosophie d. Renaissance 252
– Subjekt/Objekt 251
– Tübinger Einleitung 253
Materialien zu Bloch, ›Prinzip Hoffnung‹ 111
Blumenberg, Aspekte der Epochenschwelle: Cusaner und Nolaner 174
– Der Prozeß der theoretischen Neugierde 24
– Säkularisierung und Selbstbehauptung 79
Bökenförde, Staat, Gesellschaft, Freiheit 163
Böhme/van den Daele/Krohn, Experimentelle Philosophie 205
Bourdieu, Zur Soziologie der symbolischen Formen 107
Broué/Témime, Revolution und Krieg in Spanien. 2 Bde. 118
Bucharin/Deborin, Kontroversen 64
Canguilhem, Wissenschaftsgeschichte 286
Childe, Soziale Evolution 115
Chomsky, Aspekte der Syntax-Theorie 42
– Reflexionen über die Sprache 185
– Sprache und Geist 19
Cicourel, Methode und Messung in der Soziologie 99
Claessens, Kapitalismus als Kultur 275
Condorcet, Entwurf einer historischen Darstellung der Fortschritte des menschlichen Geistes 175
Cremerius, Psychosomat. Medizin 255
Deborin/Bucharin, Kontroversen 64
Deleuze/Guattari, Anti-Ödipus 224
Denninger, Freiheitliche demokratische Grundordnung. 2 Bde. 150
Denninger/Lüderssen, Polizei und Strafprozeß 228
Derrida, Die Schrift und die Differenz 177
Dubiel, Wissenschaftsorganisation 258
Durkheim, Soziologie und Philosophie 176
Eco, Das offene Kunstwerk 222
Einführung in den Strukturalismus 10
Eliade, Schamanismus 126

Elias, Über den Prozeß der Zivilisation, Bd. 1 158
– Über den Prozeß der Zivilisation, Bd. 2 159
Materialien zu Elias' Zivilisationstheorie 233
Erikson, Der junge Mann Luther 117
– Dimensionen einer neuen Identität 100
– Gandhis Wahrheit 265
– Identität und Lebenszyklus 16
Erlich, Russischer Formalismus 21
Ethnomethodologie 71
Fetscher, Rousseaus politische Philosophie 143
Fichte, Politische Schriften 201
Foucault, Der Fall Rivière 128
– Die Ordnung der Dinge 96
– Überwachen und Strafen 184
– Wahnsinn und Gesellschaft 39
Friedensutopien, Kant/Fichte/Schlegel/Görres 267
Furth, Intelligenz und Erkennen 160
Goffman, Stigma 140
Gombrich, Meditationen über ein Steckenpferd 237
Griewank, Der neuzeitliche Revolutionsbegriff 52
Groethuysen, Die Entstehung der bürgerlichen Welt- und Lebensanschauung in Frankreich 2 Bde. 256
Guattari/Deleuze, Anti-Ödipus 224
Habermas, Erkenntnis und Interesse 1
– Theorie und Praxis 243
– Zur Rekonstruktion des Historischen Materialismus 154
Materialien zu Habermas' ›Erkenntnis und Interesse‹ 49
Hegel, Grundlinien der Philosophie des Rechts 145
– Phänomenologie des Geistes 8
Materialien zu Hegels ›Phänomenologie des Geistes‹ 9
Materialien zu Hegels Rechtsphilosophie Bd. 1 88
Materialien zu Hegels Rechtsphilosophie Bd. 2 89
Helfer/Kempe, Das geschlagene Kind 247
Heller, u. a., Die Seele und das Leben 80
Henle, Sprache, Denken, Kultur 120
Höffe, Ethik und Politik 266
Hörmann, Meinen und Verstehen 230
Holbach, System der Natur 259
Holenstein, Roman Jakobsons phänomenologischer Strukturalismus 116
Honneth/Jaeggi, Theorien des Historischen Materialismus 182
Jaeggi, Theoretische Praxis 149
Jaeggi/Honneth, Theorien des Historischen Materialismus 182
Jacobson, E. Das Selbst und die Welt der Objekte 242
Jakobson, R. Hölderlin, Klee, Brecht 162
– Poetik 262
Kant, Die Metaphysik der Sitten 190
– Kritik der praktischen Vernunft 56
– Kritik der reinen Vernunft 55
– Kritik der Urteilskraft 57
– Schriften zur Anthropologie 1 192
– Schriften zur Anthropologie 2 193
– Schriften zur Metaphysik und Logik 1 188
– Schriften zur Metaphysik und Logik 2 189
– Schriften zur Naturphilosophie 191
– Vorkritische Schriften bis 1768 1 186
– Vorkritische Schriften bis 1768 2 187
Kant zu ehren 61
Materialien zu Kants ›Kritik der praktischen Vernunft‹ 59
Materialien zu Kants ›Kritik der reinen Vernunft‹ 58
Materialien zu Kants ›Kritik der Urteilskraft‹ 60

Materialien zu Kants ›Rechtsphilosophie‹ 171
Kenny, Wittgenstein 69
Keupp/Zaumseil, Gesellschaftliche Organisierung psychischen Leidens 246
Kierkegaard, Philosophische Brocken 147
– Über den Begriff der Ironie 127
Koch, Die juristische Methode im Staatsrecht 198
Körner, Erfahrung und Theorie 197
Kohut, Die Zukunft der Psychoanalyse 125
– Introspektion, Empathie und Psychoanalyse 207
– Narzißmus 157
Kojève, Hegel. Kommentar zur ›Phänomenologie des Geistes‹ 97
Koselleck, Kritik und Krise 36
Kracauer, Geschichte – Vor den letzten Dingen 11
Kuhn, Die Entstehung des Neuen 236
– Die Struktur wissenschaftlicher Revolutionen 25
Lacan, Schriften 1 137
Lange, Geschichte des Materialismus 70
Laplanche/Pontalis, Das Vokabular der Psychoanalyse 7
Leach, Kultur und Kommunikation 212
Leclaire, Der psychoanalytische Prozeß 119
Lenneberg, Biologische Grundlagen der Sprache 217
Lenski, Macht und Privileg 183
Lepenies, Das Ende d. Naturgeschichte 227
Lévi-Strauss, Das wilde Denken 14
– Mythologica I, Das Rohe und das Gekochte 167
– Mythologica II, Vom Honig zur Asche 168
– Mythologica III, Der Ursprung der Tischsitten 169
– Mythologica IV, Der nackte Mensch. 2 Bde. 170
– Strukturale Anthropologie 1 226
– Traurige Tropen 240
Locke, Zwei Abhandlungen 213
Lorenzen, Konstruktive Wissenschaftstheorie 93
– Methodisches Denken 73
Lorenzer, Die Wahrheit der psychoanalytischen Erkenntnis 173
– Sprachspiel und Interaktionsformen 81
– Sprachzerstörung und Rekonstruktion 31
Lüderssen, Autor und Täter 261
Lugowski, Die Form der Individualität im Roman 151
Luhmann, Theorie, Technik und Moral 206
– Zweckbegriff und Systemrationalität 12
Lukács, Der junge Hegel 33
Macpherson, Politische Theorie des Besitzindividualismus 41
Malinowski, Eine wissenschaftliche Theorie der Kultur 104
Marxismus und Ethik 75
Mead, Geist, Identität und Gesellschaft 28
Menninger, Selbstzerstörung 249
Merleau-Ponty, Die Abenteuer der Dialektik 105
Miliband, Der Staat in der kapitalistischen Gesellschaft 112
Minder, Glaube, Skepsis und Rationalismus 43
Mittelstraß, Die Möglichkeit von Wissenschaft 62
Mommsen, Max Weber 53
Moore, Soziale Ursprünge von Diktatur und Demokratie 54
Morris, Pragmatische Semiotik und Handlungstheorie 179
Needham, Wissenschaftlicher Universalismus 264
O'Connor, Die Finanzkrise des Staates 83
Oelmüller, Unbefriedigte Aufklärung 263
Oppitz, Notwendige Beziehungen 101

Parin/Morgenthaler, Fürchte deinen Nächsten 235
Parsons, Gesellschaften 106
Parsons/Schütz, Briefwechsel 202
Peukert, Wissenschaftstheorie 231
Phänomenologie und Marxismus, Bd. 3 232
Piaget, Das moralische Urteil beim Kinde 27
– Die Bildung des Zeitbegriffs beim Kinde 77
– Einführung in die genetische Erkenntnistheorie 6
Plessner, Die verspätete Nation 66
Polanyi, Transformation 260
Pontalis, Nach Freud 108
Pontalis/Laplanche, Das Vokabular der Psychoanalyse 7
Propp, Morphologie des Märchens 131
Quine, Grundzüge der Logik 65
Rawls, Eine Theorie der Gerechtigkeit 271
Redlich/Freedman, Theorie und Praxis der Psychiatrie. 2 Bde. 148
Ricœur, Die Interpretation 76
Ritter, Metaphysik und Politik 199
v. Savigny, Die Philosophie der normalen Sprache 29
Schadewaldt, Anfänge der Philosophie 218
Schelling, Philosophie der Offenbarung 181
– Über das Wesen der menschlichen Freiheit 138
Materialien zu Schellings philosophischen Anfängen 139
Schleiermacher, Hermeneutik und Kritik 211
Schlick, Allgemeine Erkenntnislehre 269
Scholem, Von der mystischen Gestalt der Gottheit 209
– Zur Kabbala und ihrer Symbolik 13
Schütz, Der sinnhafte Aufbau der sozialen Welt 92
Schumann, Handel mit Gerechtigkeit 214
Seminar: Abweichendes Verhalten I 84
– Abweichendes Verhalten II 85
– Abweichendes Verhalten III 86
– Angewandte Sozialforschung 153
– Dialektik, Bd. 1 234
– Entstehung der antiken Klassengesellschaft 130
– Entstehung von Klassengesellschaften 30
– Familie und Familienrecht Bd. 1 102
– Familie und Familienrecht Bd. 2 103
– Familie und Gesellschaftsstrukturen 244
– Freies Handeln und Determinismus 257
– Geschichte und Theorie 98
– Gesellschaft und Homosexualität 200
– Hermeneutik und die Wissenschaften 238
– Kommunikation, Interaktion, Identität 156
– Literatur und Kunstsoziologie 245
– Medizin, Gesellschaft, Geschichte 67
– Philosophische Hermeneutik 144
– Politische Ökonomie 22
– Regelbegriff in der praktischen Semantik 94
– Religion und gesellschaftliche Entwicklung 38
– Sprache und Ethik 91
– Theorien der künstlerischen Produktivität 166
Skirbekk, Wahrheitstheorien 210
Solla Price, Little Science – Big Science 48
Spinner, Pluralismus als Erkenntnismodell 32
Sprachanalyse und Soziologie 123
Sprache, Denken, Kultur 120
Strauss, Anselm, Spiegel und Masken 109
Strauss, Leo, Naturrecht und Geschichte 216
Szondi, Das lyrische Drama des Fin de siècle 90
– Einführung in die literarische Hermeneutik 124
– Poetik und Geschichtsphilosophie I 40
– Poetik und Geschichtsphilosophie II 72
– Schriften 1 219

– Schriften 2 220
– Theorie des bürgerlichen Trauerspiels 15
Témime/Broué, Revolution und Krieg in Spanien.
  2 Bde. 118
Theorietechnik und Moral 206
Touraine, Was nützt die Soziologie? 133
Tugendhat, Vorlesungen zur Einführung in die
  sprachanalytische Philosophie 45
Uexküll, Theoretische Biologie 20
Umweltforschung – die gesteuerte Wissenschaft 215
Wahrheitstheorien 210
Waldenfels, Phänomenologie und
  Marxismus I 195
– Phänomenologie und Marxismus II 196
– Phänomenologie und Marxismus III 232
– Phänomenologie und Marxismus IV 273

Watt, Der bürgerliche Roman 78
Weimann, Literaturgeschichte und Mythologie
  204
Weingart, Wissensproduktion und soziale Struktur
  155
Weingarten u. a., Ethnomethodologie 71
Weizenbaum, Macht der Computer 274
Weizsäcker, Der Gestaltkreis 18
Winch, Die Idee der Sozialwissenschaft und ihr Ver-
  hältnis zur Philosophie 95
Wittgenstein, Philosophische Grammatik 5
– Philosophische Untersuchungen 203
Wunderlich, Studien zur Sprechakttheorie 172
Zilsel, Die sozialen Ursprünge der neuzeitlichen
  Wissenschaft 152
Zimmer, Philosophie und Religion Indiens 26